# 高等数学
# 及其应用

主　编　孔凡清　韩利华　王　倩

副主编　金　环　岳卫红　颛孙云喜　葛楠楠

　　　　丁　腾　于书铮　鞠瑞年

主　审　龚乃志

重庆大学出版社

## 内容简介

本书涵盖了高等数学的基本内容，符合教育部制订的高职高专“高等数学”教学要求。本书以开篇案例为导引，以提出问题、解决问题为主线，从教学目的、教学内容、教学方法等方面进行教学，从而达到提高学生数学素质的目的。全书共分为10章，内容包括函数、极限与连续、导数与微分、中值定理与导数的应用、不定积分、定积分、多元函数微积分、常微分方程、无穷级数及数学实验与Matlab。

本书特色鲜明，案例真实生动、实用性强，可供高职高专理工科及经济类各专业教学使用，也可供相关人员使用参考。

**图书在版编目(CIP)数据**

高等数学及其应用 / 孔凡清，韩利华，王倩主编
. -- 重庆 : 重庆大学出版社，2023.8
高职高专基础课系列教材
ISBN 978-7-5689-4072-6

Ⅰ. ①高… Ⅱ. ①孔… ②韩… ③王… Ⅲ. ①高等数学—高等职业教育—教材 Ⅳ. ①O13

中国国家版本馆 CIP 数据核字(2023)第 140665 号

高等数学及其应用
GAODENG SHUXUE JI QIYINGYONG

主　编　孔凡清　韩利华　王　倩
副主编　金　环　岳卫红　颛孙云喜
　　　　葛楠楠　丁　腾　于书铮　鞠瑞年
主　审　龚乃志
责任编辑：秦旖旎　　版式设计：秦旖旎
责任校对：邹　忌　　责任印制：张　策

*

重庆大学出版社出版发行
出版人：陈晓阳
社址：重庆市沙坪坝区大学城西路21号
邮编：401331
电话：(023) 88617190　88617185(中小学)
传真：(023) 88617186　88617166
网址：http://www.cqup.com.cn
邮箱：fxk@cqup.com.cn (营销中心)
全国新华书店经销
重庆亘鑫印务有限公司印刷

*

开本：787mm×1092mm　1/16　印张：17.25　字数：433千
2023年8月第1版　2023年8月第1次印刷
印数：1—3 000
ISBN 978-7-5689-4072-6　定价：49.00元

# 前言

众所周知,数学非常重要,但却不知道它重要在哪里,只知道各类考试都要考数学,似乎是应试教育的代名词,究竟学了数学有何作用?究竟在数学教学中应怎样对学生实施素质教育?似乎没有一个合适的答案.造成这一现象的原因有很多,教材的编写也是其中一个重要的方面.

因此,本书采用一种全新的编著方式,即“开篇以案例提出问题——让学生带着问题学习理论知识——用所学的数学理论解决实际问题”,它很好地解决了强调数学知识的实用性与学生的可持续发展问题.在一定程度上解决了部分学生厌恶学习数学的难题.

本书具有以下主要特色:

1.案例真实生动,实用性强.所有案例真实、生动、新颖,数据贴近生活,能充分调动学生的学习兴趣.

2.编写方式独特.每章以一个有故事、有情节且发生在我们日常生活中的生动的开篇案例形式向学生提出问题;然后通过讨论让学生认识问题,再让学生带着问题去学习;最后利用所学数学知识解决问题.

3.为贯彻执行《高等学校课程思政建设指导纲要》《关于加强和改进新形势下高校思想政治工作的意见》,推进习近平新时代中国特色社会主义思想进课程教材,本书加入了“想一想”“思政小课堂”等形式,融入了课程思政内容.

4.利用数学软件 Matlab 编写了新的数学实验,强化学生的动手实践能力.将数学问题程序化、直观化,更加益于学生理解,有效提升学习兴趣.

本书主要介绍一元微积分和微分方程,内容包括函数、极限与连续、导数与微分、不定积分、定积分和微分方程等.

参与本书编写的有:孔凡清(第一章、第十章)、岳卫红(第二章)、金环(第三章)、韩利华(第四章、第五章)、王倩(第六章)、葛楠楠(第七章)、于书铮、鞠瑞年(第八章)、丁腾、颛孙云喜(第九章).孔凡清负责全书框架结构安排、统稿、定稿等工作.龚乃志教授对本书进行了全面审阅,提出了很多建议.

由于编者水平有限,难免存有疏漏之处,敬请广大读者批评指正.

编　者

2023 年 6 月

# 目录

**第一章　函数** …… 1
开篇案例 …… 1
第一节　函数——变量相互依赖关系的数学模型 …… 2
第二节　初等函数 …… 7
案例分析与应用 …… 11
习题一 …… 13
思政小课堂 …… 14
**第二章　极限与连续** …… 15
开篇案例 …… 15
第一节　数列的极限 …… 15
第二节　函数的极限 …… 18
第三节　极限的运算法则 …… 21
第四节　两个重要极限 …… 24
第五节　无穷小与无穷大 …… 27
第六节　函数的连续性 …… 30
案例分析与应用 …… 37
习题二 …… 39
思政小课堂 …… 41
**第三章　导数与微分** …… 42
开篇案例 …… 42
第一节　导数——变量变化快慢程度的数学模型 …… 43
第二节　导数的运算法则 …… 49
第三节　高阶导数 …… 58
第四节　函数的微分 …… 61
案例分析与应用 …… 67
习题三 …… 68
思政小课堂 …… 72

第四章　中值定理与导数的应用 …… 73
开篇案例 …… 73
第一节　微分中值定理 …… 73
第二节　洛必达法则 …… 77
第三节　函数的单调性与极值 …… 81
第四节　曲线的凹凸性与函数图像的描绘 …… 88
第五节　导数在经济分析中的应用 …… 92
案例分析与应用 …… 97
习题四 …… 99
思政小课堂 …… 101
第五章　不定积分 …… 102
开篇案例 …… 102
第一节　原函数与不定积分 …… 102
第二节　不定积分的换元积分法 …… 106
第三节　不定积分的分部积分法 …… 113
案例分析与应用 …… 115
习题五 …… 117
思政小课堂 …… 119
第六章　定积分 …… 120
开篇案例 …… 120
第一节　定积分的概念与性质 …… 120
第二节　微积分基本公式 …… 128
第三节　定积分的计算 …… 132
第四节　定积分的应用 …… 137
第五节　广义积分 …… 146
案例分析与应用 …… 149
习题六 …… 151
思政小课堂 …… 155
第七章　多元函数微积分 …… 156
开篇案例 …… 156
第一节　空间解析几何 …… 157
第二节　多元函数 …… 161
第三节　偏导数 …… 166
第四节　全微分及其应用 …… 169
第五节　多元复合函数的微分法 …… 172
第六节　二重积分 …… 176

案例分析与应用 …… 185
习题七 …… 186
思政小课堂 …… 188
**第八章　常微分方程** …… 189
开篇案例 …… 189
第一节　微分方程的基本概念 …… 189
第二节　一阶微分方程 …… 192
第三节　可降阶的微分方程 …… 197
第四节　二阶常系数线性微分方程 …… 200
第五节　利用微分方程建立数学模型 …… 204
案例分析与应用 …… 209
习题八 …… 214
思政小课堂 …… 217
**第九章　无穷级数** …… 219
开篇案例 …… 219
第一节　常数项级数的概念和性质 …… 219
第二节　常数项级数的审敛法 …… 223
第三节　幂级数 …… 228
第四节　函数展开成幂级数 …… 234
案例分析与应用 …… 241
习题九 …… 243
思政小课堂 …… 245
**第十章　数学实验与 Matlab** …… 246
数学实验一　利用 Matlab 作基本运算与绘制函数图像 …… 246
数学实验二　利用 Matlab 求极限 …… 250
数学实验三　利用 Matlab 求导数 …… 252
数学实验四　利用 Matlab 求极值 …… 254
数学实验五　利用 Matlab 求不定积分 …… 256
数学实验六　利用 Matlab 求定积分 …… 257
数学实验七　利用 Matlab 求偏导数和二重积分 …… 258
数学实验八　利用 Matlab 求常微分方程的通解 …… 260
数学实验九　利用 Matlab 求级数之和 …… 261
实验习题 …… 263
思政小课堂 …… 264
**参考文献** …… 265

# 第一章
# 函数

数学是研究现实世界中物质及物质之间的数量关系与空间形式的一门科学，微积分以变量为主要研究对象，变量的主要表现形式是函数. 本章将在中学数学已有函数知识的基础上进一步研究函数概念.

## 开篇案例

### 案例 1.1　计算机打印出来的银行存款利息清单会有错吗——张奶奶的维权问题

张奶奶是一名退休工人，退休后她有一笔金额为 28 000 元的现金暂时不用，于是，她便叫自己的儿子（小王）将这笔钱于 2000 年 8 月 7 日存入某银行，存期一年（当年的一年定期存款利率为 2.25%，活期存款利率为 0.98%），并在存款的储户选择栏“到期是否自动转存”的选择方框内打了一个“√”. 想不到这一存便是四年多，到了 2004 年 8 月 12 日（注：当时银行一年定期存款利率为 1.98%，活期利率为 0.72%，此利率从 2002 年 2 月 23 日开始在全国实行），张奶奶的儿子正好回小县城看望自己的母亲，闲聊中，提到了当年的那笔存款，儿子问母亲是否已取？母亲已将此事忘记. 于是，儿子便拿着当年自己亲手办理的存单去当年办理此业务的银行取款. 银行储蓄员很快便将计算机打印出来的利息清单交给了张奶奶的儿子，小王看都没看便在利息清单上签了字，正要将利息清单交回给储蓄员时，他忽然看到利息清单上全部利息是 1 237.56 元，税后（扣 20% 的利息税）利息为 990.05 元，本利合计为 28 990.05 元. 好在小王在上大学时数学学得不错，他感到储蓄员的利息算错了，便说：“同志，利息是否算错了，麻烦你再算一遍好吗？”银行储蓄员有点不耐烦地说：“计算机算的怎会有错？”小王只好把存款单和已签字的利息清单重新拿回，退到一边自己开始计算. 不算不知道，算过吓一跳. 小王算得税前利息是 2 295.96 元，税后是 1 836.77 元. 这样小王与银行储蓄员算出的利息，税前相比整整少了 1 058.4 元！税后少了 846.72 元.

问题：(1) 小王的利息是怎样算出来的，如果这张存款单是你的，你会去算它的利息吗？

你是否会认为计算机打印出来的就一定是正确的？要是现在请你计算，你计算出来的结果会是多少？

(2)如果你是小王，你遇到这样的事情时，会如何处理？

## 第一节　函数——变量相互依赖关系的数学模型

现实世界中处处存在变量，今年的100元和明年的100元是不一样的，如果你将其放在家中，它是一个常量，如果你将其存入银行，它将具有时间价值——利息. 这里存在两个变量，一个变量是时间 $t$，它随时在变，另一个变量是利息，它依赖于时间 $t$，一般存期越长，利息越多，其关系可表示为 $A_t=f(t)$. 在生活中，像这种一个变量依赖于另一个变量的情况还有很多，这两个变量之间的关系就是我们即将研究的函数关系.

再如，在自由落体运动中，若物体的下落时间为 $t$，下落的距离为 $s$，假设开始下落的时刻 $t=0$，那么 $s$ 与 $t$ 之间的对应关系由 $s=\frac{1}{2}gt^2$ 给定，其中 $g$ 为重力加速度. 假设物体着地的时刻 $t=T$，那么当时间 $t$ 在闭区间 $[0,T]$ 上任意取定一个数值时，按上式 $s$ 就有一个确定的数值与之对应.

又如，某工厂每天生产产品 $A$ 的件数为 $x$，机械设备等固定成本为1 600元，生产每件产品所花费的人工费和材料费等单位产品的可变成本为6元，那么日产量 $x$ 与每天的生产总成本 $C$ 之间的对应关系由 $C=1\,600+6x$ 给出，假定该厂日产量最多为350件，那么当日产量 $x$ 在数集 $\{0,1,2,\cdots,350\}$ 内任意取定一个数值时，按上式 $C$ 就有一个确定的数值与之相对应.

以上例子中各有两个变量，且每对变量间都有确定的对应关系，这种对应关系正是函数概念的实质.

### 一、函数的概念

**定义**　设 $x$ 和 $y$ 是两个变量，若对于变量 $x$ 变化为范围 $D$ 内每一个值，按照一定的规律 $f$，变量 $y$ 都有确定的值与之对应，则称 $y$ 是 $x$ 的函数，记作 $y=f(x)$. 其中 $x$ 称为自变量，$y$ 称为因变量，数集 $D$ 称为函数的定义域.

当 $x$ 取值 $x_0\in D$ 时，与 $x_0$ 对应的 $y$ 的数值称为函数在点 $x_0$ 处的函数值. 记为 $y_0=f(x_0)$ 或 $y|_{x=x_0}$. 当 $x$ 取遍 $D$ 的每一个数值时，对应函数值的全体组成的数集 $R=\{y\mid y=f(x),x\in D\}$ 称为函数的值域.

如果自变量在定义域内任取一个数值时，对应的函数值只有唯一的一个，称这种函数为单值函数；否则，如果有多个函数值与之对应，就称为多值函数.

函数的定义域和对应法则称为函数的两个要素. 两个函数相同的充分必要条件是两个函数的定义域和对应法则相同. 例如，$y=\sin x$ 与 $u=\sin v$ 就是相同的两个函数.

**例1**　判断下列各组函数是否相同.

(1) $y=2x+1$ 与 $y=3x-1$；　(2) $y=x$ 与 $y=\frac{x^2}{x}$；　(3) $y=\ln(x^2-3x-4)$ 与 $y=\ln(x-4)+\ln(x+1)$.

**解**　(1)两个函数的对应法则不同,所以是不同的两个函数；

(2)函数 $y=x$ 的定义域是 $x\in\mathbf{R}$,而函数 $y=\frac{x^2}{x}$ 的定义域是 $x\in\mathbf{R}$ 且 $x\neq0$,它们的定义域不同,所以是不同的两个函数；

(3) $y=\ln(x^2-3x-4)$ 的定义域是 $D=\{x\mid x>4$ 或 $x<-1\}$,而 $y=\ln(x-4)+\ln(x+1)$ 的定义域是 $D=\{x\mid x>4\}$,它们的定义域不同,所以是不同的两个函数.

函数常用表格法、图像法、解析法表示：

(1)表格法　自变量所取的值和对应的函数值列成表格,用以表示函数关系的方法；

(2)图像法　在某一坐标系中用一条曲线来表示函数关系的方法；

(3)解析法　自变量和因变量之间的关系用数学表达式表示的方法(也称公式法).

**例 2**　某城市一年中某种商品各月的销售量(单位:t)如表 1-1 所示.

**表 1-1**

| 月份 $t$ | 1 | 2 | 3 | 4 | 5 | 6 | 7 | 8 | 9 | 10 | 11 | 12 |
|---|---|---|---|---|---|---|---|---|---|---|---|---|
| 销售量 $s$ | 81 | 84 | 45 | 45 | 9 | 5 | 56 | 15 | 94 | 165 | 144 | 123 |

表 1-1 表示了某城市某种商品销售量 $s$ 随月份 $t$ 变化的函数关系. 这个函数关系是用表格表示的,它的定义域为

$$D=\{1,2,3,4,5,6,7,8,9,10,11,12\}.$$

**例 3**　某河道的一个断面图形如图 1-1 所示. 其深度 $y$ 与一岸边 $O$ 到测量点的距离 $x$ 之间的对应关系由图 1-1 中的曲线表示.

这里深度 $y$ 是测距 $x$ 的函数,该函数是用图形表示的,其定义域为 $D=[0,b]$.

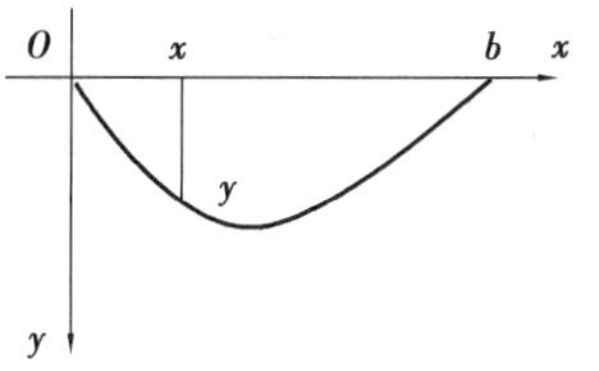

图 1-1

**例 4**　$y=\frac{1}{x}+\sqrt[3]{x^2-1}$.

这里用公式表达的 $y$ 是 $x$ 的函数关系,它的定义域是 $D=\{x\mid x\neq0\}$.

函数的定义域通常按以下两种情形来确定:一种是对有实际背景的函数,根据实际背景中变量的实际意义确定. 例如,在自由落体运动中,$s$ 与 $t$ 之间的函数关系是

$$s=\frac{1}{2}gt^2,t\in[0,T]$$

这个函数的定义域就是区间 $[0,T]$;另一种是抽象地用算式表达的函数,通常约定这种函数的定义域是使得算式有意义的一切实数组成的集合,这种定义域称为函数的自然定义域. 例如,函数 $y=\sqrt{1-x^2}$ 的定义域是闭区间 $[-1,1]$.

**例 5**　求函数 $y=\frac{1}{\lg(2-3x)}$ 的定义域.

**解** 要使函数 $y=\dfrac{1}{\lg(2-3x)}$ 有意义,$x$ 须满足 $2-3x>0$ 且 $2-3x\neq1$,即

$$x<\frac{2}{3}\text{ 且 }x\neq\frac{1}{3},$$

所以函数 $y=\dfrac{1}{\lg(2-3x)}$ 的定义域是 $D=\left\{x\,\middle|\,x<\dfrac{2}{3}\text{ 且 }x\neq\dfrac{1}{3}\right\}$.

**例 6** 确定函数 $y=\arccos\dfrac{x-1}{3}+\dfrac{1}{\sqrt{x^2-x-2}}$ 的定义域.

**解** 要使函数 $y=\arccos\dfrac{x-1}{3}+\dfrac{1}{\sqrt{x^2-x-2}}$ 有意义,$x$ 须满足

$$\begin{cases}-1\leqslant\dfrac{x-1}{3}\leqslant1\\x^2-x-2>0\end{cases}\text{即}\begin{cases}-2\leqslant x\leqslant4\\x>2\text{ 或 }x<-1\end{cases},$$

所以函数 $y=\arccos\dfrac{x-1}{3}+\dfrac{1}{\sqrt{x^2-x-2}}$ 的定义域是 $D=\{x\mid-2\leqslant x<-1\text{ 或 }2<x\leqslant4\}$.

**例 7** 绝对值函数

$$y=|x|=\begin{cases}-x,x<0\\x,x\geqslant0\end{cases}$$

的定义域 $D=(-\infty,+\infty)$,值域 $R=[0,+\infty)$,它的图像如图 1-2 所示.

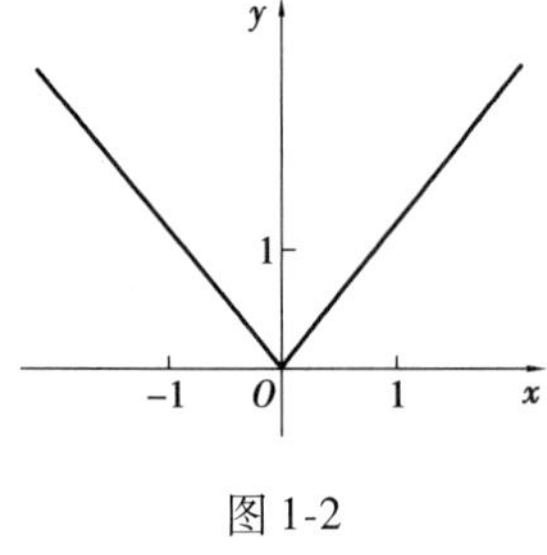

图 1-2

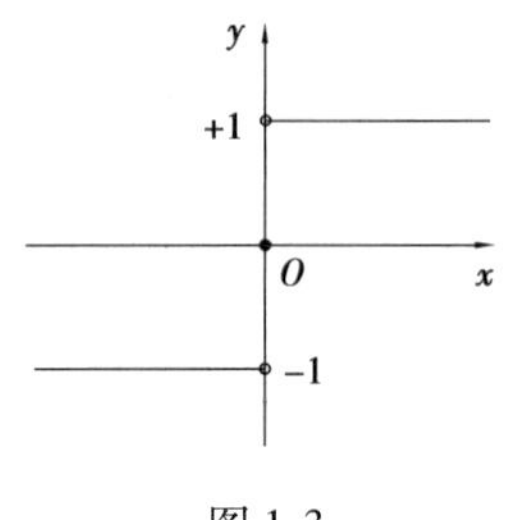

图 1-3

**例 8** 符号函数

$$y=\operatorname{sgn}x=\begin{cases}-1,x<0\\0,\quad x=0\\1,\quad x>0\end{cases}$$

的定义域 $D=(-\infty,+\infty)$,值域 $R=\{-1,0,1\}$,它的图像如图 1-3 所示,对于任何实数 $x$,下列关系成立:

$$x=\operatorname{sgn}x\cdot|x|.$$

**例 9** 取整函数 $y=[x]$,它表示不超过 $x$ 的最大整数,例如,$\left[\dfrac{5}{7}\right]=0$,$[\sqrt{2}]=1$,$[-3.5]=-4$,它的定义域 $D=(-\infty,+\infty)$,值域 $R=\mathbf{Z}$,它的图像如图 1-4 所示.

在例 4 和例 5 中看到,有时一个函数要用几个式子表示. 这种在自变量的不同变化范围中,对应法则用不同式子来表示的函数,通常称为分段函数.

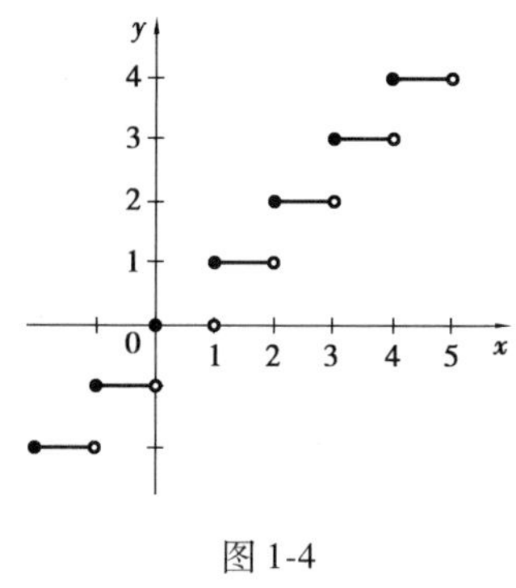


图 1-4

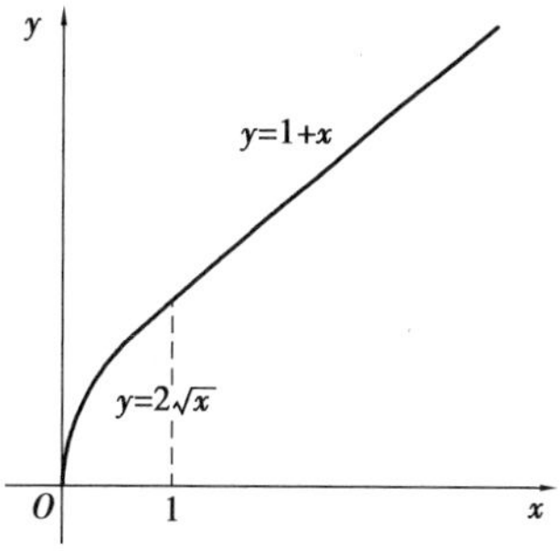

图 1-5

**例 10**　函数

$$y=f(x)=\begin{cases}2\sqrt{x},\ 0\leqslant x\leqslant 1\\ 1+x, x>1\end{cases}$$

是一个分段函数. 它的定义域 $D=[0,+\infty)$. 当 $x\in[0,1]$ 时,对应的函数值 $f(x)=2\sqrt{x}$;当 $x\in(1,+\infty)$ 时,对应的函数值 $f(x)=1+x$. 例如,$\frac{1}{2}\in[0,1]$,所以 $f\left(\frac{1}{2}\right)=2\sqrt{\frac{1}{2}}=\sqrt{2}$;$1\in[0,1]$,所以 $f(1)=2\sqrt{1}=2$;$3\in(1,+\infty)$,所以 $f(3)=1+3=4$. 函数的图像如图 1-5 所示.

## 二、函数的几种特性

### 1. 函数的单调性

设函数 $f(x)$ 在区间 $I$ 上有定义,若对于 $I$ 内任意两点 $x_1$ 及 $x_2$,当 $x_1<x_2$ 时,有 $f(x_1)<f(x_2)$ ($f(x_1)>f(x_2)$),则称函数 $f(x)$ 在区间 $I$ 上单调递增(减),如图 1-6、图 1-7 所示. 单调递增(减)的函数称为单调函数,区间 $I$ 称为函数 $f(x)$ 的单调区间.

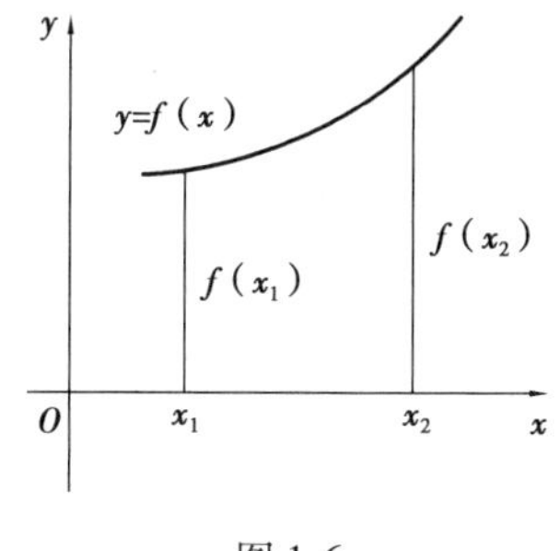


图 1-6

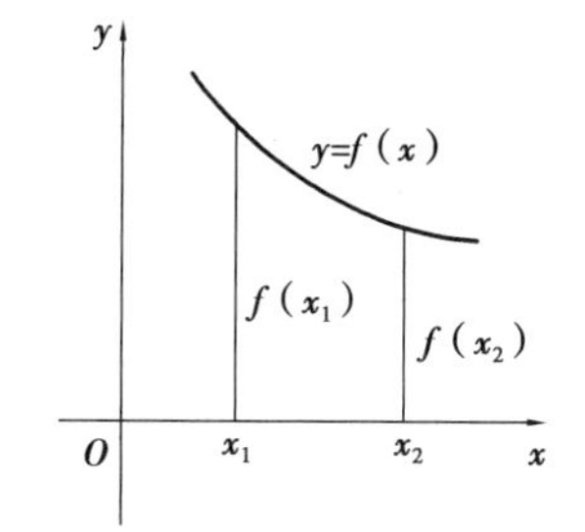


图 1-7

例如,函数 $y=x^2$ 在 $(-\infty,0)$ 上单调递减,在 $(0,+\infty)$ 上单调递增,但在 $(-\infty,+\infty)$ 内不是单调函数. 函数图像如图 1-8 所示.

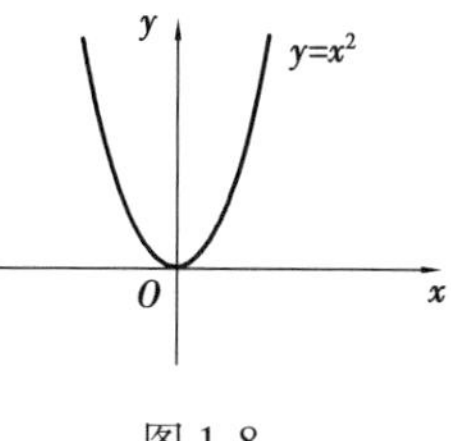

图 1-8

讨论函数的单调性时必须注意:

(1) 分析函数的单调性,总是在 $x$ 轴上从左向右(即沿自变量 $x$ 增大的方向)看函数值的变化;

(2) 函数可能在其定义域的一部分区间内是单调增加的,而在另一部分区间内是单调减少的,这时函数在整个定义域内不是单调的. 如 $f(x)=x^2$ 在定义区间

$(-\infty,+\infty)$上不是单调的.

**2. 函数奇偶性**

设函数 $y=f(x)$ 的定义域关于坐标原点对称，如果对于任意的 $x\in D$，有 $f(-x)=f(x)$，则称 $f(x)$ 为偶函数；如果对于任意的 $x\in D$，有 $f(-x)=-f(x)$，则称 $f(x)$ 为奇函数.

例如，$y=\cos x$，$y=x^2$ 都是偶函数，而 $y=\sin x$，$y=x^3$ 都是奇函数，$y=\sin x+\cos x$ 则是非奇非偶函数.

偶函数的图形关于 $y$ 轴是对称的. 因为若 $f(x)$ 是偶函数，则 $f(-x)=f(x)$，所以如果 $(x,f(x))$ 是图形上的点，那么与它关于 $y$ 轴对称的点 $(-x,f(x))$ 也在图像上（图 1-8）.

奇函数的图形关于原点是对称的. 因为若 $f(x)$ 是奇函数，则 $f(-x)=-f(x)$，如果 $(x,f(x))$ 是图形上的点，那么与它关于原点对称的点 $(-x,-f(x))$ 也在图像上（图 1-9）.

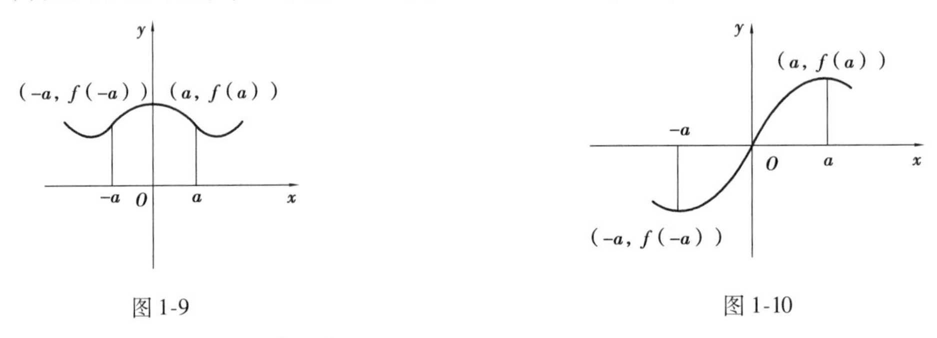


图 1-9　　　　图 1-10

**例 11**　讨论函数 $f(x)=x^4-2x^2$ 的奇偶性.

**解**　因为 $f(-x)=(-x)^4-2(-x)^2=x^4-2x^2=f(x)$，所以 $f(x)=x^4-2x^2$ 是偶函数.

又如，$f(x)=\log_a\left(x+\sqrt{x^2+1}\right)$ $(a>0$ 且 $a\neq 1)$ 是奇函数，而 $f(x)=\sin x+\cos x$ 既非奇函数，又非偶函数.

**3. 函数的有界性**

设函数 $f(x)$ 在区间 $I$ 上有定义，若存在正数 $M$，对于任一 $x\in I$，均有 $|f(x)|\leqslant M$ 成立，则称 $f(x)$ 函数在 $I$ 上有界；若这样的 $M$ 不存在，就称函数 $f(x)$ 在 $I$ 上无界.

例如，函数 $y=\cos x$，$y=\sin x$ 在 $(-\infty,+\infty)$ 内都有界，函数 $y=\dfrac{1}{x}$ 在 $(1,2)$ 内有界，但在 $(0,1)$ 内无界.

**4. 函数的周期性**

对于函数 $f(x)$，若存在常数 $T$，使得 $f(x+T)=f(x)$，则称 $f(x)$ 为周期函数，$T$ 为 $f(x)$ 的周期，通常说的周期是指最小正周期.

例如 $y=\sin x$，$y=\cos x$，$y=\tan x$ 等均为周期函数，其周期分别为 $2\pi$、$2\pi$、$\pi$.

# 第二节　初等函数

## 一、反函数

**定义 1**　设函数 $y=f(x)$ 的定义域为 $D$，值域为 $Z$，则对于 $Z$ 中任一值 $y_0$，$D$ 中至少有一数值 $x_0$，使得 $f(x_0)=y_0$，若把 $y$ 看成自变量，$x$ 看成因变量，这样便可在 $Z$ 上确定一个新的函数，这个新函数称为函数 $y=f(x)$ 的反函数，记作 $x=f^{-1}(y)$. 该函数的定义域为 $Z$，值域为 $D$. 相对于反函数 $x=f^{-1}(y)$ 来说，函数 $y=f(x)$ 称为直接函数. 习惯上，我们总是把自变量记作 $x$，因变量记作 $y$，这样 $y=f(x)$ 的反函数就可以改写为 $y=f^{-1}(x)$.

一般来说，若函数 $y=f(x)$ 是单值函数，反函数 $y=f^{-1}(x)$ 却不一定是单值的，如 $y=x^2$ 的反函数 $y=\pm\sqrt{x}$ 就不是单值函数. 但若 $y=x^2$ 的自变量限制在 $[0,+\infty)$ 内，则 $y=x^2$ 的反函数是单值的.

在同一直角坐标系中，直接函数 $y=f(x)$ 与反函数 $y=f^{-1}(x)$ 的图像关于直线 $y=x$ 对称(图 1-11).

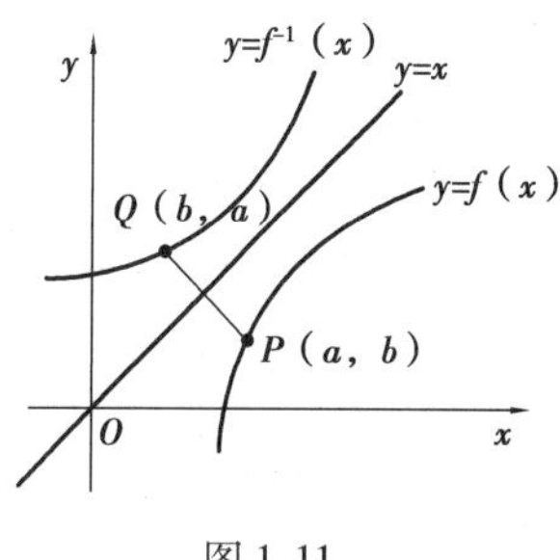


图 1-11

**例 1**　求函数 $y=10^{x+1}$ 的反函数.

**解**　由 $y=10^{x+1}$ 可得，$x+1=\lg y$，因此函数 $y=10^{x+1}$ 的反函数是 $y=\lg x-1$.

## 二、复合函数

**定义 2**　设 $y$ 是 $u$ 的函数，$y=f(u)$，而 $u$ 又是 $x$ 的函数，$u=\varphi(x)$，且 $\varphi(x)$ 的值域全部或部分在 $f(u)$ 的定义域内，那么 $y$ 通过 $u$ 是 $x$ 的函数，称为由函数 $y=f(u)$ 及 $u=\varphi(x)$ 复合而成的复合函数，记为 $y=f[\varphi(x)]$，其中 $u$ 称为中间变量.

例如，函数 $y=\sqrt{1-x^2}$ 可看作由 $y=\sqrt{u}$ 与 $u=1-x^2$ 复合而成；由 $y=\sqrt{u}$，$u=1+v^2$，$v=\sin x$ 复合起来就构成复合函数 $y=\sqrt{u}=\sqrt{1+v^2}=\sqrt{1+\sin^2 x}$.

注意：不是任意两个函数都可以复合成一个函数，如 $y=\ln u$ 和 $u=-x^2$ 就不能复合成一个函数. 因对于 $u=-x^2$ 中的任何值，都不能使 $y=\ln u$ 有意义.

## 三、基本初等函数

在初等数学中已经学习过的以下几类函数统称为基本初等函数：

(1)常函数：$y=C$($C$ 为常数)，该函数的定义域为 $(-\infty,+\infty)$，图像为过点 $(0,C)$ 且平行于 $x$ 轴的直线.

(2)幂函数：$y=x^{\mu}$($\mu$ 为常数)，该函数的定义域因 $\mu$ 的取值不同而不同，但无论 $\mu$ 取何值，它在 $(0,+\infty)$ 内总有定义，且图像过点 $(1,1)$，$\mu>0$ 和 $\mu<0$ 的图像如图 1-12 所示.

(3)指数函数：$y=a^x$($a>0$ 且 $a\neq1$)，该函数的定义域为 $(-\infty,+\infty)$，值域为 $(0,+\infty)$，

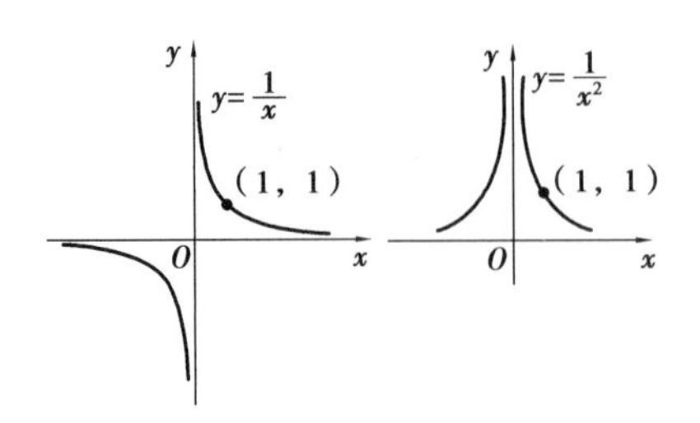


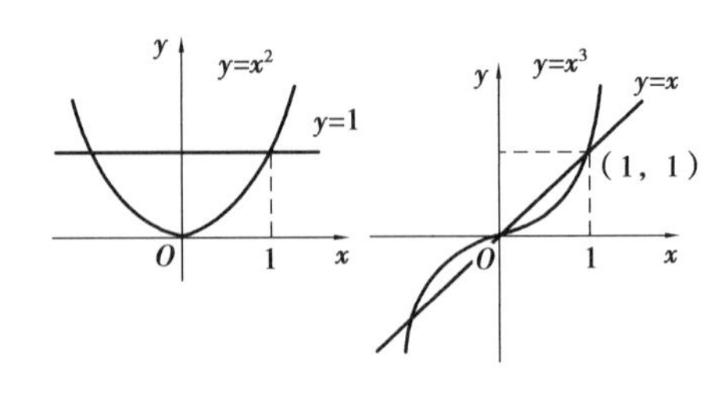


图 1-12

当 $a>1$ 时,函数单调增加;当 $0<a<1$ 时,函数单调减少,图像过点(0,1),如图 1-13 所示.

(4)对数函数:$y=\log_a x$($a>0$ 且 $a\neq1$),该函数的定义域为$(0,+\infty)$,值域为$(-\infty,+\infty)$,当 $a>1$ 时,函数单调增加;当 $0<a<1$ 时,函数单调减少,图像过点(1,0),如图 1-14 所示.

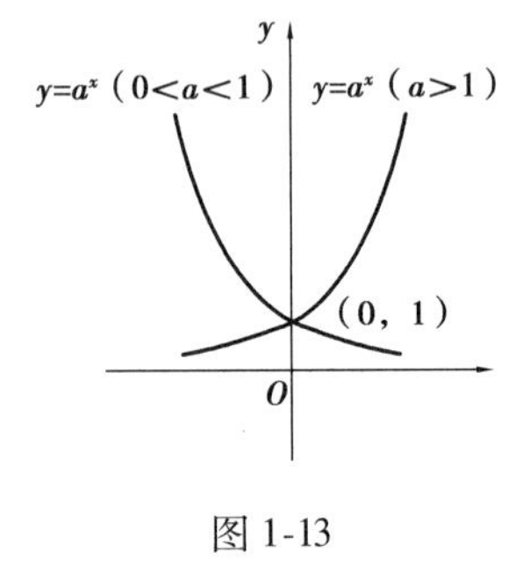


图 1-13

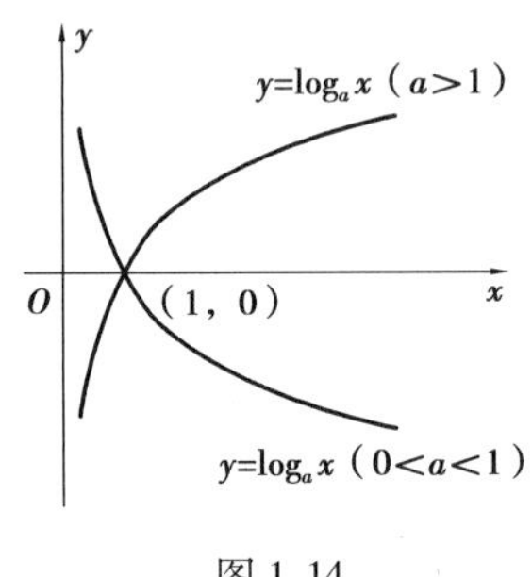


图 1-14

(5)三角函数:$y=\sin x$,$y=\cos x$,$y=\tan x$,$y=\cot x$,$y=\sec x$,$y=\csc x$ 统称为三角函数.

①正弦函数 $y=\sin x$ 的定义域为$(-\infty,+\infty)$,值域为$[-1,1]$,在$\left[2k\pi-\frac{\pi}{2},2k\pi+\frac{\pi}{2}\right]$上单调增加,在$\left[2k\pi+\frac{\pi}{2},2k\pi+\frac{3\pi}{2}\right]$上单调减少,它是以 $2\pi$ 为周期的周期函数,如图 1-15 所示.

②余弦函数 $y=\cos x$ 的定义域为$(-\infty,+\infty)$,值域为$[-1,1]$,在$[(2k-1)\pi,2k\pi]$上单调增加,在$[2k\pi,(2k+1)\pi]$上单调减少,它是以 $2\pi$ 为周期的周期函数,如图 1-16 所示.

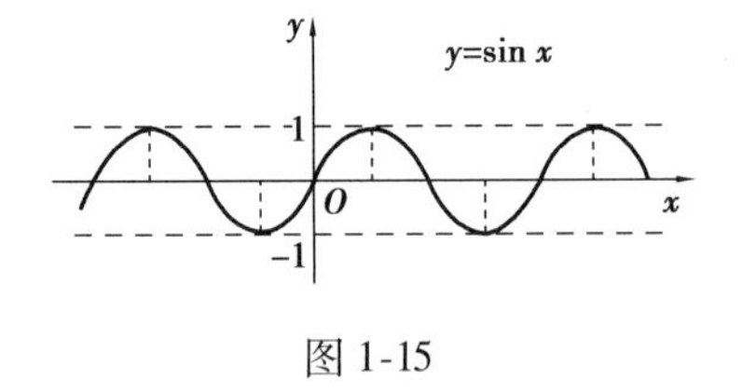


图 1-15

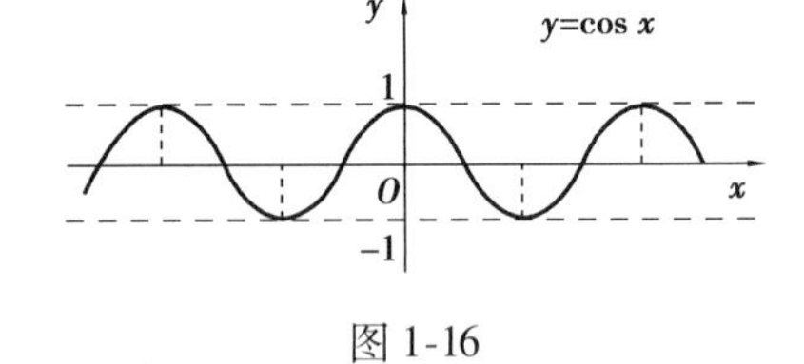


图 1-16

③正切函数 $y=\tan x$ 的定义域为$\left(k\pi-\frac{\pi}{2},k\pi+\frac{\pi}{2}\right)$($k\in\mathbf{Z}$),值域为$(-\infty,+\infty)$,是以 $\pi$ 为周期的周期函数,在定义域上单调增加,如图 1-17 所示.

④余切函数 $y=\cot x$ 的定义域为$(k\pi,(k+1)\pi)$($k\in\mathbf{Z}$),值域为$(-\infty,+\infty)$,是以 $\pi$ 为周期的周期函数,在定义域上单调减少,如图 1-18 所示.

⑤正割函数和余割函数 $y=\sec x$,$y=\csc x$,其中 $\sec x=\frac{1}{\cos x}$,$\csc x=\frac{1}{\sin x}$.

(6)反三角函数:$y=\arcsin x$,$y=\arccos x$,$y=\arctan x$,$y=\operatorname{arccot} x$ 统称为反三角函数.

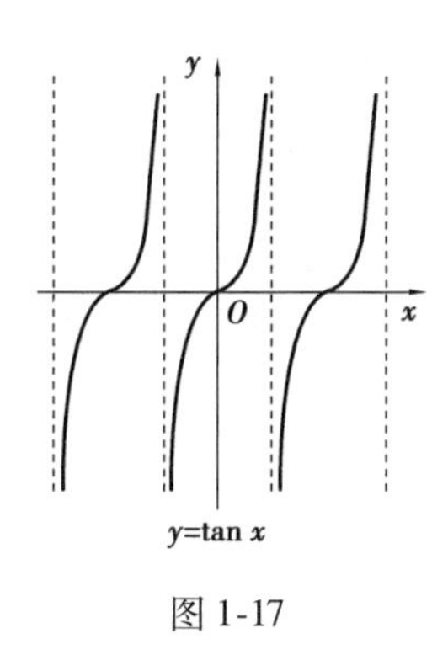


图 1-17

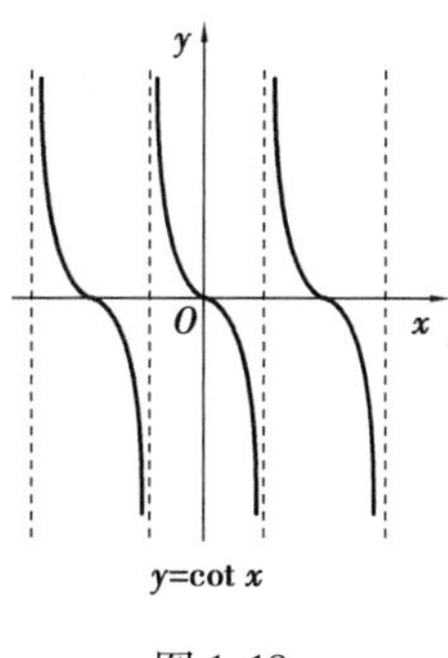


图 1-18

①反正弦函数. 正弦函数 $y=\sin x$ 在 $\left[-\frac{\pi}{2},\frac{\pi}{2}\right]$ 上的反函数称为反正弦函数,记作 $y=\arcsin x$,定义域为$[-1,1]$,值域为$\left[-\frac{\pi}{2},\frac{\pi}{2}\right]$,如图 1-19 所示.

②反余弦函数. 余弦函数 $y=\cos x$ 在$[0,\pi]$上的反函数称为反余弦函数,记作 $y=\arccos x$,定义域为$[-1,1]$,值域为$[0,\pi]$,如图 1-20 所示.

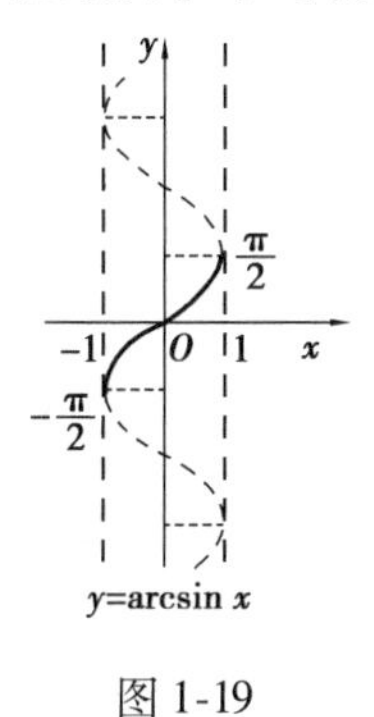


图 1-19

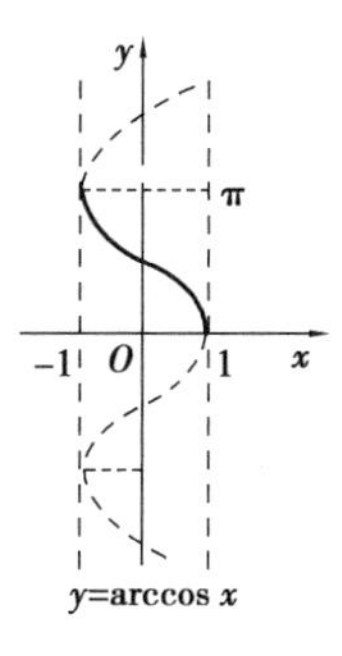


图 1-20

③反正切函数. 正切函数在$\left(-\frac{\pi}{2},+\frac{\pi}{2}\right)$上的反函数称为反正切函数,记作 $y=\arctan x$,定义域为$(-\infty,+\infty)$,值域为$\left(-\frac{\pi}{2},+\frac{\pi}{2}\right)$,如图 1-21 所示.

④反余切函数. 余切函数 $y=\cot x$ 在$(0,\pi)$上的反函数称为反余切函数,记作 $y=\text{arccot}\, x$,定义域为$(-\infty,+\infty)$,值域为$(0,\pi)$,如图 1-22 所示.

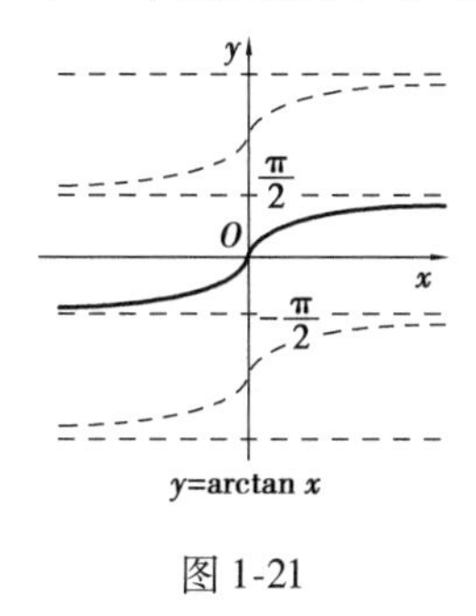


图 1-21

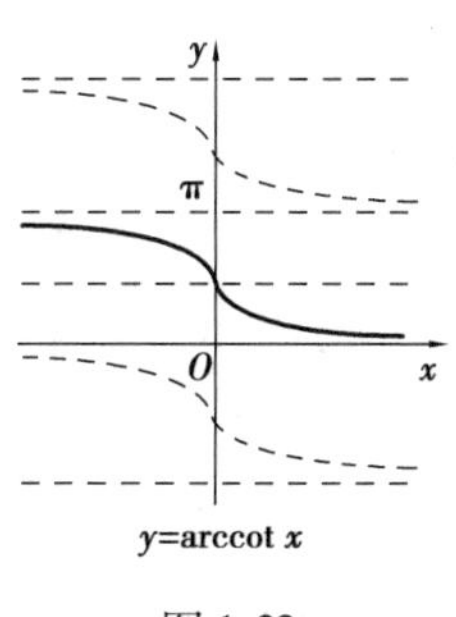


图 1-22

## 四、初等函数

由常数和基本初等函数经过有限次的四则运算及有限次的复合运算所构成的，并能用一个式子表示的函数称为初等函数. 例如，$y=\sqrt{1-x^2}$，$y=\sin^2 x$，$y=\sqrt{\cot\frac{x}{2}}$等都是初等函数.

## 五、建立函数关系举例

在解决实际问题时，往往要先建立问题中的函数关系，然后进行分析和计算. 下面举例说明建立函数关系的过程.

**例 2**　将直径为 $d$ 的圆木锯成截面为矩形的木材，如图 1-23 所示. 试列出矩形截面两条边长之间的函数关系.

**解**　设矩形截面的一条边长为 $x$，另一条边长为 $y$，则由勾股定理得

$$x^2+y^2=d^2.$$

解出 $y$，得

$$y=\sqrt{d^2-x^2}\ (0<x<d).$$

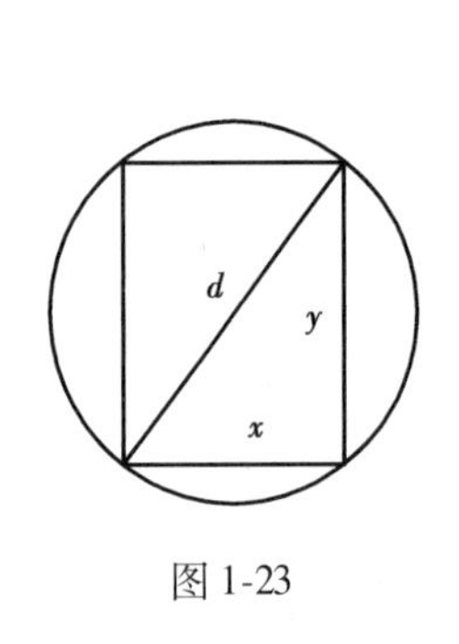


图 1-23

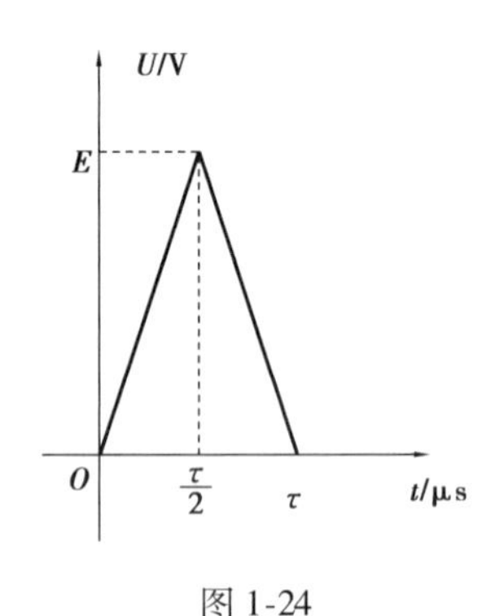


图 1-24

**例 3**　已知一单三角脉冲电压，其波形如图 1-24 所示. 试建立电压 $U$ 与时间 $t$ 之间的函数关系.

**解**　由图 1-24 可知，$U=\begin{cases}\frac{2E}{\tau}t, 0\leqslant t<\frac{\tau}{2}\\ -\frac{2E}{\tau}(t-\tau), \frac{\tau}{2}\leqslant t<\tau\\ 0, t\geqslant\tau\end{cases}$. 这就是电压 $U$ 与时间 $t$ 之间的函数关系.

上述函数在不同的定义范围内有不同的函数关系式，这样的函数叫作分段函数.

**例 4**　某厂生产某产品，每日最多生产 100 单位. 它的固定成本为 130 元，生产每一个单位产品的可变成本为 6 元. 求该厂日总成本函数及平均单位成本函数.

**解**　设总成本为 $C$，平均单位成本为 $\overline{C}$，日产量为 $x$. 由于日总成本为固定成本与可变成本之和，据题意，日总成本函数为

$$C=C(x)=130+6x, D(C)=[0,100].$$

平均单位成本函数为

$$\overline{C}=\overline{C}(x)=\frac{C(x)}{x}=\frac{130}{x}+6,D(C)=[0,100].$$

**想一想**

庆祝中华人民共和国成立70周年阅兵式展示了我国强大的军事力量,我们作为中国人感到很骄傲. 在鸣炮升旗环节中,70响礼炮鸣响,那么炮弹发射的高度与发射时间用函数如何描述?

## 案例分析与应用

### 案例分析 1.1　计算机打印出来的银行存款利息清单会有错吗——张奶奶的维权问题

**解**　银行在计算利息时把一年后全部按活期计算,税前为

$(28\ 000\times 2.25\%+28\ 000\times 0.72\%\times 3+28\ 000\times 0.72\%\times 5\div 365)$ 元 $\approx 1\ 237.56$ 元,

税后为

$$1\ 237.56\times 80\% \text{ 元}\approx 990.05 \text{ 元}.$$

小王计算的税前为

$(28\ 000\times 2.25\%+28\ 000\times 1.98\%\times 3+28\ 000\times 0.72\%\times 5\div 365)$ 元 $\approx 2\ 295.96$ 元,

税后为

$$2\ 295.96\times 80\% \text{ 元}\approx 1\ 836.77 \text{ 元}.$$

银行把自动转存给漏掉了.

### 案例分析 1.2　“年终奖”税收的优惠政策

《中华人民共和国个人所得税法》2018年修改后,财政部、税务总局发布了《关于个人所得税法修改后有关优惠政策衔接问题的通知》(财税〔2018〕164号),其中关于居民个人取得全年一次性奖金(即年终奖)的个人所得税规定如下:

居民个人取得全年一次性奖金,符合《国家税务总局关于调整个人取得全年一次性奖金等计算征收个人所得税方法问题的通知》(国税发〔2005〕9号)规定的,在2021年12月31日前,不并入当年综合所得,以全年一次性奖金除以12个月得到的数额,按照本通知所附按月换算后的综合所得税率表(以下简称月度税率表,见表1-2),确定适用税率和速算扣除数,单独计算纳税. 计算公式为:

应纳税额=全年一次性奖金收入×适用税率-速算扣除数

居民个人取得全年一次性奖金,也可以选择并入当年综合所得计算纳税. 自2022年1月1日起,居民个人取得全年一次性奖金,应并入当年综合所得计算缴纳个人所得税.

表 1-2

| 级数 | 全月应纳税所得额 | 税率/% | 速算扣除数 |
|---|---|---|---|
| 1 | 不超过 3 000 元 | 3 | 0 |
| 2 | 超过 3 000 元至 12 000 元的部分 | 10 | 210 |
| 3 | 超过 12 000 元至 25 000 元的部分 | 20 | 1 410 |
| 4 | 超过 25 000 元至 35 000 元的部分 | 25 | 2 660 |
| 5 | 超过 35 000 元至 55 000 元的部分 | 30 | 4 410 |
| 6 | 超过 55 000 元至 80 000 元的部分 | 35 | 7 160 |
| 7 | 超过 80 000 元的部分 | 45 | 15 160 |

为减轻个人所得税负担,缓解中低收入群体的压力,2021 年底财政部、税务总局发布了《关于延续实施全年一次性奖金等个人所得税优惠政策的公告》(财政部税务总局公告 2021 年第 42 号),规定全年一次性奖金单独计算优惠政策执行期限延长至 2023 年 12 月 31 日.

也就是说,目前年终奖存在单独计税和合并计税两种计税方式,其中单独计税的政策有效期延期到 2023 年底. 2024 年开始,年终奖将全部采用合并计税方式计算个人所得税.

单独计税,也就是年终奖不并入当年综合所得,而是按照公式"应纳税额=全年一次性奖金收入×适用税率-速算扣除数"单独计税;合并计税,也就是年终奖并入综合所得,按照公式"应纳税额=应纳税所得额×适用税率-速算扣除数"合并计算纳税. 此时,年终奖并入综合所得前后的应纳税额差值,可以认为就是年终奖的个税税额.

下面我们假设小王收入均来自工资、薪金,无经营所得. 目前月工资 15 000 元,五险一金(个人部分)支出 3 000 元,专项附加扣除 2 000 元,年终奖金 90 000 元,无其他税前扣除事项.

1. 单独计税时的年终奖个税

根据年终奖单独计税规则,以全年一次性奖金除以 12 月,即 90 000/12 元=7 500 元,对照按月换算后的综合所得税率表,得出适用税率 10%、速算扣除数为 210 元. 此时年终奖应纳税额计算结果为:应纳税额=全年一次性奖金收入×适用税率-速算扣除数=(90 000×10%-210)元=8 790 元.

2. 合并计税时的年终奖个税

根据综合所得的计税规则,在不纳入年终奖时,全年应纳税所得额为综合所得收入减除费用 60 000 元以及专项扣除、专项附加扣除和依法确定的其他扣除,即(15 000×12-3 000×12-5 000×12-2 000×12)元=60 000 元,对照综合所得税率表(表 1-3),得出适用税率 10%、速算扣除数 2 520 元. 此时综合所得应纳税额计算结果为:应纳税额=应纳税所得额×适用税率-速算扣除数=(60 000×10%-2 520)元=3 480 元.

表 1-3

| 级数 | 全年应纳税所得额 | 税率/% | 速算扣除数 |
|---|---|---|---|
| 1 | 不超过 36 000 元 | 3 | 0 |
| 2 | 超过 36 000 元至 144 000 元的部分 | 10 | 2 520 |
| 3 | 超过 144 000 元至 300 000 元的部分 | 20 | 16 920 |
| 4 | 超过 300 000 元至 420 000 元的部分 | 25 | 31 920 |
| 5 | 超过 420 000 元至 660 000 元的部分 | 30 | 52 920 |
| 6 | 超过 660 000 元至 960 000 元的部分 | 35 | 85 920 |
| 7 | 超过 960 000 元的部分 | 45 | 181 920 |

同样规则,在年终奖计入综合所得时,全年应纳税所得额=(15 000×12−5 000×12−3 000×12−2 000×12+90 000)元=150 000 元,适用税率 20%、速算扣除数 16 920 元. 此时综合所得应纳税额计算结果为:应纳税额=(150 000×20%−16 920)元=13 080 元. 记入年终奖前后应纳税额的差值,即(13 080−3 480)元=9 600 元,可以认为是合并计税情形下年终奖的个人所得税应纳税额.

当然,合并计税时,也可以直接按照超额累进税率的基本原理来直接计算合并计税时年终奖的个人所得税应纳税额. 不计入年终奖时应纳所得税额为 60 000 元,计入年终奖时应纳税所得额 150 000 元,其中 60 000 ~ 144 000 元部分适用 10% 税率,14 400 ~ 150 000 元部分适用 20% 税率,则年终奖应纳税额计算结果为:应纳税额=[(14 400−60 000)×10%+(150 000−144 000)×20%]元=9 600 元.

比较发现,上述案例中合并计税要比单独计税多交税(9 600−8 790)元=810 元,尤其是高收入群体,年终奖单独计税更为有利.

## 习题一

1. 求下列函数的定义域.

(1) $y=\dfrac{x}{\tan x}$;　　(2) $y=\sqrt{\ln\dfrac{5x-x^2}{4}}$;

(3) $y=\arccos\sqrt{5x}$;　　(4) $y=\sqrt{\sin x}+\dfrac{1}{\ln(2+x)}$.

2. 判断下列函数的奇偶性.

(1) $y=2x^2-5\cos x$;　　(2) $y=x\cos\dfrac{1}{x}$;

(3) $y=\ln(x+\sqrt{x^2+1})$;　　(4) $y=\sin x-\cos x$.

3. 下列函数哪些是周期函数？对于周期函数,指出其周期.

(1) $y=|\sin x|$；

(2) $y=3\sin\left(\dfrac{x}{2}+\dfrac{\pi}{6}\right)$；

(3) $y=\sin x+\cos\dfrac{x}{2}$；

(4) $y=x\sin x$.

4. 求下列函数的反函数.

(1) $y=\sqrt[3]{2x-1}$；

(2) $y=\dfrac{1-x}{1+x}$；

(3) $y=\dfrac{2^x}{2^x+1}$；

(4) $y=1+\log_{\frac{1}{2}}(x+2)$.

5. 分解下列复合函数成简单函数.

(1) $y=\sqrt[3]{2x-1}$；

(2) $y=\cos^2(2x+1)$；

(3) $y=\ln\tan 3x$；

(4) $y=\ln\ln\ln^4 x$.

6. 有一边长为 $a$ 的正方形铁片,从它的 4 个角截去相等的小正方形块,然后折起来做成一个无盖的小盒子. 求它的容积 $V$ 与截去的小方形边长 $x$ 之间的函数关系.

7. 火车站收取行李费的规定如下:当行李不超过 50 kg 时,按基本运费计算. 如从上海到某地每千克收 0.15 元;当超过 50 kg 时,超过部分按 0.25 元/kg 收费. 试求上海到该地的行李费 $y$(元)与重量 $x$(kg)之间的函数关系式,并画出其函数图像.

**思政小课堂**

李善兰,原名李心兰,字竟芳,号秋纫,别号壬叔,浙江海宁人,是近代著名的数学、天文学家,李善兰在数学研究方面的成就主要有尖锥术、垛积术和素数论三项.

尖锥术理论主要见于《方圆阐幽》《火弧矢启秘》《对数探源》三部著作,当时解析几何与微积分学尚未传入中国,李善兰创立的"尖锥"概念,是一种处理代数问题的几何模型,他对"尖锥曲线"的描述实质上相当于给出了直线、抛物线、立方抛物线等方程.

垛积术理论主要见于《垛积比类》,这是有关高阶等差级数的著作,李善兰从研究中国传统的垛积问题入手,取得了一些相当于现代组合数学中的成果,著名的"李善兰恒等式"也出自该书.

素数论主要见于《考数根法》,这是中国素数论方面最早的著作. 在判别一个自然数是否为素数时,李善兰证明了著名的费马素数定理,并指出了它的逆定理不真.

在把西方近代物理学知识翻译为中文的传播工作中,李善兰作出了重大贡献. 他的译书也对中国近代物理学的发展起了启蒙作用. 清同治七年(1868),李善兰到北京担任同文馆天文、算学部长,执教达 13 年之久,为培养中国第一代科学人才作出了贡献,同时也为近代科学在中国的传播和发展作出了开创性的贡献.

李善兰一生翻译西方科技书籍甚多,将近代科学最主要的几门知识从天文学到植物细胞学的最新成果介绍传入中国,对促进近代科学的发展作出卓越贡献.

# 第二章
# 极限与连续

高等数学的研究对象是函数. 而研究的方法是极限. 从方法论来说,这是高等数学区别于初等数学的重要标志. 在高等数学课程中几乎所有的概念都以极限概念为基础. 所以,极限概念是高等数学中的重要概念,极限理论是高等数学最基础的理论.

## 开篇案例

**案例 2.1　病人为何要按时吃药**

任何人的一生免不了会生病、打针、吃药,当患者看医生拿药时,药瓶(袋)上总会出现这样的字样:每 6 小时服用一粒或一日三次、一次一粒等,患者为何要按时吃药,为何不同的病、不同的药服用的方式不同?

很多常见疾病是由细菌侵入人体内而引起的,吃药的目的是消灭细菌,从而使人康复. 患者能否康复,取决于是否能够杀灭细菌. 杀灭细菌是通过吃药或打针让药物成分进入血液,通过血液循环传遍全身,当血液中的药物达到一定浓度时完成的. 随着时间的流逝,血液中的药物浓度会逐渐降低,当血液中的药物浓度降到一定程度时就不足以杀灭细菌,这时就需要吃药或打针使浓度增加从而达到杀菌的目的,这个过程反复几次,直到病人完全康复为止.

在医学上是怎样确定一种药物被人体吸收后达到足以对病菌起杀灭或抑制作用的时间的? 怎样确定药物的剂量的? 要解决这一类问题,就要用到极限的理论.

## 第一节　数列的极限

极限概念是在探求某些实际问题的精确解答的过程中产生的. 例如瞬时速度问题. 当你驱车在城内行驶时,观察汽车的速度表,你会发现指针并不是长时间静止不动的;也就是说,汽车的速度并不是恒定的. 通过观察速度表,设想汽车在每个瞬间都有一个明确的速度,但是“瞬间”速度如何定义呢? 参考落球的例子.

假设一个球从距地面 450 m 的高空落下,球下落 5 s 时的速度是多少?

如果用 $s(t)$ 表示物体下落 $t$ s 后的距离,那么有 $s(t)=\frac{1}{2}gt^2$. 求出下落 5 s 时的速度,困难在于我们处理的是一个瞬时($t=5$),因此并不存在时间间隔. 然而,我们可以用 $t=5$ 与 $t=5.1$ 之间这 0. 1 s 短暂时间内的平均速度作为瞬时速度的近似值:

$$\text{平均速度}=\frac{\text{走过的距离}}{\text{用过的时间}}=\frac{s(5.1)-s(5)}{0.1}\text{m/s}\approx 49.49\ \text{m/s}.$$

表 2-1 中列出来持续缩小的时间间隔上,平均速度的计算结果.

**表** 2-1

| 时间间隔 | 平均速度/(m·s$^{-1}$) |
|---|---|
| $5\leqslant t\leqslant 6$ | 53. 9 |
| $5\leqslant t\leqslant 5.1$ | 49. 49 |
| $5\leqslant t\leqslant 5.05$ | 49. 245 |
| $5\leqslant t\leqslant 5.01$ | 49. 049 |
| $5\leqslant t\leqslant 5.001$ | 49. 004 9 |

容易看出,当我们缩短时间间隔时,平均速度越来越靠近 49 m/s 这个定值,这个确定的数值就定义为 $t=5$ 时的瞬时速度. 这个确定的数值在数学上称为平均速度的极限. 在速度问题中我们可以看到,正是这个平均速度的极限才精确地表达了瞬时速度.

在解决实际问题中逐渐形成的这种极限方法,已成为微积分中的一种基本方法.

## 一、数列的极限

在某一对应规则下,当 $n(n\in N)$ 依次取 $1,2,3,\cdots,n,\cdots$ 时,对应的实数排成一列数

$$x_1,x_2,x_3,\cdots,x_n,\cdots$$

这列数就称为数列,记为 $\{x_n\}$.

从定义看到,数列可以理解为定义域为数集 $N$ 的函数

$$x_n=f(n),n\in N.$$

当自变量依次取 $1,2,3,\cdots$ 一切自然数时,对应的函数值就排列成数列 $\{x_n\}$.

数列中第 $n$ 个数 $x_n$ 叫作数列的第 $n$ 项或一般项. 例如数列

$1,\frac{1}{2},\frac{1}{3},\cdots,\frac{1}{n},\cdots$　　一般项 $x_n=\frac{1}{n}$;

$\frac{1}{2},\frac{1}{4},\frac{1}{8},\cdots,\frac{1}{2^n},\cdots$　　一般项 $x_n=\frac{1}{2^n}$;

$1,\frac{5}{2},\frac{5}{3},\frac{9}{4},\frac{9}{5},\cdots,\frac{2n+(-1)^n}{n},\cdots$　　　　一般项 $x_n=\frac{2n+(-1)^n}{n}$；

$\frac{1}{2},\frac{2}{3},\frac{3}{4},\cdots,\frac{n}{n+1},\cdots$　　　　一般项 $x_n=\frac{n}{n+1}$；

$-2,4,-6,8,\cdots,(-1)^n2n,\cdots$　　　　一般项 $x_n=(-1)^n2n$；

$1,-1,1,-1,1,-1,\cdots,(-1)^{n+1},\cdots$　　　　一般项 $x_n=(-1)^{n+1}$.

从上述各个数列可以看出，随着 $n$ 的逐渐增大，它们有其各自的变化趋势. 在此先对几个数列的变化趋势进行分析，再给出数列极限的概念.

数列$\left\{\frac{1}{n}\right\}$，当 $n$ 无限增大时，它的一般项 $x_n=\frac{1}{n}$无限接近于 0；

数列$\left\{\frac{1}{2^n}\right\}$，当 $n$ 无限增大时，它的一般项 $x_n=\frac{1}{2^n}$也无限接近于 0；

数列$\left\{\frac{2n+(-1)^n}{n}\right\}$，当 $n$ 无限增大时，它的一般项 $x_n=\frac{2n+(-1)^n}{n}$无限接近于 2；

数列$\{(-1)^n2n\}$，当 $n$ 无限增大时，它的一般项 $x_n=(-1)^n2n$ 的绝对值 $|x_n|=2n$ 也无限增大，因此一般项 $x_n=(-1)^n2n$ 不接近于任何确定的常数；

数列$\{(-1)^{n+1}\}$，当 $n$ 无限增大时，它的一般项 $x_n=(-1)^{n+1}$ 有时等于 1，有时等于−1，因此一般项 $x_n=(-1)^{n+1}$ 不接近于任何确定的常数；

从以上数列可以看到，数列$\{x_n\}$的一般项 $x_n$ 的变化趋势有两种情形：无限接近于某个确定的常数或不接近于任何确定的常数，这样可得到数列极限的初步定义.

**定义**　给定一个数列$\{x_n\}$，如果当 $n$ 无限增大时，它的一般项 $x_n$ 无限地趋近于某个常数 $a$，则称数列$\{x_n\}$当 $n\to\infty$ 时以 $a$ 为极限，或称数列$\{x_n\}$收敛于 $a$，记作$\lim\limits_{n\to\infty}x_n=a$ 或 $x_n\to a(n\to\infty)$.

例如，$\lim\limits_{n\to\infty}\frac{1}{n}=0$ 或$\frac{1}{n}\to 0(n\to\infty)$；

$\lim\limits_{n\to\infty}\frac{2n+(-1)^n}{n}=2$ 或$\frac{2n+(-1)^n}{2n}\to 2(n\to\infty)$.

如果数列$\{x_n\}$的项数 $n$ 无限增大时，它的一般项 $x_n$ 不接近于任何确定的常数，那么称数列$\{x_n\}$没有极限，或说数列是发散的.

当 $n$ 无限增大时，如果$|x_n|$无限增大，那么数列没有极限. 这时，习惯上也称数列$\{x_n\}$的极限是无穷大，记作$\lim\limits_{n\to\infty}x_n=\infty$.

如，$\lim\limits_{n\to\infty}(-1)^{n+1}$ 和$\lim\limits_{n\to\infty}(-1)^n n$ 都不存在，但后者可以记作$\lim\limits_{n\to\infty}(-1)^n n=\infty$.

**例**　观察下列数列当 $n\to\infty$ 时的极限.

(1) $x_n=\frac{n}{n+1}$；(2) $x_n=\frac{1}{3^n}$；(3) $x_n=2n+1$；(4) $x_n=(-1)^n$.

**解**　对于每一数列，先将数列列出来，再根据极限的定义，观察数列当 $n\to\infty$ 时的变化趋势，可得

(1) $\frac{1}{2},\frac{2}{3},\frac{3}{4},\cdots,\frac{n}{n+1},\cdots$；$\lim\limits_{n\to\infty}\frac{n}{n+1}=1$；

(2) $\frac{1}{3},\frac{1}{3^2},\frac{1}{3^3},\cdots,\frac{1}{3^n},\cdots;\lim\limits_{n\to\infty}\frac{1}{3^n}=0$;

(3) $3,5,7,\cdots,2n+1,\cdots;\lim\limits_{n\to\infty}(2n+1)$不存在;

(4) $-1,1,-1,\cdots,(-1)^n,\cdots;\lim\limits_{n\to\infty}(-1)^n$不存在.

## 二、极限的性质

**定理 1(极限的唯一性)** 收敛数列$\{x_n\}$的极限是唯一的.

**定理 2(收敛数列的有界性)** 如果数列$\{x_n\}$收敛,那么数列$\{x_n\}$一定有界.

**注意**:数列收敛一定有界,反之不真. 例如数列$\{(-1)^n\}$有界,但不收敛.

# 第二节 函数的极限

## 一、函数的极限

因为数列$\{x_n\}$可以看作自变量为 $n$ 的函数,即 $x_n=f(n),n\in N$,所以可把数列$\{x_n\}$以 $a$ 为极限,看作当自变量取正整数而无限增大($n\to\infty$)时,对应的函数值$f(n)$无限接近于确定的常数 $a$. 如果把数列极限中的函数$f(n)$的定义域 $N$ 以及自变量的变化过程 $n\to\infty$ 等特殊性撇开,就可以得到函数极限的概念. 函数极限问题与自变量的变化过程密切相关. 在这里,主要讨论以下两种自变量的变化过程:

(1) 自变量 $x$ 的绝对值$|x|$无限增大即趋向于无穷大(记作 $x\to\infty$)时,函数值$f(x)$的变化情形;

(2) 自变量 $x$ 任意地接近于有限值 $x_0$ 或者说趋近于有限值 $x_0$(记作 $x\to x_0$)时,函数值$f(x)$的变化情形.

**定义 1** 设函数$f(x)$在 $x>M(M>0)$时有定义,当 $x$ 无限增大(记作 $x\to+\infty$)时,对应的函数值$f(x)$无限地趋近于常数 $A$,则称函数$f(x)$当 $x\to+\infty$ 时以 $A$ 为极限. 记作

$$\lim_{x\to+\infty}f(x)=A,\text{或}f(x)\to A(x\to+\infty).$$

这种函数极限同数列极限的意思是一样的,只不过在数列极限中,自变量 $n$ 只取正整数,取极限时,它"离散"地增大. 而在这里,自变量 $x$ 可取大于 $M$ 的实数,取极限时,它"连续"地增大.

**例 1** 假设某种疾病流行 $t$ 天后,传染的人数 $N(t)$ 为 $N(t)=\frac{10^6}{1+5\times10^3e^{-0.1t}}$,求(1) $t$ 为多少天时,会有 50 万人感染上这种疾病?(2)若从长远考虑,估计有多少人会感染上这种疾病?

**解** (1)令 $N(t)=\frac{10^6}{1+5\times10^3e^{-0.1t}}=5\times10^5$,化简得 $e^{0.1t}=5\times10^3$,则 $t=10\ln 5\ 000\approx85$. 故约 85 天时,会有 50 万人感染上这种疾病.

(2)若从长远考虑,即 $t\to+\infty$ 时,有

$$\lim_{t\to+\infty}N(t)=\lim_{t\to+\infty}\frac{10^6}{1+5\times10^3\mathrm{e}^{-0.1t}}=10^6(\text{其中},t\to+\infty\ \text{时},\mathrm{e}^{-0.1t}\to0),$$

所以,若从长远考虑,将有 100 万人感染上这种疾病.

从几何上看,极限 $\lim\limits_{x\to+\infty}f(x)=A$,表示随 $x$ 无限增大,曲线 $y=f(x)$ 上对应的点与直线 $y=A$ 的距离无限制变小,如图 2-1 所示.

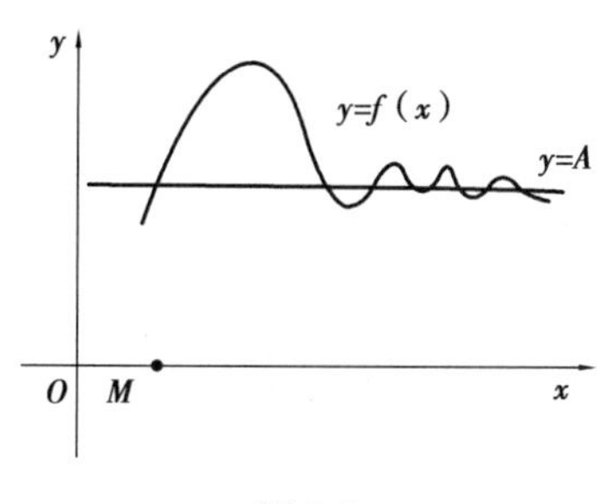


图 2-1

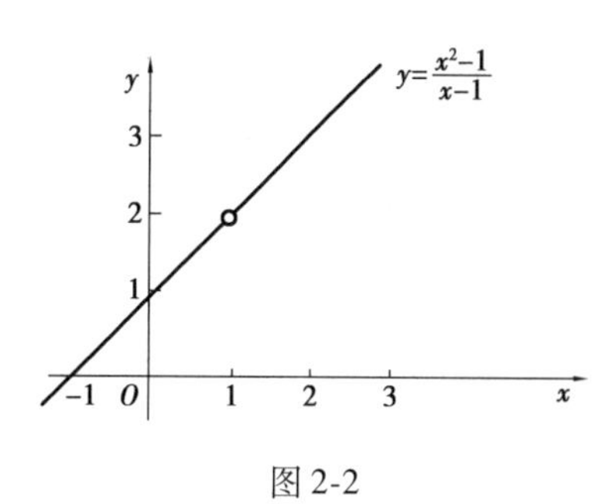


图 2-2

类似地,可以定义函数极限

$$\lim_{x\to-\infty}f(x)=A\ \text{或}\ f(x)\to A(x\to-\infty).$$

这里 $x\to-\infty$ 是指 $x$ 取负值且绝对值无限地增大.

如果函数 $f(x)$ 当 $x\to+\infty$ 和 $x\to-\infty$ 时都以 $A$ 为极限,就说 $f(x)$ 当 $x\to\infty$ 时以确定的数 $A$ 为极限,记作

$$\lim_{x\to\infty}f(x)=A\ \text{或}\ f(x)\to A(x\to\infty).$$

**例 2** $\lim\limits_{x\to+\infty}\mathrm{e}^{-x}=0$, $\lim\limits_{x\to-\infty}\arctan x=-\dfrac{\pi}{2}$, $\lim\limits_{x\to\infty}\dfrac{2x+1}{x}=2$, $\lim\limits_{x\to\infty}\left(1+\dfrac{1}{x}\right)=1$ 分别是 $x\to+\infty$、$x\to-\infty$、$x\to\infty$ 时的函数 $f(x)$ 存在极限的例子.

从 $\lim\limits_{x\to\infty}\dfrac{2x+1}{x}=2$ 与 $\lim\limits_{x\to\infty}\left(1+\dfrac{1}{x}\right)=1$ 可以看出, $\lim\limits_{x\to+\infty}\dfrac{2x+1}{x}=2$, $\lim\limits_{x\to-\infty}\dfrac{2x+1}{x}=2$, $\lim\limits_{x\to+\infty}\left(1+\dfrac{1}{x}\right)=1$, $\lim\limits_{x\to-\infty}\left(1+\dfrac{1}{x}\right)=1$,可以证明: $\lim\limits_{x\to\infty}f(x)=A$ 的充分必要条件是 $\lim\limits_{x\to+\infty}f(x)=\lim\limits_{x\to-\infty}f(x)=A$.

在给出 $x\to x_0$ 时函数极限的定义之前先考虑当 $x\to1$ 时,函数 $f(x)=\dfrac{x^2-1}{x-1}$ 的变化情况. 因为当 $x=1$ 时,函数没有定义,而当 $x\neq1$ 时, $f(x)=\dfrac{x^2-1}{x-1}=x+1$,所以 $f(x)$ 的图像如图 2-2 所示.

从表 2-2 中不难看出,当 $x\to1(x\neq1)$ 时,函数值 $f(x)$ 无限接近于 2.

**表 2-2**

| $x$ | 0.9 | 0.99 | 0.999 | … | 1.1 | 1.01 | 1.001 | 1.000 1 |
|---|---|---|---|---|---|---|---|---|
| $f(x)$ | 1.9 | 1.99 | 1.999 | … | 2.1 | 2.01 | 2.001 | 2.000 1 |

可以看出，当 $x$ 越来越接近于 1 时，$f(x)$ 与 2 的差值越来越接近于 0，还可以看出 $x$ 无论是从大于 1 还是小于 1 两侧趋向于 1 时，函数值 $f(x)$ 都无限接近于 2. 我们称当 $x\to1$ 时，$f(x)$ 以 2 为极限.

**定义 2** 设函数 $f(x)$ 在点 $x_0$ 的某一去心邻域内有定义，如果当 $x$ 无限地趋近于 $x_0$ 时，$f(x)$ 无限趋近于常数 $A$，则称函数 $f(x)$ 当 $x\to x_0$ 时以 $A$ 为极限. 记作

$$\lim_{x\to x_0}f(x)=A \text{ 或 } f(x)\to A(x\to x_0).$$

在定义中，“设函数 $f(x)$ 在点 $x_0$ 的某一去心邻域内有定义”反映我们关心的是函数 $f(x)$ 在点 $x_0$ 附近的变化趋势，而不是函数 $f(x)$ 在点 $x_0$ 这一孤立点的情况. 在定义极限 $\lim\limits_{x\to x_0}f(x)$ 时，$f(x)$ 在点 $x_0$ 可以有定义，也可以没有定义，极限 $\lim\limits_{x\to x_0}f(x)$ 是否存在，与 $f(x)$ 在点 $x_0$ 处有没有定义或函数取什么数值无关.

**例 3** 当 $x\to2$ 时，函数 $f(x)=2x+1$ 无限接近于 5，所以 $\lim\limits_{x\to2}(2x+1)=5$.

在这里，函数 $f(x)=2x+1$ 在点 $x=2$ 处有定义，且当 $x\to2$ 时，$f(x)$ 的极限值恰好是 $f(x)$ 在 $x=2$ 处的函数值，即 $\lim\limits_{x\to2}(2x+1)=f(2)$.

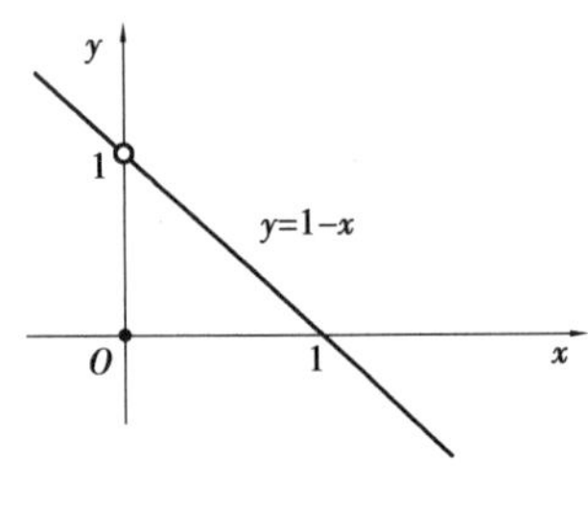

图 2-3

**例 4** 函数 $f(x)=\begin{cases}1-x, x\neq0\\0, x=0\end{cases}$ 的图像是“挖掉”点 $(0,1)$ 的直线 $y=1-x$，再加上点 $(0,0)$，如图 2-3 所示. 当 $x\neq0$ 时，$f(x)=1-x$，则 $\lim\limits_{x\to0}f(x)=\lim\limits_{x\to0}(1-x)=1$，极限 $\lim\limits_{x\to0}f(x)$ 存在，但不等于 $f(x)$ 在点 $x=0$ 处的函数值.

利用函数极限的定义可以考察某个常数 $A$ 是否为函数 $f(x)$ 在点 $x_0$ 处的极限，但不是用来求函数 $f(x)$ 在点 $x_0$ 处极限的常用方法. 计算函数的极限问题将在以后的章节中讨论. 可以验证：幂函数、指数函数、对数函数、三角函数和反三角函数等基本初等函数在其各自的定义域内每点处的极限都存在，且等于该点的函数值.

上面我们讨论了当 $x\to x_0$ 时，$f(x)$ 的极限，在定义中所讨论的 $x$ 值可以从 $x_0$ 的左右两侧趋近于 $x_0$，但有时所讨论的 $x$ 值仅从 $x_0$ 左侧（或右侧）趋近于 $x_0$，即 $x\to x_0$ 且保持 $x<x_0$（或 $x>x_0$）的情形，因此需要考虑单侧极限.

**定义 3** 如果 $x$ 从 $x_0$ 的左侧（$x<x_0$）趋近于 $x_0$ 时，$f(x)$ 无限趋近于常数 $A$，则称 $A$ 为函数 $f(x)$ 当 $x\to x_0$ 时的左极限. 记作

$$\lim_{x\to x_0^-}f(x)=A.$$

如果当 $x$ 从 $x_0$ 的右侧（$x>x_0$）趋近于 $x_0$ 时，$f(x)$ 无限趋近于常数 $A$，则称 $A$ 为函数 $f(x)$ 当 $x\to x_0$ 时的右极限. 记作

$$\lim_{x\to x_0^+}f(x)=A.$$

根据左右极限的定义，可以验证：极限 $\lim\limits_{x\to x_0}f(x)$ 存在的充分必要条件是左右极限都存在且相等，即

$$\lim_{x\to x_0}f(x)=A\Leftrightarrow\lim_{x\to x_0^-}f(x)=\lim_{x\to x_0^+}f(x)=A.$$

因此,当左右极限$\lim\limits_{x \to x_0^-} f(x)$、$\lim\limits_{x \to x_0^+} f(x)$都存在,但不相等;或者左右极限$\lim\limits_{x \to x_0^-} f(x)$、$\lim\limits_{x \to x_0^+} f(x)$至少有一个不存在时,就可断言$\lim\limits_{x \to x_0} f(x)$不存在.

**例 5**　设$f(x)=\begin{cases} 1 & x<0 \\ x & x \geqslant 0 \end{cases}$,试问当$x \to 0$时,$f(x)$的极限是否存在?

**解**　当$x<0$时,$\lim\limits_{x \to 0^-} f(x) = \lim\limits_{x \to 0^-} 1 = 1$;

当$x>0$时,$\lim\limits_{x \to 0^+} f(x) = \lim\limits_{x \to 0^+} x = 0$.

因为左右极限存在但不相等,所以当$x \to 0$时,$f(x)$的极限不存在.

**例 6**　设$f(x)=\begin{cases} 0 & x<0 \\ x & x \geqslant 0 \end{cases}$,求$\lim\limits_{x \to 0} f(x)$.

**解**　$\lim\limits_{x \to 0^-} f(x) = \lim\limits_{x \to 0^-} 0 = 0$,$\lim\limits_{x \to 0^+} f(x) = \lim\limits_{x \to 0^+} 0 = 0$.

左右极限存在且相等,故$\lim\limits_{x \to 0} f(x) = 0$.

## 二、极限的性质

**定理 1**　如果函数$f(x)$的极限存在,则极限是唯一的.

**定理 2**　如果$\lim\limits_{x \to x_0} f(x) = A$,且$A>0$(或$A<0$),则总存在一个$\delta>0$,使$0<|x-x_0|<\delta$时,$f(x)>0$(或$f(x)<0$).

**定理 3**　如果$\lim\limits_{x \to x_0} f(x) = A$且$f(x) \geqslant 0$(或$f(x) \leqslant 0$),则$A \geqslant 0$(或$A \leqslant 0$).

**定理 4(收敛数列的有界性)**　如果数列$\{x_n\}$收敛,则数列$\{x_n\}$一定有界.

根据上述定理,如果数列$\{x_n\}$无界,则数列一定发散. 但是如果数列有界,也不能断定数列一定收敛. 例如数列

$$1,\ -1,1,\ -1,\cdots,(-1)^{n+1},\cdots$$

有界,但这数列是发散的. 所以数列有界是数列收敛的必要条件,但不是充分条件.

# 第三节　极限的运算法则

本节将介绍极限的四则运算法则. 函数极限与数列极限有相同的运算法则. 所以定理对自变量的变化过程$n \to \infty$、$x \to x_0$(包括$x \to x_0^-$、$x \to x_0^+$)及$x \to \infty$(包括$x \to -\infty$、$x \to +\infty$)都成立. 以下定理在极限记号下未注明自变量的变化过程(当然在同一问题中自变量的变化过程是相同的,即都是$x \to x_0$或$x \to \infty$).

**定理 1**　若$\lim f(x) = A$和$\lim g(x) = B$存在,则极限$\lim[f(x) \pm g(x)]$也存在,且

$$\lim[f(x) \pm g(x)] = \lim f(x) \pm \lim g(x) = A \pm B,$$

即两个函数的和(或差)的极限,等于这两个函数极限的和(或差).

特别地,如果$C$为常数,可由常数的极限是其本身得

$$\lim[C \pm f(x)] = C \pm \lim f(x) = C \pm A.$$

如果$n$是一个确定的正整数,$f_1(x)$,$f_2(x)$,$\cdots$,$f_n(x)$是$n$个具有极限的函数,且其极限分别为

$A_1,A_2,\cdots,A_n$,则有

$$\lim[f_1(x)\pm f_2(x)\pm\cdots\pm f_n(x)]=A_1\pm A_2\pm\cdots\pm A_n.$$

**定理 2** 若 $\lim f(x)=A$ 和 $\lim g(x)=B$ 存在,则极限 $\lim[f(x)\cdot g(x)]$ 也存在,且

$$\lim[f(x)\cdot g(x)]=\lim f(x)\cdot\lim g(x)=AB,$$

即两个函数乘积的极限,等于这两个函数极限的乘积.

特别地,如果 $C$ 为常数,那么有

$$\lim Cf(x)=C\lim f(x)=CA.$$

同样地,若 $f_1(x),f_2(x),\cdots,f_n(x)$ 是 $n$ 个具有极限的函数,且其极限分别为 $A_1,A_2,\cdots,A_n$,则有

$$\lim[f_1(x)\cdot f_2(x)\cdot\cdots\cdot f_n(x)]=A_1A_2\cdots A_n.$$

特别地,当 $f_1(x)=f_2(x)=\cdots=f_n(x)$ 时,则有

$$\lim[f(x)]^n=[\lim f(x)]^n.$$

综上所述,极限的运算具有如下线性性质:

如果 $n$ 是一个确定的正整数,$\lim f_i(x)=A_i(i=1,2,\cdots,n)$,则有

$$\lim[k_1f_1(x)+k_2f_2(x)+\cdots+k_nf_n(x)]=k_1A_1+k_2A_2+\cdots k_nA_n(k_i\in R,i=1,2,\cdots,n).$$

**定理 3** 若 $\lim f(x)=A$ 和 $\lim g(x)=B$ 存在,且 $B\neq0$. 则极限 $\lim\frac{f(x)}{g(x)}$ 也存在,并且有

$$\lim\frac{f(x)}{g(x)}=\frac{\lim f(x)}{\lim g(x)}=\frac{A}{B}(B\neq0).$$

即两个函数商的极限,等于这两个函数极限的商(分母的极限不为零).

**例 1** 求 $\lim\limits_{x\to1}\left(\frac{x}{2}+1\right)$.

**解** $\lim\limits_{x\to1}\left(\frac{x}{2}+1\right)=\lim\limits_{x\to1}\frac{x}{2}+\lim\limits_{x\to1}1=\frac{1}{2}\lim\limits_{x\to1}x+1=\frac{1}{2}\times1+1=\frac{3}{2}.$

一般地,对 $x$ 的 $n$ 次多项式 $P_n(x)=a_nx^n+a_{n-1}x^{n-1}+\cdots+a_1x+a_0$ 有

$$\begin{aligned}\lim_{x\to x_0}P_n(x)&=\lim_{x\to x_0}(a_nx^n+a_{n-1}x^{n-1}+\cdots+a_1x+a_0)=a_nx_0^n+a_{n-1}x_0^{n-1}+\cdots+a_1x_0+a_0\\&=P_n(x_0).\end{aligned}$$

**例 2** 求 $\lim\limits_{x\to0}\frac{2x^2+3x-1}{x^3+2x+3}$.

**解** 由于当 $x\to0$ 时,分母极限不为零,所以 $\lim\limits_{x\to0}\frac{2x^2+3x-1}{x^3+2x+3}=\frac{\lim\limits_{x\to0}(2x^2+3x-1)}{\lim\limits_{x\to0}(x^3+2x+3)}=-\frac{1}{3}.$

一般地,对 $x$ 的有理函数

$$\frac{P_n(x)}{Q_m(x)}=\frac{a_nx^n+a_{n-1}x^{n-1}+\cdots+a_1x+a_0}{b_mx^m+b_{m-1}x^{m-1}+\cdots+b_1x+b_0}$$

当 $\lim\limits_{x\to x_0}Q_m(x)=Q_m(x_0)\neq0$ 时

$$\lim_{x\to x_0}\frac{P_n(x)}{Q_m(x)}=\frac{\lim\limits_{x\to x_0}P_n(x)}{\lim\limits_{x\to x_0}Q_m(x)}=\frac{P_n(x_0)}{Q_m(x_0)}.$$

**例 3**　求$\lim\limits_{x\to3}\dfrac{x^2-9}{x-3}$.

**解**　由于当$x\to3$时，分子、分母的极限为0，此时称为极限的$\dfrac{0}{0}$型未定式. 由于$x\to3$，而$x\neq3$，故可分解因式，约去$x-3$这个因子，有

$$\lim_{x\to3}\frac{x^2-9}{x-3}=\lim_{x\to3}\frac{(x-3)(x+3)}{x-3}=\lim_{x\to3}(x+3)=6.$$

如果在$x_0$处，有理分式函数$\dfrac{P(x)}{Q(x)}$中的分子$P(x)\neq0$，而分母$Q(x)=0$，于是$\lim\limits_{x\to x_0}P(x)=P(x_0)\neq0$，$\lim\limits_{x\to x_0}Q(x)=0$，从而$\lim\limits_{x\to x_0}\dfrac{Q(x)}{P(x)}=0$，在第五节讨论无穷大与无穷小的关系时，即知$\lim\limits_{x\to x_0}\dfrac{P(x)}{Q(x)}$是$x\to x_0$时的无穷大.

**例 4**　求$\lim\limits_{x\to2}\dfrac{2x+3}{x^2-4}$.

**解**　当$x\to2$时，分母$x^2-4\to0$，但由于$\lim\limits_{x\to2}\dfrac{x^2-4}{2x+3}=\dfrac{0}{7}=0$，所以由无穷小与无穷大的关系得

$$\lim_{x\to2}\frac{2x+3}{x^2-4}=\infty.$$

**例 5**　求$\lim\limits_{x\to\infty}\dfrac{3x^2+2x-1}{2x^2-x+3}$.

**解**　$\lim\limits_{x\to\infty}\dfrac{3x^2+2x-1}{2x^2-x+3}=\lim\limits_{x\to\infty}\dfrac{x^2\left(3+\dfrac{2}{x}-\dfrac{1}{x^2}\right)}{x^2\left(2-\dfrac{1}{x}+\dfrac{3}{x^2}\right)}=\lim\limits_{x\to\infty}\dfrac{3+\dfrac{2}{x}-\dfrac{1}{x^2}}{2-\dfrac{1}{x}+\dfrac{3}{x^2}}=\dfrac{3}{2}.$

**例 6**　求$\lim\limits_{x\to\infty}\dfrac{x+5}{2x^2-x+1}$.

**解**　$\lim\limits_{x\to\infty}\dfrac{x+5}{2x^2-x+1}=\lim\limits_{x\to\infty}\dfrac{x^2\left(\dfrac{1}{x}+\dfrac{5}{x^2}\right)}{x^2\left(2-\dfrac{1}{x}+\dfrac{1}{x^2}\right)}=\lim\limits_{x\to\infty}\dfrac{\dfrac{1}{x}+\dfrac{5}{x^2}}{2-\dfrac{1}{x}+\dfrac{1}{x^2}}=0.$

**例 7**　求$\lim\limits_{x\to\infty}\dfrac{2x^2-x+1}{x+5}$.

**解**　由例6及无穷大与无穷小的关系得$\lim\limits_{x\to\infty}\dfrac{2x^2-x+1}{x+5}=\infty$.

一般地，

$$\lim_{x\to\infty}\frac{a_nx^n+a_{n-1}x^{n-1}+\cdots+a_1x+a_0}{b_mx^m+b_{m-1}x^{m-1}+\cdots+b_1x+b_0}=\begin{cases}0, m>n\\ \dfrac{a_n}{b_m}, m=n\\ \infty, m<n\end{cases}.$$

**例 8**　求$\lim\limits_{x\to 2}\left(\dfrac{1}{x-2}-\dfrac{4}{x^2-4}\right)$.

**解**　$\lim\limits_{x\to 2}\left(\dfrac{1}{x-2}-\dfrac{4}{x^2-4}\right)=\lim\limits_{x\to 2}\dfrac{x+2-4}{x^2-4}=\lim\limits_{x\to 2}\dfrac{x-2}{(x-2)(x+2)}=\lim\limits_{x\to 2}\dfrac{1}{x+2}=\dfrac{1}{4}$.

**定理 4(复合运算法则)**　设函数 $y=f(u)$ 及 $u=\varphi(x)$ 构成复合函数 $y=f[\varphi(x)]$，若$\lim\limits_{x\to x_0}\varphi(x)=a$，$\lim\limits_{u\to a}f(u)=A$，且当 $x\neq x_0$ 时 $u\neq a$，则复合函数$f[\varphi(x)]$当 $x\to x_0$ 时的极限存在，且$\lim\limits_{x\to x_0}f[\varphi(x)]=A$.

**例 9**　求$\lim\limits_{x\to 2}\sqrt{\dfrac{x-2}{x^2-4}}$.

**解**　令 $u=\dfrac{x-2}{x^2-4}$，由于$\lim\limits_{x\to 2}u=\dfrac{x-2}{x^2-4}=\lim\limits_{x\to 2}\dfrac{1}{x+2}=\dfrac{1}{4}$，而$\lim\limits_{u\to\frac{1}{4}}\sqrt{u}=\sqrt{\dfrac{1}{4}}=\dfrac{1}{2}$，因此

$$\lim_{x\to 2}\sqrt{\frac{x-2}{x^2-4}}=\frac{1}{2}.$$

熟练以后代换过程可以不写.

**例 10**　已知$f(x)=\begin{cases}x-1, & x<0\\ \dfrac{x^2+3x-1}{x^3+1}, & x\geqslant 0\end{cases}$，求$\lim\limits_{x\to 0}f(x)$，$\lim\limits_{x\to +\infty}f(x)$，$\lim\limits_{x\to -\infty}f(x)$.

**解**　由于$\lim\limits_{x\to 0^-}f(x)=\lim\limits_{x\to 0^-}(x-1)=-1$，$\lim\limits_{x\to 0^+}f(x)=\lim\limits_{x\to 0^+}\dfrac{x^2+3x-1}{x^3+1}=-1$，所以

$$\lim_{x\to 0}f(x)=-1,\ \lim_{x\to +\infty}f(x)=\lim_{x\to +\infty}\frac{x^2+3x-1}{x^3+1}=0,\ \lim_{x\to -\infty}f(x)=\lim_{x\to -\infty}(x-1)=-\infty.$$

## 第四节　两个重要极限

本节将利用极限存在的两个准则得到两个重要极限.

**准则 1**　如果(1)在点 $x_0$ 的某一去心领域内 $U(\hat{x}_0,\delta)$ 内，有 $g(x)\leqslant f(x)\leqslant h(x)$；(2)$\lim\limits_{x\to x_0}g(x)=\lim\limits_{x\to x_0}h(x)=A$，则$\lim\limits_{x\to x_0}f(x)$存在且等于 $A$.

**准则 2**　单调有界数列必有极限.

### 一、$\lim\limits_{x\to 0}\dfrac{\sin x}{x}=1$

**证**　在图 2-4 所示的单位图中，设圆心角 $\angle AOD=x\left(0<x<\dfrac{\pi}{2}\right)$，显然有，$\sin x=CD$，$x=\overset{\frown}{AD}$，$\tan x=AB$.

因为$\triangle AOD$ 的面积<圆扇形 $AOD$ 的面积<$\triangle AOB$ 的面积，所以$\dfrac{1}{2}\sin x<\dfrac{x}{2}<\dfrac{1}{2}\tan x$，除以$\dfrac{1}{2}\sin x$ 得

$$1 < \frac{x}{\sin x} < \frac{1}{\cos x} \text{ 或 } \cos x < \frac{\sin x}{x} < 1.$$

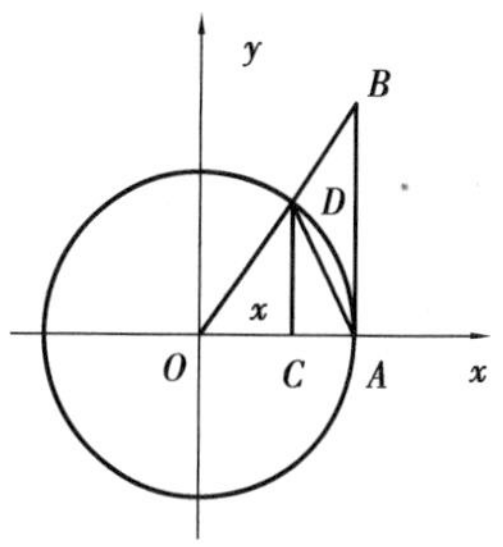

由于 $\cos x, \frac{\sin x}{x}, 1$ 均为偶函数，故上式当 $x \in \left(-\frac{\pi}{2}, 0\right)$ 时也成立.

又因 $\lim\limits_{x \to 0^+} \cos x = 1$，$\lim\limits_{x \to 0^+} 1 = 1$，故由准则 1 得

$$\lim_{x \to 0} \frac{\sin x}{x} = 1.$$

图 2-4

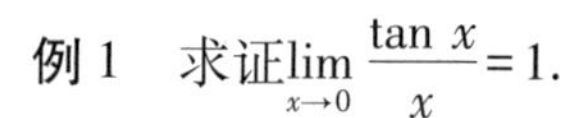

**例 1**　求证 $\lim\limits_{x \to 0} \frac{\tan x}{x} = 1$.

**证**　$\lim\limits_{x \to 0} \frac{\tan x}{x} = \lim\limits_{x \to 0} \left(\frac{\sin x}{x} \cdot \frac{1}{\cos x}\right) = \lim\limits_{x \to 0} \frac{\sin x}{x} \cdot \lim\limits_{x \to 0} \frac{1}{\cos x} = 1.$

**例 2**　证明 $\lim\limits_{x \to 0} \frac{\sin ax}{ax} = 1$.

**证**　令 $u = ax$，则当 $x \to 0$ 时，$u \to 0$，因此 $\lim\limits_{x \to 0} \frac{\sin ax}{ax} = \lim\limits_{u \to 0} \frac{\sin u}{u} = 1$.

**例 3**　求 $\lim\limits_{x \to 0} \frac{1 - \cos x}{x^2}$.

**解**　$\lim\limits_{x \to 0} \frac{1 - \cos x}{x^2} = \lim\limits_{x \to 0} \frac{2\sin^2 \frac{x}{2}}{x^2} = \lim\limits_{x \to 0} \frac{1}{2} \cdot \frac{\left(\sin \frac{x}{2}\right)^2}{\left(\frac{x}{2}\right)^2} = \frac{1}{2}.$

## 二、$\lim\limits_{x \to \infty} \left(1 + \frac{1}{x}\right)^x = \mathrm{e}$

先考察 $x$ 取正整数 $n$，而趋于 $\infty$ 时的情形，即讨论 $\lim\limits_{n \to \infty} \left(1 + \frac{1}{n}\right)^n = \mathrm{e}$.

根据单调有界收敛准则及表 2-3 不难看出 $\lim\limits_{n \to \infty} \left(1 + \frac{1}{n}\right)^n$ 存在.

**表** 2-3

| $n$ | 1 | 2 | 5 | 10 | 100 | 1 000 | 10 000 | 100 000 | 1 000 000 | … |
|---|---|---|---|---|---|---|---|---|---|---|
| $\left(1+\frac{1}{n}\right)^n$ | 2 | 2. 25 | 2. 488 | 2. 594 | 2. 705 | 2. 717 | 2. 718 15 | 2. 718 28 | 2. 718 281 82 | … |

这个极限是无理数 2. 718 281 828 459 045…，用字母 e 表示它，则有

$$\lim_{n \to \infty} \left(1 + \frac{1}{n}\right)^n = \mathrm{e}.$$

利用上述结果，可以证明 $\lim\limits_{x \to +\infty} \left(1 + \frac{1}{x}\right)^x = \mathrm{e}$，$\lim\limits_{x \to -\infty} \left(1 + \frac{1}{x}\right)^x = \mathrm{e}$，从而得到重要极限 $\lim\limits_{x \to \infty} \left(1 + \frac{1}{x}\right)^x = \mathrm{e}$.

利用代换 $z = \frac{1}{x}$，则当 $x \to \infty$ 时，$z \to 0$，于是有

$$\lim_{z\to 0}(1+z)^{\frac{1}{z}}=\mathrm{e}\ 或 \lim_{x\to 0}(1+x)^{\frac{1}{x}}=\mathrm{e}.$$

**例 4** 求$\lim\limits_{x\to\infty}\left(1-\frac{2}{x}\right)^{x}$.

**解** 由于$\lim\limits_{x\to\infty}\left(1-\frac{2}{x}\right)^{x}=\lim\limits_{x\to\infty}\left[1+\frac{1}{\left(-\frac{x}{2}\right)}\right]^{x}$，故令 $u=-\frac{x}{2}$，则 $x=-2u$，当 $x\to\infty$ 时，$u\to\infty$，因此，$\lim\limits_{x\to\infty}\left[1+\frac{1}{\left(-\frac{x}{2}\right)}\right]^{x}=\lim\limits_{u\to\infty}\left[\left(1+\frac{1}{u}\right)^{u}\right]^{-2}=\mathrm{e}^{-2}$.

**例 5** 求$\lim\limits_{x\to 0}(1+\tan x)^{\cot x}$.

**解** 令 $u=\tan x$，则当 $x\to 0$ 时，$u\to 0$，于是$\lim\limits_{x\to 0}(1+\tan x)^{\cot x}=\lim\limits_{u\to 0}(1+u)^{\frac{1}{u}}=\mathrm{e}$.

**例 6** 求$\lim\limits_{x\to\infty}\left(\frac{2x+3}{2x+1}\right)^{x+1}$.

**解** $\lim\limits_{x\to\infty}\left(\frac{2x+3}{2x+1}\right)^{x+1}=\lim\limits_{x\to\infty}\left(1+\frac{2}{2x+1}\right)^{\frac{2x+1}{2}+\frac{1}{2}}=\lim\limits_{x\to\infty}\left(1+\frac{2}{2x+1}\right)^{\frac{2x+1}{2}}\cdot\lim\limits_{x\to\infty}\left(1+\frac{2}{2x+1}\right)^{\frac{1}{2}}=\mathrm{e}$.

一般地，若在自变量的某一变化过程中，如 $x\to x_0$（或 $x\to\infty$），函数 $\varphi(x)\to\infty$（或 $\varphi(x)\to 0$），利用复合函数的极限运算法则和重要极限$\lim\limits_{x\to\infty}\left(1+\frac{1}{x}\right)^{x}=\mathrm{e}$（或$\lim\limits_{x\to 0}(1+x)^{\frac{1}{x}}=\mathrm{e}$），可得

$$\lim_{\substack{x\to x_0\\(x\to\infty)}}\left[1+\frac{1}{\varphi(x)}\right]^{\varphi(x)}=\lim_{\varphi(x)\to\infty}\left[1+\frac{1}{\varphi(x)}\right]^{\varphi(x)}=\mathrm{e},$$

或

$$\lim_{\substack{x\to x_0\\(x\to\infty)}}[1+\varphi(x)]^{\frac{1}{\varphi(x)}}=\lim_{\varphi(x)\to 0}[1+\varphi(x)]^{\frac{1}{\varphi(x)}}=\mathrm{e}.$$

**例 7** 设某人以本金 $A_0$ 元进行一项投资，投资的年利率为 $r$. 如果以年为单位计算复利（即每年计息一次，并把利息加入下年的本金，重复计息），则 $t$ 年后，资金总额将变为 $A_0(1+r)^t$ 元；而若以月为单位计算复利（即每月计息一次，并把利息加入下月的本金，重复计息），则 $t$ 年后，资金总额将变为 $A_0\left(1+\frac{r}{12}\right)^{12t}$ 元；以此类推，若以天为单位计算复利，则 $t$ 年后，资金总额将变为 $A_0\left(1+\frac{r}{365}\right)^{365t}$ 元；一般地，若以 $\frac{1}{n}$ 年为单位计算复利，则 $t$ 年后，资金总额将变为 $A_0\left(1+\frac{r}{n}\right)^{nt}$ 元；现在让 $n\to\infty$，即每时每刻计算复利（称为连续复利），则 $t$ 年后，资金总额将变为

$$\lim_{n\to\infty}A_0\left(1+\frac{r}{n}\right)^{nt}=\lim_{n\to\infty}A_0\left[\left(1+\frac{r}{n}\right)^{\frac{n}{r}}\right]^{rt}=A_0\mathrm{e}^{rt}（元）.$$

**例 8** 一投资者用 20 000 元投资 5 年，设年利率为 6%，试分别按单利、复利、每年按 4 次复利和连续复利付息方式计算，到第 5 年末，该投资者应得本利和 $A$ 各为多少？

**解**　(1)按单利计算 $A=A_0\times(1+0.06\times5)=20\ 000\times1.3$ 元$=26\ 000$ 元.

(2)按复利计算 $A=A_0(1+0.06)^5\approx20\ 000\times1.338\ 23$ 元$=26\ 764.6$ 元.

(3)按每年复利 4 次计算 $A=A_0\left(1+\dfrac{0.06}{4}\right)^{4\times5}=20\ 000\times1.015^{20}$ 元$\approx26\ 937.10$ 元.

(4)按连续复利计算 $A=A_0\mathrm{e}^{0.06\times5}=20\ 000\times\mathrm{e}^{0.3}$ 元$\approx26\ 997.20$ 元.

# 第五节　无穷小与无穷大

## 一、无穷小量

在讨论函数极限时,经常遇到以零为极限的函数. 例如,数列$\left\{\left(\dfrac{1}{2}\right)^n\right\}$,当 $n\to\infty$ 时,其极限为 0;函数 $y=\dfrac{1}{x^2}$,当 $x\to0$ 时,其极限为 0;函数 $y=(x-1)^2$,当 $x\to1$ 时,其极限为 0;等等. 这些在自变量某一变化过程中以零为极限的函数统称为无穷小量(简称无穷小). 可见无穷小是一个以零为极限的变量.

### 1. 无穷小量的定义

**定义 1**　如果当 $x\to x_0$(或 $x\to\infty$)时,函数 $f(x)$ 的极限为零,那么函数 $f(x)$ 叫作当 $x\to x_0$(或 $x\to\infty$)时的无穷小量,简称为无穷小.

例如,因为$\lim\limits_{x\to0}x^2=0$,所以 $x^2$ 当 $x\to0$ 时为无穷小;由$\lim\limits_{x\to\infty}\dfrac{1}{x}=0$,可知$\dfrac{1}{x}$当 $x\to\infty$ 时为无穷小;由$\lim\limits_{x\to3}(x^2-9)=0$,可知 $x^2-9$ 当 $x\to3$ 时为无穷小.

注意:1)如果函数 $f(x)$ 是无穷小,必须指明自变量的变化趋势;2)无穷小是变量,而不是一个绝对值很小的数;3)常数中只有“0”是无穷小.

### 2. 无穷小的性质

**性质 1**　有限个无穷小的代数和仍是无穷小.

**性质 2**　有限个无穷小之积仍是无穷小.

**性质 3**　有界函数与无穷小的乘积仍是无穷小.

> **想一想**
>
> 唐代诗人李白的“故人西辞黄鹤楼,烟花三月下扬州,孤帆远影碧空尽,唯见长江天际流”这首诗是否体现了无穷小的意境?

**例 1**　求$\lim\limits_{x\to0}x^2\cos\dfrac{1}{x}$.

**解**　因为 $x^2$ 是当 $x\to0$ 时的无穷小,而 $\cos\dfrac{1}{x}$是一个有界函数,所以$\lim\limits_{x\to0}x^2\cos\dfrac{1}{x}=0$.

**推论**　常数与无穷小之积仍是无穷小.

**3. 函数极限与无穷小的关系**

**定理 1**　在自变量的同一变化过程 $x\to x_0$(或 $x\to\infty$)中,具有极限的函数等于它的极限与一个无穷小之和;反之,如果函数可表示为常数与无穷小之和,那么该常数就是这个函数的极限. ($\lim f(x)=A\Leftrightarrow f(x)=A+\alpha$,其中 $A$ 为常数,$\alpha$ 是当 $x\to x_0$(或 $x\to\infty$)时的无穷小)

## 二、无穷大

无穷小是绝对值无限变小的变量,它的对立面就是绝对值无限增大的变量,称为无穷大量(简称为无穷大). 所谓的"无限增大"就是说绝对值要多大,在变化到一定"时刻"后,就能有多大.

**1. 无穷大量的定义**

**定义 2**　如果当 $x\to x_0$(或 $x\to\infty$)时,函数 $f(x)$ 的绝对值无限增大,那么函数 $f(x)$ 叫作当 $x\to x_0$(或 $x\to\infty$)时的无穷大量,简称为无穷大.

例如,当 $x\to 0$ 时,$\frac{1}{x}$是一个无穷大;又如,当 $x\to\infty$ 时,$x^2-1$ 是一个无穷大.

注意:1)无穷大是变量,而不是一个绝对值很大的常数;2)说一个变量是无穷大,必须指明自变量的变化趋势.

**2. 无穷大与无穷小的关系**

**定理 2**　在同一变化过程中,若 $f(x)$ 为无穷大,则$\frac{1}{f(x)}$为无穷小;反之,若 $f(x)$ 为无穷小,且 $f(x)\neq 0$,则$\frac{1}{f(x)}$就为无穷大.

如当 $x\to 1$ 时,$x^2-1$ 是无穷小量,则 $x\to 1$ 时,$\frac{1}{x^2-1}$就是无穷大量;当 $x\to 0^+$时,$\ln x$ 是无穷大量,于是当 $x\to 0^+$时,$\frac{1}{\ln x}$就是无穷小量.

## 三、无穷小量的阶

由无穷小的性质可知,两个无穷小的和、差及积仍是无穷小,但是,关于两个无穷小的商,却会出现不同的情况,比如:当 $x\to 0$ 时,$x$、$3x$、$x^2$ 都是无穷小,而

$$\lim_{x\to 0}\frac{3x}{x}=3,\lim_{x\to 0}\frac{x^2}{3x}=0,\lim_{x\to 0}\frac{x}{x^2}=\infty.$$

两个无穷小之比的极限的各种不同情况,反映了不同的无穷小趋向于零的快慢程度.

显然,$x^2$ 比 $x$ 与 $3x$ 趋于 0 的速度都快得多. 快慢是相对的,是相互比较而言的. 下面通过比较两个无穷小量趋于 0 的速度引入无穷小量阶的概念.

**定义 3**　设 $\alpha$、$\beta$ 是同一过程中的两个无穷小量.

如果$\lim\frac{\beta}{\alpha}=0$,则称 $\beta$ 为比 $\alpha$ 高阶无穷小量,记作 $\beta=o(\alpha)$;

如果$\lim \frac{\beta}{\alpha}=\infty$,则称$\beta$为比$\alpha$低阶无穷小量;

如果$\lim \frac{\beta}{\alpha}=c\neq 0$($c$为常量),则称$\beta$与$\alpha$是同阶无穷小量. 特殊地,若$c=1$时,则称$\beta$与$\alpha$是等价无穷小量. 记作$\alpha \sim \beta$.

例如,由于$\lim\limits_{x\to 0}\frac{x^2}{3x}=0$,因此当$x\to 0$时,$x^2$是比$3x$高阶无穷小;或者说$3x$是比$x^2$低阶的无穷小;而$\lim\limits_{x\to 0}\frac{3x}{x}=3$,因此当$x\to 0$时,$x$与$3x$是同阶无穷小;又由于$\lim\limits_{x\to 0}\frac{\sin x}{x}=1$,因此当$x\to 0$时,$x$与$\sin x$是等价无穷小,记作:$x\sim \sin x$.

**定理3(等价无穷小的替换原理)**　在自变量同一变化过程中,$\alpha,\alpha',\beta,\beta'$都是无穷小量,且$\alpha\sim\alpha',\beta\sim\beta'$,如果$\lim\frac{\alpha'}{\beta'}$存在,那么有$\lim\frac{\alpha}{\beta}=\lim\frac{\alpha'}{\beta'}$.

**证明**　$\lim\frac{\alpha}{\beta}=\lim\left(\frac{\alpha}{\alpha'}\cdot\frac{\alpha'}{\beta'}\cdot\frac{\beta'}{\beta}\right)=\lim\frac{\alpha}{\alpha'}\cdot\lim\frac{\alpha'}{\beta'}\cdot\lim\frac{\beta'}{\beta}=\lim\frac{\alpha'}{\beta'}$.

**例2**　求$\lim\limits_{x\to 0}\frac{\sin 3x}{\tan 7x}$.

**解**　当$x\to 0$时,$\sin 3x\sim 3x$,$\tan 7x\sim 7x$,所以$\lim\limits_{x\to 0}\frac{\sin 3x}{\tan 7x}=\lim\limits_{x\to 0}\frac{3x}{7x}=\frac{3}{7}$.

**例3**　求$\lim\limits_{x\to 0}\frac{(x+2)\sin x}{\arcsin 2x}$.

**解**　函数$f(x)=\frac{(x+2)\sin x}{\arcsin 2x}$中,含有$\arcsin 2x$和$\sin x$两个无穷小因子,且当$x\to 0$时,$\sin x\sim x$,$\arcsin 2x\sim 2x$,因此有$\lim\limits_{x\to 0}\frac{(x+2)\sin x}{\arcsin 2x}=\lim\limits_{x\to 0}\frac{(x+2)\cdot x}{2x}=\lim\limits_{x\to 0}\frac{x+2}{2}=1$.

在自变量的同一变化过程中,对函数中的某个无穷小因子作等价无穷小的替换,不会改变函数的极限. 这里要切记,仅对函数的因子作等价无穷小的替换,否则就要出错.

前面已经给出了几个等价无穷小,如$\sin x\sim x$,$\tan x\sim x$,$1-\cos x\sim\frac{1}{2}x^2$,$\arcsin x\sim x$,下面再给出几个例子.

**例4**　求$\lim\limits_{x\to 0}\frac{\arctan x}{x}$.

**解**　令$t=\arctan x$,当$x\to 0$时,$t\to 0$,由复合函数的极限法则,可得

$$\lim_{x\to 0}\frac{\arctan x}{x}=\lim_{t\to 0}\frac{t}{\tan t}=1.$$

即,当$x\to 0$时,$\arctan x\sim x$.

**例5**　求$\lim\limits_{x\to 0}\frac{\ln(x+1)}{x}$.

**解**　$\lim\limits_{x\to 0}\frac{\ln(x+1)}{x}=\lim\limits_{x\to 0}\ln(1+x)^{\frac{1}{x}}=\ln\left[\lim\limits_{x\to 0}(1+x)^{\frac{1}{x}}\right]=\ln e=1$,即当$x\to 0$时,$\ln(1+x)\sim x$.

**例 6** 求$\lim\limits_{x\to 0}\dfrac{e^x-1}{x}$.

**解** 令 $e^x-1=t$,当 $x\to 0$ 时,$t\to 0$,且 $x=\ln(1+t)$,由例 5 可得

$$\lim_{x\to 0}\frac{e^x-1}{x}=\lim_{t\to 0}\frac{t}{\ln(1+t)}=1,$$

即当 $x\to 0$ 时,$e^x-1\sim x$.

**例 7** 求$\lim\limits_{x\to 0}\dfrac{(1+x)^\alpha-1}{x}$($\alpha$ 是常数,且 $\alpha\neq 0$).

**解** 当 $x\to 0$ 时,$\alpha\ln(1+x)\to 0$,所以 $e^{\alpha\ln(1+x)}-1\sim\alpha\ln(1+x)$,所以有

$$\lim_{x\to 0}\frac{(1+x)^\alpha-1}{x}=\lim_{x\to 0}\frac{e^{\alpha\ln(1+x)}-1}{x}=\lim_{x\to 0}\frac{\alpha\ln(1+x)}{x}=\alpha,$$

即$\lim\limits_{x\to 0}\dfrac{(1+x)^\alpha-1}{\alpha x}=1$($\alpha$ 是常数,且 $\alpha\neq 0$).

综上所述,常见的等价无穷小有(当 $x\to 0$ 时)

$x\sim\sin x\sim\tan x\sim\arcsin x\sim\arctan x\sim\ln(1+x)\sim e^x-1$;$1-\cos x\sim\dfrac{1}{2}x^2$;$(1+x)^\alpha-1\sim\alpha x$.

**例 8** 计算下列极限.

(1)$\lim\limits_{x\to 0}\dfrac{x^3+2x^2}{\left(\sin\dfrac{x}{3}\right)^2}$;　　(2)$\lim\limits_{x\to\infty}x\left(e^{2\sin\frac{1}{x}}-1\right)$.

**解** (1)$\lim\limits_{x\to 0}\dfrac{x^3+2x^2}{\left(\sin\dfrac{x}{3}\right)^2}=\lim\limits_{x\to 0}\dfrac{x^3+2x^2}{\left(\dfrac{x}{3}\right)^2}=\lim\limits_{x\to 0}\dfrac{x^3+2x^2}{\dfrac{x^2}{9}}=9\lim\limits_{x\to 0}(x+2)=18.$

(2)令 $t=\dfrac{1}{x}$,则 $x\to\infty$ 时,$t\to 0$,所以$\lim\limits_{x\to\infty}x\left(e^{2\sin\frac{1}{x}}-1\right)=\lim\limits_{t\to 0}\dfrac{e^{2\sin t}-1}{t}=\lim\limits_{t\to 0}\dfrac{2\sin t}{t}=2.$

## 第六节　函数的连续性

自然界中有许多现象,如气温的变化、河水的流动、植物的生长等,都是在连续地变化着.这种现象在函数关系上的反映,就是函数的连续性.下面我们先引入增量的概念,然后运用极限来定义函数的连续性.

### 一、函数的连续性

设变量 $u$ 从它的一个初值 $u_1$ 变到终值 $u_2$,则终值与初值的差,叫变量的增量,记为 $\Delta u$,即 $\Delta u=u_2-u_1$.

注意:增量 $\Delta u$ 可以是正的,也可以是负的,记号 $\Delta u$ 是一个不可分割的整体符号.

现假定函数 $y=f(x)$ 在点 $x_0$ 的某一邻域内有定义,当自变量 $x$ 从 $x_0$ 变到 $x_0+\Delta x$ 时,函数 $y$ 相应地从 $f(x_0)$ 变到 $f(x_0+\Delta x)$,此时称 $f(x_0+\Delta x)$ 与 $f(x_0)$ 的差为函数的增量,记为 $\Delta y$,即

$$\Delta y=f(x_0+\Delta x)-f(x_0).$$

这个关系式的几何解释如图 2-5 所示.

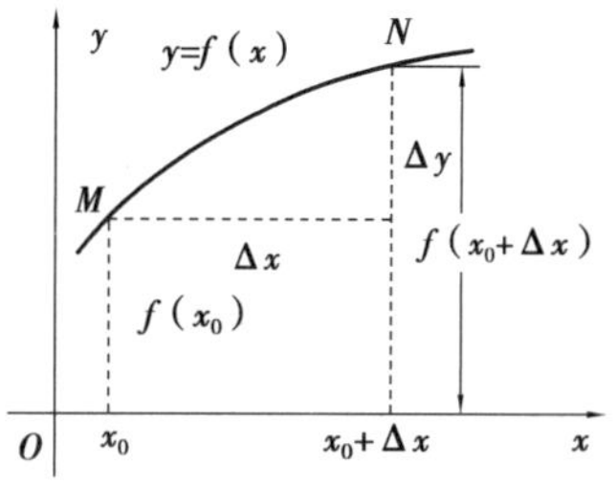

图 2-5

假定保持 $x_0$ 不变而让自变量的增量 $\Delta x$ 变动，一般说来，函数 $y=f(x)$ 的增量 $\Delta y$ 也要随着变动，对连续的概念可以这样描述：如果当自变量的增量 $\Delta x$ 趋于零时，函数 $y=f(x)$ 对应的增量 $\Delta y$ 也趋于零，即

$$\lim_{\Delta x\to 0}\Delta y=0$$

或

$$\lim_{\Delta x\to 0}[f(x_0+\Delta x)-f(x_0)]=0.$$

那么就称函数 $y=f(x)$ 在点 $x_0$ 是连续的，即有定义如下.

**1. 函数 $y=f(x)$ 在 $x_0$ 点的连续性**

**定义 1**　设函数 $y=f(x)$ 在点 $x_0$ 的某一邻域内有定义，如果当自变量 $x$ 的增量 $\Delta x=x-x_0$ 趋于零时，对应的函数的增量 $\Delta y=f(x_0+\Delta x)-f(x_0)$ 也趋于零，即 $\lim\limits_{\Delta x\to 0}\Delta y=0$，则称函数 $y=f(x)$ 在 $x_0$ 连续.

上述定义也可用另一种方式来叙述：

设 $x=x_0+\Delta x$，则 $\Delta x\to 0$，就是 $x\to x_0$；$\Delta y\to 0$，就是 $f(x)\to f(x_0)$，因此有

$$\lim_{x\to x_0}f(x)=f(x_0),$$

所以，函数 $y=f(x)$ 在点 $x_0$ 连续又可叙述如下.

**定义 2**　设函数 $y=f(x)$ 在点 $x_0$ 的某一领域内有定义，如果函数 $f(x)$ 当 $x\to x_0$ 时的极限存在，且等于它在点 $x_0$ 的函数值 $f(x_0)$，即

$$\lim_{x\to x_0}f(x)=f(x_0),$$

则称函数 $y=f(x)$ 在点 $x_0$ 连续.

**例 1**　证明函数 $y=x^2$ 在点 $x_0$ 处连续.

**证**　当自变量 $x$ 的增量为 $\Delta x$ 时，函数 $y=x^2$ 对应的函数增量为

$$\Delta y=(x_0+\Delta x)^2-x_0^2=2x_0\Delta x+(\Delta x)^2.$$

由于

$$\lim_{\Delta x\to 0}\Delta y=\lim_{\Delta x\to 0}(2x_0\Delta x+(\Delta x)^2)=0,$$

因此，函数 $y=x^2$ 在点 $x_0$ 处连续.

如果 $\lim\limits_{x\to x_0^-}f(x)$ 存在且等于 $f(x_0)$，即 $\lim\limits_{x\to x_0^-}f(x)=f(x_0)$，则称函数 $f(x)$ 在点 $x_0$ 处左连续；

如果 $\lim\limits_{x\to x_0^+}f(x)$ 存在且等于 $f(x_0)$，即 $\lim\limits_{x\to x_0^+}f(x)=f(x_0)$，则称函数 $f(x)$ 在点 $x_0$ 处右连续.

由于 $\lim\limits_{x\to x_0}f(x)$ 存在的充分必要条件是 $\lim\limits_{x\to x_0^-}f(x)=\lim\limits_{x\to x_0^+}f(x)$，因此有：函数 $f(x)$ 在点 $x_0$ 处连续的充分必要条件是函数 $f(x)$ 在点 $x_0$ 处既是左连续又是右连续.

**2. 区间上的连续函数**

在开区间 $(a,b)$ 内每一点都连续的函数叫作该区间内的连续函数，或者称函数在开区间 $(a,b)$ 内连续.

如果函数在开区间 $(a,b)$ 内连续，且在左端点 $a$ 处右连续，在右端点 $b$ 处左连续，那么称

函数在闭区间$[a,b]$上连续.

连续函数的图像是一条连续而不间断的曲线.

由于基本初等函数在其定义域内每点处的极限都存在,且等于该点的函数值,因此,基本初等函数都是其各自定义域内的连续函数.

**例 2** 讨论函数$f(x)=\begin{cases}1, x\leqslant -1\\ 0, -1<x<1\end{cases}$在点$x=-1$处的连续性.

**解** 函数$f(x)$的定义域是$(-\infty,1)$,因为$\lim\limits_{x\to -1^-}f(x)=\lim\limits_{x\to -1^-}1=1$,$\lim\limits_{x\to -1^+}f(x)=\lim\limits_{x\to -1^+}x=-1$,左、右极限存在但不相等,所以$\lim\limits_{x\to -1}f(x)$不存在,即函数$f(x)$在点$x=-1$处不连续.

**二、函数的间断点**

按函数在一点连续的定义,函数$f(x)$在点$x_0$处连续,是指$\lim\limits_{x\to x_0}f(x)=f(x_0)$,而要考察极限$\lim\limits_{x\to x_0}f(x)$,则需要以$f(x)$在$x_0$的某邻域内有定义作为前提条件.因此,当$f(x)$在$x_0$的某个去心邻域内有定义时,如果函数$f(x)$在点$x_0$处不连续,即$\lim\limits_{x\to x_0}f(x)\neq f(x_0)$,那么$x_0$为函数$f(x)$的间断点.

要判断$x_0$是函数$f(x)$的间断点,可分为下述三种情况:

(1)$f(x)$在$x_0$的某个去心邻域内有定义,而在点$x_0$处没有定义;

(2)极限$\lim\limits_{x\to x_0}f(x)$不存在;

(3)极限$\lim\limits_{x\to x_0}f(x)$存在,$f(x)$在$x_0$处也有定义,但是$\lim\limits_{x\to x_0}f(x)\neq f(x_0)$.

例如,函数$f(x)=\dfrac{1}{x}$在点$x=0$处没有定义,即知$x=0$是它的间断点.

又如,函数$f(x)=\begin{cases}\sin\dfrac{1}{x}, x\neq 0\\ 0, x=0\end{cases}$,当$x\to 0$时,函数值在$-1$和$1$之间来回变动,知极限$\lim\limits_{x\to 0}f(x)$不存在,故$x=0$是它的间断点.

函数的间断点按其左右极限是否存在,分为第一类间断点与第二类间断点.

**定义 3** 设$x_0$是函数$f(x)$的间断点,如果左右极限$\lim\limits_{x\to x_0^-}f(x)$、$\lim\limits_{x\to x_0^+}f(x)$都存在,那么$x_0$称为函数$f(x)$的第一类间断点;如果左右极限$\lim\limits_{x\to x_0^-}f(x)$、$\lim\limits_{x\to x_0^+}f(x)$有一个不存在,那么$x_0$称为函数$f(x)$的第二类间断点.

**例 3** 求函数$f(x)=\dfrac{x^2-1}{x-1}$的间断点.

**解** 由于函数$f(x)$在$x=1$处没有定义,故$x=1$是函数的一个间断点,如图 2-6 所示,由于$\lim\limits_{x\to 1}\dfrac{x^2-1}{x-1}=\lim\limits_{x\to 1}(x+1)=2$,知其极限存在,因此$x=1$为函数的第一类间断点.

如果在$x=1$处补充定义,令$f(1)=2$,则函数在$x=1$处变为连续,因此我们把$x=1$称为函数$f(x)=\dfrac{x^2-1}{x-1}$的可去间断点.

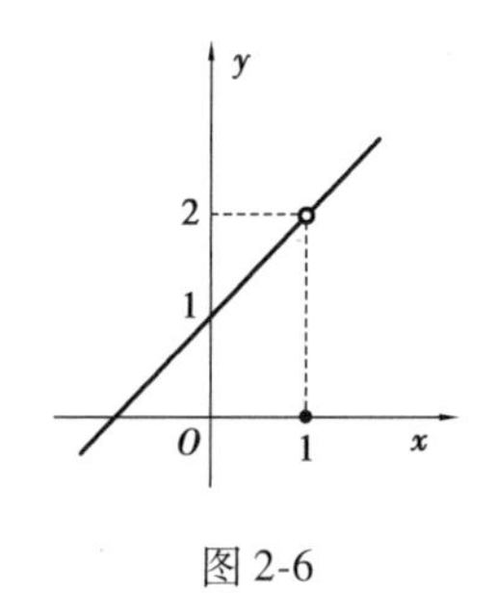

图 2-6

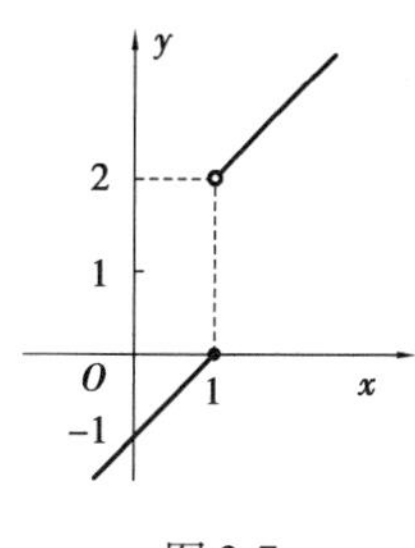

图 2-7

**例 4**　求函数$f(x)=\begin{cases}x+1, x>1\\0, x=1\\x-1, x<1\end{cases}$的间断点.

**解**　由于$\lim\limits_{x\to1^+}f(x)=\lim\limits_{x\to1^+}(x+1)=2$，$\lim\limits_{x\to1^-}f(x)=\lim\limits_{x\to1^-}(x-1)=0$，即$\lim\limits_{x\to1}f(x)$不存在，故$x=1$是函数的第一类间断点.

从图 2-7 中可以看到，该函数的图形在点$x=1$处产生跳跃现象，因此我们也称$x=1$是函数的跳跃间断点.

由上述两个例子可知，第一类间断点可分为可去间断点和跳跃间断点两种，当$\lim\limits_{x\to x_0^-}f(x)=\lim\limits_{x\to x_0^+}f(x)$时为可去间断点，当$\lim\limits_{x\to x_0^-}f(x)\neq\lim\limits_{x\to x_0^+}f(x)$时为跳跃间断点.

**例 5**　求函数$f(x)=\dfrac{x+1}{x}$的间断点.

**解**　函数$f(x)=\dfrac{x+1}{x}$在$x=0$处无定义，且$\lim\limits_{x\to0^+}\dfrac{x+1}{x}=+\infty$，$\lim\limits_{x\to0^-}\dfrac{x+1}{x}=-\infty$. 所以，$x=0$为函数的第二类间断点.

因为$\lim\limits_{x\to0^+}\dfrac{x+1}{x}=+\infty$，$\lim\limits_{x\to0^-}\dfrac{x+1}{x}=-\infty$，所以我们也称$x=0$为函数的无穷间断点.

## 三、初等函数的连续性

### 1. 连续函数的运算

由函数在一点处连续的定义和函数极限的四则运算法则，可以得到以下定理.

**定理 1**　设函数$f(x)$、$g(x)$在点$x_0$处连续，那么(1)函数$f(x)\pm g(x)$；(2)函数$f(x)\cdot g(x)$；(3)函数$\dfrac{f(x)}{g(x)}$都在点$x_0$处连续.

**例 6**　因为$\sin x$与$\cos x$都在$(-\infty,+\infty)$上连续，所以，$\tan x=\dfrac{\sin x}{\cos x}$、$\cot x=\dfrac{\cos x}{\sin x}$在各自定义域内连续.

**推论**　设函数$f(x)$、$g(x)$在点$x_0$处连续，那么函数$\alpha f(x)+\beta g(x)$在点$x_0$处也连续($\alpha$、$\beta$是任意的实数).

### 2. 复合函数的连续性

**定理 2**　设函数$y=f(u)$在点$u=u_0$处连续，函数$u=\varphi(x)$在点$x=x_0$处连续，且$\varphi(x_0)=u_0$，则复合函数$y=f(\varphi(x))$在点$x=x_0$处连续.

**例 7** 讨论函数 $y=\sin\dfrac{1}{x}$的连续性.

**解** 函数 $y=\sin\dfrac{1}{x}$可看作由 $y=\sin u, u=\dfrac{1}{x}$复合而成的复合函数. $\sin u$ 在$(-\infty,+\infty)$上是连续的,$\dfrac{1}{x}$在$(-\infty,0)$和$(0,+\infty)$上是连续的,所以 $y=\sin\dfrac{1}{x}$在$(-\infty,0)$和$(0,+\infty)$上是连续的.

**3. 反函数的连续性**

**定理 3** 如果函数 $x=\varphi(y)$在某一区间内单调增加(或单调减少)且连续,则其反函数 $y=f(x)$在对应区间内也单调增加(或单调减少)且连续.

**例 8** 由于 $y=\sin x$ 在区间$\left[-\dfrac{\pi}{2},\dfrac{\pi}{2}\right]$上单调增加且连续,所以它的反函数 $y=\arctan x$ 在区间$[-1,1]$上也是单调增加且连续的.

类似地,$y=\arccos x$ 在闭区间$[-1,1]$上单调减少且连续;$y=\arctan x$ 在区间$(-\infty,+\infty)$上单调增加且连续;$y=\operatorname{arccot} x$ 在区间$(-\infty,+\infty)$上单调减少且连续.

总之,反三角函数 $y=\arcsin x$、$y=\arccos x$、$y=\arctan x$、$y=\operatorname{arccot} x$ 在它们的定义域内都是连续的.

**4. 初等函数的连续性**

我们已经知道基本初等函数在它们的定义域内都是连续的,在上述三个定理的基础上,就可得一切初等函数在其定义区间内都是连续的.

例如,$y=\sqrt{1+x^3}\sin 4x$,$y=\ln(x+\sqrt{1+x^2})$,$y=\operatorname{arccot}(x^3+x)$,$y=\dfrac{\sin 4x}{\cos 5x}-e^{-3x}$ 等都在其定义区间内连续.

利用初等函数的连续性的结论可得:

如果$f(x)$是初等函数,且 $x_0$ 是 $f(x)$定义区间内的点,则 $f(x)$在点 $x_0$ 连续,那么$\lim\limits_{x\to x_0}f(x)=f(x_0)$,因此计算极限$\lim\limits_{x\to x_0}f(x)$时,只要计算对应的函数值$f(x_0)$就可以了.

例如,$x_0=\dfrac{\pi}{2}$是初等函数 $\ln\sin x$ 的一个定义区间$(0,\pi)$内的点,所以

$$\lim_{x\to\frac{\pi}{2}}\ln\sin x=\ln\sin\frac{\pi}{2}=0.$$

又如,$y=\sqrt{1-x^2}$的定义区间是$[-1,1]$,$x=1$ 在定义区间内,则$\lim\limits_{x\to 1^-}\sqrt{1-x^2}=\sqrt{1-x^2}\,\big|_{x=1}=0$.

再如,函数 $y=\arcsin\ln x$ 的定义区间是$[e^{-1},e]$,$x=e\in[e^{-1},e]$,所以

$$\lim_{x\to e^{-1}}\arcsin\ln x=\arcsin 1=\frac{\pi}{2}.$$

**例 9** 求$\lim\limits_{x\to 0}\dfrac{\log_a(1+x)}{x}$.

**解** $\lim\limits_{x\to 0}\dfrac{\log_a(1+x)}{x}=\lim\limits_{x\to 0}\log_a(1+x)^{\frac{1}{x}}=\log_a e=\dfrac{1}{\ln a}$.

**例 10**　求$\lim\limits_{x\to 0}\arcsin\left(\dfrac{\tan x}{x}\right)$.

**解**　$\lim\limits_{x\to 0}\arcsin\left(\dfrac{\tan x}{x}\right)=\arcsin\left(\lim\limits_{x\to 0}\dfrac{\tan x}{x}\right)=\arcsin 1=\dfrac{\pi}{2}$.

**例 11**　设函数$f(x)=\begin{cases}\dfrac{\sin x}{x},x<0\\ a,x=0\\ \dfrac{2(\sqrt{1+x}-1)}{x},x>0\end{cases}$，选择适当的数 $a$，使得$f(x)$在$(-\infty,+\infty)$上连续.

**解**　当$x\in(-\infty,0)$时，$f(x)=\dfrac{\sin x}{x}$是初等函数，根据初等函数的连续性可知，$f(x)$连续；当$x\in(0,+\infty)$时，$f(x)=\dfrac{2(\sqrt{1+x}-1)}{x}$也是初等函数，所以也是连续的；在 $x=0$ 处，$f(x)=a$，又$\lim\limits_{x\to 0^-}f(x)=\lim\limits_{x\to 0^-}\dfrac{\sin x}{x}=1$，$\lim\limits_{x\to 0^+}f(x)=\lim\limits_{x\to 0^+}\dfrac{2(\sqrt{1+x}-1)}{x}=1$，故$\lim\limits_{x\to 0}f(x)=1$，当 $a=1$ 时，$f(x)$在 $x=0$ 处连续.

综上所述，当 $a=1$ 时，$f(x)$在$(-\infty,+\infty)$上连续.

## 四、闭区间上连续函数的性质

### 1. 最大值和最小值定理

**定义 4**　设函数$f(x)$在区间 $I$ 上有定义，如果至少存在一点 $x_0\in I$，使得每一个 $x\in I$，都有

$$f(x)\leqslant f(x_0)\text{（或}f(x)\geqslant f(x_0)\text{）},$$

那么称$f(x_0)$是函数$f(x)$在区间 $I$ 上的最大值（或最小值），并记作

$$f(x_0)=\max_{x\in I}\{f(x)\}\text{（或}f(x_0)=\lim_{x\in I}\{f(x)\}\text{）}.$$

例如，函数$f(x)=\sin x+1$，在区间$[0,2\pi]$上有最大值 2 及最小值 0.

又如，符号函数$f(x)=\operatorname{sgn} x$ 在区间$(-\infty,+\infty)$上有最大值 1 及最小值$-1$.

再如，函数$f(x)=x-[x]$在区间$[0,1]$上有最小值 0，但没有最大值. 函数$f(x)=\dfrac{1}{x}$在区间$(0,1)$内既没有最大值也没有最小值.

从上述例子中可以看出，如果函数在闭区间上不连续，或者仅在开区间内连续，就未必有最大值或最小值，但闭区间上连续的函数有下面的定理.

**定理 4（最大值和最小值定理）**　如果函数$f(x)$在闭区间$[a,b]$上连续，那么它在$[a,b]$上一定有最大值与最小值.

这就是说，如果函数$f(x)$在区间$[a,b]$上连续，如图 2-8 所示，则在$[a,b]$上至少有一 $\xi_1$ $(a\leqslant\xi_1\leqslant b)$，使得$f(\xi_1)$为最大，即

$$f(\xi_1)\geqslant f(x)\ (a\leqslant x\leqslant b);$$

又至少有一点 $\xi_2(a\leqslant\xi_2\leqslant b)$，使得$f(\xi_2)$为最小，即

$$f(\xi_2)\leqslant f(x)\ (a\leqslant x\leqslant b).$$

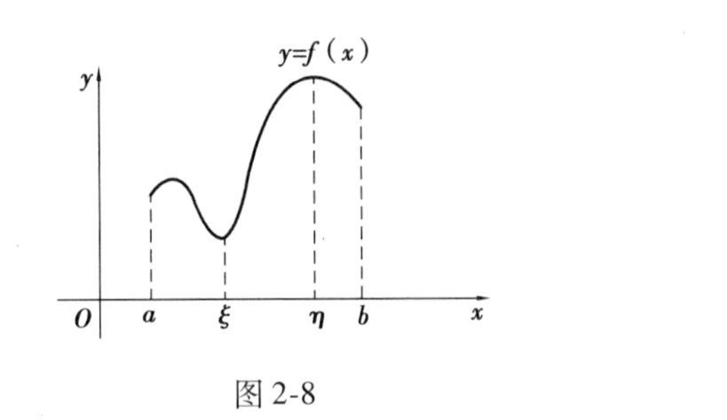

图 2-8

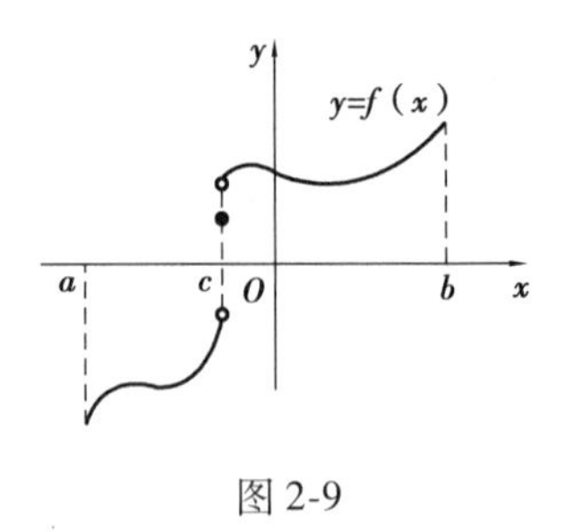

图 2-9

注意:定理的条件是充分的,也就是说,在满足定理的条件下,函数一定在闭区间上取得最大值和最小值. 在不满足定理条件下,有的函数也可能取得最大值和最小值,如图 2-9 所示,函数在开区间$(a,b)$内不连续,但在闭区间上可取得最大值和最小值.

**2. 介值定理**

如果 $x_0$ 使$f(x)=0$,那么 $x_0$ 称为函数$f(x)$的零点. 在代数学中,对多项式$f(x)$来说,曾用$f(x)$在某个区间两端端点的符号来估计方程$f(x)=0$ 的根的位置. 例如,当$f(1)<0,f(2)>0$时,就可以断定在区间$(1,2)$内方程$f(x)=0$ 至少有一个根,即函数$f(x)$在区间$(1,2)$内至少有一个零点. 但由一般函数给出的方程$f(x)=0$ 是否也是这样的呢? 我们有如下定理.

**定理 5(零点定理)** 如果函数$f(x)$在闭区间$[a,b]$上连续,且$f(a)\cdot f(b)<0$,那么在开区间$(a,b)$内至少存在函数$f(x)$的一个零点. 即至少有一点$\xi(a<\xi<b)$使

$$f(\xi)=0.$$

从几何意义上看,定理表示:如果连续曲线弧 $y=f(x)$的两个端点位于 $x$ 轴的两侧,那么曲线弧与 $x$ 轴至少有一个交点,如图 2-10 所示.

**例 12** 证明方程 $x^3+3x^2-1=0$ 在$(0,1)$内至少有一个根.

**证** 设$f(x)=x^3+3x^2-1$,$f(x)$在$[0,1]$上是连续的,并且区间端点的函数值为$f(0)=-1<0$,$f(1)=3>0$,根据零点定理,可知在$(0,1)$内至少有一点 $\xi$,使得$f(\xi)=0$,即方程 $x^3+3x^2-1=0$在$(0,1)$内至少有一根 $\xi$.

**例 13** 证明:方程 $x+e^x=0$ 在区间$(-1,1)$内有唯一的根.

**证** 初等函数$f(x)=x+e^x$ 在闭区间$[-1,1]$上连续,又$f(-1)=-1+e^{-1}<0$,$f(1)=1+e>0$,即$f(-1)\cdot f(1)<0$. 由零点定理可得,存在一点 $\xi\in(-1,1)$,使得$f(\xi)=0$,这就是说,$\xi$ 是所给方程的根.

以上证明了根的存在性,再证根的唯一性.

由于$f(x)=x+e^x$ 中 $x$ 和 $e^x$ 在$[-1,1]$上均是单调增加的,因此其和函数$f(x)$也是单调增加的,对于任何的 $x\neq\xi$,必有$f(x)\neq f(\xi)$,故 $\xi$ 是方程 $x+e^x=0$ 在区间$(-1,1)$内唯一的根.

**定理 6(介值定理)** 如果函数$f(x)$在闭区间$[a,b]$上连续,且在区间$[a,b]$的端点处取不同的函数值$f(a)=A$ 及$f(b)=B$,那么,对于 $A$ 与 $B$ 之间的任意一个实数 $C$,在开区间$(a,b)$内至少有一点 $\xi$,使得$f(\xi)=C(a<\xi<b)$.

定理的几何意义是:连续曲线 $y=f(x)$与水平直线 $y=C$ 至少相交一点,如图 2-11 所示,点$P_1,P_2,P_3$ 都是曲线 $y=f(x)$与水平直线 $y=C$ 的交点.

**推论** 在闭区间上连续函数可取得介于最大值 $M$ 与最小值 $m$ 之间的任何值.

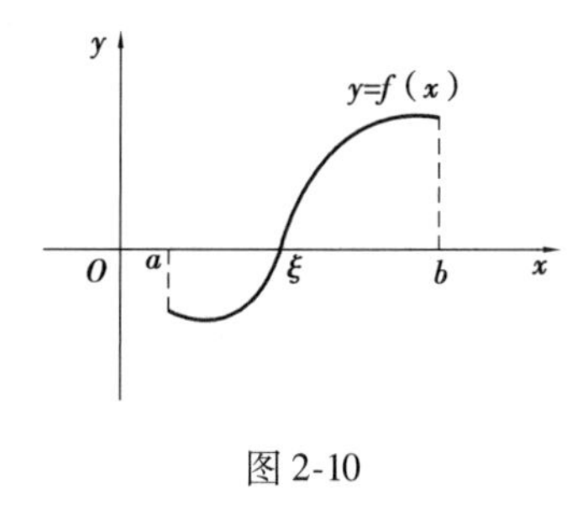

图 2-10

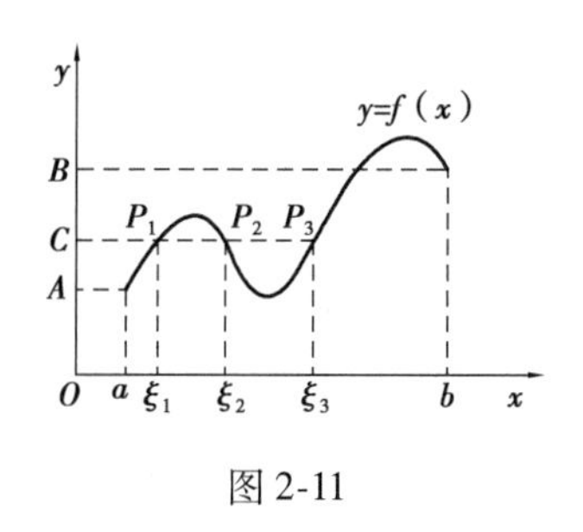

图 2-11

## 案例分析与应用

**案例分析 2.1　病人为何要按时吃药——用极限理论来求解**

根据药物动力学理论：一次静脉注射剂量为 $D_0$ 的药物后，经过时间 $t$ 体内血药浓度为 $C(t)=\dfrac{D_0}{V}e^{-kt}$，其中 $k>0$ 为消除速率常数，$V$ 为表现分布容积. 若每隔时间 $T$ 注射一次，记第 $n$ 次注射后体内血药浓度为 $C_n(t)$，则有如下结论：

（1）第一次注射前的体内血药浓度为

$$C_0(0)=0,$$

第一次注射剂量为 $D_0$ 的药物后在药液尚未扩散前的一瞬间，体内血药浓度为

$$C_1(0)=\frac{D_0}{V},$$

第一次注射后药液扩散，身体吸收过程中且未进行第二次注射时体内血药浓度为

$$C_1(t)=\frac{D_0}{V}e^{-kt}(0\leqslant t\leqslant T).$$

（2）第二次注射前的一瞬间，体内血药浓度为

$$C_1(T)=\frac{D_0}{V}e^{-kT},$$

第二次注射剂量为 $D_0$ 的药物后在药液尚未扩散前的一瞬间，体内血药浓度为

$$C_2(0)=C_1(T)+\frac{D_0}{V}=\frac{D_0}{V}e^{-kT}+\frac{D_0}{V}=\frac{D_0}{V}(1+e^{-kT}),$$

第二次注射后药液扩散，身体吸收过程中且未进行第三次注射时体内血药浓度为

$$C_2(t)=C_2(0)e^{-kt}=\frac{D_0}{V}(1+e^{-kT})e^{-kt}(0\leqslant t\leqslant T).$$

（3）第三次注射前的一瞬间，体内血药浓度为

$$C_2(T)=\frac{D_0}{V}(e^{-kT}+e^{-2kT}),$$

第三次注射剂量为 $D_0$ 的药物后在药液尚未扩散前的一瞬间，体内血药浓度为

$$C_3(0)=C_2(T)+\frac{D_0}{V}=\frac{D_0}{V}(1+e^{-kT}+e^{-2kT}),$$

第三次注射后药液扩散,身体吸收过程中且未进行第四次注射时体内血药浓度为

$$C_3(t)=C_3(0)e^{-kt}=\frac{D_0}{V}(1+e^{-kT}+e^{-2kT})e^{-kt}(0\leqslant t\leqslant T).$$

以此类推,一般地,第 $n$ 次注射前的一瞬间,体内血药浓度为

$$C_{n-1}(T)=\frac{D_0}{V}(e^{-kT}+e^{-2kT}+\cdots+e^{-(n-1)kT}),$$

第 $n$ 次注射剂量为 $D_0$ 的药物后在药液尚未扩散前的一瞬间,体内血药浓度为

$$C_n(0)=C_{n-1}(T)+\frac{D_0}{V}=\frac{D_0}{V}(1+e^{-kT}+e^{-2kT}+\cdots+e^{-(n-1)kT})=\frac{D_0}{V}\frac{1-e^{-nkT}}{1-e^{-kT}},$$

第 $n$ 次注射后药液扩散,身体吸收过程中且未进行第 $n+1$ 次注射时体内血药浓度为

$$C_n(t)=C_n(0)e^{-kt}=\frac{D_0}{V}\frac{1-e^{-nkT}}{1-e^{-kT}}e^{-kt}(0\leqslant t\leqslant T).$$

因此,在每一个注射周期内,血药浓度下降的规律相同,随着注射次数 $n$ 的增大,体内血药浓度有上升的趋势. 随着 $n$ 的无限增大,血药浓度是否会无限上升呢?这就需要观察当 $n\to\infty$ 时 $C_n(t)$ 的极限

$$\lim_{n\to\infty}C_n(t)=\lim_{n\to\infty}\frac{D_0}{V}\frac{1-e^{-nkT}}{1-e^{-kT}}e^{-kt}=\frac{D_0}{V}\frac{1}{1-e^{-kT}}e^{-kt}(0\leqslant t\leqslant T),$$

这就是周期性静脉注射情形下体内血药浓度的稳态水平,也称为坪浓度,记为 $C_\infty(t)$.

$$C_\infty(t)=\frac{D_0}{V}\frac{1}{1-e^{-kT}}e^{-kt}(0\leqslant t\leqslant T).$$

显然,坪浓度的最大值、最小值和平均值分别为

$$(C_\infty)_{\max}=\frac{D_0}{V}\frac{1}{1-e^{-kT}},(C_\infty)_{\min}=\frac{D_0}{V}\frac{e^{-kT}}{1-e^{-kT}},\overline{C_\infty}=\frac{1}{T}\int_0^T C_\infty(t)\,dt=\frac{D_0}{VkT}.$$

临床应用:

(1)制定给药方案.

当服药剂量 $D_0$、服药间隔 $T$ 改变时,将影响 $(C_\infty)_{\max}$、$(C_\infty)_{\min}$ 及 $\overline{C_\infty}$ 的值,因此在制定给药方案时,应考虑剂量 $D_0$、服药间隔 $T$. 最理想的情况是算得给药方案保持血药浓度在 $(C_\infty)_{\max}$ 和 $(C_\infty)_{\min}$ 之间,药物的有效治疗浓度范围为最小有效浓度 ~ 最小中毒浓度. 一般地,取 $(C_\infty)_{\min}$ = 最小有效浓度, $(C_\infty)_{\max}$ = 最小中毒浓度.

由 $\frac{(C_\infty)_{\max}}{(C_\infty)_{\min}}=e^{kT}$,可计算出最大给药间隔 $T$,再令 $(C_\infty)_{\min}=\frac{D_0}{V}\frac{e^{-kT}}{1-e^{-kT}}=C_e$,其中 $C_e$ 为最小有效血药浓度,则剂量

$$D_0=C_eV(e^{kT}-1).$$

(2)负荷剂量.

为了使血药浓度尽快达到临床有效的水平,医生常希望第一次给药后血药浓度即达到坪浓度(即血药稳态浓度),然后每隔时间 $T$ 给以维持剂量 $D_0$,使血药浓度维持在坪浓度附近.

这样,第一次的剂量需大些,称为负荷剂量或冲击剂量,记为 $D_0^*$,令$\frac{D_0^*}{V}e^{-kt}=\frac{D_0}{V(1-e^{-kT})}e^{-kt}$,则

$$D_0^* = \frac{D_0}{1 - e^{-kT}}.$$

可见,负荷剂量应是维持剂量的$\frac{1}{1-e^{-kT}}$倍.

值得指出的是,临床医生常以维持剂量的 2 倍为负荷剂量,这相当于$\frac{1}{1-e^{-kT}}=2$,即 $T=\frac{\ln 2}{k}$,即仅当给药间隔等于或接近于半衰期时,这样做才合乎要求,否则便是不妥.

**案例分析 2.2　城市垃圾的处理问题**

某城市某年年末的统计资料显示,到该年年末,该城市已堆积垃圾达到 $100\times10^4$ t,根据预测,从该年起还将以每年 $5\times10^4$ t 的速度产生新的垃圾. 如果从第二年起该城市每年处理上一年堆积垃圾的 20%,那么长此以往,该城市的垃圾能否被全部处理完?

设该年以后每年的垃圾数量分别为 $a_1,a_2,a_3,\cdots$,根据题意,有

$$a_1 = 100 \times (1 - 20\%) + 5 = 100 \times \left(\frac{4}{5}\right)^1 + 5,$$

$$a_2 = a_1 \times 80\% + 5 = 100 \times \left(\frac{4}{5}\right)^2 + 5 \times \frac{4}{5} + 5,$$

$$a_3 = a_2 \times 80\% + 5 = 100 \times \left(\frac{4}{5}\right)^3 + 5 \times \left(\frac{4}{5}\right)^2 + 5 \times \frac{4}{5} + 5.$$

以此类推,$n$ 年后的垃圾数量为

$$\begin{aligned} a_n &= 100 \times \left(\frac{4}{5}\right)^n + 5 \times \left(\frac{4}{5}\right)^{n-1} + 5 \times \left(\frac{4}{5}\right)^{n-2} + \cdots + 5 \times \frac{4}{5} + 5 \\ &= 100 \times \left(\frac{4}{5}\right)^n + 25 \times \left[1 - \left(\frac{4}{5}\right)^n\right]. \end{aligned}$$

所以

$$\lim_{n\to\infty} a_n = 25 \times 10^4 \text{ t}.$$

随着时间的推移,按照这种方法并不能将所有的垃圾处理完,剩余的垃圾将会维持在某一个固定的水平.

## 习题二

1. 观察并写出下列极限值.

(1) $\lim\limits_{x\to\infty} \frac{1}{x^2}$;　　　　(2) $\lim\limits_{x\to+\infty} \left(\frac{1}{10}\right)^x$;

(3) $\lim\limits_{x\to-\infty} 2^x$；

(4) $\lim\limits_{x\to\frac{\pi}{4}} \tan x$；

(5) $\lim\limits_{x\to\infty} \dfrac{1}{2^n}$；

(6) $\lim\limits_{x\to\infty} \dfrac{n}{n+1}$.

2. 讨论函数 $f(x)=\begin{cases}x^2+1, x<1\\1, x=1\\-1, x>1\end{cases}$ 当 $x\to1$ 时的极限.

3. 讨论函数 $y=\dfrac{x^2-1}{x+1}$ 当 $x\to-1$ 时的极限.

4. 求下列各极限.

(1) $\lim\limits_{x\to1}(x^2-4x+5)$；

(2) $\lim\limits_{x\to2}\dfrac{x+2}{x-1}$；

(3) $\lim\limits_{x\to3}\dfrac{x^2+x-12}{x-3}$；

(4) $\lim\limits_{x\to4}\dfrac{x-4}{\sqrt{x}-2}$；

(5) $\lim\limits_{x\to\infty}\dfrac{2x^2+x+1}{x^2-5x+3}$；

(6) $\lim\limits_{x\to\infty}\dfrac{3x^2+1}{x^3+x+7}$；

(7) $\lim\limits_{x\to\infty}\dfrac{8x^3-1}{6x^2-5x+1}$；

(8) $\lim\limits_{x\to1}\left(\dfrac{1}{1-x}-\dfrac{3}{1-x^3}\right)$.

(9) 设 $f(x)=\begin{cases}x^2+2x-3, x\leqslant1\\x, 1<x<2\\2x-2, x\geqslant2\end{cases}$，求 $\lim\limits_{x\to1}f(x)$；$\lim\limits_{x\to2}f(x)$；$\lim\limits_{x\to3}f(x)$；$\lim\limits_{x\to0}f(x)$.

5. 计算下列极限.

(1) $\lim\limits_{x\to0}\dfrac{\tan 3x}{2x}$；

(2) $\lim\limits_{x\to0}\dfrac{\tan x-\sin x}{\sin^3 x}$；

(3) $\lim\limits_{x\to0}\dfrac{1-\cos 2x}{x\sin x}$；

(4) $\lim\limits_{x\to\infty}2^x\sin\dfrac{1}{2^x}$；

(5) $\lim\limits_{x\to0}(1-3x)^{\frac{1}{x}}$；

(6) $\lim\limits_{x\to\frac{\pi}{2}}(1+\cot x)^{3\tan x}$；

(7) $\lim\limits_{x\to\infty}\left(1+\dfrac{2}{x}\right)^{3x}$；

(8) $\lim\limits_{x\to\infty}\left(\dfrac{2x-1}{2x+1}\right)^{x+\frac{3}{2}}$.

6. 下列函数在自变量怎样变化时是无穷小？怎样是无穷大？

(1) $y=\dfrac{1}{x^3}$；

(2) $y=\dfrac{1}{x+1}$；

(3) $y=\cot x$；

(4) $y=\ln x$.

7. 当 $x\to0$ 时，$2x-x^2$ 与 $x^2-x^3$ 相比，哪一个是高阶无穷小？

8. 当 $x\to1$ 时，无穷小 $1-x$ 和 $1-x^3$ 与 $\dfrac{1}{2}(1-x^2)$ 是否同阶？是否等价？

9. 讨论函数 $f(x)=\begin{cases}x^2-1, 0\leqslant x\leqslant1\\x+3, x>1\end{cases}$ 在 $x=\dfrac{1}{2}$，$x=1$，$x=2$ 各点的连续性.

10. 求函数 $f(x)=\dfrac{x^3+3x^2-x-3}{x^2+x-6}$ 的连续区间，并求极限 $\lim\limits_{x\to0}f(x)$，$\lim\limits_{x\to2}f(x)$ 及 $\lim\limits_{x\to-3}f(x)$.

11. 求下列函数的间断点，并判定其类型.

(1) $y=\frac{x}{x+2}$；　　(2) $y=\frac{x^2-1}{x^2-3x+2}$；

(3) $y=\frac{1}{(x+2)^2}$；　　(4) $y=\frac{x}{\sin x}$.

12. 求下列各极限.

(1) $\lim\limits_{x\to 0}\sqrt{x^2-2x+5}$；　　(2) $\lim\limits_{t\to -2}\frac{e^t-1}{t}$；

(3) $\lim\limits_{x\to\frac{\pi}{4}}\frac{\sin 2x}{2\cos(\pi-x)}$；　　(4) $\lim\limits_{x\to 0}\frac{\sqrt{1+x}-1}{x}$；

(5) $\lim\limits_{x\to 0}\frac{x^2}{1-\sqrt{1+x^2}}$；　　(6) $\lim\limits_{x\to 1}\frac{\sqrt{5x-4}-\sqrt{x}}{x-1}$.

13. 设$f(x)$,$g(x)$在$[a,b]$上连续,且$f(a)>g(a)$,$f(b)<g(b)$,证明方程$f(x)=g(x)$在$(a,b)$内必有根.

**思政小课堂**

所谓“割圆术”,是用圆内接正多边形的面积去无限逼近圆面积并以此求取圆周率的方法.“圆,一中同长也”,意思是说平面内到定点的距离等于定长的点的集合. 早在我国先秦时期,《墨经》上就已经给出了圆的这个定义. 而公元前11世纪,我国西周时期数学家商高也曾与周公讨论过圆与方的关系,认识了圆,人们也就开始了有关于圆的种种计算,特别是计算圆的面积. 我国古代数学经典《九章算术》在第一章“方田”中记载:“半周半径相乘得积步.”也就是我们现在所熟悉的圆面积计算公式.

为了证明这个公式,我国魏晋时期数学家刘徽于公元263年撰写《九章算术注》,在这一公式后面写了一篇1 800余字的注记,这篇注记记载的就是数学史上著名的“割圆术”.

“割之弥细,所失弥少,割之又割,以至于不可割,则与圆周合体,而无所失矣”,即通过圆内接正多边形细割圆,并使正多边形的周长无限接近圆的周长,进而求得较为精确的圆周率. 如图2-12所示,正多边形的边数越多,其各边就越靠近圆.

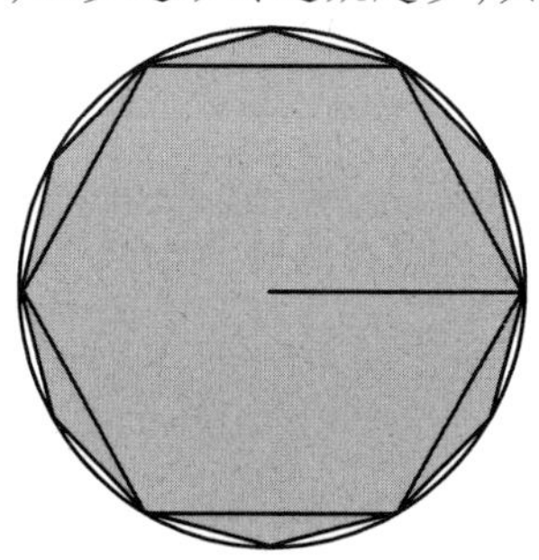

图 2-12

刘徽在《九章算术注》的自序中表明,把探究数学的根源作为自己从事数学研究的最高任务. 他注《九章算术》的宗旨就是“析理以辞,解体用图”. 刘徽通过分析数学之理建立了中国传统数学的理论体系.“割圆术”在人类历史上首次将极限和无穷小分割引入数学证明,成为人类文明史中不朽的篇章.

# 第三章
# 导数与微分

在自然科学、社会科学、工程实践甚至日常生活中,我们不仅需要研究变量之间的绝对变化关系,有时还需要研究变量之间的相对变化关系,即变化率问题. 如几何学中的切线问题,力学中速度、加速度,电学中的电流强度,化学中的反应速度,生物学中的繁殖率,经济学中的边际理论、弹性理论等,所有这些在数学上都归结为函数的变化率,即导数. 本章主要讨论一元函数的导数和微分.

## 开篇案例

**案例 3.1　心输出量的问题**

心输出量是指心脏(一侧心室)每分钟泵出的血液量. 这个指标有重要的临床价值,在危重病人的监护方面更是重要的生理指标. 通过测量每分钟人体的耗氧量及血液中氧的浓度可以算出心输出量.

设 $c$ 为心脏每分钟泵出的血液量(L),即心输出量. $x$ 为每分钟人体的耗氧量(mL);$y$ 为每升动脉血中的含氧量(mL);$z$ 为每升混合静脉血中的含氧量(mL).

每分钟人体的耗氧量=[从每升血中获得的氧气量]·[心输出量]

即

$$x=(y-z)\cdot c,$$

所以

$$c=\frac{x}{y-z}.$$

$x,y$ 的值能精确地测得,但 $z$ 的值很难准确测得. 假设某人在安静状态下,测得 $x=250$ mL/min,$y=180$ mL/L,$z=140$ mL/L,则 $c=6.25$ L/min. 若测量值 $z$ 的相对误差为 1%,试估计 $c$ 的绝对误差和相对误差.

误差估计就要用到微分的知识,这就是我们下面学习的内容.

# 第一节　导数——变量变化快慢程度的数学模型

## 一. 导数的几个引例

在实际问题中,常常需要研究自变量 $x$ 的增量 $\Delta x$ 与相应的函数 $y=f(x)$ 的增量 $\Delta y$ 之间的关系. 特别是它们的比$\frac{\Delta y}{\Delta x}$以及当 $\Delta x\to 0$ 时的极限.

**例 1**　变速直线运动的瞬时速度——路程相对时间的变化率

匀速直线运动的一个基本关系:路程=速度×时间,即 $s=vt\Rightarrow v=\frac{s}{t}$.

日常生活中,我们所遇到的物体的运动大都是变速运动,平常所说的物体运动的速度,是指物体在一段时间内的平均速度. 例如,公共汽车从 $A$ 站到火车站一般需要 2 h,$A$ 站到火车站的距离是 120 km,则汽车的行驶速度为 60 km/h,这个速度就是汽车从 $A$ 站到火车站的平均速度,事实上,汽车行驶的速度时刻变化,如何求物体在某一时刻的瞬时速度?

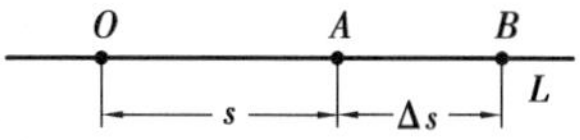

设一质点在直线 $L$ 上作变速运动,$s$ 表示在时刻 $t$ 该质点运动的路径,显然,$s$ 是 $t$ 的函数,即 $s=s(t)$. 设 $t$ 时刻该质点由 $O$ 点移动到 $A$,在 $s(t)$ 已知的情况下如何求质点在 $t$ 时刻的瞬时速度. 当时间由 $t$ 变到 $t+\Delta t$ 时,质点由 $A$ 点移至 $B$ 点. 对应时间 $t$ 的增量 $\Delta t$,质点所走过的路程 $s$ 有相应增量 $\Delta s=AB$(图 3-1),即

图 3-1

$$\Delta s=s(t+\Delta t)-s(t).$$

在本问题中,因变量 $s$ 的增量 $\Delta s$ 与自变量 $t$ 的增量 $\Delta t$ 的比$\frac{\Delta s}{\Delta t}$,表示质点在这段时间内的平均速度 $\bar{v}$. 即 $\bar{v}=\frac{\Delta s}{\Delta t}=\frac{s(t+\Delta t)-s(t)}{\Delta t}$.

在变速运动中,平均速度 $\bar{v}$ 不但与 $t$ 有关,而且与 $\Delta t$ 有关. 当 $t$ 固定时,$\bar{v}$ 是 $\Delta t$ 的函数;当 $\Delta t$ 很小时 $\bar{v}$ 近似等于质点在时刻 $t$(即点)的瞬时速度,并且 $\Delta t$ 越小,近似程度越高. 当 $\Delta t\to 0$ 时,若 $\bar{v}$ 趋于一确定的极限值,该值就是质点在 $t$ 时刻的瞬时速度 $v$. 即

$$v=\lim_{\Delta t\to 0}\frac{\Delta s}{\Delta t}=\lim_{\Delta t\to 0}\frac{s(t+\Delta t)-s(t)}{\Delta t},$$

这就是当知道质点的运动规律 $s=s(t)$ 时其瞬时速度的定义.

**例 2**　连续曲线切线的斜率

平面几何里,圆的切线定义为与圆有唯一交点的直线. 显然这一定义具有特殊性,并不适合一般的连续曲线.

下面给出一般连续曲线的切线定义:在曲线 $L$ 上,点 $M$ 为曲线上一定点,在 $M$ 附近再取

一点 $N$,作割线 $MN$,当点 $N$ 沿曲线移动而趋向于点 $M$ 时,割线 $MN$ 的极限位置 $MT$ 就称为曲线 $L$ 在点 $M$ 处的切线.

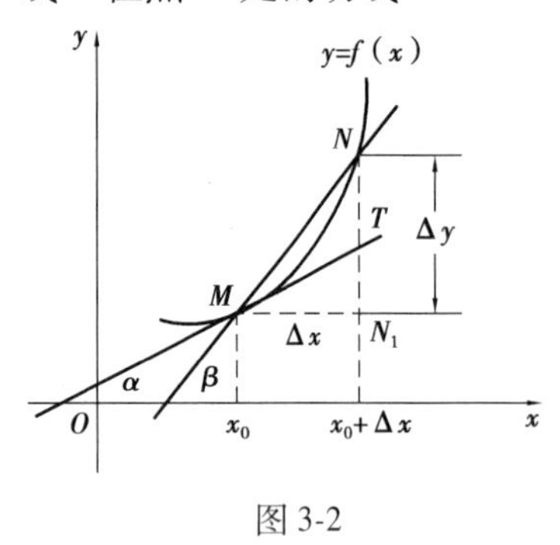


图 3-2

根据这个定义,我们来求曲线的切线斜率. 设点 $M(x_0, y_0)$是曲线 $y=f(x)$ 上一点,当自变量由 $x_0$ 变到 $x_0+\Delta x$ 时,在曲线上得到另一点 $N(x_0+\Delta x, y_0+\Delta y)$,由图 3-2 可以看到,函数的增量 $\Delta y$ 与自变量 $\Delta x$ 的增量的比$\dfrac{\Delta y}{\Delta x}$等于曲线 $y=f(x)$ 的割线 $MN$ 的斜率,即

$$\tan\beta=\frac{\Delta y}{\Delta x}=\frac{f(x_0+\Delta x)-f(x_0)}{\Delta x},$$

其中,$\beta$ 是割线 $MN$ 的倾斜角. 显然,当 $\Delta x\to 0$ 时,$N$ 点沿曲线移动而趋向于 $M$ 点. 这时割线 $MN$ 以 $M$ 为支点逐渐转动而趋于一极限位置,即为直线 $MT$,直线 $MT$ 即为曲线 $y=f(x)$ 在点 $M$ 处的切线,相应地,割线 $MN$ 的斜率 $\tan\beta$ 随 $\Delta x\to 0$ 而趋于切线 $MT$ 的斜率 $\tan\alpha$($\alpha$ 是切线的倾角),即

$$\tan\alpha=\lim_{\beta\to\alpha}\tan\beta=\lim_{\Delta x\to 0}\frac{\Delta y}{\Delta x}=\lim_{\Delta x\to 0}\frac{f(x_0+\Delta x)-f(x_0)}{\Delta x}.$$

**例 3** 交变电流

电流表示单位时间内通过导体横截面的电量. 对于直流电,求电流大小很简单,只需计算任何一段时间内通过导体横截面的电量与这段时间的比值.

交流电的情况则不同,为了描述各个时刻电流大小的不同情况,需要考虑某一时刻的瞬时电流的大小.

设在某一时刻 $t$ 从导体的指定截面通过的电量为

$$q=f(t).$$

则从时刻 $t_0$ 到时刻 $t_0+\Delta t$ 通过导体的电量为

$$\Delta q=f(t_0+\Delta t)-f(t_0),$$

因而这段时间内的平均电流为

$$\frac{\Delta q}{\Delta t}=\frac{f(t_0+\Delta t)-f(t_0)}{\Delta t},$$

即

$$I=\lim_{\Delta t\to 0}\frac{\Delta q}{\Delta t}=\lim_{\Delta t\to 0}\frac{f(t_0+\Delta t)-f(t_0)}{\Delta t}.$$

**例 4** 非均匀杆的线密度

所谓线密度,就是单位长度的杆所含的质量,对于均匀杆,即质量分布处处一样的杆. 因而任何一段杆的质量与这段杆的长度之比,就是杆的线密度.

如果杆是非均匀的,求任意一点处质量的分布情况.

取 $x$ 轴与杆的轴线一致,则杆的每一横截面就对应 $x$ 轴上一个点,我们以杆的一端为原点 $O$. 假如用 $m$ 表示从 $O$ 到 $x$ 这一段杆的质量,则 $m$ 是 $x$ 的一个函数

$$m=f(x).$$

设 $x_0$ 为杆上任意一点，分布在从 $x_0$ 到 $x_0+\Delta x$ 这一段杆上的质量是

$$\Delta m=f(x_0+\Delta x)-f(x_0),$$

因而这一段杆的平均线密度就等于

$$\frac{\Delta m}{\Delta x}=\frac{f(x_0+\Delta x)-f(x_0)}{\Delta x}.$$

当 $\Delta x\to0$ 时，平均线密度的极限 $\lim\limits_{\Delta x\to0}\frac{\Delta m}{\Delta x}$ 就应该是点 $x_0$ 处的线密度.

通过以上四个实际问题的讨论，可以看到，虽然它们的具体含义各不相同，但从抽象的数量关系看，它们的实质是一样的，都归结为函数增量 $\Delta y$ 与自变量增量 $\Delta x$ 的比 $\frac{\Delta y}{\Delta x}$ 当 $\Delta x\to0$ 时的极限，即变化率的极限问题，而这一问题具有普遍重要的实际意义. 在数学中，我们将极限 $\lim\limits_{\Delta x\to0}\frac{\Delta y}{\Delta x}$ 称为函数 $y=f(x)$ 的导数或微商.

## 二、导数的定义——变量变化快慢程度的数学模型

**定义**　设函数 $y=f(x)$ 在 $x_0$ 的邻域内有定义，当自变量 $x$ 在点 $x_0$ 取得改变量 $\Delta x(\Delta x\neq0)$ 时，函数 $y$ 取得相应的改变量 $\Delta y=f(x_0+\Delta x)-f(x_0)$. 若当 $\Delta x\to0$ 时，两个改变量之比 $\frac{\Delta y}{\Delta x}$ 的极限

$$\lim_{\Delta x\to0}\frac{\Delta y}{\Delta x}=\lim_{\Delta x\to0}\frac{f(x_0+\Delta x)-f(x_0)}{\Delta x}\tag{3-1}$$

存在，则称函数 $y=f(x)$ 在点 $x_0$ 处可导，并称此极限值为函数 $y=f(x)$ 在点 $x_0$ 处的导数，记为 $f'(x_0)$ 或 $y'\big|_{x=x_0}$，或者是 $\frac{\mathrm{d}f}{\mathrm{d}x}\Big|_{x=x_0}$，$\frac{\mathrm{d}y}{\mathrm{d}x}\Big|_{x=x_0}$，

即
$$f'(x_0)=\lim_{\Delta x\to0}\frac{f(x_0+\Delta x)-f(x_0)}{\Delta x}.$$

此时，也称函数 $y=f(x)$ 在点 $x_0$ 处具有导数，或导数存在. 若式(3-1)中极限不存在，则称函数 $y=f(x)$ 在点 $x_0$ 处不可导. 如果当 $\Delta x\to0$ 时，$\frac{\Delta y}{\Delta x}\to\infty$，这时，也往往称函数 $y=f(x)$ 在点 $x_0$ 处的导数为无穷大.

由导数的定义，某些瞬时（瞬间）变化率问题可表述为：

变速直线运动的速度 $v(t)$ 就是路程函数 $s=s(t)$ 对时间 $t$ 的导数，即 $v(t)=s'(t)$；

曲线 $y=f(x)$ 在点 $M(x_0,y_0)$ 处的切线斜率就是函数 $y=f(x)$ 在点 $x_0$ 处的导数 $f'(x_0)$；

质量非均匀分布细杆的线密度 $\rho(x)$ 就是质量分布函数 $m=m(x)$ 对长度 $x$ 的导数，即 $\rho(x)=m'(x)$ 等.

**注意**：导数的定义式(3-1)也可取其他的不同形式，常见的有

$$f'(x_0)=\lim_{h\to0}\frac{f(x_0+h)-f(x_0)}{h}$$

或

$$f'(x_0)=\lim_{x\to x_0}\frac{f(x)-f(x_0)}{x-x_0}.$$

导数是概括了各种各样的变化率概念而得出的一个更一般性、也更抽象的概念. 它丢弃了自变量和因变量所代表的某种特殊意义,纯粹从数量方面来刻画变化率的本质:因变量的增量 $\Delta y$ 与自变量的增量 $\Delta x$ 之比$\frac{\Delta y}{\Delta x}$是因变量 $y$ 在以 $x_0$ 和 $x_0+\Delta x$ 为端点的区间上的平均变化率,而导数$f'(x_0)$则是因变量在点 $x_0$ 处的变化率,它反映了因变量相对应自变量的变化快慢程度.

如果函数 $y=f(x)$在区间$(a,b)$内每一点都可导,则称函数 $y=f(x)$在区间$(a,b)$内可导. 这时,对于区间$(a,b)$内每一个 $x$ 都有一个导数值$f'(x)$与之对应,那么$f'(x)$也是 $x$ 的一个函数,称其为导数,记为$f'(x)$,$y'$,$\frac{dy}{dx}$,$\frac{df(x)}{dx}$. 将式(3-1)中的 $x_0$ 换成 $x$,则有

$$f'(x)=\lim_{\Delta x\to 0}\frac{\Delta y}{\Delta x}=\lim_{\Delta x\to 0}\frac{f(x+\Delta x)-f(x)}{\Delta x}.$$

显然,函数$f(x)$在 $x_0$ 点处的导数$f'(x_0)$是导函数$f'(x)$在点 $x_0$ 处的函数值. 即$f'(x_0)=f'(x)\big|_{x=x_0}$.

根据导数的定义求导数,可以归纳为以下三个步骤:

(1)当自变量 $x$ 的改变量为 $\Delta x$ 时,求函数 $y=f(x)$的相应改变量 $\Delta y$,即 $\Delta y=f(x+\Delta x)-f(x)$.

(2)求两个改变量的比值$\frac{\Delta y}{\Delta x}=\frac{f(x+\Delta x)-f(x)}{\Delta x}$.

(3)求当 $\Delta x\to 0$ 时$\frac{\Delta y}{\Delta x}$的极限,即$f'(x)=\lim\limits_{\Delta x\to 0}\frac{\Delta y}{\Delta x}$.

**例 5** 已知$f(x)=x^2$,求$f'(x)$,$f'(1)$,$f'\left(\frac{1}{2}\right)$和$f'(x_0)$.

**解** 因为$f(x)=x^2$,

(1)$\Delta y=f(x+\Delta x)-f(x)=(x+\Delta x)^2-x^2=2\Delta x\cdot x+(\Delta x)^2$,

(2)$\frac{\Delta y}{\Delta x}=2x+\Delta x$,

(3)$f'(x)=\lim\limits_{\Delta x\to 0}\frac{\Delta y}{\Delta x}=\lim\limits_{\Delta x\to 0}(2x+\Delta x)=2x$,

所以

$$f'(x)=(x^2)'=2x,f'(1)=2x\big|_{x=1}=2,f'\left(\frac{1}{2}\right)=2x\big|_{x=\frac{1}{2}}=1,f'(x_0)=2x\big|_{x=x_0}=2x_0.$$

**例 6** 设 $y=c$(常数函数),求 $y'$.

**解** 因为(1)$\Delta y=c-c=0$,(2)$\frac{\Delta y}{\Delta x}=\frac{0}{\Delta x}=0$,(3)$\lim\limits_{\Delta x\to 0}\frac{\Delta x}{\Delta y}=0$,所以 $c'=0$.

**例 7** 设 $y=\ln x$,求 $y'$.

**解** (1)$\Delta y=\ln(x+\Delta x)-\ln x=\ln\left(1+\frac{\Delta x}{x}\right)$,

(2) $\dfrac{\Delta y}{\Delta x}=\dfrac{1}{\Delta x}\ln\left(1+\dfrac{\Delta x}{x}\right)=\dfrac{1}{x}\ln\left(1+\dfrac{\Delta x}{x}\right)^{\frac{x}{\Delta x}}$,

(3) $f'(x)=\lim\limits_{\Delta x\to 0}\dfrac{\Delta y}{\Delta x}=\lim\limits_{\Delta x\to 0}\dfrac{1}{x}\ln\left(1+\dfrac{\Delta x}{x}\right)^{\frac{x}{\Delta x}}=\dfrac{1}{x}\ \ln\ \lim\limits_{\Delta x\to 0}\left(1+\dfrac{\Delta x}{x}\right)^{\frac{x}{\Delta x}}=\dfrac{1}{x}\ \ln\ \mathrm{e}=\dfrac{1}{x}$,所以$(\ln x)'=\dfrac{1}{x}$.

**例 8**　设 $y=\sin x$,求 $y'$.

**解**　因为(1) $\Delta y=\sin x(x+\Delta x)-\sin x$,

(2) $\dfrac{\Delta y}{\Delta x}=2\cos\left(x+\dfrac{\Delta x}{2}\right)\dfrac{\sin\dfrac{\Delta x}{x}}{\Delta x}$,

(3) $f'(x)=\lim\limits_{\Delta x\to 0}\dfrac{\Delta y}{\Delta x}=\lim\limits_{\Delta x\to 0}\cos\left(x+\dfrac{\Delta x}{2}\right)\lim\limits_{\Delta x\to 0}\dfrac{\sin\dfrac{\Delta x}{2}}{\dfrac{\Delta x}{2}}=\cos x$,

所以$(\sin x)'=\cos x$.

从函数 $f(x)$ 在点 $x_0$ 处的导数 $f'(x_0)$ 的定义

$$f'(x_0)=\lim_{\Delta x\to 0}\frac{f(x_0+\Delta x)-f(x_0)}{\Delta x}$$

可知,$f'(x_0)$ 是一个极限,而极限存在的充分必要条件是左右极限都存在且相等,从而 $f'(x_0)$ 存在,即 $f(x)$ 在 $x_0$ 处可导的充要条件是左右极限

$$\lim_{\Delta x\to 0^-}\frac{f(x_0+\Delta x)-f(x_0)}{\Delta x}\ 和\ \lim_{\Delta x\to 0^+}\frac{f(x_0+\Delta x)-f(x_0)}{\Delta x}$$

都存在且相等.

这两个极限分别称为函数 $f(x)$ 在点 $x_0$ 处的左导数和右导数,记为 $f'_-(x_0)$ 和 $f'_+(x_0)$,即

$$f'_-(x_0)=\lim_{\Delta x\to 0^-}\frac{f(x_0+\Delta x)-f(x_0)}{\Delta x};$$

$$f'_+(x_0)=\lim_{\Delta x\to 0^+}\frac{f(x_0+\Delta x)-f(x_0)}{\Delta x}.$$

因此,函数 $f(x)$ 在 $x_0$ 处可导的充要条件是左导数 $f'_-(x_0)$ 和右导数 $f'_+(x_0)$ 都存在且相等.

## 三、导数的几何意义

分析曲线的切线斜率可知,函数 $y=f(x)$ 在点 $x_0$ 处的导数 $f'(x)$ 就是曲线 $y=f(x)$ 在点 $(x_0,f(x_0))$ 处切线的斜率. 这就是导数的几何意义.

于是,$y=f(x)$ 在点 $(x_0,y_0)$ 处的切线方程为

$$(y-y_0)=f'(x_0)(x-x_0).$$

若 $f(x)$ 在 $x_0$ 处连续,而 $\lim\limits_{\Delta x\to 0}\dfrac{\Delta y}{\Delta x}=\infty$,则 $f(x)$ 在点 $x_0$ 处的导数不存在,这时点 $(x_0,y_0)$ 处的切线方程为 $x=x_0$,此切线垂直于 $x$ 轴.

若 $f'(x_0)\neq 0$,则过点 $(x_0,y_0)$ 的法线方程是

$$(y-y_0)=-\frac{1}{f'(x_0)}(x-x_0).$$

而当 $f'(x_0)=0$ 时,法线为 $x=x_0$,此法线垂直于 $x$ 轴.

**例 9** 求曲线 $y=\sin x$ 在 $x=\frac{\pi}{3}$ 时的切线方程.

**解** $y'=\cos x, y'\left(\frac{\pi}{3}\right)=\cos\frac{\pi}{3}=\frac{1}{2}$,当 $x=\frac{\pi}{3}$ 时,$y=\sin\frac{\pi}{3}=\frac{\sqrt{3}}{2}$.

于是曲线 $y=\sin x$ 在点 $\left(\frac{\pi}{3},\frac{\sqrt{3}}{2}\right)$ 处的切线方程为

$$y-\frac{\sqrt{3}}{2}=\frac{1}{2}\left(x-\frac{\pi}{3}\right),$$

即

$$x-2y+\sqrt{3}-\frac{\pi}{3}=0.$$

## 四、可导与连续的关系

(1)若函数 $y=f(x)$ 在点 $x_0$ 处可导,则 $f(x)$ 在 $x_0$ 处连续.

**证** 由 $y=f(x)$ 在点 $x_0$ 处可导,即

$$f'(x_0)=\lim_{\Delta x\to 0}\frac{\Delta y}{\Delta x}=\lim_{\Delta x\to 0}\frac{f(x_0+\Delta x)-f(x_0)}{\Delta x}.$$

若令 $x=x_0+\Delta x$,则有 $\Delta x=x-x_0$ 当 $\Delta x\to 0$ 时,$x\to x_0$.

于是

$$f'(x_0)=\lim_{x\to x_0}\frac{f(x)-f(x_0)}{x-x_0},$$

得

$$\lim_{x\to x_0}[f(x)-f(x_0)]=\lim_{x\to x_0}\frac{f(x)-f(x_0)}{x-x_0}(x-x_0)=f'(x_0)\cdot 0=0.$$

从而 $\lim\limits_{\Delta x\to 0}f(x)=f(x_0)$,故 $f(x)$ 在点 $x_0$ 处连续.

(2)若函数 $y=f(x)$ 在点 $x_0$ 处连续,但 $f(x)$ 在 $x_0$ 处不一定可导.

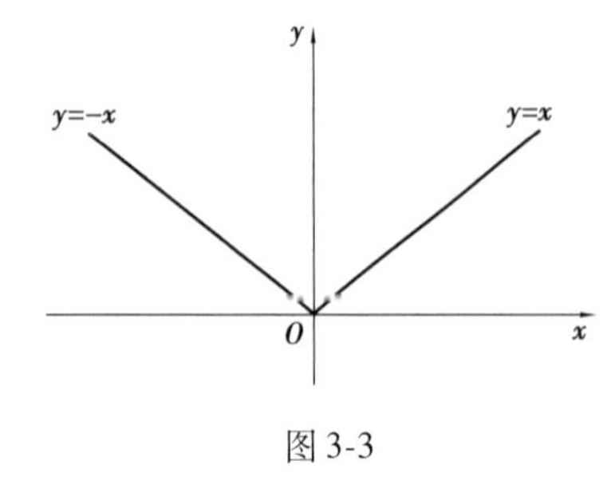


图 3-3

例如,函数 $y=|x|=\begin{cases}x, & x\geqslant 0\\ -x, & x<0\end{cases}$ 在 $x_0=0$ 时,如图 3-3 所示,由于 $\lim\limits_{\Delta x\to 0}\Delta y=\lim\limits_{\Delta x\to 0}[f(0+\Delta x)-f(0)]=\lim\limits_{\Delta x\to 0}(|0+\Delta x|-0)=\lim\limits_{\Delta x\to 0}|\Delta x|=0=f(0)$,所以 $y=|x|$ 在 $x_0=0$ 处连续.

而右导数 $f'_+(0)=\lim\limits_{\Delta x\to 0^+}\frac{\Delta y}{\Delta x}=\lim\limits_{\Delta x\to 0^+}\frac{\Delta x}{\Delta x}=1$,左导数 $f'_-(0)=\lim\limits_{\Delta x\to 0^-}\frac{\Delta y}{\Delta x}=\lim\limits_{\Delta x\to 0^-}\frac{-\Delta x}{\Delta x}=-1$,因此,$y=|x|$ 在点 $x_0=0$ 处导数不存在.

可以看到函数 $y=|x|$ 的图形在 $x=0$ 处出现“尖点”，一般地，如果函数 $y=f(x)$ 的图形在点 $x_0$ 处出现尖点，如图 3-3 所示，则它在该点不可导，这时曲线 $y=f(x)$ 在 $(x_0,y_0)$ 处的切线不存在. 因此，若函数在一个区间内可导，则其图形不出现尖点，或者说是一条连续的光滑曲线.

## 第二节　导数的运算法则

上节根据导数的定义求出了一些简单函数的导数，而初等函数是由基本初等函数经过有限次的四则运算及复合运算得到的. 这就是说，如果我们知道基本初等函数的求导结果，再知道导数的四则运算及复合运算法则，就能对初等函数求导.

本节将介绍求导的几个基本法则，借助于这些法则和公式，就能较方便地求出常见的函数——初等函数的导数.

### 一、导数的四则运算法则

**定理 1**　设函数 $u(x)$、$v(x)$ 在点 $x$ 处可导，则它们的和、差、积与商 $\dfrac{u(x)}{v(x)}$ $(v(x)\neq 0)$ 在 $x$ 处可导，且

$$[u(x)\pm v(x)]'=u'(x)\pm v'(x).$$

$$[u(x)v(x)]'=u'(x)v(x)+u(x)v'(x).$$

$$\left[\frac{u(x)}{v(x)}\right]'=\frac{u'(x)v(x)-u(x)v'(x)}{v^2(x)},(v(x)\neq 0).$$

证明略.

由定理可以得到如下推论.

**推论 1**　$(cu(x))'=cu'(x)$（$c$ 为常数）.

**推论 2**　$\left(\dfrac{1}{u(x)}\right)'=-\dfrac{u'(x)}{u^2(x)}.$

**推论 3**　$[u(x)v(x)w(x)]'=u'(x)v(x)w(x)+u(x)v'(x)w(x)+u(x)v(x)w'(x).$

**例 1**　设 $f(x)=3x^4-e^x+5\cos x-1$，求 $f'(x)$ 及 $f'(0)$.

**解**　根据推论 1 可得

$$f'(x)=(3x^4-e^x+5\cos x-1)'=(3x^4)'-(e^x)'+(5\cos x)'-1'=12x^3-e^x-5\sin x.$$

$$f'(0)=(12x^3-e^x-5\sin x)\big|_{x=0}=-1.$$

**例 2**　设 $y=x\ln x$，求 $y'$.

**解**　根据乘法公式，有

$$y'=(x\ln x)'=x(\ln x)'+(x)'\ln x=x\cdot\frac{1}{x}+1\cdot\ln x=1+\ln x.$$

**例 3**　设 $y=\dfrac{x-1}{x^2+1}$，求 $y'$.

**解** 根据除法公式有

$$y'=\left(\frac{x-1}{x^2+1}\right)'=\frac{(x^2+1)(x-1)'-(x^2+1)'(x-1)}{(x^2+1)^2}$$

$$=\frac{(x^2+1)[(x)'-(1)']-[(x^2)'+(1)'](x-1)}{(x^2+1)^2}$$

$$=\frac{(x^2+1)-2x(x-1)}{(x^2+1)^2}=\frac{2x-x^2+1}{(x^2+1)^2}.$$

求导公式熟悉后,运算步骤可以省略一些.

**例 4** 设 $f(x)=\tan x$,求 $f'(x)$.

**解** $f'(x)=(\tan x)'=\left(\frac{\sin x}{\cos x}\right)'=\frac{\cos x(\sin x)'-(\cos x)'\sin x}{\cos^2 x}$

$$=\frac{\cos^2 x+\sin^2 x}{\cos^2 x}=\frac{1}{\cos^2 x}=\sec^2 x,$$

即

$$(\tan x)'=\sec^2 x.$$

同理可得

$$(\cot x)'=-\csc^2 x.$$

**例 5** 设 $y=\sec x$,求 $y'$.

**解** 根据推论 2,有

$$y'=(\sec x)'=\left(\frac{1}{\cos x}\right)'=-\frac{(\cos x)'}{\cos^2 x}=\frac{\sin x}{\cos^2 x}=\tan x\sec x,$$

即

$$(\sec x)'=\sec x\tan x.$$

同理可得

$$(\csc x)'=-\csc x\cot x.$$

## 二、反函数的求导法则

**定理 2** 设 $y=f(x)$ 与 $x=\varphi(y)$ 互为反函数,函数 $y=f(x)$ 在 $x$ 处连续,$x=\varphi(y)$ 在与 $x$ 相应的 $y$ 处可导,且 $x'_y\neq 0$,则 $f(x)$ 在 $x$ 处可导,且 $f'(x)=\frac{1}{\varphi'(y)}$

或

$$\frac{\mathrm{d}y}{\mathrm{d}x}=\frac{1}{\frac{\mathrm{d}x}{\mathrm{d}y}},y'_x=\frac{1}{x'_y}.$$

**例 6** 求 $y=a^x$ 的导数,其中 $a>0$ 且 $a\neq 1$.

**解** 因为 $y=a^x$ 的反函数是 $x=\log_a y$,且 $y=a^x$ 连续,又已知

$$x'_y=(\log_a y)'=\frac{1}{y\ln a},$$

所以

$$(a^x)'=y'_x=\frac{1}{x'_y}=y\ln a=a^x\ln a.$$

当 $a=\mathrm{e}$ 时,$(\mathrm{e}^x)'=\mathrm{e}^x$.

**例 7** 求 $y=\arcsin x$ 的导数.

**解**　$y=\arcsin x$ 的反函数是 $x=\sin y$,且 $x=\sin y$ 连续,又已知

$$x'_y=(\sin y)'=\cos y,$$

所以

$$(\arcsin x)'=y'_x=\frac{1}{x'_y}=\frac{1}{\cos y}.$$

又因为 $\cos y=\pm\sqrt{1-\sin^2 y}$,而 $\arcsin x$ 的值域为 $\left[-\frac{\pi}{2},\frac{\pi}{2}\right]$,即 $y$ 的取值范围在第一、四象限,所以 $\cos y$ 取正号. 即

$$\cos y=\sqrt{1-\sin^2 y},即\cos y=\sqrt{1-x^2},$$

故有

$$(\arcsin x)'=\frac{1}{\sqrt{1-x^2}}.$$

同理可得

$$(\arccos x)'=\frac{-1}{\sqrt{1-x}}.$$

## 三、复合函数的求导法则

**定理 3**　设函数 $y=f(u)$,$u=\varphi(x)$ 均可导,则复合函数 $y=f[\varphi(x)]$ 也可导,且 $y'_x=y'_u\cdot u'_x$ 或 $y'_x=f'(u)\cdot\varphi'(x)$ 或 $\frac{\mathrm{d}y}{\mathrm{d}x}=\frac{\mathrm{d}y}{\mathrm{d}u}\cdot\frac{\mathrm{d}u}{\mathrm{d}x}$.

**推论**　设 $y=f(u)$,$u=\varphi(v)$,$v=\psi(x)$ 均可导,则复合函数 $y=f[\varphi(\psi(x))]$ 也可导,且

$$y'_x=y'_u\cdot u'_v\cdot v'_x.$$

这就是复合函数的求导公式,它表明复合函数的导数等于已知函数对中间变量的导数乘以中间变量对自变量的导数. 在求导的时候要分析清楚函数复合过程,认清中间变量.

**例 8**　设 $y=(2x+1)^5$,求 $y'$.

**解**　将 $2x+1$ 看成中间变量 $u$,$y=(2x+1)^5$ 看成是 $y=u^5$,$u=2x+1$ 复合而成,由于 $y'_u=(u^5)'=5u^4$,$u'_x=(2x+1)'=2$,所以

$$y'_x=y'_u\cdot u'_x=5u^4\cdot 2=10(2x+1)^4.$$

**例 9**　设 $y=\ln\cos x$,求 $y'$.

**解**　$y=\ln\cos x$ 可以看成由 $y=\ln u$,$u=\cos x$ 复合而成,而

$$y'_u=(\ln u)'=\frac{1}{u},(\cos x)'=-\sin x,$$

所以

$$y'_x=y'_u\cdot u'_x=\frac{1}{u}(-\sin x)=-\frac{\sin x}{\cos x}=-\tan x.$$

**例 10**　设 $y=\mathrm{e}^{\tan x}$,求 $y'$.

**解**　$y=\mathrm{e}^{\tan x}$ 可以看作由 $y=\mathrm{e}^u$,$u=\tan x$ 复合而成,所以

$$y'_x=y'_u\cdot u'_x=(\mathrm{e}^u)'_u\cdot(\tan x)'_x=\mathrm{e}^u\cdot\sec^2 x=\sec^2 x\mathrm{e}^{\tan x}.$$

**例 11** 设 $y=\sin\frac{3x}{1+x^2}$,求$\frac{dy}{dx}$.

**解** $y=\sin\frac{3x}{1+x^2}$可以看作由 $y=\sin u, u=\frac{3x}{1+x^2}$复合而成,因为$\frac{dy}{dx}=\cos u$,

$$\frac{du}{dx}=\left(\frac{3x}{1+x^2}\right)'=\frac{3(1+x^2)-3x\cdot 2x}{(1+x^2)^2}=\frac{3(1-x^2)}{(1+x^2)^2},$$

所以
$$\frac{dy}{dx}=\cos u\frac{3(1-x^2)}{(1+x^2)^2}=\frac{3(1-x^2)}{(1+x^2)^2}\cos\frac{3x}{1+x^2}.$$

从以上几例可以看出求复合函数导数的关键是要能够把所给函数分解为我们已经会求导数的若干简单函数的复合,即当一个函数能分解成基本初等函数,或常数与基本初等函数的和、差、积、商等,我们便可求其导数.

复合函数求导数熟练后,中间变量可以在求导过程中不写出来,而直接写出函数对中间变量求导的结果,重要的是每一步对哪个变量求导必须清楚.

**例 12** 已知 $y=\sqrt{1-x^2}$,求 $y'$.

**解** 将中间变量 $u=1-x^2$ 记在脑子中,$y'_u=(\sqrt{u})'=\frac{1}{2}u^{-\frac{1}{2}}$也在脑子中运算,这样可以直接写出下式

$$y'_x=\frac{1}{2}(1-x^2)^{-\frac{1}{2}}\cdot(1-x^2)'_x=\frac{-x}{\sqrt{1-x^2}}.$$

**例 13** 设 $y=\arctan\ln(3x-1)$,求 $y'$.

**解**
$$y'_x=\frac{1}{1+[\ln(3x-1)]^2}\cdot[\ln(3x-1)]'_x=\frac{1}{1+[\ln(3x-1)]^2}\cdot\frac{1}{3x-1}\cdot(3x-1)'_x$$
$$=\frac{3}{(3x-1)\cdot[1+\ln^2(3x-1)]}.$$

**例 14** 求函数 $y=\frac{x}{\sqrt{1+x^2}}$的导数.

**解** 先用除法的导数公式,遇到复合时,再用复合函数求导法则

$$y'=\frac{(x)'\sqrt{1+x^2}-(\sqrt{1+x^2})'x}{(\sqrt{1+x^2})^2}=\frac{\sqrt{1+x^2}-\frac{1}{2}\frac{2x}{\sqrt{1+x^2}}x}{1+x^2}=\frac{(1+x^2)-x^2}{\sqrt{1+x^2}(1+x^2)}=\frac{1}{(1+x^2)^{\frac{3}{2}}}.$$

**例 15** 设气体以 100 $cm^3/s$ 的速度注入球状的气球,假定气体的压力不变,当半径为 10 cm 时,气球半径增加的速率是多少?

**解** 设在时刻 $t$ 时,气球的体积和半径分别为 $V$ 和 $r$,显然 $V=\frac{4}{3}\pi r^3$,且 $r=r(t)$,所以

$$V=\frac{4}{3}\pi[r(t)]^3.$$

由题意可知,当$\frac{dV}{dt}=100\ cm^3/s, r=10$ cm 时,求$\frac{dr}{dt}$的值,根据复合函数的求导法则可得

$$\frac{dV}{dt}=\frac{dV}{dr}\cdot\frac{dr}{dt}=\frac{4}{3}\pi\cdot 3\cdot[r(t)]^2\cdot\frac{dr}{dt}.$$

将已知数据代入上式,得

$$100=4\pi\cdot 10^2\cdot\frac{dr}{dt}.$$

所以$\frac{dr}{dt}=\frac{1}{4\pi}$ cm/s,即在 $r=10$ cm 这一瞬间,半径以$\frac{1}{4\pi}$ cm/s 的速率增加.

**例 16**　若水以 2 $m^3/s$ 的速率注入高为 $r=10$ m,地面半径为 5 m 的圆锥型水槽中(图 3-4),问当水深为 6 m 时,水位上升的速度为多少?

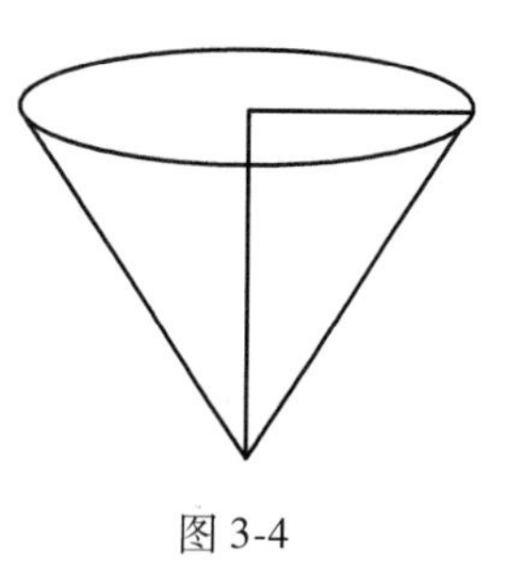

图 3-4

**解**　设在时刻 $t$ 时,水槽中水的体积为 $V(t)$,水面的半径为 $x(t)$,水槽中水的深度为 $y(t)$,由题意可知:$\frac{dV}{dt}=2\ m^3/s$,$V=\frac{1}{3}\pi x^2y$,$\frac{x}{y}=\frac{5}{10}$,

即 $x=\frac{y}{2}$.

故有

$$V=\frac{1}{12}\pi y^3.$$

将上式对时间 $t$ 求导得　$\frac{dV}{dt}=\frac{dV}{dy}\cdot\frac{dy}{dt}=\frac{1}{12}\pi\cdot 3y^2\cdot\frac{dy}{dt}$,

即

$$\frac{dy}{dt}=\frac{4}{\pi y^2}\cdot\frac{dV}{dt}=\frac{4}{\pi\cdot 36}\cdot 2=\frac{2}{9\pi}\ \text{m/s}\approx 0.071\ \text{m/s}.$$

所以,当水深为 6 m 时,水位上升的速度为 0.071 m/s.

## 四、隐函数求导法则及取对数求导法则

函数 $y=f(x)$ 表示两个变量 $y$ 与 $x$ 之间的对应关系,这种对应关系可以用不同的形式表达. 前面所遇到的函数,例如 $y=\cos x$,$y=\operatorname{arccot}(1+x^2)$,$y=\ln(x+\sqrt{1+x})$ 等,其表达式的特点是,直接给出自变量 $x$ 的取值求因变量 $y$ 的规律(计算公式). 用这种方式表示的函数称为显函数. 有些函数的表达式并不是这样,例如,方程

$$x+y^7-1=0$$

也可以表示一个函数,当自变量 $x$ 在 $(-\infty,+\infty)$ 内取值时,变量 $y$ 有确定的值与之对应. 例如:当 $x=0$ 时,$y=1$;当 $x=1$ 时,$y=0$ 等. 这样的函数称为隐函数. 这个隐函数也可以表示成 $y=\sqrt[7]{1-x}$,即隐函数显化. 隐函数的显化并不总能实现,有时甚至是不可能的.

例如,方程 $y^5+2y-x-3x^7=0$ 所确定的隐函数就很难用显式表达出来,为此我们需要讨论隐函数的求导法则.

如果方程 $F(x,y)=0$ 中确定 $y$ 是 $x$ 的函数,从方程 $F(x,y)=0$ 出发求 $y'$.

(1)将 $F(x,y)=0$ 两端同时对 $x$ 求导,在求导过程中视 $y$ 是 $x$ 的函数;

(2)求导之后得到一个关于 $y'$ 的方程,解此方程得到 $y'$ 的表达式,在该表达式中允许含

有 $y$.

**例 17** 求由方程 $x^2+y^2=R^2$（$R$ 为常数）所确定的函数 $y=y(x)$ 的导函数.

**解一** 由 $x^2+y^2=R^2$ 可解出 $y$，得

$$y=\sqrt{R^2-x^2}\quad（y\ 取负号也可以），$$

$$y'=\frac{-x}{\sqrt{R^2-x^2}}=-\frac{x}{y}.$$

**解二** 不具体地解出 $y$ 来，而仅将 $y$ 看成是 $x$ 的函数 $y=y(x)$，这个函数由方程

$$x^2+y^2=R^2$$

所确定，故若将此 $y=y(x)$ 代入该方程，方程便成为恒等式

$$x^2+[y(x)]^2\equiv R^2$$

此恒等式两端同时对自变量 $x$ 求导，利用复合函数求导法则，得到 $2x+2y'y=0$，由此即得

$$y'=-\frac{x}{y}.$$

**例 18** 求由方程 $xy-e^x+e^y=0$ 所确定的隐函数 $y=y(x)$ 的导数$\frac{dy}{dx}$.

**解** 因为 $y$ 是 $x$ 的函数，所以 $e^y$ 是 $x$ 的复合函数，应用复合函数求导法则，方程 $xy-e^x+e^y=0$ 两端同时对 $x$ 求导，可得

$$y+xy'-e^x+e^yy'=0.$$

由上式解出 $y'$，便得隐函数的导数为

$$\frac{dy}{dx}=\frac{e^x-y}{x+e^y}\quad(x+e^y\neq 0).$$

**例 19** 求由方程 $y^5+2y-x-3x^7=0$ 所确定的隐函数 $y=y(x)$ 在 $x=0$ 处的导数$\left.\frac{dy}{dx}\right|_{x=0}$.

**解** 这里 $y^5$ 是由中间变量 $y$ 复合而成的 $x$ 的函数，方程两端同时对 $x$ 求导，可得

$$5y^4\cdot\frac{dy}{dx}+2\frac{dy}{dx}-1-21x^6=0.$$

于是得

$$\frac{dy}{dx}=\frac{1+21x^6}{2+5x^4}$$

由 $x=0$，从原方程得到 $y=0$，所以将 $x=0$ 和 $y=0$ 代入上式右端，得$\left.\frac{dy}{dx}\right|_{x=0}=\frac{1}{2}$.

**例 20** 设 $y=\operatorname{arccot}(x^2+y)$，求 $y'$.

**解** 方程两端同时对 $x$ 求导，得

$$y'=-\frac{1}{1+(x^2+y)^2}(2x+y'),$$

于是得

$$y'=\frac{-2x}{2+(x^2+y)^2}.$$

有些表达式由幂指函数或连乘、连除或乘方、开方表示时，我们常用两边取对数后再求导

数,这种方法称为取对数求导法.

**例 21**　求函数 $y=x^x$ 的导数.

**解**　这个函数既不是幂函数,也不是指数函数,称为幂指函数,不能直接利用幂函数或指数函数的求导公式. 我们利用对数求导法,将 $y=x^x$ 两边取对数

$$\ln y = x \ln x,$$

两边对 $x$ 求导数,得

$$\frac{1}{y}y' = \ln x + x\frac{1}{x} = \ln x + 1.$$

于是得

$$y' = y(\ln x + 1) = x^x(\ln x + 1).$$

幂指函数也可以按以下方法求导.

由于 $y=x^x=e^{x\ln x}$,于是有 $y'=e^{x\ln x}(x\ln x)'=e^{x\ln x}(\ln x+1)=x^x(\ln x+1)$.

**例 22**　求函数 $y=\sqrt{\frac{(x-1)(x-2)}{(x-3)(x-4)}}$ 的导数.

**解**　如果直接利用复合函数求导公式求这个函数的导数将是很复杂的. 为此,先将方程两边取对数,得

$$\ln y = \frac{1}{2}[\ln(x-1) + \ln(x-2) - \ln(x-3) - \ln(x-4)],$$

再两边对 $x$ 求导,得

$$\frac{1}{y}y' = \frac{1}{2}\left(\frac{1}{x-1} + \frac{1}{x-2} - \frac{1}{x-3} - \frac{1}{x-4}\right),$$

于是得

$$y' = \frac{1}{2}\sqrt{\frac{(x-1)(x-2)}{(x-3)(x-4)}}\left(\frac{1}{x-1} + \frac{1}{x-2} - \frac{1}{x-3} - \frac{1}{x-4}\right).$$

**例 23**　利用对数求导法则证明 $(x^\alpha)'=\alpha x^{\alpha-1}$($\alpha$ 为任意常数).

**证**　记 $y=x^\alpha$ 两边取对数,得 $\ln y=\alpha\ln x$,把 $y=x^\alpha$ 视为由以上方程所确定的函数,使用隐函数求导法,将上式两端同时对 $x$ 求导,得到

$$\frac{y'}{y} = \frac{\alpha}{x},$$

即

$$y' = \frac{\alpha}{x}y = \alpha x^{\alpha-1},$$

此即公式

$$(x^\alpha)' = \alpha x^{\alpha-1}.$$

## 五、初等函数的导数公式及运算法则

到此为止,我们已经求出了基本初等函数的导数,给出了函数的和、差、积、商的求导法则及复合函数和反函数的求导法则等. 这样,运用基本初等函数的求导公式和导数的各种运算法则,可以求初等函数的导数,也就是说,上述讨论解决了初等函数求导问题,为了便于查阅,现将基本初等函数的导数公式和求导法则归纳如下.

(1)常数和基本初等函数的导数公式

①$(c)'=0$；

②$(x^{\mu})'=\mu x^{\mu-1}$；

③$(a^x)'=a^x\ln a$；

④$(e^x)'=e^x$；

⑤$(\log_a x)'=\dfrac{1}{x\ln a}$；

⑥$(\ln x)'=\dfrac{1}{x}$；

⑦$(\sin x)'=\cos x$；

⑧$(\cos x)'=-\sin x$；

⑨$(\tan x)'=\sec^2 x$；

⑩$(\cot x)'=-\csc^2 x$；

⑪$(\sec x)'=\sec x\tan x$；

⑫$(\csc x)'=-\csc x\cot x$；

⑬$(\arcsin x)'=\dfrac{1}{\sqrt{1-x^2}}$；

⑭$(\arccos x)'=-\dfrac{1}{\sqrt{1-x^2}}$；

⑮$(\arctan x)'=\dfrac{1}{1+x^2}$；

⑯$(\text{arccot}\, x)'=-\dfrac{1}{1+x^2}$.

(2)函数的和、差、积、商的求导法则

设 $u=u(x),v=v(x)$ 是可导函数，$c$ 是常数.

①$(u\pm v)'=u'\pm v'$；②$(uv)'=u'v+uv'$，$(cu)'=cu'$；

③$\left(\dfrac{u}{v}\right)'=\dfrac{u'v-uv'}{v^2}(v\neq 0)$，$\left(\dfrac{1}{u}\right)'=-\dfrac{u'}{u^2}(u\neq 0)$.

(3)复合函数的求导法则

设 $y=f(u),u=\varphi(x)$ 都是可导函数，$y=f[\varphi(x)]$ 的导数为

$$y'_x=y'_u\cdot u'_x \text{或} y'_x=f'(u)\cdot\varphi'(u)\qquad y'_x=f'(u)\cdot\varphi'(u)\text{ 或}\frac{\mathrm{d}y}{\mathrm{d}x}=\frac{\mathrm{d}y}{\mathrm{d}u}\frac{\mathrm{d}u}{\mathrm{d}x}.$$

(4)反函数的求导法则

设 $y=f(x)$ 是 $x=\varphi(y)$ 的反函数，则

$$f'(x)=\frac{1}{\varphi'(y)}(\varphi'(y)\neq 0)\text{ 或}\frac{\mathrm{d}y}{\mathrm{d}x}=\frac{1}{\frac{\mathrm{d}x}{\mathrm{d}y}}\left(\frac{\mathrm{d}x}{\mathrm{d}y}\neq 0\right)\text{ 或 }y'_x=\frac{1}{x'_y}.$$

**例 24** 设 $y=3^x+x^3+3^3+x^x$，求 $y'$.

**解** $y'=(3^x)'+(x^3)'+(3^3)'+(x^x)'$

$=3^x\ln 3+3x^2+0+e^{x\ln x}(x\ln x)'=3^x\ln 3+3x^2+x^x(\ln x+1)$.

**例 25** 设 $y=\dfrac{e^t-e^{-t}}{e^t+e^{-t}}$，求 $y'$.

**解** $y'=\dfrac{(e^t-e^{-t})'(e^t+e^{-t})-(e^t-e^{-t})(e^t+e^{-t})'}{(e^t+e^{-t})^2}=\dfrac{(e^t+e^{-t})^2-(e^t-e^{-t})^2}{(e^t+e^{-t})^2}=\dfrac{4}{(e^t+e^{-t})^2}$.

**例 26** 求由 $\ln\sqrt{x^2+y^2}=\arctan\dfrac{y}{x}$ 所确定的 $y=f(x)$ 的导数 $y'$.

**解** 方程两边同时求导 $\dfrac{1}{2}[\ln(x^2+y^2)]'=\left(\arctan\dfrac{y}{x}\right)'$，因此有

$$\frac{1}{2(x^2+y^2)}(2x+2yy')=\frac{1}{1+\left(\frac{y}{x}\right)^2}\frac{y'x-y}{x^2},$$

即

$$\frac{x+2yy'}{x^2+y^2}=\frac{xy'-y}{x^2+y^2},$$

所以

$$y'=\frac{x+y}{x-y}.$$

**例 27**　设球半径 $R$ 以 2 cm/s 的速度等速增加，求当球径 $R=10$ cm 时，其体积 $V$ 增加的速度.

**解**　已知球的 $V$ 是半径 $R$ 的函数 $V=\frac{4}{3}\pi R^3$，$R$ 是时间 $t$ 的函数，其导数$\frac{\mathrm{d}R}{\mathrm{d}t}=2$，而 $V$ 是时间 $t$ 的复合函数，根据复合函数求导公式可得

$$\frac{\mathrm{d}v}{\mathrm{d}t}=\frac{\mathrm{d}v}{\mathrm{d}R}\cdot\frac{\mathrm{d}R}{\mathrm{d}t}=\left(\frac{4}{3}\pi R^3\right)'\frac{\mathrm{d}R}{\mathrm{d}t}=4R^2\frac{\mathrm{d}R}{\mathrm{d}t},$$

$$\left.\frac{\mathrm{d}v}{\mathrm{d}t}\right|_{\substack{R=10\\ \frac{\mathrm{d}R}{\mathrm{d}t}=2}}=800\pi.$$

即当 $R=10$ cm 是，体积 $V$ 的增加速度为 $800\pi$ $\mathrm{cm}^3/\mathrm{s}$.

## 六、参数方程所确定函数的导数

对于平面曲线的描述，除了前面已经介绍的显函数 $y=f(x)$ 和隐函数 $F(x,y)=0$ 等形式以外，在平面解析几何中，我们也学过曲线的参数方程，例如参数方程

$$\begin{cases}x=a\cos\theta\\ y=a\sin\theta\end{cases}\quad(0\leqslant\theta\leqslant 2\pi)$$

表示中心在原点，半径为 $a$ 的圆周曲线.

一般地，如果参数方程

$$\begin{cases}x=\varphi(t)\\ y=\psi(t)\end{cases}\quad(t\in T)\tag{3-2}$$

确定 $y$ 与 $x$ 之间的函数关系，则称此函数关系所表达的函数为由参数方程(3-2)所确定的函数.

在实际问题中，需要计算由参数方程(3-2)所确定的函数的导数，但从式(3-2)中消去参数 $t$ 有时会有困难，所以，我们希望有一种方法能直接由参数方程(3-2)算出它们所确定的函数的导数，下面就来讨论这种求导数的方法.

在式(3-2)中，如果函数 $x=\varphi(t)$ 有单调连续反函数 $t=\varphi^{-1}(x)$，那么由参数方程(3-2)所确定的函数可以看成是由函数 $y=\psi(t)$，$t=\varphi^{-1}(x)$ 复合而成的函数 $y=\psi(\varphi^{-1}(x))$. 因此，要计算这个复合函数的导数，只要假设 $x=\varphi(t)$，$y=\psi(t)$ 都可导，且 $\varphi'(t)\neq 0$，于是根据复合函数的求导法则和反函数的求导公式，就有

$$\frac{\mathrm{d}y}{\mathrm{d}x}=\frac{\mathrm{d}y}{\mathrm{d}t}\frac{\mathrm{d}t}{\mathrm{d}x}=\frac{\mathrm{d}y}{\mathrm{d}t}\frac{1}{\frac{\mathrm{d}x}{\mathrm{d}t}}=\frac{\psi'(t)}{\varphi'(t)},$$

即 $$\frac{dy}{dx}=\frac{\psi'(t)}{\varphi'(t)}\text{也可写成}\frac{dy}{dx}=\frac{\frac{dy}{dt}}{\frac{dx}{dt}}\left(\frac{dx}{dt}\neq 0\right). \tag{3-3}$$

式(3-3)就是由参数方程(3-2)所确定的 $y=y(x)$ 的求导公式.

**例 28** 求由下列参数方程所确定的函数的导数$\frac{dy}{dx}$.

(1)$\begin{cases}x=1+\sin t\\ y=t\cos t\end{cases}$;　　　(2)$\begin{cases}x=\ln(1+t^2)+1\\ y=2\arctan t-(1+t)^2\end{cases}$.

**解** (1)$\frac{dx}{dt}=\cos t$,$\frac{dy}{dt}=\cos t-t\sin t$,所以

$$\frac{dy}{dx}=\frac{\frac{dy}{dt}}{\frac{dx}{dt}}=\frac{\cos t-t\sin t}{\cos t}=1-t\tan t.$$

(2)$\frac{dx}{dt}=\frac{2t}{1+t^2}$,$\frac{dy}{dt}=\frac{2}{1+t^2}-2(t+1)=\frac{-2(t^3+t^2+t)}{1+t^2}$,所以

$$\frac{dy}{dx}=\frac{\frac{dy}{dt}}{\frac{dx}{dt}}=\frac{\frac{-2(t^3+t^2+t)}{1+t^2}}{\frac{2t}{1+t^2}}=-(t^2+t+1).$$

**例 29** 已知椭圆的参数方程为$\begin{cases}x=a\cos t\\ y=b\sin t\end{cases}$ $0\leqslant t\leqslant 2\pi$,求椭圆在 $t=\frac{\pi}{4}$处的切线方程.

**解** 当 $t=\frac{\pi}{4}$时,椭圆上的相应点 $M_0$ 的坐标为 $x_0=a\cos\frac{\pi}{4}=\frac{a\sqrt{2}}{2}$,$y_0=b\sin\frac{\pi}{4}=\frac{b\sqrt{2}}{2}$,椭圆在点 $M_0$ 处的切线斜率

$$\left.\frac{dy}{dx}\right|_{t=\frac{\pi}{4}}=\left.\frac{(b\sin t)'}{(a\cos t)'}\right|_{t=\frac{\pi}{4}}=-\left.\frac{b\cos t}{a\sin t}\right|_{t=\frac{\pi}{4}}=-\frac{b}{a},$$

于是得椭圆在点 $M_0$ 处的切线方程为

$$y-\frac{b\sqrt{2}}{2}=-\frac{b}{a}\left(x-\frac{a\sqrt{2}}{2}\right).$$

化简得 $$bx+ay-\sqrt{2}ab=0.$$

## 第三节　高阶导数

观察函数 $y=x^3$,其导数为 $y'=3x^2$,$y'$仍为自变量 $x$ 的函数,不妨设 $g(x)=3x^2$,则 $g(x)$仍然是可导函数,且 $g'(x)=(y')'=(3x^2)'=6x$,显然,$6x$ 是由函数 $y=x^3$ 进行求导运算后再进行一次求导运算的结果,我们将 $6x$ 称为函数 $y=x^3$ 的二阶导数.

一般地,如果函数 $y=f(x)$ 的导数 $y'=f'(x)$ 是 $x$ 的可导函数,那么就称 $f'(x)$ 的导数为 $f(x)$ 的二阶导数,相应地,这时称 $f'(x)$ 为 $f(x)$ 的一阶导数,二阶导数记为

$$y'',f''(x),\frac{\mathrm{d}^2y}{\mathrm{d}x^2}\text{或}\frac{\mathrm{d}^2f}{\mathrm{d}x^2}.$$

我们可以将 $f''(x)$ 解释为曲线 $y=f'(x)$ 在点 $(x,f'(x))$ 处的斜率,换句话说,它是原来的曲线 $y=f(x)$ 斜率的变化率.

类似地可定义 $f(x)$ 的三阶导数,四阶导数……一般地,$f(x)$ 的 $n-1$ 阶导数的导数,便称为 $f(x)$ 的 $n$ 阶导数,三阶导数记为 $y''',f'''(x),\frac{\mathrm{d}^3y}{\mathrm{d}x^3}$或$\frac{\mathrm{d}^3f}{\mathrm{d}x^3}$. $n\geqslant4$ 时的 $n$ 阶导数的记为 $y^{(n)},f^{(n)}(x)$,$\frac{\mathrm{d}^ny}{\mathrm{d}x^n}$或$\frac{\mathrm{d}^nf}{\mathrm{d}x^n}$. 二阶或二阶以上的导数统称为高阶导数. 显然,求高阶导数就是多次接连地求导数,所以仍可运用前面学过的求导方法计算高阶导数.

二阶导数有明显的物理意义,当质点作变速直线运动时,位置函数 $s=s(t)$ 的一阶导数 $s'(t)$ 是瞬时速度 $v(t)$,加速度是速度 $v(t)$ 对时间 $t$ 的变化率,等于 $v'(t)$,即位置函数 $s(t)$ 的二阶导数 $s''(t)$ 为变速直线运动的加速度 $a(t)$.

**想一想**

在高阶导数只能从一阶导数开始,一次次向上求导才能达成目标这一计算过程中,我们可以得到什么启示?

**例 1**　设一质点作简谐运动,其运动规律为 $S=A\sin\omega t$(其中 $A,\omega$ 是常数),求该质点在时刻 $t$ 的速度和加速度.

**解**　由一阶导数和二阶导数的物理意义,知

$$v(t)=\frac{\mathrm{d}s}{\mathrm{d}t}=(A\sin wt)'=Aw\cos wt,$$

$$a(t)=\frac{\mathrm{d}^2s}{\mathrm{d}t^2}=(Aw\cos wt)'=-Aw^2\sin wt.$$

**例 2**　证明 $y=\mathrm{e}^x\sin x$ 满足关系式 $y''-2y'+2y=0$.

**证**　因为

$$y'=\mathrm{e}^x\sin+\mathrm{e}^x\cos x=\mathrm{e}^x(\sin x+\cos x),$$

$$y''=\mathrm{e}^x(\sin x+\cos x)+\mathrm{e}^x(\cos x-\sin x)=2\mathrm{e}^x\cos x,$$

所以

$$y''-2y'+2y=2\mathrm{e}^x\cos x-2\mathrm{e}^x(\sin x+\cos x)+2\mathrm{e}^x\sin x=0,$$

故 $y=\mathrm{e}^x\sin x$ 满足关系式 $y''-2y'+2y=0$.

**例 3**　求 $y=x^n$ 的 $n$ 阶导数($n$ 为自然数).

**解**　$y'=nx^{n-1},y''=(nx^{n-1})'=n(n-1)x^{n-2}$……一般地,$y^{(n)}=n!$,即 $(x^n)^{(n)}=n!$.

**例 4**　求指数函数 $y=\mathrm{e}^x$ 的 $n$ 阶导数.

**解** $y'=e^x, y''=e^x, \cdots, y^{n-1}=e^x$，故 $y^{(n)}=[y^{(n-1)}]'=(e^x)'=e^x$，

即
$$(e^x)^{(n)}=e^x(n=1,2,\cdots).$$

**例 5** 求正弦函数 $y=\sin x$ 的 $n$ 阶导数.

**解** $y'=\cos x=\sin\left(x+\frac{\pi}{2}\right), y''=\cos\left(x+\frac{\pi}{2}\right)=\sin\left(x+2\cdot\frac{\pi}{2}\right)$，

$$y'''=\cos\left(x+2\cdot\frac{\pi}{2}\right)=\sin\left(x+3\cdot\frac{\pi}{2}\right), y^{(4)}=\cos\left(x+3\cdot\frac{\pi}{2}\right)=\sin\left(x+4\cdot\frac{\pi}{2}\right).$$

以此类推，可以得到

$$y^{(n)}=(\sin x)^{(n)}=\sin\left(x+n\cdot\frac{\pi}{2}\right)\ (n=1,2,\cdots).$$

用类似的方法可得

$$(\cos x)^{(n)}=\cos\left(x+n\cdot\frac{\pi}{2}\right)\ (n=1,2,\cdots).$$

**例 6** 求对数函数 $y=\ln(1+x)(x>-1)$ 的 $n$ 阶导数.

**解**
$$y'=\frac{1}{1+x}=(1+x)^{-1},$$
$$y''=-(1+x)^{-2},$$
$$y'''=(-1)(-2)(1+x)^{-3},$$
$$y^{(4)}=(-1)\cdot(-2)(-3)(1+x)^{-4},$$

以此类推，可得

$$y^{(n)}=(\ln(1+x))^{(n)}=(-1)^{n-1}\frac{(n-1)!}{(1+x)^n}(x>-1).$$

注意：$0!=1$，因此，这个结果当 $n=1$ 时也成立.

**例 7** 求函数 $f(x)=\frac{1}{x(1-x)}(x\neq 0,1)$ 的 $n$ 阶导数.

**解**
$$y=\frac{1}{x(1-x)}=\frac{1}{x}-\frac{1}{x-1}, y'=-\frac{1}{x^2}-\frac{-1}{(x-1)^2}=(-1)x^{-2}-(-1)(x-1)^{-2},$$
$$y''=(-1)(-2)x^{-3}-(-1)(-2)(x-1)^{-3},$$

以此类推可得

$$y^{(n)}=(-1)^n n!\ x^{-(n+1)}-(-1)^n n!\ (x-1)^{-(n+1)}=(-1)^n n!\ \left(\frac{1}{x^{n+1}}-\frac{1}{(x-1)^{n+1}}\right).$$

**例 8** 求由方程 $xe^y-y+e=0$ 所确定的隐函数 $y=y(x)$ 的二阶导数 $y''$.

**解** 将方程两边对 $x$ 求导，并注意到 $y$ 是 $x$ 的函数，有

$$e^y+xe^y y'-y'=0 \tag{3-4}$$

解得
$$y'=\frac{e^y}{1-xe^y} \tag{3-5}$$

式(3-4)两端同时对 $x$ 求导，得

$$e^y y'+e^y y'+xe^y(y')^2+xe^y y''-y''=0$$

从上式中解出二阶导数
$$y''=\frac{e^{y}y'(2+xy')}{1-xe^{y}} \tag{3-6}$$
再将式(3-5)代入式(3-6),整理得
$$y''=\frac{e^{2y}(2-xe^{y})}{(1-xe^{y})^{3}}.$$

**例 9**　求由参数方程$\begin{cases}x=a\cos^{3}t\\y=a\sin^{3}t\end{cases}$所确定的函数 $y$ 对 $x$ 的二阶导数$\frac{d^{2}y}{dx^{2}}$.

**解**　$\frac{dy}{dx}=\frac{(a\sin^{3}t)'}{(a\cos^{3}t)'}=\frac{3a\sin^{2}t\cos t}{-3a\cos^{2}t\sin t}=-\tan t.$

这里要注意,$\frac{dy}{dx}$仍然是 $t$ 的函数,要计算 $y$ 关于 $x$ 的二阶导数,实际上就是$\frac{dy}{dx}$再对 $x$ 求导.因此,可类似于计算由参数方程所确定的函数 $y$ 对 $x$ 求一阶导数那样,用复合函数和反函数的求导法则,得
$$\frac{d^{2}y}{dx^{2}}=\frac{d}{dx}\frac{dy}{dx}=\frac{d}{dt}\frac{dy}{dx}\frac{dt}{dx}=\frac{\frac{d}{dt}\frac{dy}{dx}}{\frac{dx}{dt}}=\frac{(-\tan t)'}{(a\cos^{3}t)'}=\frac{-\sec^{2}t}{-3a\cos^{2}t\sin t}=\frac{1}{3a}\sec^{4}t\csc t.$$

## 第四节　函数的微分

微分是微分学的又一个基本概念,它在研究由于自变量的微小变化而引起函数变化的近似计算中起着重要的作用.

导数是讨论由自变量 $x$ 的变化引起函数 $y$ 变化的快慢程度(变化率)的,即当 $\Delta x\to 0$ 时,比值$\frac{\Delta y}{\Delta x}$的极限.在许多问题中,由于函数式比较复杂,当自变量取得一个微小改变量 $\Delta x$ 时,相应函数的改变量 $\Delta y$ 的计算也比较复杂.这样就引发人们考虑能否借助$\frac{\Delta y}{\Delta x}$的极限(即导数)及 $\Delta x$ 来近似地表达 $\Delta y$,由此引出微分学的另一个基本概念——微分.

**问题 1**　火车钢轨的连接处为什么要留有一定的空隙?空隙的大小是如何计算的?

**问题 2**　建筑工人在铺设水泥路面时,为什么每隔一段都要加上一个隔离条?

**例 1**　设有一块边长为 $x$ 的正方形金属钢轨(图 3-5),其长度随气温的变化而变化,热胀冷缩,它的面积 $A=x^{2}$ 是 $x$ 的函数,当气温变化时,其边长由 $x$ 变到 $x+\Delta x$,问此时钢轨的面积改变了多少?

**解**　由图 3-5 可知
$$\Delta A=A(x+\Delta x)-A(x)=(x+\Delta x)^{2}-x^{2}=2x\cdot\Delta x+(\Delta x)^{2}.$$

从上式可以看出,$\Delta A$ 可分成两部分:一部分是 $2x\cdot\Delta x$;另外一部分是$(\Delta x)^{2}$.显然,$\Delta A$ 的主要部分是 $2x\cdot\Delta x$,次要部分是$(\Delta x)^{2}$.

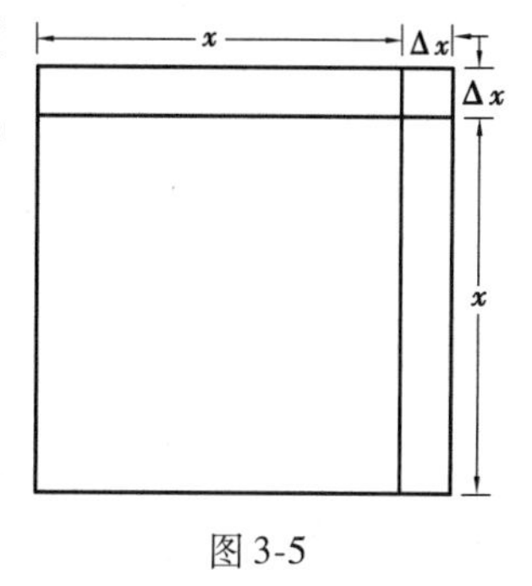

图 3-5

如果$|\Delta x|$很小时,$(\Delta x)^2$将比$2x\cdot\Delta x$要小得多,这样,面积的增量可以近似地用$2x\cdot\Delta x$表示,即

$$\Delta A\approx 2x\cdot\Delta x.$$

由此式作为$\Delta A$的近似值,略去的部分$(\Delta x)^2$是比$\Delta x$高阶无穷小,又因为$A'(x)=2x$,所以有

$$\Delta A\approx 2x\cdot\Delta x=A'(x)\cdot\Delta x.$$

**例2** 求自由落体由时刻$t$到时刻$t+\Delta t$所经过的路程的近似值.

**解** 自由落体运动的路程$h$与时间$t$的关系是$h=\frac{1}{2}gt^2$,由时刻$t$到时刻$t+\Delta t$所经过的路程的改变量为

$$\Delta h=h(t+\Delta t)-h(t)=\frac{1}{2}g(t+\Delta t)^2-\frac{1}{2}gt^2=gt\cdot\Delta t+\frac{1}{2}g(\Delta t)^2.$$

从上式可以看出,$\Delta h$可分成两部分:一部分是$gt\cdot\Delta t$,它是$\Delta t$的线性函数;另外一部分是$\frac{1}{2}g(\Delta t)^2$. 显然,$\Delta h$的主要部分是$gt\cdot\Delta t$,次要部分是$\frac{1}{2}g(\Delta t)^2$. 如果$|\Delta t|$很小时,$\frac{1}{2}g(\Delta t)^2$将比$gt\cdot\Delta t$要小得多,这样路程的增量可以近似地用$gt\cdot\Delta t$表示,即$\Delta h\approx gt\cdot\Delta t$.

由此式作为$\Delta h$的近似值,略去的部分$\frac{1}{2}g(\Delta t)^2$是$\Delta t$的高阶无穷小. 又因为$h'(t)=gt$,所以有

$$\Delta h\approx gt\cdot\Delta t=h'(t)\cdot\Delta t.$$

以上两个问题的实际意义虽然不同,但在数量关系上却有共同的特点:函数的改变量可以表示成两部分,一部分是自变量增量的线性部分;另一部分是当自变量增量趋于零时,是自变量增量的高阶无穷小,且当自变量增量的绝对值很小时,函数的增量可以由该点的导数与自变量增量的乘积来近似代替.

在现实生活中,这种求函数改变量增量的近似值的例子比比皆是,由此我们给出微分的定义.

## 一、微分的定义

**定义** 设函数$y=f(x)$在点$x_0$某邻域内有定义,当自变量$x$有一增量$\Delta x$时,如果相应的函数的增量$\Delta y=f(x_0+\Delta x)-f(x_0)$可以表示为

$$\Delta y=A\Delta x+o(\Delta x),\tag{3-7}$$

其中$A$是不依赖于$\Delta x$的常数,$o(\Delta x)$是比$\Delta x$高阶的无穷小($\Delta x\to 0$时),那么称函数$y=f(x)$在点$x_0$是可微的,$A\Delta x$称为函数$y=f(x)$在点$x_0$处相应于自变量增量$\Delta x$的微分,记作$\mathrm{d}y\big|_{x=x_0}$,即

$$\mathrm{d}y\big|_{x=x_0}=A\Delta x.\tag{3-8}$$

下面讨论函数可微的条件以及式(3-7)中的$A$等于什么,先假设函数$y=f(x)$在点$x_0$是可微的,按照定义有式(3-7)成立,从而有

$$\frac{\Delta y}{\Delta x}=A+\frac{o(\Delta x)}{\Delta x}.$$

于是当 $\Delta x \to 0$ 时,得

$$A=\lim_{\Delta x\to 0}\frac{\Delta y}{\Delta x}-\lim_{\Delta x\to 0}\frac{o(\Delta x)}{\Delta x}=\lim_{\Delta x\to 0}\frac{\Delta y}{\Delta x}=f'(x_0).$$

这就是说,如果函数 $y=f(x)$ 在点 $x_0$ 可微,那么函数 $y=f(x)$ 在点 $x_0$ 也一定可导,且 $A=f'(x_0)$;反之,如果函数 $y=f(x)$ 在点 $x_0$ 可导,即

$$\lim_{\Delta x\to 0}\frac{\Delta y}{\Delta x}=f'(x_0)$$

存在,那么根据无穷小与函数极限的关系,上式可以写成

$$\frac{\Delta y}{\Delta x}=f'(x_0)+\alpha,$$

其中 $\alpha\to 0$(当 $\Delta x\to 0$ 时),则有

$$\Delta y=f'(x_0)\Delta x+\alpha\Delta x=f'(x_0)\Delta x+o(\Delta x), \tag{3-9}$$

因为 $f'(x_0)$ 不依赖于 $\Delta x$,所以式(3-9)相当于式(3-7),因此,函数 $y=f(x)$ 在点 $x_0$ 可微,并且

$$\mathrm{d}y\big|_{x=x_0}=f'(x_0)\Delta x. \tag{3-10}$$

综上所述,我们可以得到如下结论:

函数 $f(x)$ 在点 $x_0$ 可微的充要条件是函数 $f(x)$ 在点 $x_0$ 可导. 即可微必可导,可导必可微,可导与可微是等价的,且当 $f(x)$ 在点 $x_0$ 处可微时,必有式(3-10) $\mathrm{d}y\big|_{x=x_0}=f'(x_0)\Delta x$ 成立.

当 $f'(x_0)\neq 0$ 时,有

$$\lim_{\Delta x\to 0}\frac{\Delta y-\mathrm{d}y}{\Delta y}=\lim_{\Delta x\to 0}\frac{\Delta y-f'(x_0)\Delta x}{\Delta y}=\lim_{\Delta x\to 0}\left[1-\frac{f'(x_0)}{\dfrac{\Delta y}{\Delta x}}\right]=0.$$

这说明在 $f'(x_0)\neq 0$ 时,当 $\Delta x\to 0$ 时,$\Delta y-\mathrm{d}y$ 不仅是 $\Delta x$ 的高阶无穷小,而且也是 $\Delta y$ 的高阶无穷小. 因此,$\mathrm{d}y$ 是 $\Delta y$ 的主部,又因为 $\mathrm{d}y=f'(x_0)\Delta x$ 是 $\Delta x$ 的线性函数,所以,在 $f'(x_0)\neq 0$ 时,称 $\mathrm{d}y$ 是 $\Delta y$ 的线性主部,从而当 $|\Delta x|$ 很小时,有

$$y\approx f'(x)\Delta x=\mathrm{d}y(\text{当}|\Delta x|\text{很小时}).$$

如果函数 $y=f(x)$ 在区间 $(a,b)$ 内每一点处都可微,那么称 $f(x)$ 是 $(a,b)$ 内的可微函数,函数 $f(x)$ 在 $(a,b)$ 内任意一点 $x$ 处的微分就称为函数的微分,记为 $\mathrm{d}y$,即

$$\mathrm{d}y=f'(x)\Delta x. \tag{3-11}$$

显然若 $f(x)=x$,则 $\mathrm{d}f(x)=\mathrm{d}x=\Delta x$,于是,函数的微分又可记作

$$\mathrm{d}y=f'(x)\mathrm{d}x. \tag{3-12}$$

从而有

$$\frac{\mathrm{d}y}{\mathrm{d}x}=f'(x),$$

即函数的微分与自变量的微分之商就等于函数的导数,因此,导数也称为微商.

**例 3**　求函数 $y=x^2$ 在 $x=1$,$\Delta x=0.01$ 时的改变量及微分.

**解**　$\Delta y=(1+0.01)^2-1^2=1.0201-1=0.0201$,

$$dy\big|_{x=1}=y'(1)dx=2\times0.01=0.02.$$

## 二、微分的几何意义

在曲线 $y=f(x)$ 上任取两点,$M(x,y)$ 和 $Q(x+\Delta x,y+\Delta y)$,过点 $M$ 作曲线的切线 $MT$,设 $MT$ 的倾角为 $\alpha$,则 $MT$ 的斜率 $\tan\alpha=f'(x)$ 从图 3-6 可见.

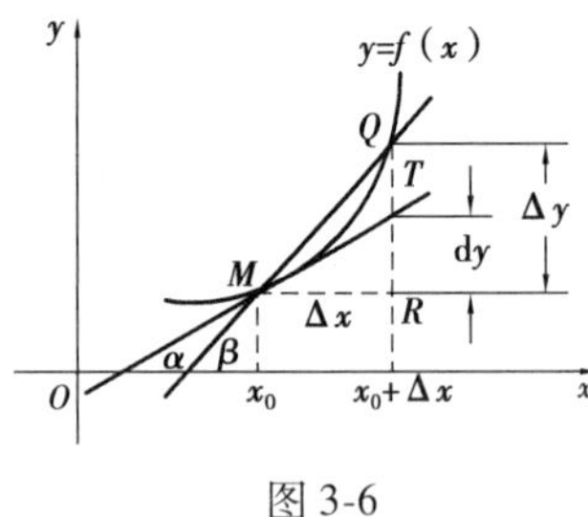

图 3-6

$$MR=\Delta x,QR=\Delta y,RT=MT\tan\alpha,f'(x)\Delta x=dy.$$

因此,当 $\Delta y$ 是曲线对应于点 $x$ 的函数增量时,$dy$ 即为过点 $M(x,y)$ 的切线纵坐标增量. 图 3-6 中线段 $TQ$ 是 $\Delta y$ 与 $dy$ 之差,当 $|\Delta x|$ 越小时,$TQ$ 越小,且小得更快些,即它比 $\Delta x$ 为更高阶的无穷小.

## 三、微分公式与运算法则

从函数的微分表达式 $dy=f'(x)dx$ 可以看出,函数的微分等于函数的导数 $f'(x)$ 乘 $dx$,根据导数公式和导数运算法则,就能得到相应的微分公式和微分法则.

(1)微分公式

①$dc=0$; ②$d(x^{\alpha})=\alpha x^{\alpha-1}dx$;

③$d(e^{x})=e^{x}dx$; ④$d(a^{x})=a^{x}\ln a dx$;

⑤$d(\ln|x|)=\dfrac{1}{x}dx$; ⑥$d(\log_a|x|)=\dfrac{1}{x\ln a}dx$;

⑦$d(\cos x)=-\sin x dx$; ⑧$d(\sin x)=\cos x dx$;

⑨$d(\tan x)=\sec^2 x dx$; ⑩$d(\cot x)=-\csc^2 x dx$;

⑪$d(\arcsin x)=\dfrac{1}{\sqrt{1-x^2}}dx$; ⑫$d(\arccos x)=-\dfrac{1}{\sqrt{1-x^2}}dx$;

⑬$d(\arctan x)=\dfrac{1}{1+x^2}dx$; ⑭$d(\text{arccot}\, x)=-\dfrac{1}{1+x^2}dx$.

(2)微分运算法则

设 $u=u(x)$ 及 $v=v(x)$ 都是 $x$ 的可导函数,则有

$$d(u\pm v)=du\pm dv,$$

$$d(cu)=c du\text{(其中 } c \text{ 为常数)},$$

$$d(uv)=v du+u dv,$$

$$d\left(\frac{u}{v}\right)=\frac{v du-u dv}{v^2}\text{(其中 } v\neq0\text{)}.$$

(3)复合函数的微分法

设 $y=f(u),u=\varphi(x)$,则复合函数 $y=f[\varphi(x)]$ 的导数为

$$\frac{dy}{dx}=f'[\varphi(x)]\varphi'(x).$$

所以,复合函数 $y=f[\varphi(x)]$ 的微分为

$$dy=f'[\varphi(x)]\varphi'(x)dx.$$

由于$f'[\varphi(x)]=f'(u)$，$\varphi'(x)dx=du$，所以上式也可写成

$$dy=f'(u)du.$$

由此可见，无论$u$是自变量，还是另一变量的可微函数，微分形式$dy=f'(u)du$保持不变，这一性质称为一阶微分形式不变性.

**例4**　已知$y=\ln x$，求$dy$，$dy\big|_{x=3}$.

**解**

$$dy=(\ln x)'dx=\frac{1}{x}dx,$$

$$dy\big|_{x=3}=\frac{1}{x}\bigg|_{x=3}dx=\frac{1}{3}dx.$$

**例5**　设函数$y=\ln[\sin(1+3x)^2]$，求$dy$.

**解**　由于$y'=\dfrac{1}{\sin(1+3x^2)}[\sin(1+3x^2)]'=\dfrac{\cos(1+3x^2)}{\sin(1+3x^2)}(1+3x^2)'=6x\cot(1+3x^2)$，

所以

$$dy=6x\cot(1+3x^2)dx.$$

**例6**　求由方程$y\sin x-\cos(xy)=0$所确定的隐函数$y=y(x)$的微分$dy$.

**解**　方程两边对$x$求导数$y'\sin x+y\cos x+\sin(xy)(y+xy')=0$，所以有

$$y'=-\frac{y\sin(xy)+y\cos x}{\sin x+x\sin(xy)},$$

所以

$$dy=y'dx=-\frac{y\sin(xy)+y\cos x}{\sin x+x\sin(xy)}dx.$$

**例7**　求$y=e^x\sin 2x$的微分.

**解**　$dy=d(e^x\sin 2x)=e^x d(\sin 2x)+\sin 2x d(e^x)=e^x\cos 2x d(2x)+\sin 2x e^x dx$

$=e^x(2\cos 2x+\sin 2x)dx.$

**例8**　求$y=\ln(x+\sqrt{1+x^2})$在$x=2$处的微分.

**解**　$dy=\dfrac{1}{x+\sqrt{1+x^2}}d(x+\sqrt{1+x^2})=\dfrac{1}{x+\sqrt{1+x^2}}\left(1+\dfrac{x}{1+x^2}\right)dx=\dfrac{1}{\sqrt{1+x^2}}dx$，

所以

$$dy\big|_{x=2}=\frac{\sqrt{5}}{5}dx.$$

**例9**　设$y=e^{\sin^2 x}$，求$dy$.

**解**　$dy=e^{\sin^2 x}d(\sin^2 x)=e^{\sin^2 x}2\sin x d(\sin x)=e^{\sin^2 x}2\sin x\cos x dx=\sin 2x e^{\sin^2 x}dx.$

**例10**　设隐函数为$xe^y-\ln y+5=0$，求$dy$.

**解**　将方程两端对$x$求微分得

$$d(xe^y)-d(\ln y)=0,e^y dx+x de^y-\frac{1}{y}dy=0,e^y dx+xe^y dy-\frac{1}{y}dy=0.$$

因此有

$$dy=\frac{e^y}{\frac{1}{y}-xe^y}dx=\frac{ye^y}{1-xye^y}dx.$$

### 四、微分在近似计算中的应用

从微分的定义知 $\Delta y \approx dy$（$|\Delta x|$很小），即

$$\Delta y = f(x_0 + \Delta x) - f(x_0) \approx f'(x_0)\Delta x（|\Delta x|很小）, \tag{3-13}$$

此为求函数增量的近似公式，将式(3-13)改写为

$$f(x_0 + \Delta x) \approx f(x_0) + f'(x_0)\Delta x（|\Delta x|很小）, \tag{3-14}$$

此为求函数值的近似公式，即已知$f(x_0)$之值，求 $x_0$ 附近的函数值. 若在式(3-14)中令 $x=x_0+\Delta x$ 且 $x_0=0$，则式(3-14)变为

$$f(x)=f(0) + f'(0)\Delta x（|\Delta x|很小）, \tag{3-15}$$

此为 $x=0$ 附近函数值的近似公式.

**例 11** 半径为 10 cm 的金属圆片加热后，其半径伸长了 0. 05 cm，问：其面积增大的精确值为多少？其近似值又为多少？

**解** (1)面积增大的精确值

设圆面积为 $A$，半径为 $r$，则 $A=\pi r^2$. 已知 $r=10$ cm，其增量 $\Delta r=0.05$ cm，故圆面积的增量为

$$\Delta A = [\pi(10+0.05)^2 - \pi 10^2]\text{cm}^2 = 1.0025\pi\ \text{cm}^2$$

(2)面积增大的近似值

根据式(3-13)有 $\Delta A \approx dA = 2\pi r dr = 2\pi\times10\times0.05\ \text{cm}^2 = \pi\ \text{cm}^2$.

比较两种计算结果，其差还是较小的.

**例 12** 求 sin 31°的近似值.

**解** 设$f(x)=\sin x$，则$f'(x)=\cos x$，已知 $x_0=30°=\frac{\pi}{6}$，$\Delta x=1°=\frac{\pi}{180}$，应用式(3-14)有

$$f(x_0+\Delta x)=\sin 31° \approx f(x_0)+f'(x_0)\Delta x = \sin\frac{\pi}{6}+\cos\frac{\pi}{6}\times\frac{\pi}{180}$$

$$=\frac{1}{2}+\frac{\sqrt{3}}{2}\times 0.01745 \approx 0.5151.$$

**例 13** 求$\sqrt[3]{1.02}$的近似值.

**解** 设$f(x)=\sqrt[3]{x}$，则$f'(x)=\frac{1}{3}x^{-\frac{2}{3}}$，已知 $x_0=1$，$\Delta x=0.02$，应用式(3-14)有

$$f(x_0+\Delta x)=\sqrt[3]{1.02} \approx f(x_0)+f'(x_0)\Delta x = \sqrt[3]{1}+\frac{1}{3}\times 1^{-\frac{2}{3}}\times 0.02 \approx 1.0067.$$

**例 14** 证明：当$|x|$很小时，近似公式$\sqrt{1+x}\approx 1+\frac{1}{2}x$ 成立.

**证** 设

$$f(x)=\sqrt{1+x},$$

则

$$f'(x)=\frac{1}{2}(1+x)^{-\frac{1}{2}}.$$

应用式(3-15)有

$$f(x)=\sqrt{1+x}\approx f(0)+f'(0)x=\sqrt{1+0}+\frac{1}{2}(1+0)^{-\frac{1}{2}}x=1+\frac{1}{2}x,$$

即

$$\sqrt{1+x}\approx 1+\frac{1}{2}x$$

当 $|x|$ 很小时成立.

## 案例分析与应用

### 案例分析 3.1　心输出量的问题

**解**　$z$ 的相对误差为 1%，即 $\left|\frac{\mathrm{d}z}{z}\right|=1\%$，所以 $|\mathrm{d}z|=1\%|z|$，$c=\frac{x}{y-z}$，所以 $\mathrm{d}c=\frac{x\mathrm{d}z}{(y-z)^2}$，所以 $c$ 的绝对误差为 $|\mathrm{d}c|=\frac{250\times 140\times 1\%}{(180-140)^2}=\frac{7}{32}$，相对误差为 $\left|\frac{\mathrm{d}c}{c}\right|=\frac{7/32}{6.25}=3.5\%$.

### 案例分析 3.2　核弹头是否越大越好

核弹在与它的爆炸量(系指核裂变或聚变时释放出的能量，通常用相当于多少吨 T. N. T 炸药的爆炸威力来度量)的立方根成正比的距离内会产生每平方厘米 0.351 6 kg 的超压，这种距离算作有效距离. 若记有效距离为 $D$，爆炸量为 $x$，则二者的函数关系为

$$D=Cx^{\frac{1}{3}},$$

其中 $C$ 为比例常数. 又知当 $x=100$(kt)(T. N. T 当量)时，有效距离 $D$ 为 3.218 6 km. 于是

$$3.218\ 6=C100^{\frac{1}{3}},$$

即

$$C=\frac{3.218\ 6}{\sqrt[3]{100}}\approx 0.693\ 4,$$

所以

$$D=0.693\ 4x^{\frac{1}{3}}.$$

这样，当爆炸量增至 10 倍(变成 1 000 kt，也就是 1 Mt)时，有效距离增至

$$0.693\ 4\times(1\ 000)^{\frac{1}{3}}=6.934.$$

差不多仅为 100 kt 时的 2 倍，说明其作用范围并没有因爆炸量的大幅增加而显著增加.

下面再来看爆炸量与相对效率的关系(这里相对效率的含义是，核弹的爆炸量每增加 1 kt T. N. T 炸药时有效距离的增加)，由

$$\frac{\mathrm{d}D}{\mathrm{d}x}=\frac{1}{3}\times 0.693\ 4\times x^{-\frac{2}{3}}=0.231\ 1x^{-\frac{2}{3}}$$

知

$$\Delta D\approx 0.231\ 1x^{-\frac{2}{3}}\times\Delta x$$

若 $x=100$，$\Delta x=1$ 则

$$\Delta D \approx 0.2311(100)^{-\frac{2}{3}} \approx 0.0107 \text{ m} = 10.7 \text{ m}.$$

这就是说，对 100 kt(即 $10\times10^4$ t 级)爆炸量的核弹来说，爆炸量每增加 1 kt，有效距离差不多增加 10.7 m.

若 $x=1\ 000,\Delta x=1$ 则

$$\Delta D \approx 0.2311(1\ 000)^{-\frac{2}{3}} \approx 0.0023 \text{ m} = 2.3 \text{ m}.$$

即对百万吨级的核弹来说，每增加 1 kt 的爆炸量，有效距离差不多仅增加 2.3 m，相对效率是下降的.

可见，除了制造、运载、投放等因素外，无论从作用范围还是从相对效率来说，都不宜制造当量级太大的核弹头.

**案例分析 3.3　钟表每天快多少**

某家有一机械挂钟，钟摆的周期为 1 s. 在冬季，摆长缩短了 0.01 cm，这只钟每天大约快多少?

**解**　由于 $T=2\pi\sqrt{\frac{l}{g}}$ [单摆的周期公式，其中 $l$ 是摆长(单位:cm)，$g$ 是重力加速度($980\ \text{cm/s}^2$)]，可得

$$\frac{\mathrm{d}T}{\mathrm{d}l}=\frac{\pi}{\sqrt{gl}}.$$

当 $|\Delta l| \ll l$ 时，

$$\Delta T \approx \mathrm{d}T=\frac{\pi}{\sqrt{gl}}\Delta l.$$

由于钟摆的周期是 1 s，即 $1=2\pi\sqrt{\frac{l}{g}}$，所以 $l=\frac{g}{(2\pi)^2}$. 现摆长的该变量 $\Delta l=0.01$ cm，于是有

$$\Delta T \approx \mathrm{d}T=\frac{\pi}{\sqrt{g\cdot\frac{g}{(2\pi)^2}}}\times(-0.01) \approx -0.0002 \text{ s}.$$

这就是说，由于摆长缩短了 0.01 cm，钟摆的周期便相应缩短了约 0.000 2 s，即每秒约快 0.000 2 s，从而每天约快 17.28 s.

## 习题三

1. 设函数 $f(x)=x^2+2$，求:

(1)从 $x=1$ 到 $x=1.1$ 时，自变量的增量 $\Delta x$;

(2)从 $x=1$ 到 $x=1.1$ 时，函数的增量 $\Delta y$;

(3)从 $x=1$ 到 $x=1.1$ 时，函数的平均变化率$\frac{\Delta x}{\Delta y}$;

(4)函数在 $x=1$ 处的变化率 $f'(1)$.

2. 根据导数的定义,求下列函数的导数.

(1) $y=3x+2$;

(2)设 $y=\frac{1}{x^2}$,求 $f'(1)$;

(3)设 $y=\sqrt{x}$,求 $f'(4)$.

3. 假定 $f'(x_0)$ 存在,指出下列各极限等于多少?

(1) $\lim\limits_{x\to x_0}\frac{f(x)-f(x_0)}{x-x_0}$;

(2) $\lim\limits_{\Delta x\to 0}\frac{f(x_0+2\Delta x)-f(x_0)}{\Delta x}$;

(3) $\lim\limits_{h\to 0}\frac{f(x_0-h)-f(x_0)}{h}$;

(4) $\lim\limits_{h\to 0}\frac{f(x_0-2h)-f(x_0)}{h}$;

(5) $\lim\limits_{h\to 0}\frac{f(x_0+h)-f(x_0-h)}{h}$.

4. 求下列函数在指定处的导数.

(1) $y=x^3, x_0=3$;

(2) $y=\ln x, x_0=\mathrm{e}$;

(3) $y=2^x, x_0=0$;

(4) $y=\sin x, x_0=\frac{\pi}{3}$.

5. 求曲线 $y=\ln x$ 在点 $(1,0)$ 处的切线方程.

6. 在抛物线 $y=x^2$ 上求一点,使得该点处的切线平行于直线 $y=4x-1$.

7. 判别下列函数在 $x=0$ 及 $x=1$ 处是否可导.

(1) $y=x|x-1|$;

(2) $y=\begin{cases}2x, x<0\\ x^2, x\geqslant 0\end{cases}$;

(3) $y=\begin{cases}\sin x, x\geqslant 0\\ x-1, x<0\end{cases}$.

8. 求下列各函数的导数.

(1) $y=4x^3-\frac{2}{x^2}+5$;

(2) $y=x^2(2+\sqrt{x})(2+\sqrt{x})$;

(3) $y=\frac{x^5+\sqrt{x}+1}{x^3}$;

(4) $r=2\varphi\sin\varphi+(2\varphi^2)\cos\varphi$;

(5) $M=\frac{q}{2}x(l-x)$ ($q,l$ 为常数);

(6) $u=V^2-3\sin V$.

9. 求曲线 $y=2\sin x+x^2$ 上横坐标为 $x=0$ 点处的切线方程和法线方程.

10. 求下列各函数在给定点处的导数值.

(1) $\rho=\varphi\tan\varphi+\frac{1}{2}\cos\varphi$,求 $\rho'\big|_{\varphi=\frac{\pi}{4}}$;

(2) $f(t)=\frac{1-\sqrt{t}}{1+\sqrt{t}}$,求 $f'(4)$;

(3) $f(x)=\dfrac{3}{5-x}+\dfrac{x^2}{5}$，求 $f'(0)$，$f'(2)$.

11. 求下列函数的导数.

(1) $y=\ln(3-x)$；

(2) $y=5\mathrm{e}^{-2x}-1$；

(3) $y=5^{\sin x}$；

(4) $y=\left(ax+\dfrac{b}{x}\right)^n$；

(5) $y=\ln(x+\sqrt{x^2+a^2})$；

(6) $y=\dfrac{\sin 2x}{x}$；

(7) $y=\dfrac{x}{2}\sqrt{a^2-x^2}+\dfrac{a^2}{2}\arcsin\dfrac{x}{a}$；

(8) $y=\tan x-\dfrac{1}{3}\tan^3 x+\dfrac{1}{5}\tan^5 x$；

(9) $y=\sqrt{x}\ \mathrm{arccot}\ x$；

(10) $y=x\arccos x-\sqrt{1-x^2}$.

12. 求由下列方程所确定的各隐函数 $y=y(x)$ 的导数.

(1) $\dfrac{x}{y}=\ln(xy)$；

(2) $2x^2y-xy^2+y^3=0$；

(3) $\mathrm{e}^y=a\cos(x+y)$；

(4) $\arctan\dfrac{y}{x}=\ln\sqrt{x^2+y^2}$；

(5) $\sqrt{x}+\sqrt{y}=\sqrt{a}$；

(6) $\mathrm{e}^{xy}+y\ln x=\sin 2x$.

13. 用对数求导法求下列函数的导数.

(1) $y=x^{x^2}$；

(2) $y=(1+\cos x)^{\frac{1}{x}}$；

(3) $y=\dfrac{\sqrt{x+1}}{\sqrt[3]{x-2}\,(x+3)^2}$；

(4) $y=\sqrt{x\sin x\sqrt{1-\mathrm{e}^x}}$.

14. 求由下列参数方程所确定的函数的导数.

(1) $\begin{cases}x=at+b\\ y=\dfrac{1}{2}at^2\end{cases}$；

(2) $\begin{cases}x=a\cos bt+b\sin at\\ y=a\sin bt-b\cos at\end{cases}$；

(3) $\begin{cases}x=a\cos^3 t\\ y=b\sin^3 t\end{cases}$；

(4) $\begin{cases}x=\arctan t\\ y=\ln(1+t^2)\end{cases}$；

(5) $\begin{cases}x=\dfrac{2at}{1+t^2}\\ y=\dfrac{a(1-t^2)}{1+t^2}\end{cases}$；

(6) $\begin{cases}x=\dfrac{1}{1+t}\\ y=\dfrac{t}{1+t}\end{cases}$.

15. 求曲线 $\begin{cases}x=t\mathrm{e}^{-t}+1\\ y=(2t-t^2)\mathrm{e}^{-t}\end{cases}$ 在 $t=0$ 处的切线方程和法线方程.

16. 一气球以速度 40 $\mathrm{cm}^3/\mathrm{s}$ 充气，问当球半径 $r=10$ cm 时，半径的增长率(即变化率)多大？

17. 假设长方形两边之长分别用 $x$ 和 $y$ 表示. 如果 $x$ 边以 0.01 m/s 的速度减少，$y$ 边以 0.02 m/s 的速度增加，试问当 $x=20$(单位：m)，$y=15$(单位：m)时，长方形面积和 $s$ 的变化速率，对角线 $l$ 的变化速率各为多少？

18. 表面上看求下列函数的二阶导数.

(1) $y=e^{3x-1}$；　(2) $y=\cot x$；

(3) $y=x\ln(x+\sqrt{x^2+a^2})-\sqrt{x^2+a^2}$；　(4) $y=\sqrt{x^2-1}$；

(5) $y=x\cos x$；　(6) $y=xe^{x^2}$.

19. 求下列函数的 $n$ 阶导数.

(1) $y=xe^x$；　(2) $y=\sin^2 x$；

(3) $f(x)=\ln\dfrac{1}{1-x}$，求 $f^{(n)}(0)$；　(4) $y=\dfrac{1}{x^2-3x+2}$.

20. 求由下列方程所确定的隐函数 $y=y(x)$ 的二阶导数.

(1) $y=\sin(x+y)$；　(2) $y=1+xe^y$；

(3) $y=\tan(x+y)$；　(4) $x^2-y^2=1$.

21. 求由下列参数方程所确定的函数 $y=y(x)$ 的二阶导数.

(1) $\begin{cases}x=\dfrac{t^2}{2}\\y=1-t\end{cases}$；　(2) $\begin{cases}x=a\cos t\\y=b\sin t\end{cases}$；

(3) $\begin{cases}x=1-t^2\\y=t-t^3\end{cases}$；　(4) $\begin{cases}x=\ln(1+t^2)\\y=t-\arctan t\end{cases}$.

22. 已知 $y=x^3+x+1$，在 $x=2$ 点分别计算当 $\Delta x=1,0.1,0.001$ 时的 $\Delta y$ 和 $dy$.

23. 一正方体的棱长 $x=10$ m，如果棱长增加 0.1 m，求此正方体体积增加的精确值和近似值.

24. 利用微分求下列数的近似值.

(1) $e^{1.01}$；　(2) $\tan 45°10'$；

(3) $\sqrt[3]{998}$；　(4) $\cos 61°$；

(5) $\ln 0.9$.

25. 证明当 $|x|$ 很小时，有下列近似公式：(1) $\sin x\approx x$；(2) $e^x\approx 1+x$.

26. 求下列函数的微分 $dy$.

(1) $y=x\sin 2x$；　(2) $y=\arctan e^x$；

(3) $y=3^{\ln\tan x}$；　(4) $y=\dfrac{x}{\sqrt{1+x^2}}$；

(5) $y=\dfrac{1}{x}$；　(6) $y=\tan^2(1+2x^2)$；

(7) $y=e^{\sqrt{x+1}}\sin x$；　(8) $y=\sqrt{1+\cos^2 x^2}$；

(9) $y=\ln(\ln x)$；　(10) $y=\arcsin\sqrt{1-x^2}$；

(11) $\cos^2(x^2+y^2)=x$.

27. 将适当的函数填入下列括号内，使等式成立.

(1) d(　　) = 2dx；　(2) d(　　) = xdx；

(3) d(　　) = $\dfrac{1}{1+x^2}$dx；　(4) d(　　) = 2(x+1)；

(5) d(　　) = $\cos 2x\mathrm{d}x$；　　(6) d(　　) = $3\mathrm{e}^{2x}\mathrm{d}x$；

(7) d(　　) = $\frac{1}{x^2}\mathrm{d}x$；　　(8) d(　　) = $2^x\mathrm{d}x$；

(9) d(　　) = $\mathrm{e}^{-3x}\mathrm{d}x$；　　(10) d(　　) = $\frac{1}{\sqrt{x}}\mathrm{d}x$；

(11) d(　　) = $\sec^2 x\mathrm{d}x$；　　(12) d(　　) = $\frac{1}{\sqrt{1-x^2}}\mathrm{d}x$.

28. 求下列函数在给定点的微分值.

(1) $y=x\mathrm{e}^{x^2}, x=0$；

(2) $x=\frac{1}{2}\cos 3t, t=\frac{\pi}{2}$；

(3) $\varphi=(1+t^2)\arctan t, t=1$.

**思政小课堂**

导数是高等数学与实际问题相联系的一个重要桥梁，它为解决生活中的一些实际问题提供了重要方法. 透过现象看本质就是在看待问题时能够抓住这个事件背后的根本性运作逻辑，理解它真正的前因后果，而不会因这个事件的表象、无关要素、感性偏见等而影响了判断. 隐函数求导的问题亦是如此. 正所谓理论来源于生活又服务于生活，期待我们新一代大学生既能用科学的理论知识武装自己的头脑，又能把这些科学的理论知识转化为生产力，造福我们的祖国，为中华民族的伟大复兴贡献自己的一份力量.

# 第四章 中值定理与导数的应用

函数的导数刻画了函数相对于自变量的变化快慢，几何上就是用曲线的切线倾斜度——斜率反映曲线上点的变化情况. 本章将应用导数来研究函数以及曲线的某些性态，并利用这些知识解决一些实际问题. 为此，首先介绍微分学的几个中值定理，它们是导数应用的理论基础.

## 开篇案例

**案例 4.1　海鲜店的订货问题**

某海鲜店离海港较远，其海鲜采购全部需通过空运实现. 采购部每次都为订货犯难，因为若一次订货太多，海鲜店所采购的海鲜卖不出去，而卖不出去的海鲜死亡率高且保鲜费用也高，若一次订货太少，则一个月内订货的次数就多，这样，一方面造成订货采购运输费用奇高，另一方面有可能丧失良机.

如果让你来解决这个问题，你怎样选择订货量才能使每月的库存费与采购费之和最小.

## 第一节　微分中值定理

### 一、罗尔定理

**罗尔定理**　如果函数 $f(x)$ 满足：(1) 在闭区间 $[a,b]$ 上连续；(2) 在开区间 $(a,b)$ 内可导；(3) 在区间 $[a,b]$ 的端点处函数值相等，即 $f(a)=f(b)$. 则在 $(a,b)$ 内至少存在一点 $\xi,\xi\in(a,b)$，使得

$$f'(\xi)=0.$$

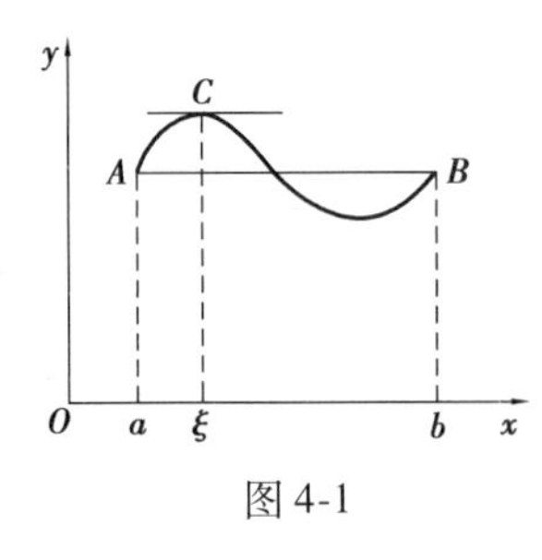

图 4-1

首先考察定理的几何意义. 在图 4-1 中,设曲线的方程为 $y=f(x)(a\leqslant x\leqslant b)$. 罗尔定理条件在几何上表示 $y=f(x)$ 是连续的,除端点外处处有不垂直于 $x$ 轴的切线且弦 $AB$ 是水平的. 定理的结论表明,在曲线 $y=f(x)$ 上至少存在一点 $C$,在该点处曲线的切线是水平的,即切线平行于弦.

从图 4-1 中看到,在曲线的最高点或最低点处,切线是水平的,即函数 $f(x)$ 取最大值或最小值的点处,函数的导数为零.

再观察定理的物理意义. 例如,有辆小车在作变速直线运动,由静止状态从甲地开往乙地停下. 鉴于路况原因,小车经常由加速运动转换为减速运动,有时由减速运动变为加速运动,直到终点停止. 不难理解,小车在整个运行过程中,至少有一个时刻的加速度为零.

即物体作变速直线运动的速度是 $v=v(t)$ 时,由静止开始运动到停止运动,在 $[T_0,T_1]$ 的时间间隔内,至少有一个时刻 $t=\tau$,使得 $v'(\tau)=0$.

值得注意的是,该定理要求 $f(x)$ 应同时满足三个条件:在闭区间 $[a,b]$ 上连续,在开区间 $(a,b)$ 内可导,且 $f(a)=f(b)$. $f(x)$ 不能同时满足这三个条件,则结论就可能不成立.

例如,函数 $f(x)=\begin{cases}x,-1<x\leqslant 1\\1,x=-1\end{cases}$,显然 $f(x)$ 在 $(-1,1)$ 内处处可导,$f(-1)=f(1)$,但 $f(x)$ 在 $x=-1$ 处不连续,不满足条件(1). 容易看出不存在 $\xi\in(-1,1)$,使 $f'(\xi)=0$.

又如,函数 $f(x)=|x|(-1\leqslant x\leqslant 1)$,在 $[-1,1]$ 上连续,$f(-1)=f(1)$,但 $f(x)$ 在 $x=0$ 处不可导,不满足条件(2),显然不存在 $\xi\in(-1,1)$,使 $f'(\xi)=0$.

再如,函数 $f(x)=x(-1\leqslant x\leqslant 1)$,在 $[-1,1]$ 上连续,在 $(-1,1)$ 内可导,但 $f(-1)\neq f(1)$,不满足条件(3),显然不存在 $\xi\in(-1,1)$,使 $f'(\xi)=0$.

**例 1** 验证下列函数在给定的区间上满足罗尔定理的条件,并求 $\xi$.

(1)$f(x)=x^2-4x,[1,3]$;

(2)$f(x)=x^2\sqrt{5-x},[0,5]$.

**解** (1)$f(x)=x^2-4x$ 在 $[1,3]$ 上连续,在 $(1,3)$ 内有 $f'(x)=2x-4$,即 $f(x)$ 在 $(1,3)$ 内可导,显然 $f(1)=-3=f(3)$. 故 $f(x)$ 在 $[1,3]$ 上满足罗尔定理的条件.

令 $f'(x)=2x-4=0$,得 $x=2$,故 $\xi=2$ 即为所求.

(2)$f(x)=x^2\sqrt{5-x}$ 在 $[0,5]$ 上连续,在 $(0,5)$ 内有

$$f'(x)=2x\sqrt{5-x}-\frac{x^2}{2\sqrt{5-x}}=\frac{x(20-5x)}{2\sqrt{5-x}}.$$

即 $f(x)$ 在 $(0,5)$ 内,显然 $f(0)=0=f(5)$. 故 $f(x)$ 在 $[0,5]$ 上满足罗尔定理的条件.

令 $f'(x)=\dfrac{x(20-5x)}{2\sqrt{5-x}}=0$,得 $x_1=0,x_2=4$,又 $x_1=0$ 为区间端点,故 $\xi=4$.

## 二、拉格朗日中值定理

**拉格朗日中值定理** 如果函数 $f(x)$ 满足:(1)在闭区间 $[a,b]$ 上连续;(2)在开区间 $(a,

$b$)内可导. 则在($a,b$)内至少存在一点 $\xi(a<\xi<b)$,使得

$$f(b)-f(a)=f'(\xi)(b-a). \tag{4-1}$$

在证明之前,我们先看一下定理的几何意义. 上式改写为 $\dfrac{f(b)-f(a)}{b-a}=f'(\xi)$,从图 4-2 可以看出$\dfrac{f(b)-f(a)}{b-a}$为弦 $AB$ 的斜率,而$f'(\xi)$为曲线在 $C$ 点处的切线斜率. 因此,拉格朗日中值定理的几何意义是:如果曲线是连续的,除端点外处处有不垂直于 $x$ 轴的切线,那么在曲线上至少存在一点 $C$,使曲线在 $C$ 点处的切线平行于弦 $AB$.

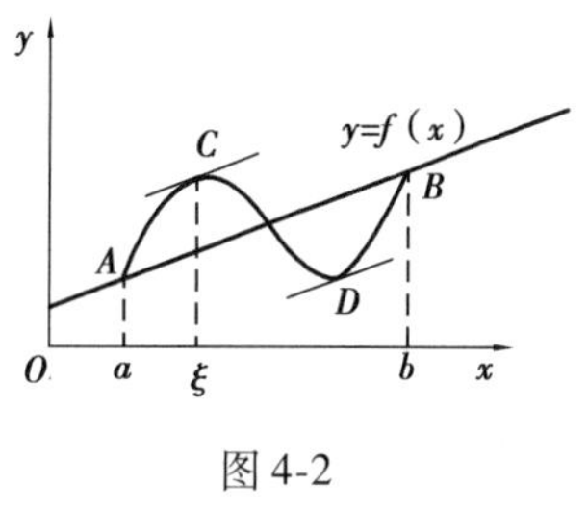


图 4-2

**证明**　作辅助函数

$$\varphi(x)=f(x)-f(a)-\frac{f(b)-f(a)}{b-a}(x-a).$$

由于函数$f(x)$在$[a,b]$上连续,在$(a,b)$内可导,故 $\varphi(x)$在$[a,b]$上连续,在$(a,b)$内可导. 又 $\varphi(a)=\varphi(b)=0$,根据罗尔定理知,存在 $\xi\in(a,b)$,使 $\varphi'(\xi)=0$.

又
$$\varphi'(\xi)=f'(\xi)-\frac{f(b)-f(a)}{b-a},$$

故
$$f'(\xi)-\frac{f(b)-f(a)}{b-a}=0,$$

由此得
$$f(b)-f(a)=f'(\xi)(b-a),a<\xi<b.$$

**例 2**　函数$f(x)=x^2+2x$ 在区间$[0,2]$上满足拉格朗日中值定理的条件,求 $\xi$.

**解**　$b=2,a=0,f(2)=8,f(0)=0,f'(x)=2x+2$,由拉格朗日中值定理得

$$8-0=(2\xi+2)\cdot 2,$$

所以
$$\xi=1\in(0,2).$$

**例 3**　证明:当 $0<a<b$ 时,不等式

$$\frac{b-a}{b}<\ln\frac{b}{a}<\frac{b-a}{a}$$

成立.

**证**　函数$f(x)=\ln x$ 在区间$[a,b]$($a>0$)上满足拉格朗日中值定理的条件,且$f'(x)=\dfrac{1}{x}$.

所以存在 $\xi\in(a,b)$,使

$$\ln\frac{b}{a}=\ln b-\ln a=\frac{b-a}{\xi}.$$

又 $a<\xi<b$,故$\dfrac{1}{b}<\dfrac{1}{\xi}<\dfrac{1}{a}$,即

$$\frac{b-a}{b}<\frac{b-a}{\xi}<\frac{b-a}{a},$$

所以
$$\frac{b-a}{b}<\ln\frac{b}{a}<\frac{b-a}{a}.$$

**例 4**　证明:当 $x\geqslant 0$ 时,$\arctan x\leqslant x$.

**证** 当 $x=0$ 时，$\arctan x=x=0$；当 $x>0$ 时，在区间 $[0,x]$ 上考察函数 $f(t)=\arctan t$. 显然，它在 $[0,x]$ 上满足拉格朗日中值定理的条件. 因此有

$$\arctan x-\arctan 0=\frac{1}{1+\xi^2}(x-0),\xi\in(0,x).$$

又

$$\frac{1}{1+\xi^2}<1,$$

得

$$\arctan x<x,$$

所以当 $x\geqslant 0$ 时，有 $\arctan x\leqslant x$.

由以上例题可以得出，利用拉格朗日中值定理证明不等式的关键是：根据不等式中出现的函数来选取一个适当的函数 $f(x)$，选取适当的区间 $[a,b]$，在这区间上验证 $f(x)$ 满足拉格朗日中值定理的条件，由结论得一等式，该等式中含有所要证明的不等式的项；利用 $\xi\in(a,b)$，把 $f'(\xi)$ 适当放大或缩小，将等式变成不等式.

**例 5** 若函数 $f(x)$ 可导，证明方程 $f(x)=0$ 的相邻二实根之间必有方程 $f'(x)=0$ 的一个实根. 若 $f(x)=(x^2-a^2)(x^2-b^2)(a>b>0)$，不用求导数，指出 $f'(x)=0$ 的根所在的区间.

**证** 设 $x_1,x_2$ 为方程 $f(x)=0$ 的相邻二实根，且 $x_1<x_2$，$f(x)$ 在 $[x_1,x_2]$ 上可导且 $f(x_1)=f(x_2)=0$，由罗尔定理知，存在 $\xi\in(x_1,x_2)$，使 $f'(\xi)=0$. 即 $x_1<\xi<x_2$，且 $\xi$ 为方程 $f'(x)=0$ 的一个实根.

若 $f(x)=(x^2-a^2)(x^2-b^2)(a>b>0)$，则 4 次方程 $f(x)=0$ 的 4 个根依次为 $x_1=-a,x_2=-b,x_3=b,x_4=a$. 故 3 次方程 $f'(x)=0$ 的 3 个根分别位于区间 $(-a,-b),(-b,b),(b,a)$ 内.

虽然拉格朗日中值定理并没有给出求 $\xi$ 值的具体方法，但它肯定了 $\xi$ 值的存在，建立了函数在区间上的改变量与函数在区间上某点 $\xi$ 处的导数之间的关系，从而为用导数研究函数在区间上的性态提供了理论基础，它在微分学中占有重要地位. 通常称公式(4-1)为拉格朗日中值公式. 这个公式有以下几种表达形式：

$$f(b)-f(a)=f'(\xi)(b-a),\xi\text{ 在 }a,b\text{ 之间}.$$

若 $x\in[a,b]$，$x+\Delta x\in[a,b]$（$\Delta x>0$ 或 $\Delta x<0$），在区间 $[x,x+\Delta x]$ 或 $[x+\Delta x,x]$ 上，式(4-1)可写成

$$f(x+\Delta x)-f(x)=f'(\xi)\Delta x,\xi\text{ 在 }x,x+\Delta x\text{ 之间}.\tag{4-2}$$

若在 $(0,1)$ 中取 $\theta$，即 $0<\theta<1$，则 $x+\theta\Delta x$ 必在 $x$ 与 $x+\Delta x$ 之间（$\Delta x>0$ 或 $\Delta x<0$），则式(4-2)可写成

$$f(x+\Delta x)-f(x)=f'(x+\theta\Delta x)\Delta x,0<\theta<1.\tag{4-3}$$

若记 $y=y(x)$，则式(4-3)可写成

$$\Delta y=f'(x+\theta\Delta x)\Delta x,0<\theta<1.$$

它描述了函数在一个区间上的增量 $\Delta y$ 与函数在该区间内某点的导数之间的关系.

由函数微分的定义知，$dy=f'(x)\Delta x$ 是函数增量 $\Delta y$ 的近似表达式，而式(4-3)给出了函数增量 $\Delta y$ 的准确表达式. 因此，式(4-3)即拉格朗日中值定理也称为有限增量定理. 它用函数在某一点的导数描述了函数的增量，在用导数研究函数性态中起着重要的作用.

众所周知，常量的导数恒为零. 反之，若一个函数 $f(x)$ 在某区间上的导数恒为零，在该区

间上$f(x)$是否恒为常量. 用拉格朗日中值定理容易证明结论是成立的.

**定理**　若函数$f(x)$在区间$I$内的导数恒等于零,则在区间$I$内,$f(x)$恒为常量.

**证**　取$x_1,x_2\in I$,由式(4-1)知

$$f(x_2)-f(x_1)=f'(\xi)(x_2-x_1),\xi\text{ 在 }x_1,x_2\text{ 之间}.$$

由假设条件知$f'(\xi)=0$,故$f(x_2)=f(x_1)$. 因为$x_1,x_2$是区间内的任意两点,这就表明$f(x)$在$I$内任意点处的函数值总是相等的,即$f(x)$在$I$内恒为常量.

**推论**　若两个函数$f(x)$与$g(x)$的导数在区间$I$内相等,即$f'(x)=g'(x)\ (x\in I)$,则在$I$内$f(x)$与$g(x)$之差恒为常数,即

$$f(x)-g(x)\equiv C(x\in I).$$

**证**　令$\varphi(x)=f(x)-g(x)$,则$\varphi'(x)=f'(x)-g'(x)=0$. 由以上定理知$\varphi(x)\equiv C$,即$f(x)-g(x)\equiv C$.

### 三、柯西中值定理

**柯西中值定理**　如果函数$f(x)$与$g(x)$满足:(1)在闭区间$[a,b]$上连续;(2)在开区间$(a,b)$内可导,且$g'(x)\neq 0$则在$(a,b)$内至少存在一点$\xi(a<\xi<b)$,使得

$$\frac{f(b)-f(a)}{g(b)-g(a)}=\frac{f'(\xi)}{g'(\xi)}.$$

证明从略.

**例 6**　对函数$f(x)=x^3$与$g(x)=x^2+1$在区间$[1,2]$上验证柯西中值定理的正确性.

**证**　显然在区间$[1,2]$上,函数$f(x)$与$g(x)$满足柯西中值定理的条件.

因此,只要验证在开区间$(1,2)$内存在一点$\xi$,使等式

$$\frac{f(2)-f(1)}{g(2)-g(1)}=\frac{f'(\xi)}{g'(\xi)}$$

成立. 事实上,由$f(2)=8,f(1)=1,g(2)=5,g(1)=2,f'(\xi)=3\xi^2,g'(\xi)=2\xi$,代入上式,得$\xi=\frac{14}{9}$.

显然,$\xi$是介于1与2之间的一个数.

罗尔定理、拉格朗日中值定理、柯西中值定理是微分学中的三个中值定理,特别是拉格朗日中值定理,是利用导数研究函数的有力工具,因此也称拉格朗日中值定理为微分中值定理.

## 第二节　洛必达法则

在求函数的极限时,常会遇到两个函数$f(x)$,$g(x)$都是无穷小或都是无穷大时,求它们比值的极限. 例如,比较两个无穷小的阶就会出现这样的极限. 这种极限可能存在也可能不存在,通常称这种比值的极限为未定式. 当$f(x)$,$g(x)$都是无穷小时,称为$\frac{0}{0}$型未定式,例如重

要极限$\lim\limits_{x\to 0}\frac{\sin x}{x}$就是$\frac{0}{0}$型未定式；当$f(x)$，$g(x)$都是无穷大时，称为$\frac{\infty}{\infty}$型未定式. 这类极限不能用“商的极限等于极限的商”的运算法则求极限. 洛必达法则就是求这种未定式极限的一个重要且有效的方法，这个方法的理论基础是柯西中值定理.

## 一、$\frac{0}{0}$型未定式

**定理 1** 设函数$f(x)$，$g(x)$满足：

(1) $\lim\limits_{x\to a}f(x)=0$，$\lim\limits_{x\to a}g(x)=0$；

(2) 在点$a$的某去心邻域内，$f'(x)$或$g'(x)$存在且$g'(x)\neq 0$；

(3) $\lim\limits_{x\to a}\frac{f'(x)}{g'(x)}$存在或为无穷大.

则极限$\lim\limits_{x\to a}\frac{f(x)}{g(x)}$存在或为无穷大，且$\lim\limits_{x\to a}\frac{f(x)}{g(x)}=\lim\limits_{x\to a}\frac{f'(x)}{g'(x)}$.

证明从略.

利用以上定理求$\frac{0}{0}$型未定式的值的方法称为洛必达法则. 如果$\frac{f'(x)}{g'(x)}$当$x\to a$时仍为$\frac{0}{0}$型未定式，且$f'(x)$与$g'(x)$仍满足定理 1 的条件，则可继续使用洛必达法则. 即

$$\lim_{x\to a}\frac{f(x)}{g(x)}=\lim_{x\to a}\frac{f'(x)}{g'(x)}=\lim_{x\to a}\frac{f''(x)}{g''(x)}.$$

对于$x\to\infty$时$\frac{f(x)}{g(x)}$为$\frac{0}{0}$型未定式，有以下推论.

**推论** 设函数$f(x)$，$g(x)$满足：

(1) $\lim\limits_{x\to\infty}f(x)=0$，$\lim\limits_{x\to\infty}g(x)=0$；

(2) 当$|x|>X$时，$f'(x)$或$g'(x)$存在且$g'(x)\neq 0$；

(3) $\lim\limits_{x\to\infty}\frac{f'(x)}{g'(x)}$存在或为无穷大.

则
$$\lim_{x\to\infty}\frac{f(x)}{g(x)}=\lim_{x\to\infty}\frac{f'(x)}{g'(x)}.$$

证明从略.

**例 1** 求$\lim\limits_{x\to 0}\frac{\tan\alpha x}{\tan\beta x}$($\alpha,\beta$为常量，$\beta\neq 0$).

**解** 这是$\frac{0}{0}$型未定式$\lim\limits_{x\to 0}\frac{\tan\alpha x}{\tan\beta x}=\lim\limits_{x\to 0}\frac{\alpha\sec^2\alpha x}{\beta\sec^2\beta x}=\frac{\alpha}{\beta}$.

**例 2** 求$\lim\limits_{x\to 0}\frac{\sqrt[3]{1+x^2}-1}{x^2}$.

**解** 这是$\frac{0}{0}$型未定式$\lim\limits_{x\to 0}\frac{\sqrt[3]{1+x^2}-1}{x^2}=\lim\limits_{x\to 0}\frac{\frac{1}{3}(1+x^2)^{-\frac{2}{3}}\cdot 2x}{2x}=\frac{1}{3}$.

**例 3**　求$\lim\limits_{x\to 0}\dfrac{x-\sin x}{\tan x^3}$.

**解**　这是$\dfrac{0}{0}$型未定式,则

$$\lim_{x\to 0}\frac{x-\sin x}{\tan x^3}=\lim_{x\to 0}\frac{1-\cos x}{(\sec^2 x^3)\cdot 3x^2}=\lim_{x\to 0}\frac{1-\cos x}{3x^2}=\lim_{x\to 0}\frac{\sin x}{6x}=\frac{1}{6}.$$

**例 4**　求$\lim\limits_{x\to+\infty}\dfrac{\dfrac{\pi}{2}-\arctan x}{\dfrac{1}{x}}$.

**解**　这是$x\to+\infty$时的$\dfrac{0}{0}$型未定式,由洛必达法则,得

$$\lim_{x\to+\infty}\frac{\dfrac{\pi}{2}-\arctan x}{\dfrac{1}{x}}=\lim_{x\to+\infty}\frac{-\dfrac{1}{1+x^2}}{-\dfrac{1}{x^2}}=\lim_{x\to+\infty}\frac{x^2}{1+x^2}=1.$$

## 二、$\dfrac{\infty}{\infty}$型未定式

**定理 2**　设函数$f(x)$,$g(x)$满足:

(1)$\lim\limits_{x\to a}f(x)=\infty$,$\lim\limits_{x\to a}g(x)=\infty$($\lim\limits_{x\to\infty}f(x)=\infty$,$\lim\limits_{x\to\infty}g(x)=\infty$);

(2)在点$a$的某去心邻域内($|x|>X$时,$f'(x)$或$g'(x)$存在且$g'(x)\neq 0$);

(3)$\lim\limits_{x\to a}\dfrac{f'(x)}{g'(x)}\left(\lim\limits_{x\to\infty}\dfrac{f'(x)}{g'(x)}\right)$存在或为无穷大.

则
$$\lim_{\substack{x\to a\\(x\to\infty)}}\frac{f(x)}{g(x)}=\lim_{\substack{x\to a\\(x\to\infty)}}\frac{f'(x)}{g'(x)}.$$

证明从略.

**例 5**　求$\lim\limits_{x\to+\infty}\dfrac{\ln x}{x^a}(a>0)$.

**解**　所求极限为$\dfrac{\infty}{\infty}$型,则

$$\lim_{x\to+\infty}\frac{\ln x}{x^a}=\lim_{x\to+\infty}\frac{\dfrac{1}{x}}{ax^{a-1}}=\lim_{x\to+\infty}\frac{1}{ax^a}=0.$$

## 三、其他型未定式

除$\dfrac{0}{0}$型或$\dfrac{\infty}{\infty}$型未定式外,还有$0\cdot\infty$,$\infty-\infty$,$\infty^0$,$1^\infty$,$0^0$等类型.一般情况下,$0\cdot\infty$与$\infty-\infty$型未定式可经过适当变化化为$\dfrac{0}{0}$型或$\dfrac{\infty}{\infty}$型.而$\infty^0$,$1^\infty$,$0^0$这三种未定式,可先取自然对

数，再变形整理使之化为$\frac{0}{0}$型或$\frac{\infty}{\infty}$型未定式.

**例 6** 求$\lim\limits_{x\to 0^+} x^{\lambda}\ln x(\lambda>0)$.

**解** 先变成$\frac{\infty}{\infty}$型，然后求极限

$$\lim_{x\to 0^+} x^{\lambda}\ln x=\lim_{x\to 0^+}\frac{\ln x}{x^{-\lambda}}=\lim_{x\to 0^+}\frac{\frac{1}{x}}{-\lambda\cdot\frac{1}{x^{\lambda+1}}}=\lim_{x\to 0^+}\left(-\frac{x^{\lambda}}{\lambda}\right)=0.$$

**例 7** 求$\lim\limits_{x\to 0}\left[\frac{1}{\ln(1+x)}-\frac{1}{x}\right]$.

**解** $\lim\limits_{x\to 0}\left[\frac{1}{\ln(1+x)}-\frac{1}{x}\right]=\lim\limits_{x\to 0}\frac{x-\ln(1+x)}{x\ln(1+x)}=\lim\limits_{x\to 0}\frac{1-\frac{1}{1+x}}{\ln(1+x)+\frac{x}{1+x}}=\lim\limits_{x\to 0}\frac{x}{(1+x)\ln(1+x)+x}=$

$\lim\limits_{x\to 0}\frac{1}{\ln(1+x)+2}=\frac{1}{2}$.

**例 8** 求$\lim\limits_{x\to 0^+}(\sin x)^x$.

**解** 把原式变为

$$\lim_{x\to 0^+}(\sin x)^x=\lim_{x\to 0^+}e^{\ln(\sin x)^x}=e^{\lim\limits_{x\to 0^+}x\ln(\sin x)},$$

因为

$$\lim_{x\to 0^+}x\ln(\sin x)=\lim_{x\to 0^+}\frac{\ln\sin x}{\frac{1}{x}}=\lim_{x\to 0^+}\frac{\frac{\cos x}{\sin x}}{-\frac{1}{x^2}}=-\lim_{x\to 0^+}\frac{x^2\cos x}{\sin x}=0,$$

所以

$$\lim_{x\to 0^+}(\sin x)^x=e^0=1.$$

**例 9** 求$\lim\limits_{x\to+\infty}(1+x)^{\frac{1}{x}}$.

**解** $\lim\limits_{x\to+\infty}(1+x)^{\frac{1}{x}}=\lim\limits_{x\to+\infty}e^{\frac{\ln(1+x)}{x}}=e^{\lim\limits_{x\to+\infty}\frac{\ln(1+x)}{x}}=e^{\lim\limits_{x\to+\infty}\frac{\frac{1}{1+x}}{1}}e^0=1$.

**例 10** 求$\lim\limits_{x\to 1}x^{\frac{1}{1-x}}$.

**解** $\lim\limits_{x\to 1}x^{\frac{1}{1-x}}=\lim\limits_{x\to 1}e^{\frac{\ln x}{1-x}}=e^{\lim\limits_{x\to 1}\frac{\ln x}{1-x}}=e^{\lim\limits_{x\to 1}\frac{1}{-x}}=e^{-1}$.

**例 11** 求$\lim\limits_{x\to 0}\frac{x^2\sin\frac{1}{x}}{\sin x}$.

**解** $\lim\limits_{x\to 0}\frac{x^2\sin\frac{1}{x}}{\sin x}=\lim\limits_{x\to 0}\frac{x}{\sin x}\cdot\frac{\sin\frac{1}{x}}{\frac{1}{x}}=\lim\limits_{x\to 0}\frac{x}{\sin x}\lim\limits_{x\to 0}\frac{\sin\frac{1}{x}}{\frac{1}{x}}=1\cdot 0=0.$

由以上各例可以看出,洛必达法则是求未定式的一种简便有效的法则,应用这一法则时必须注意以下几点:

用洛必达法则求$\frac{0}{0}$型或$\frac{\infty}{\infty}$型未定式,要注意定理中的条件,定理指出$\lim\frac{f'(x)}{g'(x)}$存在或为无穷大才有$\lim\frac{f(x)}{g(x)}=\lim\frac{f'(x)}{g'(x)}$. 若$\lim\frac{f'(x)}{g'(x)}$不存在(也不为无穷大),不能断言$\lim\frac{f(x)}{g(x)}$不存在.

其他类型未定式,必须先化为$\frac{0}{0}$型或$\frac{\infty}{\infty}$型未定式,再用洛必达法则. 洛必达法则可以多次使用,但每次使用都应检查是否为$\frac{0}{0}$型或$\frac{\infty}{\infty}$型未定式,否则不能使用.

**例 12**　求$\lim\limits_{x\to 0}\frac{e^x-\cos x}{x\sin x}$.

**解**　所求极限为$\frac{0}{0}$型未定式,运用法则得$\lim\limits_{x\to 0}\frac{e^x-\cos x}{x\sin x}=\lim\limits_{x\to 0}\frac{e^x+\sin x}{x\cos x+\sin x}$,右边不再是$\frac{0}{0}$型未定式,不能继续使用洛必达法则. 容易算出

$$原式=\lim_{x\to 0}\frac{e^x+\sin x}{x\cos x+\sin x}=\infty.$$

倘若再次运用法则会得出错误结果

$$\lim_{x\to 0}\frac{e^x-\cos x}{x\sin x}=\lim_{x\to 0}\frac{e^x+\sin x}{x\cos x+\sin x}=\lim_{x\to 0}\frac{e^x+\cos x}{-x\sin x+2\cos x}=1.$$

**例 13**　求$\lim\limits_{x\to+\infty}\frac{\sqrt{1+x^2}}{x}$.

**解**　所求极限为$\frac{\infty}{\infty}$型,若不断地运用法则,有

$$\lim_{x\to+\infty}\frac{\sqrt{1+x^2}}{x}=\lim_{x\to+\infty}\frac{(\sqrt{1+x^2})'}{x'}=\lim_{x\to+\infty}\frac{x}{\sqrt{1+x^2}}=\lim_{x\to+\infty}\frac{x'}{(\sqrt{1+x^2})'}=\lim_{x\to+\infty}\frac{\sqrt{1+x^2}}{x}\cdots$$

如此周而复始,总也求不出极限,因此洛必达法则对上例失效. 但本题不难求得极限为 1.

## 第三节　函数的单调性与极值

从本节开始,我们通过中值定理、利用导数研究函数$f(x)$或曲线$y=f(x)$的性态,其中包括用一阶导数研究函数的增减性与极值;用二阶导数研究曲线的凹凸性与拐点,最后描绘出函数$y=f(x)$的图形.

### 一、函数单调性的判别方法

由函数$y=f(x)$单调性的定义知,若函数$f(x)$在区间$[a,b]$上单调增加,则曲线$y=f(x)$是

一条沿 $x$ 轴正向上升的曲线，曲线上各点处的切线斜率都是非负的，也就是 $f'(x)\geqslant 0$. 若函数 $f(x)$ 在 $[a,b]$ 上单调减少，则曲线 $y=f(x)$ 是一条沿 $x$ 轴正向下降的曲线，曲线上各点处的切线斜率都是非正的，即 $f'(x)\leqslant 0$，如图 4-3 所示. 由此说明函数的单调性与导数的符号有着密切的联系. 那么，能否用导数在一个区间上的正负来判别函数在该区间上的单调性呢？

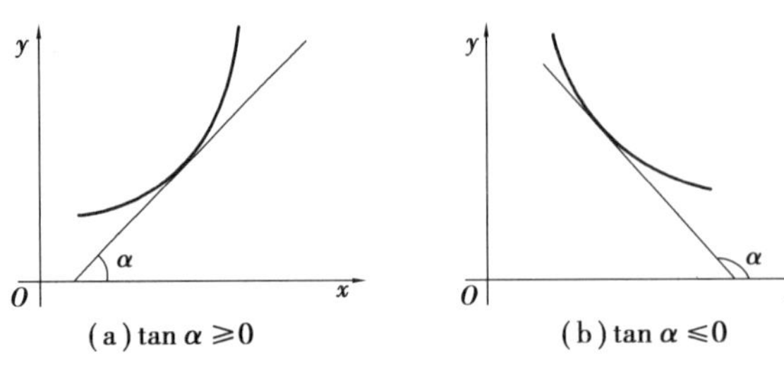


图 4-3

拉格朗日中值定理建立了函数与导数之间的联系，因此本节将以微分中值定理为工具，给出函数单调性的判别法及极值的判别法.

**定理 1** 设函数 $f(x)$ 在闭区间 $[a,b]$ 上连续，在开区间 $(a,b)$ 内可导，如果在 $(a,b)$ 内 $f'(x)>0$，则 $f(x)$ 在 $[a,b]$ 上单调增加；如果在 $(a,b)$ 内 $f'(x)<0$，则 $f(x)$ 在 $[a,b]$ 上单调减少.

**证** 在 $[a,b]$ 上任取两点 $x_1,x_2$，不妨设 $x_1<x_2$. 由所给条件知，$f(x)$ 在 $[x_1,x_2]$ 上满足拉格朗日中值定理的条件. 由中值定理知，存在 $\xi\in(x_1,x_2)$，使

$$f(x_2)-f(x_1)=f'(\xi)(x_2-x_1).$$

因为 $x_2-x_1>0$，如果在 $(a,b)$ 内 $f'(x)>0$ 则 $f'(\xi)>0$，于是

$$f(x_2)-f(x_1)=f'(\xi)(x_2-x_1)>0,$$

即 $f(x_2)>f(x_1)$，这表明 $f(x)$ 在 $[a,b]$ 上单调增加.

同理，如果在 $(a,b)$ 内 $f'(x)<0$ 则 $f'(\xi)<0$，于是

$$f(x_2)-f(x_1)=f'(\xi)(x_2-x_1)<0,$$

即 $f(x_2)<f(x_1)$，这表明 $f(x)$ 在 $[a,b]$ 上单调减少.

若将定理 1 中的闭区间 $[a,b]$ 换成开区间或半开区间或无穷区间，定理的结论仍成立.

**例 1** 讨论函数 $f(x)=x^3-6x^2-15x+2$ 的增减性.

**解** 函数的定义域为 $(-\infty,+\infty)$，

$$f'(x)=3x^2-12x-15=3(x-5)(x+1).$$

令 $f'(x)=0$ 得 $x_1=-1$ 及 $x_2=5$. $x_1=-1$，$x_2=5$ 这两点将 $f(x)$ 的定义域分为三个区间，见表 4-1.

**表 4-1**

| $x$ | $(-\infty,-1]$ | $(-1,5]$ | $(5,+\infty)$ |
|---|---|---|---|
| $f'(x)$ | + | − | + |
| $f(x)$ | ↑ | ↓ | ↑ |

所以,$(-\infty,-1]$,$(5,+\infty)$为函数$f(x)$的递增区间;$(-1,5]$为函数$f(x)$的递减区间.

**例 2**　讨论函数$f(x)=x^{\frac{2}{3}}$的增减性.

**解**　函数的定义域为$(-\infty,+\infty)$,

$$f'(x)=\frac{2}{3\sqrt[3]{x}}$$

没有使导数等于零的点,在点$x=0$处导数不存在. 点$x=0$将定义域$(-\infty,+\infty)$分成两个区间,见表 4-2.

**表 4-2**

| $x$ | $(-\infty,0)$ | $(0,+\infty)$ |
|---|---|---|
| $y'$ | − | + |
| $y$ | ↓ | ↑ |

故在$(-\infty,0]$上函数单调减少,在$[0,\infty)$上函数单调增加.

## 二、函数的极值与求法

在利用导数的正与负判别函数的增减性时看到,导数等于零的点可以作为增减区间的分界点,如例 1 中点$x_1=-1$,$x_2=5$处函数的导数为零,在$(-\infty,-1]$上函数单调增加,在$(-1,5]$上函数单调减少,即在点$x_1=-1$的去心邻域内恒有$f(x)<f(-1)$. 同理,在点$x_2=5$的去心邻域内恒有$f(x)>f(5)$. 这样的点就是我们所要讨论的函数的极值点.

**定义**　设函数$f(x)$在点$x_0$的某邻域内有定义,如果对该邻域内任何点$x(x\neq x_0)$,恒有$f(x)<f(x_0)$($(f(x)>f(x_0))$),则称$f(x_0)$为函数$f(x)$的极大值(极小值).

函数的极大值与极小值统称为函数的极值. 使函数取得极值的点称为函数的极值点.

例如,例 1 中的函数$f(x)=x^3-6x^2-15x+2$的极值点为$x_1=-1$,$x_2=5$. $f(-1)=10$为极大值,$f(5)=-98$为极小值.

由极值的定义可以看出,函数的极值是局部性的概念,$f(x_0)$是$f(x)$的极值是仅就$x_0$的某邻域而言的. 因此函数$f(x)$的极大(小)值就整个定义域来讲未必是函数的最大(小)值.

**想一想**

观察图 4-4,我们可以了解到极小值和极大值的概念,它与人生的低谷和高峰有众多相似之处,从中我们可以得到什么启示?

图 4-4 中函数$f(x)$在区间$[a,b]$上有两个极大值$f(x_1)$,$f(x_4)$;有两个极小值$f(x_2)$,$f(x_5)$. 其中极小值$f(x_5)$大于极大值$f(x_1)$. 在整个区间$[a,b]$上,极小值$f(x_2)$也是$f(x)$在$[a,b]$上的最小值,而$f(x)$在$[a,b]$上的最大值在端点$x=b$处达到.

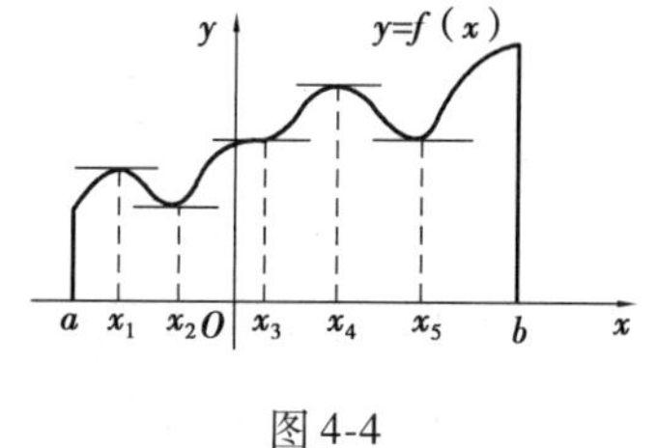


图 4-4

由图 4-4 还可以看出,在函数 $f(x)$ 取得极值的点处,曲线 $y=f(x)$ 的切线是水平的. 由此得到函数取得极值的必要条件.

**定理** 2(**必要条件**) 若函数 $f(x)$ 在点 $x_0$ 处可导,且 $f(x)$ 在 $x_0$ 处取得极值,则必有 $f'(x_0)=0$.

使 $f'(x)$ 等于零的点称为函数 $f(x)$ 的驻点. 驻点不一定是极值点. 由本节例 1 及图 4-4 看出,当驻点为函数单调增区间与单调减区间的分界点,也就是在驻点两侧导数符号相反时,驻点才是函数的极值点. 另外从例 2 看出,函数 $f(x)=x^{\frac{2}{3}}$ 在点 $x=0$ 处导数不存在,但函数在该点连续,且在点 $x=0$ 的两侧 $f'(x)$ 符号相反,$x=0$ 也是函数的极值点,$f(0)=0$ 是极小值.

综合以上两种情况,得出函数取极值的充分条件.

**定理** 3(**第一充分条件**) 设函数 $f(x)$ 在 $x_0$ 的某邻域内可导,$f'(x_0)$ 存在(或 $f(x)$ 在点 $x_0$ 的该邻域内除点 $x_0$ 外处处可导,且 $f(x)$ 在点 $x_0$ 处连续):

(1)若在 $x_0$ 的该邻域内,当 $x<x_0$ 时 $f'(x)>0$;当 $x>x_0$ 时 $f'(x)<0$,则函数 $f(x)$ 在 $x_0$ 处取得极大值 $f(x_0)$;

(2)若在 $x_0$ 的该邻域内,当 $x<x_0$ 时 $f'(x)<0$;当 $x>x_0$ 时 $f'(x)>0$,则函数 $f(x)$ 在 $x_0$ 处取得极小值 $f(x_0)$;

(3)若在 $x_0$ 的该邻域内,除点 $x_0$ 外 $f'(x)$ 恒为正或恒为负,即 $f'(x)$ 不变号,则 $f(x_0)$ 不是函数 $f(x)$ 的极值.

证明略.

这个定理给出求函数极值的一般步骤如下:

(1)求导数 $f'(x)$;

(2)求出 $f(x)$ 的全部驻点及使 $f'(x)$ 不存在的点;

(3)对(2)中的每个点考察其左、右两侧邻域上 $f'(x)$ 的符号,以确定该点是否为极值点,并判断在极值点处函数取极大值还是极小值;

(4)求出各极值点处的函数值,即得函数的全部极值.

**例** 3 求函数 $f(x)=x^4-4x^3-8x^2+1$ 的极值.

**解** $f(x)$ 的定义域为 $(-\infty,+\infty)$.

(1)$f'(x)=4x^3-12x^2-16x=4x(x+1)(x-4)$.

(2)令 $f'(x)=0$,得驻点 $x_1=-1$,$x_2=0$,$x_3=4$.

(3)依次判断驻点两侧 $f'(x)$ 的符号:

在点 $x_1=-1$ 的左侧邻域上,$x+1<0$,$x<0$,$x-4<0$,所以 $f'(x)<0$;

在点 $x_1=-1$ 的右侧邻域上,$x+1>0$,$x<0$,$x-4<0$,所以 $f'(x)>0$.

由定理 3 知,$f(x)$ 在 $x_1=-1$ 处取极小值.

在点 $x_2=0$ 的左侧邻域上,$x+1>0$,$x<0$,$x-4<0$,所以 $f'(x)>0$;

在点 $x_2=0$ 的右侧邻域上,$x+1>0$,$x>0$,$x-4<0$,所以 $f'(x)<0$.

由定理 3 知,$f(x)$ 在 $x_2=0$ 处取极大值.

类似地,可知 $f(x)$ 在点 $x_3=4$ 处取极小值.

(4)计算出相应的函数值,得极大值、极小值分别为 $f(0)=1$,$f(-1)=-2$,$f(4)=127$.

**例 4** 求函数$f(x)=x-3(x-1)^{\frac{2}{3}}$的极值.

**解** $f(x)$的定义域为$(-\infty,+\infty)$,

$$f'(x)=1-\frac{2}{(x-1)^{\frac{1}{3}}}=\frac{(x-1)^{\frac{1}{3}}-2}{(x-1)^{\frac{1}{3}}}.$$

令$f'(x)=0$,即$\sqrt[3]{x-1}=2$,得驻点$x=9$. 在点$x=1$处导数不存在,但函数$f(x)$在$x=1$处连续. 点$x=1$,$x=9$将定义域分为三个区间,见表 4-3.

表 4-3

| $x$ | $(-\infty,1)$ | 1 | $(1,9)$ | 9 | $(9,+\infty)$ |
|---|---|---|---|---|---|
| $y'$ | + | | − | 0 | + |
| $y$ | ↑ | 1<br>极大值 | ↓ | −3<br>极小值 | ↑ |

极值存在的第一充分条件既适用于在点$x_0$处可导,也适用于在点$x_0$处不可导的函数. 若函数$f(x)$在驻点$x_0$的二阶导数存在且不为零,则可以利用以下所给的第二充分条件判定函数的极值.

**定理 4(第二充分条件)** 设函数$f(x)$在点$x_0$处具有二阶导数且$f'(x_0)=0$,$f''(x_0)\neq0$. 则

(1)当$f''(x_0)<0$时,$f(x)$在点$x_0$处取得极大值;

(2)当$f''(x_0)>0$时,$f(x)$在点$x_0$处取得极小值.

证明略.

**例 5** 求函数$f(x)=x^3-4x^2-3x$的极值.

**解** $f'(x)=3x^2-8x-3=(3x+1)(x-3)$,$f''(x)=6x-8$,驻点为$x=-\frac{1}{3}$及$x=3$.

又$f''\left(-\frac{1}{3}\right)=-10<0$,$f''(3)=10>0$,所以$f(x)$在点$x=-\frac{1}{3}$处取极大值,且极大值为$f\left(-\frac{1}{3}\right)=\frac{14}{27}$;$f(x)$在点$x=3$处取极小值,且极小值为$f(3)=-18$.

**例 6** 求函数$f(x)=3x^4-8x^3+6x^2+1$的极值.

**解** $f'(x)=12x^3-24x^2+12x=12x(x-1)^2$,$f''(x)=36x^2-48x+12=12(3x-1)(x-1)$. 令$f'(x)=0$,得驻点$x=0$,$x=1$,且$f''(0)=12>0$,$f''(1)=0$,由第二充分条件知,$f(0)=1$是函数$f(x)$的极小值.

因为$f''(1)=0$,需用第一充分条件判定驻点$x=1$的情况. 在$x=1$的两侧,由于当$0<x<1$及$x>1$时皆有$f'(x)>0$,故$x=1$不是极值点.

## 三、函数最大值与最小值的求解

我们知道,若函数$f(x)$在闭区间$[a,b]$上连续,那么它在该区间上一定有最大值和最小值. 显然,如果其最大值和最小值在开区间$(a,b)$内取得,那么对可导函数来讲最大值点和最

小值点,必在$f(x)$的驻点之中. 然而,有时函数的最大值和最小值可能在区间的端点处得到. 因此,求出$f(x)$在$(a,b)$内的全部驻点处的值及$f(a)$和$f(b)$(如遇到不可导的点,还要算出不可导点处的函数值),将它们加以比较,其中最大者即为函数$f(x)$在$[a,b]$上的最大值,最小值即为$f(x)$在$[a,b]$上的最小值.

**例 7** 求函数$y=2x^3+3x^2-12x+14$在$[-3,4]$上的最大值与最小值.

**解** $f(x)=2x^3+3x^2-12x+14$,$f'(x)=6x^2+6x-12=6(x+2)(x-1)$. 令$f'(x)=0$,得到$x_1=-2$,$x_2=1$. 由于$f(-3)=23$,$f(-2)=34$,$f(1)=7$,$f(4)=142$,比较可得$f(x)$在$x=4$处取得它在$[-3,4]$上的最大值$f(4)=142$;在$x_2=1$处取得它在$[-3,4]$上的最小值$f(1)=7$.

在解决实际问题时,注意下述结论,会使我们的讨论显得方便而又简洁.

若函数$f(x)$在某区间(闭区间$[a,b]$,开区间$(a,b)$,或无穷区间)内仅有一个可能极值点$x_0$,则当$x_0$为极大(小)值点时,$f(x_0)$就是该函数在此区间上的最大(小)值.

在实际问题中,若由分析得知,确实存在最大值或最小值,且所讨论的区间内仅有一个可能的极值点,那么这个点处的函数值一定是最大值或最小值.

**例 8** 求乘积为常数$a(a>0)$而其和为最小的两个正数.

**解** (1)建立表示该问题的函数,这样的函数通常称为目标函数.

记这两个正数为$x$和$y$,由条件可知$xy=a$,其中$x,y>0$,由此可得$y=\dfrac{a}{x}$,设$x$与$y$之和为$s$,则可得目标函数

$$s(x)=x+\frac{a}{x},x>0.$$

(2)求目标函数的最小值.

因为

$$s'(x)=1-\frac{a}{x^2},$$

令$s'(x)=0$,得$x=-\sqrt{a}$,$x=\sqrt{a}$,其中$x=-\sqrt{a}$不在目标函数的定义域内,故该函数可能的极值点只有一个,即$x=\sqrt{a}$. 易知当$x>\sqrt{a}$时,$s'(x)>0$;当$x<\sqrt{a}$时,$s'(x)<0$. 所以乘积一定而其和为最小的两个数是$x=y=\sqrt{a}$.

**例 9** 设圆柱形有盖茶缸容积$V$为常数,求表面积为最小时底半径$x$与高$y$之比.

**解** (1)建立目标函数,茶缸容积为$V=\pi x^2y$,设表面积为$S$,则$S=2\pi x^2+2\pi xy$. 因为$V$为常数,所以$y=\dfrac{V}{\pi x^2}$,由此可得目标函数——茶缸表面积的表达式为

$$S(x)=2\pi x^2+\frac{2\pi xV}{\pi x^2}=2\pi x^2+\frac{2V}{x},x>0.$$

(2)求$S(x)$的最小值.

因为$S'(x)=4\pi x-\dfrac{2V}{x^2}$,令$S'(x)=0$,得可能极值点$x=\sqrt[3]{\dfrac{V}{2\pi}}$,又$S''(x)=4\pi+\dfrac{4V}{x^3}$,$S''\left(\sqrt[3]{\dfrac{V}{2\pi}}\right)>0$,所以$S(x)$在$x=\sqrt[3]{\dfrac{V}{2\pi}}$处取得最小值.

(3)求底半径与高之比.

由 $y=\frac{V}{\pi x^2}$和 $x=\sqrt[3]{\frac{V}{2\pi}}$可以算出 $y=\frac{V}{\pi\sqrt[3]{\left(\frac{V}{2\pi}\right)^2}}=2\sqrt[3]{\frac{V}{2\pi}}=2x$.

因此,当底半径与高之比为$\frac{1}{2}$,即当其直径与高相等时,茶缸的表面积最小.

**例 10**　设某产品的次品率 $y$ 与日产量 $x$ 之间的关系为 $y=\begin{cases}\frac{1}{101-x},0\leqslant x\leqslant 100\\ 1,x>100\end{cases}$,若每件产品的盈利为 $A$ 元,每件次品造成的损失为$\frac{A}{3}$元,试求盈利最多的日产量.

**解**　按题意,$x$ 应为正整数,为解题方便,我们先视 $x$ 为连续变量. 设 $x\in[0,100]$,日产量为 $x$ 时盈利为 $T(x)$,这时次品数为 $xy$,正品为 $x-xy$,因此

$$T(x)=A(x-xy)-\frac{A}{3}xy$$

$$=A\left(x-\frac{x}{101-x}\right)-\frac{A}{3}\cdot\frac{x}{101-x},0\leqslant x\leqslant 100.$$

于是问题就归纳为求 $T(x)$的最大值. 因为

$$T'(x)=A\left(1-\left(\frac{x}{101-x}\right)'\right)-\frac{A}{3}\left(\frac{x}{101-x}\right)'=A\left(1-\frac{4}{3}\frac{101}{(101-x)^2}\right),$$

令 $T'(x)=0$,可得 $T(x)$的唯一驻点 $x=89.4$.

若日产量 $x$ 为零,则盈利为零;若日产量 $x$ 超过 100,则次品率为 1,即超过部分全为次品,那么盈利不会最多,故最大盈利的日产量应为 0 与 100 之间.

因此 $x=89.4$ 是使 $T(x)$取得最大值的点,而 $x$ 实际上应是正整数,所以将 $T(89)=79.11A$ 与 $T(90)=79.09A$ 相比较,即知每天生产 89 件产品盈利最多.

**例 11**　已知电源电压为 $E$,内阻为 $r$,问负载电阻 $R$ 多大时,输出功率 $P$ 最大?

**解**　由电学知道,消耗在负载电阻 $R$ 上的功率 $P=i^2R$,其中 $i$ 是回路中的电流. 因为 $i=\frac{E}{r+R}$,所以 $P=\left(\frac{E}{r+R}\right)^2R=\frac{E^2R}{(r+R)^2}$,$R>0$. 因此 $P'=E^2\frac{r-R}{(r+R)^3}$.

令 $P'=0$,得唯一驻点 $R=r$. 这就是说,当负载电阻等于电源内阻时,输出功率 $P$ 最大.

**例 12**　$x_1,x_2,\cdots,x_n$ 为实验测得的 $n$ 个已知数据,如何选取 $x$,使误差平方和

$$f(x)=(x-x_1)^2+(x-x_2)^2+\cdots+(x-x_n)^2$$

为最小?

**解**　$f'(x)=2(x-x_1)+2(x-x_2)+\cdots+2(x-x_n)=2[nx-(x_1+x_2+\cdots+x_n)]$

令 $f'(x)=0$,得 $nx-(x_1+x_2+\cdots+x_n)=0$.

由此得唯一驻点

$$x=\frac{x_1+x_2++x_n}{n}.$$

可见,任取 $x$ 为 $n$ 个实测数据的算术平均值时,误差平方和为最小.

## 第四节　曲线的凹凸性与函数图像的描绘

### 一、曲线的凹凸性与拐点

由一阶导数的正负性可知函数的单调区间,从而获得函数变化的大概情形,但是还有不够完善的地方. 在图 4-5 中,从 $A$ 到 $B$ 有三条上升曲线,但由于它们的“凹凸”是不同的,故变化的规律有较大的不同. 所以还需找出一个判定凹凸的方法,以便对函数的性态有进一步的了解. 下面先介绍曲线凹凸的概念.

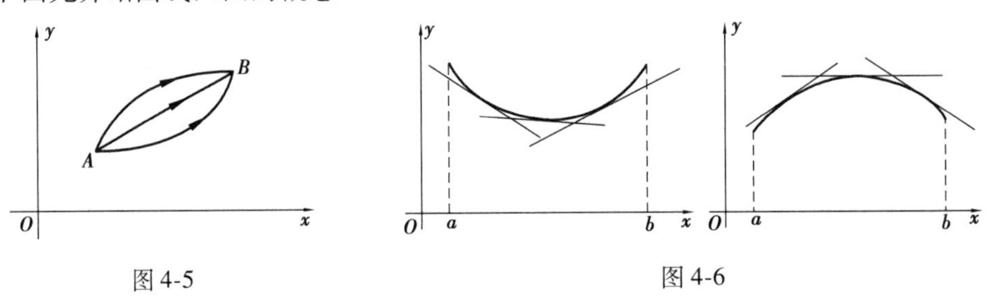


图 4-5　　　　图 4-6

从图 4-6 看出,若曲线是凹的,则在曲线的每一点处作切线,这些切线都在曲线的下方;若曲线是凸的,则其上任一点处的切线总在曲线的上方. 对于曲线的上述特性,给出如下定义.

**定义**　设曲线 $y=f(x)$ 在区间 $(a,b)$ 内各点都有切线,在切点附近,如果曲线弧总位于切线的上方,则称曲线 $y=f(x)$ 在 $(a,b)$ 上是(向上)凹的或称为凹弧,也称 $(a,b)$ 为曲线 $y=f(x)$ 的凹区间;如果曲线弧总位于切线的下方,则称曲线 $y=f(x)$ 在 $(a,b)$ 上是(向上)凸的或称为凸弧,也称 $(a,b)$ 为曲线 $y=f(x)$ 的凸区间.

从图 4-6 容易看出,随着坐标 $x$ 的增加,凹弧上各点的切线斜率逐渐增大,即 $f'(x)$ 是单调增加的;而凸弧上各点的切线斜率则逐渐减小,即 $f'(x)$ 是单调减少的. 对于 $f'(x)$ 的增减性可由 $f'(x)$ 的导数,即 $f''(x)$ 来判定,由此可得出曲线凹凸性的判别法.

**定理**　设函数 $f(x)$ 在区间 $(a,b)$ 上具有二阶导数,

(1)如果在 $(a,b)$ 上 $f''(x)>0$,则曲线 $y=f(x)$ 在 $(a,b)$ 上为凹弧;

(2)如果在 $(a,b)$ 上 $f''(x)<0$,则曲线 $y=f(x)$ 在 $(a,b)$ 上为凸弧.

**例 1**　判断曲线 $y=x^3$ 的凹凸性.

**解**　$y'=3x^2, y''=6x$.

当 $x<0$ 时,$y''<0$;当 $x>0$ 时,$y''>0$. 所以,在 $(-\infty,0)$ 上曲线 $y=x^3$ 为凸的;在 $(0,+\infty)$ 上曲线为凹的,点 $(0,0)$ 为曲线 $y=x^3$ 由凸弧变为凹弧的分界点,称为曲线 $y=x^3$ 的拐点.

一般地,连续曲线 $y=f(x)$ 上凹弧与凸弧的分界点称为曲线的拐点.

由以上例 1 可以看出,求曲线 $y=f(x)$ 的拐点,实际上就是找 $f''(x)$ 取正值与取负值的分界点. 由此可知,若在 $x_0$ 处 $f''(x_0)=0$,而在 $x_0$ 左右两侧 $f''(x)$ 异号,则点 $(x_0,f(x_0))$ 一定是曲

线 $y=f(x)$ 的拐点. 判断曲线 $y=f(x)$ 的凹凸性与求拐点的一般步骤如下:

(1)求出 $f''(x)$;

(2)找出方程 $f''(x)=0$ 的实根.

$f''(x)$ 的实根将函数 $y=f(x)$ 的定义域分为若干区间,在每个区间上确定 $f''(x)$ 的符号,从而确定了曲线 $y=f(x)$ 的凹凸区间;若在 $f''(x)=0$ 的实根 $x_0$ 的两侧,$f''(x)$ 的符号相反,则 $(x_0,f(x_0))$ 是曲线 $y=f(x)$ 的拐点.

**例 2**　判断曲线 $y=x^4-4x^3-18x^2+4x+10$ 的凹凸性并求出拐点.

**解**　(1) $y'=4x^3-12x^2-36x+4$, $y''=12x^2-24x-36=12(x-3)(x+1)$.

(2)令 $y''=0$ 得 $x=-1$ 及 $x=3$. 点 $x=-1$, $x=3$ 将定义域分为三个区间,见表 4-4.

**表 4-4**

| $x$ | $(-\infty,-1)$ | $-1$ | $(-1,3)$ | $3$ | $(3,+\infty)$ |
|---|---|---|---|---|---|
| $y''$ | + | 0 | − | 0 | + |
| $y$ | $\cup$ | 拐点<br>$(-1,-7)$ | $\cap$ | 拐点<br>$(3,-167)$ | $\cup$ |

## 二、函数图像的描绘

描绘出函数图像,对函数就有了一个几何直观的认识. 通过函数的导数,对函数的增减性、极值及其图像的凹凸性及拐点加以判断,便于更准确地作出函数的图像.

为了更清楚地描述函数图像,还需考察它在无穷远处的情况,为此先回顾水平渐近线和铅直渐近线的定义及其求法,然后给出描绘函数图像的一般方法.

### 1. 曲线的水平渐近线和铅直渐近线

极限 $\lim\limits_{x\to\infty}f(x)=A$ 表明当 $|x|$ 无限增大时,对应的函数值 $f(x)$ 与数值 $A$ 无限接近.

几何上描述为:当曲线 $y=f(x)$ 沿 $x$ 轴正、负向伸展到无穷远时,曲线上的点与直线 $y=A$ 上的点无限接近,也就是直线 $y=A$ 为曲线 $y=f(x)$ 的水平渐近线,如图 4-7(a)所示.

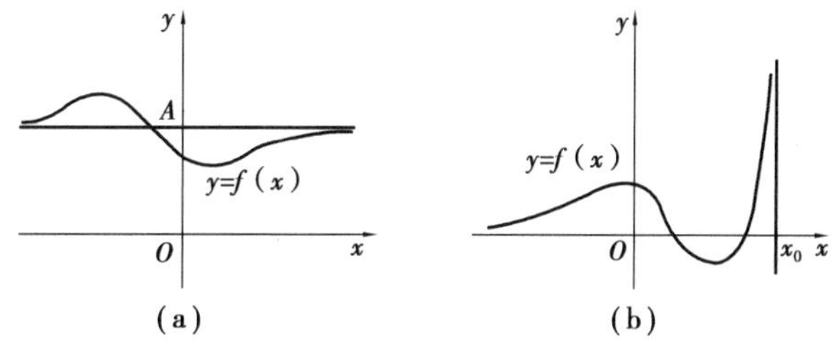


图 4-7

同理,若 $\lim\limits_{x\to+\infty}f(x)=A$ 或 $\lim\limits_{x\to-\infty}f(x)=A$,则直线 $y=A$ 也是曲线 $y=f(x)$ 的水平渐近线. 与以上不同的是,这时的渐近线仅仅限于曲线 $y=f(x)$ 在 $x\to+\infty$ 的一侧或 $x\to-\infty$ 的一侧. $\lim\limits_{x\to x_0}f(x)=\infty$ 表明当 $x$ 充分接近 $x_0$ 时,相应的函数值 $f(x)$ 的绝对值无限增大.

几何上描述为：当 $x$ 接近 $x_0$ 时，曲线 $y=f(x)$ 要伸展到无穷远；也就是直线 $x=x_0$ 是曲线 $y=f(x)$ 的铅直渐近线，如图 4-7(b) 所示.

同理，若 $\lim\limits_{x\to x_0^+}f(x)=\infty$ 或 $\lim\limits_{x\to x_0^-}f(x)=\infty$，则 $x=x_0$ 也是曲线 $y=f(x)$ 的铅直渐近线，与以上不同的是，这时的渐近线仅仅限于曲线 $y=f(x)$ 在 $x>x_0$ 的一侧或 $x<x_0$ 的一侧.

综合以上讨论知，若 $\lim\limits_{x\to x_0}f(x)=\infty$，则直线 $x=x_0$ 是曲线 $y=f(x)$ 的铅直渐近线.

**例 3** 求曲线 $y=\dfrac{1}{x-1}$ 的渐近线.

**解** $\lim\limits_{x\to\infty}\dfrac{1}{x-1}=0,\lim\limits_{x\to 1}\dfrac{1}{x-1}=\infty$.

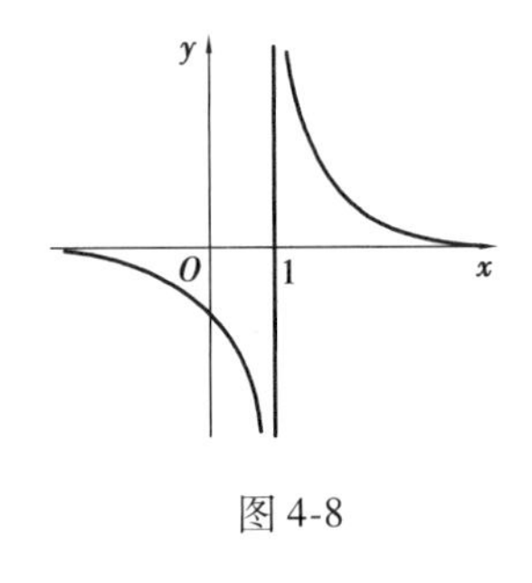

图 4-8

所以 $y=0$ 为曲线 $y=\dfrac{1}{x-1}$ 的水平渐近线，$x=1$ 为铅直渐近线(图 4-8).

**例 4** 求曲线 $y=e^{\frac{1}{x}}$ 的渐近线.

**解** $\lim\limits_{x\to\infty}e^{\frac{1}{x}}=1,\lim\limits_{x\to 0^+}e^{\frac{1}{x}}=+\infty$.

故 $y=1$ 为 $y=e^{\frac{1}{x}}$ 的水平渐近线，$x=0$ 为铅直渐近线.

**例 5** 求曲线 $y=\dfrac{e^x}{x^2-1}$ 的渐近线.

**解** $\lim\limits_{x\to-\infty}\dfrac{e^x}{x^2-1}=0,\lim\limits_{x\to 1}\dfrac{e^x}{x^2-1}=\infty,\lim\limits_{x\to-1}\dfrac{e^x}{x^2-1}=\infty$.

故 $y=0$ 是水平渐近线，$x=1$ 与 $x=-1$ 是两条铅直渐近线.

**2. 函数图像的描绘**

描绘函数 $y=f(x)$ 的图像的一般步骤如下：

(1) 确定函数的定义域；

(2) 求出 $f'(x)$，利用 $f'(x)=0$ 及 $f'(x)$ 不存在的点将定义域划分为若干区间，判断每个区间上 $f(x)$ 的单调性从而确定函数的极值；

(3) 求出 $f''(x)$，利用 $f''(x)=0$ 及 $f''(x)$ 不存在的点将定义域划分为若干区间，在每个区间上判断曲线的凹凸性从而确定曲线的拐点；

(4) 求出曲线的水平渐近线与铅直渐近线；

(5) 求出 $f'(x)=0,f''(x)=0$ 的根处所对应的函数值，定出图形上相应的点，此外，为了较准确地描出图像，还可以再找出图像上的一些点，例如曲线与坐标轴的交点等.

将以上所得结果归纳列表，以便更直观地反映出图像的特点，并作图.

**例 6** 描绘函数 $y=x^3-x^2-x+1$ 的图像.

**解** (1) 函数定义域为 $(-\infty,+\infty)$；

(2) $y'=3x^2-2x-1=(3x+1)(x-1)$，令 $y'=0$ 得驻点 $x=-\dfrac{1}{3},x=1$；

(3) $y''=6x-2$，当 $y''=0$ 时，$x=\dfrac{1}{3}$；

(4) $\lim\limits_{x\to\pm\infty} f(x)=\pm\infty$，曲线没有渐近线；

(5)列表分析(表4-5)；

**表4-5**

| $x$ | $\left(-\infty,-\frac{1}{3}\right)$ | $-\frac{1}{3}$ | $\left(-\frac{1}{3},\frac{1}{3}\right)$ | $\frac{1}{3}$ | $\left(\frac{1}{3},1\right)$ | 1 | $(1,+\infty)$ |
|---|---|---|---|---|---|---|---|
| $y'$ | + | 0 | − | − | − | 0 | + |
| $y''$ | − | − | − | 0 | + | + | + |
| $y$ | ╭ | $\frac{32}{27}$ 极大 | ╮ | $\frac{16}{27}$ 拐点 | ╰ | 0 极小 | ╯ |

(6)依表4-5作图4-9.

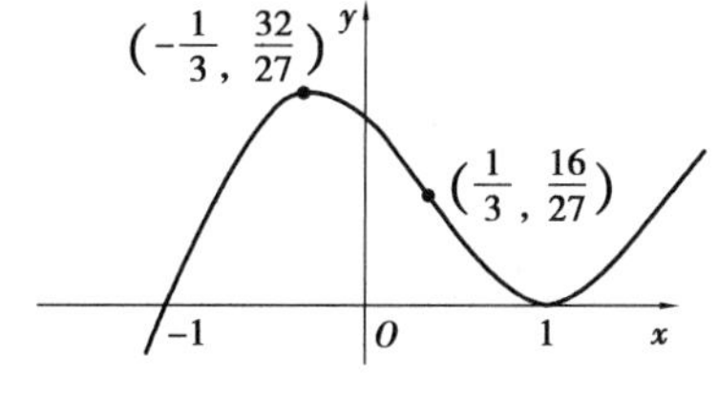


图4-9

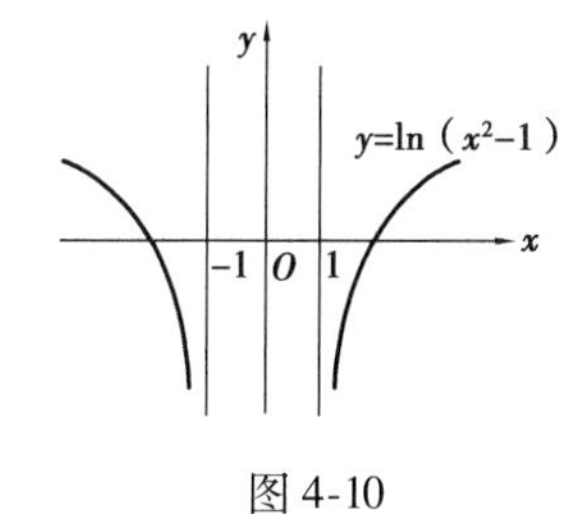


图4-10

**例7**　描绘函数 $y=\ln(x^2-1)$.

**解**　(1)函数定义域为 $(-\infty,-1)\cup(1,+\infty)$；

(2) $y'=\dfrac{2x}{x^2-1}$，该函数在定义域内无驻点，也没有极值点；

(3) $y''=\dfrac{-(1+x^2)}{(x^2-1)^2}$；

(4) $\lim\limits_{x\to-1^-}\ln(x^2-1)=-\infty$，$\lim\limits_{x\to1^+}\ln(x^2-1)=-\infty$，$x=\pm1$ 是铅直渐近线；

(5)列表分析(表4-6)；

**表4-6**

| $x$ | $(-\infty,-1)$ | $[-1,1]$ | $(1,+\infty)$ |
|---|---|---|---|
| $y'$ | − | | + |
| $y''$ | − | | − |
| $y$ | ╮ | 无定义 | ╭ |

(6)依表4-6作图4-10.

## 第五节　导数在经济分析中的应用

在经济管理中常常要考虑产量、成本、利润、收益、需求、供给等问题，通常成本、收益、利润都是产量的函数. 自然要考虑成本最低、利润最大化等问题，这就是利用导数研究函数的最大值和最小值的问题. 本节主要介绍经济学中的边际分析问题.

### 一、边际成本与边际收入

很多经济决策是基于对“边际”成本和收入的分析得到的，让我们通过一个例子看看这一思想.

假设你经营一个航空公司，你想决定是否增加新的航班，该如何决策呢？我们假设决策纯粹根据财务理由做出的：如果该航班能给公司挣钱，则应该增加. 显然你需要考虑有关的成本和收入. 由于要在增加航班和维持原有航班数量之间作出选择，所以关键是增加航班的附加成本是大于还是小于该航班所产生的附加收入.

设 $C(q)$ 是经营 $q$ 个航班的总成本函数. 如果该航空公司最初计划经营 100 个航班，则其成本为 $C(100)$. 由于增加了一个航班，则其成本为 $C(101)$. 因此，附加成本 $=C(101)-C(100)$. 现在

$$C(101)-C(100)=\frac{C(101)-C(100)}{1}.$$

这个量是 100 到 101 个航班成本的平均变化率，如图 4-11 所示，这个平均变化率是割线的斜率. 如果成本函数在该点附近弯曲得不太快，那么割线斜率近乎是该处的切线斜率. 由于这两个变化率区别不太大，很多经济学家都选择把边际成本定义为成本的瞬时变化率，即

$$\text{边际成本}=C'(q).$$

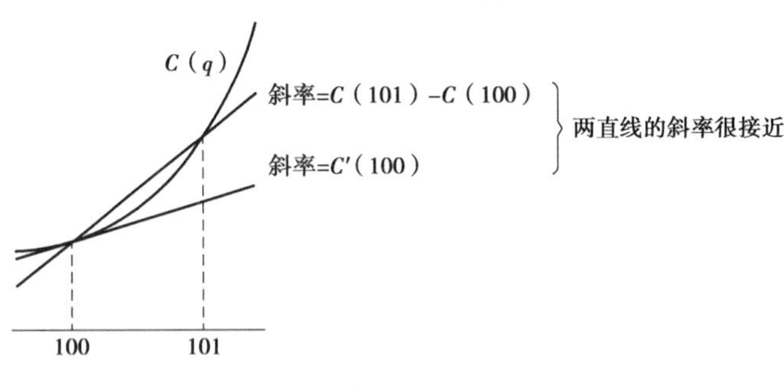


图 4-11

类似地，如果 $q$ 个航班产生的收入是 $R(q)$，则航班数量从 100 增加到 101 所产生的附加收入为 $R(101)-R(100)$，而 $R(101)-R(100)$ 是 100 到 101 个航班收入的平均变化率. 如前所述，这个平均变化率通常几乎与瞬时变化率相等. 因而经济学家常常定义边际收入为 $R'(q)$.

**例 1**　已知某商品的成本函数为 $C=C(q)=100+\frac{q^2}{4}$. 求：当 $q=10$ 时的总成本、平均成本及边际成本.

**解**　由 $C(q)=100+\frac{q^2}{4}$ 有 $\overline{C}(q)=\frac{100}{q}+\frac{q}{4}, C'(q)=\frac{q}{2}$.

当 $q=10$ 时，总成本 $C(10)=125$，平均成本 $\overline{C}(10)=12.5$，边际成本 $C'(10)=5$.

**例 2**　设某产品的价格与销售量的关系为 $P(q)=10-\frac{q}{5}$. 求销售量为 $q=30$ 时的总收入、平均收入与边际收入.

**解**

$$R(q)=qP(q)=10q-\frac{q^2}{5}, R(30)=120;$$

$$\overline{R}(q)=P(q)=10-\frac{q}{5}, \overline{R}(30)=4;$$

$$R'(q)=10-\frac{2}{5}q, R'(30)=2.$$

对于任何产品制造者来说最大利润显然是最基本的问题. 现在我们来看，已知总收入和总成本函数，如何求出最大总利润. 下面的例子正是针对这一问题并得出一个通常来说有效的结果.

为了得到最大利润或最小利润，我们可以对利润函数 $L$ 求极值. 这里 $L(q)=R(q)-C(q)$.

根据极大值和极小值的求解方法，需要求出利润函数 $L$ 的零点，即

$$L'(q)=R'(q)-C'(q)=0,$$

所以

$$R'(q)=C'(q).$$

用经济学的语言说，即当边际收入等于边际成本时，能获得最大(或最小)利润.

**例 3**　设总收入和总成本分别由下列两式给出：

$$R(q)=5q-0.003q^2, C(q)=300+1.1q,$$

其中 $0\leqslant q\leqslant 1\ 000$，求获得最大利润时 $q$ 的数量；怎样的生产水平将得到最小利润？

**解**

$$R'(q)=5-0.006q, C'(q)=1.1,$$

所以

$$5-0.006q=1.1,$$

$$q=\frac{3.9}{0.006}=650.$$

由于 $L(0)=-300, L(650)=967.50, L(1\ 000)=600$.

因此，当 $q=650$ 时，有最大利润；当 $q=0$ 时，利润最小.

## 二、需求函数与供给函数

需求指在一定条件下，消费者愿意购买并且具有支付能力购买的商品量. 消费者对某种商品的需求是多种因素决定的，商品的价格是影响需求的一个主要因素，但还有许多其他因素，如消费者收入的增减，其他代用品的价格等都会影响需求. 我们现在不考虑价格以外的其他因素，只研究需求量 $Q$ 与价格 $p$ 的关系. 需求量 $Q$ 与价格 $p$ 的关系式 $Q=Q(p)$ 在经济上称为需求函数.

一般说来，商品价格低，需求量大；商品价格高，需求量小. 因此一般需求函数 $Q=Q(p)$ 是单调减少函数，需求函数 $Q=Q(p)$ 的导函数 $Q'=Q'(p)$ 称为边际需求.

同样,供给指在一定条件下,生产者愿意出售并且有可供出售的商品量. 供给 $P$ 与价格 $P$ 的关系 $P=P(p)$ 在经济上称为供给函数. 供给函数为单调增加函数.

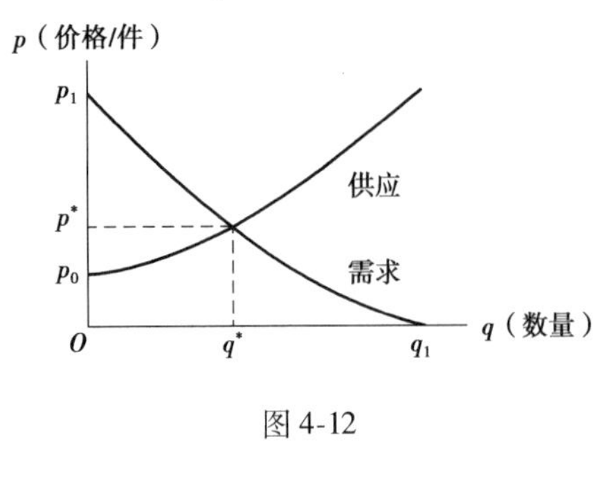


图 4-12

**例 4** 需求函数与供给函数的图像如图 4-12 所示. 图中价格 $p_0$, $p_1$ 和数量 $q_1$ 代表的含义各是什么?

**解** 价格 $p_0$ 是供给函数图像的纵截距,所以,以这一价格供给量为0. 价格 $p_1$ 是需求函数的纵截距,以这一价格需求量为0. 数量 $q_1$ 是指如果价格为0将会有的需求量,即商品免费将会有的需求量.

在图中需求函数与供给函数的相交点是指需求量和供给量相等,这时的价格 $p^*$ 称为平衡价格,供给量和需求量 $q^*$ 称为平衡数量.

**例 5** 设某商品的需求函数为

$$Q(p)=b-ap(a,b>0),$$

供给函数为 $P(p)=cp-d$,求平衡价格 $p^*$.

**解** 由 $b-ap^*=cp^*-d(c,d>0)$ 与 $(a+c)p^*=b+d$

可得

$$p^*=\frac{b+d}{a+c}.$$

前面所讨论的是函数改变量与函数变化率是绝对改变量与绝对变化率,这还是远远不够的. 例如,商品甲每单位价格 10 元,涨价 1 元;商品乙每单位价格 100 元,涨价 1 元,这两种商品价格的绝对改变量都是 1 元,但与原价相比,两者的百分比却有很大的不同,商品甲涨了 10%,而商品乙涨了 1%. 因此还要研究函数的相对改变量与相对变化率.

我们称 $-\dfrac{\Delta Q/Q_0}{\Delta p/p_0}$(需求函数改变量与价格改变量的比值的相反数)为商品在 $p=p_0$ 与 $p=p_0+\Delta p$ 两点间的需求弹性,记作

$$\bar{\eta}_{(p_0,p_0+\Delta p)}=-\frac{\Delta Q}{\Delta p}\frac{p_0}{Q_0}.$$

$$\lim_{\Delta p\to 0}\left(-\frac{\Delta Q/Q_0}{\Delta p/p_0}\right)=-Q'(p_0)\frac{p_0}{Q(p_0)}$$

称为商品在 $p=p_0$ 处的需求弹性,记作

$$\eta(p_0)=-Q'(p_0)\frac{p_0}{Q(p_0)}.$$

同样,我们称$\dfrac{\Delta P/P_0}{\Delta p/p_0}$(供给函数改变量与价格改变量的比值)为商品在 $p=p_0$ 与 $p=p_0+\Delta p$ 两点间的供给弹性,记作

$$\bar{\varepsilon}_{(p_0,p_0+\Delta p)}=\frac{\Delta P}{\Delta p}\frac{p_0}{P_0}.$$

$$\lim_{\Delta p\to 0}\frac{\Delta P/P_0}{\Delta p/p_0}=P'(p_0)\frac{p_0}{P_0}$$

为商品在 $p=p_0$ 处的供给弹性,记作

$$\varepsilon(p_0)=P'(p_0)\frac{p_0}{P(p_0)}.$$

同样，我们称$\dfrac{\Delta R/R_0}{\Delta p/p_0}$（收入函数改变量与价格改变量的比值）为商品在 $p=p_0$ 与 $p=p_0+\Delta p$ 两点间的收入弹性.

$$\lim_{\Delta p\to 0}\frac{\Delta R/R_0}{\Delta p/p_0}=R'(p_0)\frac{p_0}{R_0}$$

为商品在 $p=p_0$ 处的收入弹性，记作

$$\left.\frac{ER}{EP}\right|_{p=p_0}=R'(p_0)\frac{p_0}{R(p_0)}.$$

**例 6**　设某商品的需求函数为 $Q(p)=\mathrm{e}^{-\frac{p}{5}}$，求（1）需求弹性函数；（2）$p=3,5,6$ 时的需求弹性.

**解**　（1）$Q'(p)=-\dfrac{1}{5}\mathrm{e}^{-\frac{p}{5}}$，$\eta(p)=\dfrac{1}{5}\mathrm{e}^{-\frac{p}{5}}\dfrac{p}{\mathrm{e}^{-\frac{p}{5}}}=\dfrac{p}{5}$.

（2）$\eta(3)=\dfrac{3}{5}=0.6$，$\eta(5)=\dfrac{5}{5}=1$，$\eta(6)=\dfrac{6}{5}=1.2$.

$\eta(5)=1$，说明当 $p=5$ 时，价格与需求变动的幅度相同.

$\eta(3)=0.6<1$，说明当 $p=3$ 时，需求变动的幅度小于价格变动的幅度. 即当 $p=5$ 时，价格上涨 1%，需求只减少 0.6%.

$\eta(6)=1.2>1$，说明当 $p=6$ 时，需求变动的幅度大于价格变动的幅度. 即当 $p=6$ 时，价格上涨 1%，需求只减少 1.2%.

下面我们来看一下，总收入与需求弹性的关系.

总收入　　　　　　　　　　　$R(p)=pQ(p)$，

$$R'(p)=Q(p)+pQ'(p)=Q(p)(1+Q'(p))\frac{p}{Q(p)}=Q(p)(1-\eta(p)).$$

（1）若 $\eta(p)<1$，需求变动的幅度小于价格变动幅度. 此时，$R'(p)>0$，$R(p)$ 递增. 即价格上涨，总收入增加；价格下跌，总收入减少.

（2）若 $\eta(p)>1$，需求变动的幅度大于价格变动幅度. 此时，$R'(p)<0$，$R(p)$ 递减. 即价格上涨，总收入减少；价格下跌，总收入增加.

（3）若 $\eta(p)=1$，需求变动的幅度等于价格变动幅度. 此时，$R'(p)=0$，$R(p)$ 取得最大值.

综上所述，总收入的变化受需求弹性变化的制约，随商品需求弹性的变化而变化，其关系图如图 4-13 所示.

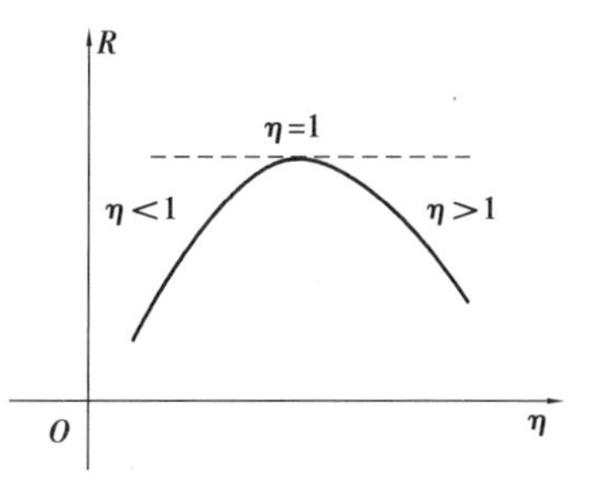


图 4-13

**例 7**　设某商品需求函数为 $Q(p)=12-\dfrac{p}{2}$.

（1）求需求弹性函数.

（2）求 $p=6$ 时的需求弹性.

（3）在 $p=6$ 时，若价格上涨 1%，总收入增加还是减少？将变化百分之几？

(4)$p$ 为何值时,总收入最大,最大总收入是多少?

**解** (1)$\eta(p)=\frac{1}{2}\times\frac{p}{12-\frac{p}{2}}=\frac{p}{24-p}$.

(2)$\eta(6)=\frac{6}{24-6}=\frac{1}{3}$.

(3)$\eta(6)=\frac{1}{3}<1$,所以价格上涨 1%,总收入将增加.

下面求总收入 $R(p)$ 的百分比,即求 $R(p)$ 的弹性.

$$R'(p)=Q(P)(1-\eta(P)),$$

$$R'(6)=Q(6)\left(1-\frac{1}{3}\right)=9\times\frac{2}{3}=6,$$

$$R(p)=12p-\frac{p^2}{2},R(6)=54,$$

$$\left.\frac{ER}{EP}\right|_{p=6}=R'(6)\frac{6}{R(6)}=6\times\frac{6}{54}=\frac{2}{3}\approx 0.67,$$

所以,当 $p=6$ 时,价格上涨 1%,总收入约增加 0.67%.

(4)$R'(p)=Q(P)(1-\eta(P))=12-p$,令 $R'(p)=0$,则 $p=12$,$R(12)=72$,所以,当 $p=12$ 时总收入最大,最大总收入为 72.

## 三、函数最大值与最小值在经济中的应用举例

**例 8** 某工厂的生产成本函数是 $C(q)=9\,000+40q+0.001q^2$($q$ 表示产量件数).求该厂生产多少件产品时,平均成本达到最小?

**解** 平均成本函数是

$$A(q)=\frac{C(q)}{q}=\frac{9\,000}{q}+40+0.001q,A'(q)=-\frac{9\,000}{q^2}+0.001=0,q=3\,000.$$

由 $A''(q)=\frac{18\,000}{q^3}$得 $A''(3\,000)>0$,所以当 $q=3\,000$ 时,$A(q)$有最小值.

**答** 该厂生产 3 000 件产品时,平均成本达到最小.

**例 9** 某工厂每月生产 $q$ 吨产品的总成本为 $C(q)=\frac{1}{3}q^3-7q^2+111q+40$,每月销售这些产品的总收入为 $R(q)=100q-q^2$,如果要使每月获得最大利润,试确定每月的产量及最大利润(单位:万元).

**解** 由题意,每月生产 $q$ 吨产品的总利润为 $L(q)=R(q)-C(q)=-\frac{1}{3}q^3+6q^2-11q-40$.

令 $L'(q)=-q^2+12q-11=0$ 得 $q_1=1,q_2=11$.

$$L''(q)=-2q+12,L''(1)=10>0,L''(11)=-10<0.$$

故每月产量为 11 t 时,可获得最大利润. 这时,最大利润为

$$L(11)=\left(-\frac{1}{3}\times 11^3+6\times 11^2-11\times 11-40\right)\text{万元}=121\frac{1}{3}\text{万元}.$$

**答**　当每月产量为 11 t 时获利最大. 最大利润为 $121\frac{1}{3}$万元.

**例 10**　某商品每月销售 $q$ 件的总收入函数为 $R(q)=1\ 000qe^{-\frac{q}{100}}$. 问每月销售多少件该商品时,可使总收入最大?

**解**　由 $R(q)=1\ 000qe^{-\frac{q}{100}}$可得 $R'(q)=1\ 000e^{-\frac{q}{100}}-10qe^{-\frac{q}{100}}$,令 $R'(q)=0$ 得 $q=100$. 由于当 $q<100$ 时,$R'(q)>0$;当 $q>100$ 时,$R'(q)<0$;故当 $q=100$ 时,$R(q)$最大,这时

$$R(100)=10^5e^{-1}=100\ 000e^{-1}.$$

**答**　每月销售 100 件商品使可使总收入最大.

## 案例分析与应用

### 案例分析 4.1　海鲜店的订货问题

假设该海鲜店每月消耗海鲜 $a$ kg,一个月分若干批进货,每批采购订货运输费 $b$ 元,并设该海鲜店客源稳定,均匀消费,且上批海鲜消费完后,下一批海鲜能立即运到,即平均库存量为批量的一半. 设每月每千克海鲜保鲜库存费 $c$ 元. 问如何选择批量,才能使每月的库存费与采购订货运输费用的总和最低?

**解**　设批量为 $x$,采购订货运输费与海鲜保险库存费的总和为 $P(x)$. 因为每月海鲜的销量为 $a$ kg,所以每月的订货批次 $n$ 为$\frac{a}{x}$,则每月的采购订货运输费用为 $b\cdot\frac{a}{x}$元,又因库存量为$\frac{x}{2}$,故每月的海鲜保鲜库存费用为 $c\cdot\frac{x}{2}$元. 于是

$$P(x)=b\cdot\frac{a}{x}+c\cdot\frac{x}{2},x\in(0,a].$$

现我们要做工作是,在不考虑缺货的条件下确定批量 $x$ 的取值,并使 $P(x)$ 最小,即求 $P(x)$的最小值. 易得

$$P'(x)=-b\cdot\frac{a}{x^2}+c\cdot\frac{1}{2}=0.$$

令 $P'(x)=0$,得驻点

$$x=\sqrt{\frac{2ab}{c}},$$

又 $P''(x)=\frac{2ab}{x^3}>0$,而由 $P''\left(\sqrt{\frac{2ab}{c}}\right)>0$,知 $x=\sqrt{\frac{2ab}{c}}$是 $P(x)$的极小值点,并且在定义域$(0,a]$内,$x=\sqrt{\frac{2ab}{c}}$是唯一的驻点,且是 $P(x)$的极小值点,从而 $x=\sqrt{\frac{2ab}{c}}$是 $P(x)$在定义域$(0,a]$内

的最小值点.

因此,海鲜店每次的进货量应为 $x=\sqrt{\frac{2ab}{c}}$,每月的进货次数 $n=\frac{a}{x}=\sqrt{\frac{ac}{2b}}$,此时可使海鲜店每月的总费用最小.

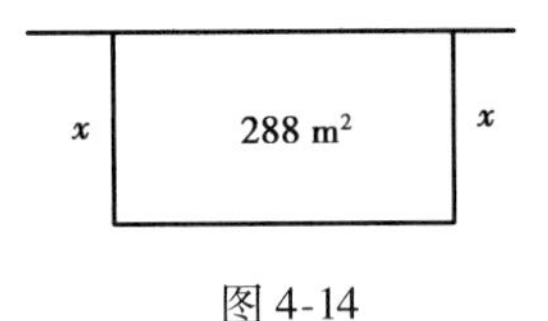


图 4-14

**案例分析 4.2　堆料场的材料使用问题**

张华是一专业养殖场老板,他最近因业务发展需要,欲围建一个面积为 288 $m^2$ 的矩形堆料场,如图 4-14 所示. 一面可以利用原有的墙壁,其他三面墙壁新建,现有一批高为若干,总长为 50 m 的用于围建围墙的建筑材料,问这批建筑材料是否够用?

**分析**　在场地面积一定的条件下,围总长度为 50 m,高一定的用于围建围墙的建筑材料是否够用,只需求出围建一个面积为 288 $m^2$ 的矩形堆料场最少需要多少长度的建筑材料即可.

**解**　设场地的宽为 $x$,则场地的长为$\frac{288}{x}$,$L$ 为新建墙壁的总长度,有 $L(x)=2x+\frac{288}{x}, x\in(0,+\infty)$.

现在该实际问题转化为求目标函数 $L(x)=2x+\frac{288}{x}, x\in(0,+\infty)$的最小值. 按照前述求最值的步骤,计算如下.

(1)求导数:$L'(x)=2-\frac{288}{x^2}$.

(2)求驻点和不可导点:令 $L'(x)=0$,得驻点为 $x=12$(负数舍去);在定义域$(0,+\infty)$内,显然无不可导数点.

(3)求二阶导数:$L''(x)=\frac{576}{x^3}$,$L''(12)=\left.\frac{576}{x^3}\right|_{x=12}>0$. 所以,$x=12$ 为极小值点. 由于函数 $L(x)$在其定义域$(0,+\infty)$内只有一个极值点,且是极小值点,此极小值点就是最小值点.

(4)故当新建墙壁的宽 $x=12$ m,长为$\frac{288}{12}$ m $=24$ m 时,所见堆料厂用量最少. 此时,最小长度为 $L_{\min}=L(x)=48<50$.

故所给材料够用(还有 2 m 剩余).

**案例分析 4.3　铝罐制品厂的最优设计问题**

李明大学毕业后到了一家铝罐制品厂工作,他工作的主要内容是负责工厂的成本控制,某车间为国外一软饮料厂制作一批量为 100 万个、体积为 500 $cm^3$ 的圆柱形铝罐,如图 4-15 所示,不考虑其他成本影响因素,单就材料使用方面,请问,李明应怎样控制该车间的材料成本预算?

**分析**　本题实质上就是一个在体积一定的条件下,使用料最省的实际问题. 李明的目标就是审核车间的制作方案是否使所用材料最省,怎样制作使铝罐的表面积最小. 这又可转化为数学中的最值问题.

**解**　如图 4-15 所示,设铝罐的底半径为 $r$,高为 $h$,表面积为 $A$,则

$$A=2\pi r^2+2\pi rh.$$

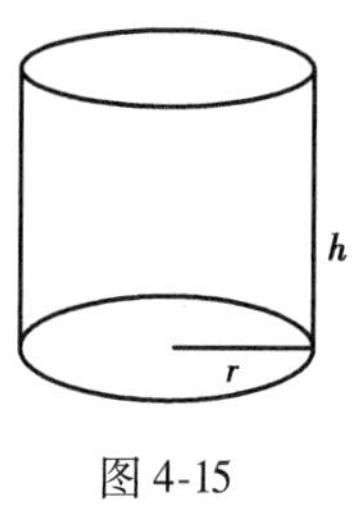

图 4-15

由于铝罐的体积为 500 $\text{cm}^3$,因此,由 $\pi r^2h=500$ 得 $h=\dfrac{500}{\pi r^2}$. 于是,表面积 $A$ 与底半径 $r$ 的函数关系为 $A=2\pi r^2+\dfrac{1\,000}{r}$,$r\in(0,+\infty)$. 现在,本实际问题即转化为如何求函数 $A$ 在$(0,+\infty)$内的最小值问题. 根据前面介绍的步骤,我们有如下计算过程.

(1)求导数:$\dfrac{\mathrm{d}A}{\mathrm{d}r}=4\pi r-\dfrac{1\,000}{r^2}$.

(2)求驻点和不可导点:令$\dfrac{\mathrm{d}A}{\mathrm{d}r}=0$,得驻点 $r=\sqrt[3]{\dfrac{250}{\pi}}\approx4.30$ cm. 在定义域$(0,+\infty)$内,显然,无不可导点.

(3)求二阶导数:$\dfrac{\mathrm{d}^2A}{\mathrm{d}r^2}=4\pi+\dfrac{2\,000}{r^3}$,显然

$$\frac{\mathrm{d}^2A}{\mathrm{d}r^2}\Big|_{r=4.30}=\left(4\pi+\frac{2\,000}{r^3}\right)\Big|_{r=4.30}>0,$$

所以,$r=4.30$ cm,侧面高 $h=2r\approx8.60$ cm 时,所做铝罐用料最省.

**讨论**　由本题结论可知,当圆柱形容器体积一定时,将该容器设计成高与底面直径相等时,制造容器所用材料最省. 但现实生活中我们却很难看到按这种尺寸设计的易拉罐,为什么?(详见多元函数极值一节的"真实生产中的易拉罐设计问题".)

## 习题四

1. 验证函数$f(x)=\dfrac{1}{a^2+x^2}$在区间$[-a,a]$上满足罗尔定理的条件,并求定理结论中的$\xi$.

2. 验证函数$f(x)=\sqrt{x}-1$ 在区间$[1,4]$上满足拉格朗日中值定理的条件,并求出定理结论中的 $\xi$ 及 $\theta$.

3. 证明恒等式 $\arcsin x+\arccos x=\dfrac{\pi}{2}(-1\leqslant x\leqslant1)$.

4. 证明下列不等式.

(1)$|\arctan x-\arctan y|\leqslant|x-y|$;

(2)当 $x\neq0$ 时,$\mathrm{e}^x>1+x$;

(3)当 $x>0$ 时,$\dfrac{x}{1+x}<\ln(1+x)<x$.

5. 设函数$f(x)$与 $g(x)$在$(-\infty,+\infty)$内可导,并对任何 $x$ 恒有 $f'(x)>g'(x)$,且$f(a)=g(a)$. 证明:当 $x>a$ 时,$f(x)>g(x)$;当 $x<a$ 时,$f(x)<g(x)$.

6. 用洛必达法则求下列极限.

(1) $\lim\limits_{x\to0}\dfrac{\ln(1+x)}{x}$;　　(2) $\lim\limits_{x\to0}\dfrac{e^x-e^{-x}}{\sin x}$;

(3) $\lim\limits_{x\to a}\dfrac{\sin x-\sin a}{x-a}$;　　(4) $\lim\limits_{x\to a}\dfrac{x^m-a^m}{x^n-a^n}$;

(5) $\lim\limits_{x\to+\infty}\dfrac{\ln\left(1+\dfrac{1}{x}\right)}{\text{arccot } x}$;　　(6) $\lim\limits_{x\to+\infty}\left(\dfrac{2}{\pi}\arctan x\right)^x$;

(7) $\lim\limits_{x\to0^+}x^{\sin x}$;　　(8) $\lim\limits_{x\to0}x\cot 2x$;

(9) $\lim\limits_{x\to1}\left(\dfrac{2}{x^2-1}-\dfrac{1}{x-1}\right)$;　　(10) $\lim\limits_{x\to0^+}(\cot x)^{\frac{1}{\ln x}}$.

7. 判断下列函数的单调性.

(1) $f(x)=x^3+2x$; (2) $f(x)=x-\ln(1+x^2)$; (3) $f(x)=x+\cos x$.

8. 求下列函数的单调区间.

(1) $f(x)=x^4-8x^2+2$; (2) $f(x)=2x^2-\ln x$; (3) $f(x)=2x+\dfrac{8}{x}$.

9 求下列函数的极值.

(1) $f(x)=2x^3-3x^2$;　　(2) $f(x)=x^2e^{-x^2}$;

(3) $f(x)=\sqrt{2x-x^2}$;　　(4) $f(x)=3-2(x+1)^{\frac{1}{3}}$.

10. 求下列函数的凹凸区间及拐点.

(1) $y=x^3-5x^2+3x+5$;　　(2) $y=xe^{-x}$;

(3) $y=(x+1)^4+e^x$;　　(4) $y=\ln(1+x^2)$;

(5) $y=e^{\arctan x}$;　　(6) $y=x^4(12\ln x-7)$.

11. 求曲线 $y=\dfrac{3x^2-4x+5}{(x+3)^2}$的水平渐近线与铅直渐近线.

12. 求曲线 $y=x\sin\dfrac{1}{x}$的水平渐近线.

13. 描绘下列函数的图形.

(1) $y=x^3-6x^2+9x-5$;　　(2) $y=xe^{-x}$;

(3) $y=\ln(1+x^2)$.

14. 生产某种商品 $q$ 个单位的利润是 $L(q)=5\ 000+q-0.000\ 01q^2$(单位:元). 问生产多少的单位时,获得的利润最大?

15. 某厂每批生产某种商品 $q$ 个单位的费用为

$$C(q)=5q+200(\text{单位:元}),$$

得到的收入是 $R(q)=10q-0.01q^2$(单位:元). 问每批应生产多少个单位,才能使利润最大?

16. 某产品计划在一个生产周期内的总产量为 $q$ t,分若干批生产. 若每批产品需要投入固定费用 2 000 元,而每批生产直接消耗费用(不包括固定费用)与产品数量的立方成正比. 如果每批生产 20 t 时,直接消耗的费用为 4 000 元,问每批生产多少吨时,才能使总费用最低?

17. 每天生产 $q$ 架袖珍收音机的总成本为$\frac{1}{25}q^2+3q+100$(单位:元). 该种收音机是独家经营,市场需求规律是 $q=75-3p$,$p$ 是每台收音机的价格(单位:元),问每天生产多少台时,净收入为最大? 此时,每台收音机的价格定为多少元?

18. 设某产品生产 $q$ 单位的总收入为

$$R(q)=200q-0.01q^2.$$

求生产 50 单位时的总收入及平均单位产品的收入和边际收入.

19. 某商品的价格 $p$ 与需求量 $Q$ 的关系是 $p=10-\frac{Q}{5}$,

(1)求需求量为 20 及 30 时的总收入 $R(p)$、平均收入 $\overline{R}$、边际收入 $R'(p)$;

(2)$Q$ 为多少时总收入最大?

20. 某工厂生产某商品,日成本为 $C$ 元,其中固定成本为 200 元,每多生产一单位产品,成本增加 10 元. 该商品的需求函数为 $Q=50-2p$,求 $Q$ 为多少时工厂的日利润 $L$ 最大?

21. 设某商品需求函数为 $Q(p)=1\ 600\left(\frac{1}{4}\right)^p$. 求需求 $Q$ 对价格 $p$ 的弹性函数.

22. 设某商品的供给函数为 $Q(p)=2+3p$,求供给弹性函数及 $p=3$ 时的供给弹性.

23. 某商品的需求函数为 $Q(p)=75-p^2$,

(1)求 $p=4$ 时的边际需求;

(2)求 $p=4$ 时的需求弹性;

(3)当 $p=4$ 时,若价格上涨 1%,总收入将变化多少? 是增加还是减少?

(4)$p$ 为多少时,总收入最大?

**思政小课堂**

陈建功(1893—1971),字业成,浙江绍兴人,数学家、数学教育家,中国函数论研究的开拓者之一,主要从事实变函数论、复变函数论和微分方程等方面的研究工作,是中国函数论方面的学科带头人和许多分支研究领域的开拓者.

陈建功也是一位卓有成效的教育家,始终主张教学与科研要相辅相成,互相促进. 他常说,要教好书,必须靠搞科研来提高;反过来,不教书,就培养不出人才,科研也就无法开展,年过花甲的陈建功的工作量仍然大得惊人,他常常同时指导三个年级的十多位研究生,还给大学生上基础课. 但陈建功依然不知疲倦地从事教学与科学研究工作. 在他的指导下,杭州大学数学系有了长足的发展,函数逼近论与三角级数论等方面的研究队伍也在迅速成长.

陈建功一生勤奋刻苦,不断创新,燃烧自己照亮别人,无论做学问还是做人,都为后人树立了楷模,人们记着他,尊敬他. 他是中国近代数学的奠基人之一.

# 第五章
# 不定积分

前面,我们学习了导数、微分、导数的应用等一元函数微分学的知识,微分学的基本问题是已知一个函数,求它的导数或微分. 但在许多实际问题中,往往需要解决与之相反的问题:已知一个函数的导数或微分,要求该函数,这样的问题实际上是微分的逆运算,即不定积分.

## 开篇案例

**案例 5.1　石油消耗量的估计**

近年来,世界范围内每年的石油消耗率呈指数增长,增长指数大约为 0.07. 2022 年初,消耗率大约为每年 365 亿桶. 设 $R(t)$ 表示从 2022 年起第 $t$ 年的石油消耗率,则 $R(t)=365e^{0.07t}$(亿桶). 试用此式估算从 2023 年到 2035 年间石油消耗的总量.

这个问题的解决需要用到积分的知识,可以用不定积分解决也可以用定积分解决,为此,本章先学习不定积分,然后再学习定积分,有了这些知识我们就可以解决现实生活中这类实际的问题.

## 第一节　原函数与不定积分

正如我们知道的那样:在运动学中,若先知道路程函数 $s=s(t)$,那么路程函数对时间求导,即得速度函数

$$v=v(t)=s'(t),$$

如果又将速度对时间求导,即得加速度

$$a=a(t)=v'(t)=[s'(t)]'=s''(t).$$

现在,如果我们知道运动物体的速度是 $v=2t$,我们又如何求该运动物体的路程呢? 或者

已知加速度,该如何求运动物体的速度呢?

## 一、原函数与不定积分

**定义 1**　设 $f(x)$ 是定义在区间 $I$ 上的函数,若存在函数 $F(x)$,使得对任何 $x\in I$,均有 $F'(x)=f(x)$,或 $\mathrm{d}F(x)=f(x)\mathrm{d}x$,则称函数 $F(x)$ 是 $f(x)$ 的一个原函数.

例如,由于 $(\sin x)'=\cos x$,所以 $\sin x$ 是 $\cos x$ 的一个原函数;又由于 $(x^2)'=2x$,所以 $x^2$ 是 $2x$ 的一个原函数;而 $(\ln x)'=\dfrac{1}{x}$,因此 $\ln x$ 是 $\dfrac{1}{x}$ 的一个原函数.

关于原函数,我们需要讨论两个问题.

(1)一个函数在什么条件下存在原函数?我们给出下面的定理.

**原函数存在定理**　如果函数 $f(x)$ 在区间 $I$ 上连续,那么在区间 $I$ 上存在可导函数 $F(x)$,使得对任意 $x\in I$,都有

$$F'(x)=f(x).$$

简单地说就是:连续函数一定有原函数.

(2)如果 $f(x)$ 在区间 $I$ 上有原函数,那么它的原函数是不是唯一的?

设 $F(x)$ 是 $f(x)$ 在区间 $I$ 上的一个原函数,即 $F'(x)=f(x)$,$x\in I$. 显然,对任意的常数 $C$,也有 $(F(x)+C)'=f(x)$,$x\in I$,即对任何常数 $C$,$F(x)+C$ 也是 $f(x)$ 的原函数. 这说明,如果 $f(x)$ 有一个原函数,那么 $f(x)$ 就有无穷多个原函数.

于是需要进一步讨论,如果 $F(x)$ 是 $f(x)$ 在区间 $I$ 上的一个原函数,那么 $f(x)$ 的其他原函数与 $F(x)$ 有什么关系呢?

设 $\Phi(x)$ 是 $f(x)$ 在区间 $I$ 上的另一个原函数,即当 $x\in I$ 时,有

$$\Phi'(x)=f(x).$$

于是

$$(\Phi(x)-F(x))'=\Phi'(x)-F'(x)=f(x)-f(x)=0.$$

因此有

$$\Phi(x)-F(x)=C_0.$$

这表明 $\Phi(x)$ 和 $F(x)$ 只相差一个常数,因此,当 $C$ 为任意常数时,表达式

$$F(x)+C$$

就可表示 $f(x)$ 的全体原函数.

由此,我们引进如下定义.

**定义 2**　在区间 $I$,函数 $f(x)$ 的全体原函数称为 $f(x)$ 在区间 $I$ 上的不定积分,记为

$$\int f(x)\mathrm{d}x.$$

其中"$\int$"叫作不定积分号,$f(x)$ 叫作被积函数,$f(x)\mathrm{d}x$ 叫作被积表达式,$x$ 叫作积分变量.

按照定义及前面的讨论可知,如果 $F(x)$ 是 $f(x)$ 在区间 $I$ 上的一个原函数,那么 $F(x)+C$ 就是 $f(x)$ 的不定积分,即

$$\int f(x)\,\mathrm{d}x = F(x) + C.$$

因此,要求一个函数$f(x)$的不定积分,只要找到$f(x)$的一个原函数$F(x)$,然后在$F(x)$后加上任意常数$C$,即得$f(x)$的不定积分.

**例 1** 求下列不定积分.

(1) $\int x^2\mathrm{d}x$;　　　　(2) $\int \frac{1}{1+x^2}\mathrm{d}x$.

**解** (1)因为$\left(\frac{1}{3}x^3\right)'=\frac{1}{3}\cdot 3x^2=x^2$,所以$\frac{1}{3}x^3$是$x^2$的一个原函数,故$\int x^2\mathrm{d}x=\frac{1}{3}x^3+C$;

(2)因为$(\arctan x)'=\frac{1}{1+x^2}$,所以$\arctan x$是$\frac{1}{1+x^2}$的一个原函数,故

$$\int \frac{1}{1+x^2}\mathrm{d}x = \arctan x + C.$$

## 二、基本积分公式

由于积分运算是微分运算的逆运算,所以从基本导数公式,可以直接得到积分公式.

(1) $\int k\mathrm{d}x=kx+C$($k$是常数);

(2) $\int x^{\mu}\mathrm{d}x=\frac{1}{\mu+1}x^{\mu+1}+C(\mu\neq-1)$;

(3) $\int \frac{1}{x}\mathrm{d}x=\ln|x|+C$;

(4) $\int \mathrm{e}^x\mathrm{d}x=\mathrm{e}^x+C$;

(5) $\int a^x\mathrm{d}x=\frac{a^x}{\ln a}+C(a>0,a\neq1)$;

(6) $\int \cos x\mathrm{d}x=\sin x+C$;

(7) $\int \sin x\mathrm{d}x=-\cos x+C$;

(8) $\int \frac{1}{\cos^2 x}\mathrm{d}x=\int \sec^2 x\mathrm{d}x=\tan x+C$;

(9) $\int \frac{1}{\sin^2 x}\mathrm{d}x=\int \csc^2 x\mathrm{d}x=-\cot x+C$;

(10) $\int \frac{1}{1+x^2}\mathrm{d}x=\arctan x+C$;

(11) $\int \frac{1}{\sqrt{1-x^2}}\mathrm{d}x=\arcsin x+C$;

(12) $\int \sec x\tan x\mathrm{d}x=\sec x+C$;

(13) $\int \csc x\cot x\mathrm{d}x=-\csc x+C.$

这些基本公式是积分运算的基础,对学习本课程十分重要,必须通过反复练习而熟练掌握.

## 三、不定积分的性质

由不定积分的定义及求导的运算法则,可以推得不定积分的性质:

**性质1**　$\left[\int f(x)\mathrm{d}x\right]'=f(x)$或$\mathrm{d}\left[\int f(x)\mathrm{d}x\right]=f(x)\mathrm{d}x.$

**性质2**　$\int F'(x)\mathrm{d}x=F(x)+C$或$\int \mathrm{d}F(x)=F(x)+C.$

**性质3**　两个函数代数和的不定积分等于两个函数不定积分的代数和,即

$$\int[f(x)\pm g(x)]\mathrm{d}x=\int f(x)\mathrm{d}x\pm\int g(x)\mathrm{d}x.$$

该结论可以推广到有限多个函数代数和的情景,即

$$\int[f_1(x)\pm f_2(x)\pm\cdots\pm f_n(x)]\mathrm{d}x=\int f_1(x)\mathrm{d}x\pm\int f_2(x)\mathrm{d}x\pm\cdots\pm\int f_n(x)\mathrm{d}x.$$

**性质4**　被积函数中不为零的常数因子可以移到积分号前,即

$$\int kf(x)\mathrm{d}x=k\int f(x)\mathrm{d}x(k\neq 0).$$

利用上述性质和基本公式,可以求出一些简单函数的不定积分.

**例2**　求下列不定积分.

(1) $\int\frac{1}{\sqrt{x\sqrt{x}}}\mathrm{d}x$;　　　(2) $\int\frac{(x-1)^3}{x^2}\mathrm{d}x.$

**解**　(1) $\int\frac{1}{\sqrt{x\sqrt{x}}}\mathrm{d}x=\int x^{-\frac{3}{4}}\mathrm{d}x=\frac{1}{-\frac{3}{4}+1}x^{-\frac{3}{4}+1}+C=4x^{\frac{1}{4}}+C.$

(2) $$\int\frac{(x-1)^3}{x^2}\mathrm{d}x=\int\frac{x^3-3x^2+3x-1}{x^2}\mathrm{d}x=\int\left(x-3+\frac{3}{x}-\frac{1}{x^2}\right)\mathrm{d}x$$
$$=\int x\mathrm{d}x-3\int\mathrm{d}x+3\int\frac{1}{x}\mathrm{d}x-\int\frac{1}{x^2}\mathrm{d}x=\frac{1}{2}x^2-3x+3\ln|x|+\frac{1}{x}+C.$$

**例3**　求下列不定积分.

(1) $\int\frac{1+x+x^2}{x(1+x^2)}\mathrm{d}x$;　　　(2) $\int\frac{\sin x}{\cos^2 x}\mathrm{d}x.$

**解**　(1) $$\int\frac{1+x+x^2}{x(1+x^2)}\mathrm{d}x=\int\frac{x+(1+x^2)}{x(1+x^2)}\mathrm{d}x=\int\left(\frac{1}{1+x^2}+\frac{1}{x}\right)\mathrm{d}x=\int\frac{1}{1+x^2}\mathrm{d}x+\int\frac{1}{x}\mathrm{d}x$$
$$=\arctan x+\ln|x|+C.$$

(2) $\int\frac{\sin x}{\cos^2 x}\mathrm{d}x=\int\sec x\tan x\mathrm{d}x=\sec x+C.$

**例4**　求$\int\tan^2 x\mathrm{d}x.$

**解** $\int \tan^2 x\mathrm{d}x=\int(\sec^2 x-1)\mathrm{d}x=\int \sec^2 x\mathrm{d}x-\int \mathrm{d}x=\tan x-x+C.$

**例 5** 求 $\int \sin^2 \frac{x}{2}\mathrm{d}x.$

**解** $\int \sin^2 \frac{x}{2}\mathrm{d}x=\int \frac{1-\cos x}{2}\mathrm{d}x=\frac{1}{2}\int(1-\cos x)\mathrm{d}x=\frac{1}{2}(x-\sin x)+C.$

**例 6** 求 $\int \frac{1}{\sin^2 x\cos^2 x}\mathrm{d}x.$

**解**

$$\int \frac{1}{\sin^2 x\cos^2 x}\mathrm{d}x=\int \frac{\sin^2 x+\cos^2 x}{\sin^2 x\cos^2 x}\mathrm{d}x=\int\left(\frac{1}{\cos^2 x}+\frac{1}{\sin^2 x}\right)\mathrm{d}x$$

$$=\int \sec^2 x\mathrm{d}x+\int \csc^2 x\mathrm{d}x=\tan x-\cot x+C.$$

**例 7** 求 $\int(2\mathrm{e}^x-3\sin x+1)\mathrm{d}x.$

**解** $\int(2\mathrm{e}^x-3\sin x+1)\mathrm{d}x=2\int \mathrm{e}^x\mathrm{d}x-3\int \sin x\mathrm{d}x+\int \mathrm{d}x=2\mathrm{e}^x+3\cos x+x+C.$

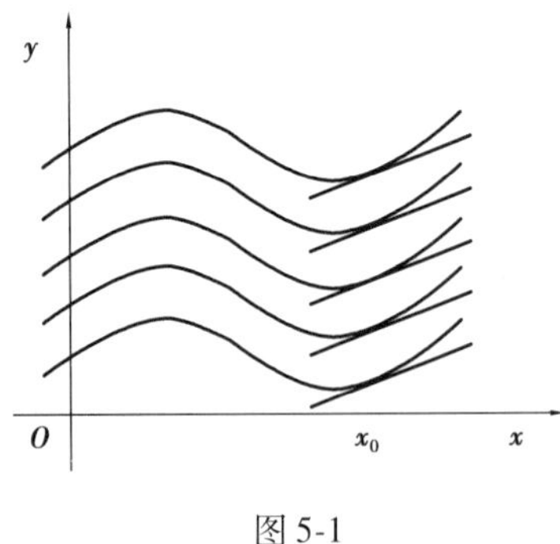

图 5-1

### 四、不定积分的几何意义

若 $F(x)$ 是 $f(x)$ 的一个原函数，则曲线 $y=F(x)$ 称为 $f(x)$ 的一条积分曲线，将其沿 $y$ 轴方向任意平行移动，就得到积分曲线族. 在每一条积分曲线上横坐标相同的点 $x$ 处作切线，这些切线都是相互平行的，如图 5-1 所示.

不定积分 $\int f(x)\mathrm{d}x$ 在几何上就表示全体积分曲线所组成的积分曲线族，它们的方程为 $y=F(x)+C$.

这一族积分曲线具有如下特点：

(1)其形状包括开口方向，大小完全一样，只是图像在纵标上相差一个常数；积分曲线族中通过某特定点的积分曲线是一条特定曲线.

(2)积分曲线上，凡过横坐标相同的积分曲线族中的点的切线的斜率是相等的.

**例 8** 求过点(1,3)且在点$(x,y)$处切线斜率为 $3x^2$ 的曲线方程.

**解** 设所求曲线方程为 $y=F(x)$，因为 $y'=F'(x)=3x^2$，由不定积分定义，有

$$F(x)=\int 3x^2\mathrm{d}x=x^3+C.$$

因所求的曲线过点(1,3)，代入得到 $C=2$. 于是所求的曲线方程为 $y=x^3+2$.

## 第二节 不定积分的换元积分法

前面我们利用基本积分公式，结合恒等变化可求出一些不定积分. 但还有许多的初等函数的不定积分不能按基本公式求出来. 因此，我们需要引进更多的计算不定积分方法和技巧.

在求导数的过程中，复合函数的求导法是一种重要的方法，不定积分作为求导的逆运算，也有相应的方法. 利用中间变量的代换，得到复合函数的积分法——换元积分法. 通常根据换元的先后，把换元积分法分成第一类换元积分法和第二类换元积分法.

## 一、第一类换元积分法

**例 1**　求不定积分 $\int \cos 2x\mathrm{d}x$.

**分析**　由复合函数求导法可得 $\left(\frac{1}{2}\sin 2x\right)'=\cos 2x$，故 $\int \cos 2x\mathrm{d}x=\frac{1}{2}\sin 2x+C$.

原因在于被积函数 $\cos 2x$ 与公式 $\int \cos x\mathrm{d}x=\sin x+C$ 中的被积函数不一样. 如果令 $u=2x$，则 $\cos 2x=\cos u$，$\mathrm{d}u=2\mathrm{d}x$，从而 $\mathrm{d}x=\frac{1}{2}\mathrm{d}u$，所以有

$$\int\cos 2x\mathrm{d}x=\int\cos u\cdot\frac{1}{2}\mathrm{d}u=\frac{1}{2}\int\cos u\mathrm{d}u=\frac{1}{2}\sin u+C.$$

再将 $u=2x$ 代入上式结果，则有 $\int \cos 2x\mathrm{d}x=\frac{1}{2}\sin 2x+C$.

综合上述分析，此题的习惯解法如下：

**解**　令 $u=2x$，得 $\mathrm{d}u=2\mathrm{d}x$，则 $\int \cos 2x\mathrm{d}x=\frac{1}{2}\int \cos u\mathrm{d}u=\frac{1}{2}\sin u+C=\frac{1}{2}\sin 2x+C$.

一般地，设 $F(u)$ 为 $f(u)$ 的原函数，即 $F'(u)=f(u)$ 或 $\int f(u)\mathrm{d}u=F(u)+C$.
如果 $u=\varphi(x)$，且 $\varphi(x)$ 可导，则

$$\frac{\mathrm{d}}{\mathrm{d}x}F[\varphi(x)]=F'(u)\varphi'(x)=f(u)\varphi'(x)=f[\varphi(x)]\varphi'(x),$$

即

$$\int f[\varphi(x)]\varphi'(x)\mathrm{d}x=F[\varphi(x)]+C=[F(\varphi(x))]_{u=\varphi(x)}+C=\left[\int f(u)\mathrm{d}u\right]_{u=\varphi(x)},$$

因此有定理 1.

**定理 1**　设 $F(u)$ 为 $f(u)$ 的原函数，$u=\varphi(x)$ 可导，则

$$\int f[\varphi(x)]\varphi'(x)\mathrm{d}x=\left[\int f(u)\mathrm{d}u\right]_{u=\varphi(x)}.$$

上式称为第一类换元积分公式. 应用第一类换元积分公式计算不定积分的方法称为第一类换元积分法. 第一类换元积分法又称为凑微分法.

**注**　(1)定理 1 说明：若已知 $\int f(u)\mathrm{d}u=F(u)+C$，则 $\int f[\varphi(x)]\varphi'(x)\mathrm{d}x=F[\varphi(x)]+C$.
因此，该定理的意义就在于把 $\int f(u)\mathrm{d}u=F(u)+C$ 中的 $u$ 换成任一 $x$ 的可微函数 $\varphi(x)$ 后，式子仍成立. 这样一来，可使积分表中的积分公式的适用范围变得更加广泛.

(2)由定理 1 可知，虽然 $\int f[\varphi(x)]\varphi'(x)\mathrm{d}x$ 是一个整体的符号，但可把 $\mathrm{d}x$ 看成自变量 $x$

的微分,因此,$\varphi'(x)\mathrm{d}x=\mathrm{d}\varphi(x)$.

(3)定理1的关键在于将要求的不定积分 $\int f[\varphi(x)]\varphi'(x)\mathrm{d}x$ 转化成 $\int f(x)\mathrm{d}x$ 的形式.

利用第一类换元积分法即凑微分法计算不定积分的基本步骤是

$$\int f[\varphi(x)]\varphi'(x)\mathrm{d}x \xlongequal{\text{凑微分}} \int f[\varphi(x)]\mathrm{d}\varphi(x) \xlongequal{\text{令}u=\varphi(x)}$$

$$\int f(u)\mathrm{d}u=F(u)+C \xlongequal{u=\varphi(x)\text{代回}} F[\varphi(x)]+C.$$

**例2** 求 $\int \frac{\ln x}{x}\mathrm{d}x$.

**解** 令 $u=\ln x$,则 $\mathrm{d}u=\frac{1}{x}\mathrm{d}x$,得 $\int \frac{\ln x}{x}\mathrm{d}x=\int u\mathrm{d}u=\frac{1}{2}u^2+C=\frac{1}{2}\ln^2 x+C$.

**例3** 求 $\int (1-2x)^{100}\mathrm{d}x$.

**解** 令 $u=1-2x$,则 $\mathrm{d}u=-2\mathrm{d}x$,得

$$\int (1-2x)^{100}\mathrm{d}x=-\frac{1}{2}\int u^{100}\mathrm{d}u=-\frac{1}{202}u^{101}+C=-\frac{1}{202}(1-2x)^{101}+C.$$

当运算熟练以后,可以不必把 $u=\varphi(x)$ 写出来,而直接计算下去.

**例4** 求 $\int \mathrm{e}^{3x}\mathrm{d}x$.

**解** $\int \mathrm{e}^{3x}\mathrm{d}x=\frac{1}{3}\int \mathrm{e}^{3x}\mathrm{d}(3x)=\frac{1}{3}\mathrm{e}^{3x}+C$.

第一类换元积分法掌握得好坏很大程度上依赖于导数和微分的熟练情况,此法是不定积分的一种最常用的方法,应加以重视. 以下列出常用的"凑微分"积分类型,今后解题可依据这些规律,能较快、较易求解.

(1) $\int f(ax+b)\mathrm{d}x=\frac{1}{a}\int f(ax+b)\mathrm{d}(ax+b)$;

(2) $\int f(ax^n+b)x^{n-1}\mathrm{d}x=\frac{1}{an}\int f(ax^n+b)\mathrm{d}(ax^n+b)$;

(3) $\int f(a^x)a^x\mathrm{d}x=\frac{1}{\ln a}\int f(a^x)\mathrm{d}(a^x)$;特别地, $\int f(\mathrm{e}^x)\mathrm{e}^x\mathrm{d}x=\int f(\mathrm{e}^x)\mathrm{d}(\mathrm{e}^x)$;

(4) $\int f\left(\frac{1}{x}\right)\frac{1}{x^2}\mathrm{d}x=-\int f\left(\frac{1}{x}\right)\mathrm{d}\left(\frac{1}{x}\right)$;

(5) $\int f(\ln x)\frac{1}{x}\mathrm{d}x=\int f(\ln x)\mathrm{d}(\ln x)$;

(6) $\int f(\sqrt{x})\frac{1}{\sqrt{x}}\mathrm{d}x=2\int f(\sqrt{x})\mathrm{d}(\sqrt{x})$;

(7) $\int f(\sin x)\cos x\mathrm{d}x=\int f(\sin x)\mathrm{d}(\sin x)$;

(8) $\int f(\cos x)\sin x\mathrm{d}x=-\int f(\cos x)\mathrm{d}(\cos x)$;

(9) $\int f(\tan x)\sec^2 x\mathrm{d}x=\int f(\tan x)\mathrm{d}(\tan x)$；

(10) $\int f(\cot x)\csc^2 x\mathrm{d}x=-\int f(\cot x)\mathrm{d}(\cot x)$；

(11) $\int f(\arcsin x)\dfrac{1}{\sqrt{1-x^2}}\mathrm{d}x=\int f(\arcsin x)\mathrm{d}(\arcsin x)$；

(12) $\int f(\arctan x)\dfrac{1}{1+x^2}\mathrm{d}x=\int f(\arctan x)\mathrm{d}(\arctan x)$.

**例 5**　求下列不定积分.

(1) $\int \dfrac{a^{\frac{1}{x}}}{x^2}\mathrm{d}x$；(2) $\int \dfrac{\sin\sqrt{x}}{\sqrt{x}}\mathrm{d}x$.

**解**　(1) $\int \dfrac{a^{\frac{1}{x}}}{x^2}\mathrm{d}x=-\int a^{\frac{1}{x}}\mathrm{d}\left(\dfrac{1}{x}\right)=-\dfrac{a^{\frac{1}{x}}}{\ln a}+C$.

(2) $\int \dfrac{\sin\sqrt{x}}{\sqrt{x}}\mathrm{d}x=2\int \sin\sqrt{x}\,\mathrm{d}\sqrt{x}=-2\cos\sqrt{x}+C$.

**例 6**　求 $\int \tan x\mathrm{d}x$.

**解**　$\int \tan x\mathrm{d}x=\int \dfrac{\sin x}{\cos x}\mathrm{d}x=-\int \dfrac{1}{\cos x}\mathrm{d}\cos x=-\ln|\cos x|+C$.

同理可得，$\int \cot x\mathrm{d}x=\ln|\sin x|+C$.

**例 7**　求 $\int \dfrac{\mathrm{d}x}{\sqrt{(1-x^2)\arcsin x}}$.

**解**　$\int \dfrac{\mathrm{d}x}{\sqrt{(1-x^2)\arcsin x}}=\int \dfrac{\mathrm{d}(\arcsin x)}{\sqrt{\arcsin x}}=2\sqrt{\arcsin x}+C$.

**例 8**　求 $\int \dfrac{(\arctan x)^3}{1+x^2}\mathrm{d}x$.

**解**　$\int \dfrac{(\arctan x)^3}{1+x^2}\mathrm{d}x=\int (\arctan x)^3\mathrm{d}(\arctan x)=\dfrac{1}{4}(\arctan x)^4+C$.

**例 9**　求 $\int \dfrac{\mathrm{d}x}{\sqrt{a^2-x^2}}(a>0)$.

**解**　$\int \dfrac{\mathrm{d}x}{\sqrt{a^2-x^2}}=\dfrac{1}{a}\int \dfrac{\mathrm{d}x}{\sqrt{1-\left(\dfrac{x}{a}\right)^2}}=\int \dfrac{\mathrm{d}\left(\dfrac{x}{a}\right)}{\sqrt{1-\left(\dfrac{x}{a}\right)^2}}=\arcsin\dfrac{x}{a}+C$.

**例 10**　求 $\int \dfrac{\mathrm{d}x}{a^2+x^2}(a>0)$.

**解**　$\int \dfrac{\mathrm{d}x}{a^2+x^2}=\dfrac{1}{a}\int \dfrac{\mathrm{d}\left(\dfrac{x}{a}\right)}{1+\left(\dfrac{x}{a}\right)^2}=\dfrac{1}{a}\int \dfrac{\mathrm{d}u}{1+u^2}=\dfrac{1}{a}\arctan u+C=\dfrac{1}{a}\arctan\dfrac{x}{a}+C$.

**例 11** 求 $\int \sec x\mathrm{d}x$.

**解** $\int \sec x\mathrm{d}x=\int \frac{\sec x(\sec x+\tan x)}{\sec x+\tan x}\mathrm{d}x=\int \frac{\mathrm{d}(\sec x+\tan x)}{\sec x+\tan x}=\ln|\sec x+\tan x|+C.$

同理可得，$\int \csc x\mathrm{d}x=-\ln|\sec x-\cot x|+C.$

**例 12** 求 $\int \sin 2x\mathrm{d}x$.

**解** (1) $\int \sin 2x\mathrm{d}x=\frac{1}{2}\int \sin 2x\mathrm{d}(2x)=-\frac{1}{2}\cos 2x+C.$

(2) $\int \sin 2x\mathrm{d}x=2\int \sin x\cos x\mathrm{d}x=2\int \sin x\mathrm{d}(\sin x)=\sin^2 x+C.$

(3) $\int \sin 2x\mathrm{d}x=2\int \sin x\cos x\mathrm{d}x=-2\int \cos x\mathrm{d}(\cos x)=-\cos^2 x+C.$

例 12 告诉我们，同一个不定积分，选择不同的积分方法，得到的结果形式可能不同，但是这些结果除了相差一个常数外，没有本质区别，同属于一个原函数族.

**例 13** 求 $\int \frac{x+3}{x^2-5x+6}\mathrm{d}x$.

**解** $\int \frac{x+3}{x^2-5x+6}\mathrm{d}x=\int \left(\frac{-5}{x-2}+\frac{6}{x-3}\right)\mathrm{d}x=-5\ln|x-2|+6\ln|x-3|+C.$

**例 14** 求 $\int \frac{x^2+1}{x^3-2x^2+x}\mathrm{d}x$.

**解** $\int \frac{x^2+1}{x^3-2x^2+x}\mathrm{d}x=\int \left(\frac{1}{x}+\frac{2}{(x-1)^2}\right)\mathrm{d}x=\ln|x|-\frac{2}{x-1}+C.$

**例 15** 求 $\int \frac{3x-5}{x^2+2x+2}\mathrm{d}x$.

**解**
$$\begin{aligned}\int \frac{3x-5}{x^2+2x+2}\mathrm{d}x &=\frac{3}{2}\int \frac{2x+2-\frac{16}{3}}{x^2+2x+2}\mathrm{d}x=\frac{3}{2}\int \frac{2x+2}{x^2+2x+2}\mathrm{d}x-8\int \frac{1}{x^2+2x+2}\mathrm{d}x\\ &=\frac{3}{2}\int \frac{\mathrm{d}(x^2+2x+2)}{x^2+2x+2}-8\int \frac{\mathrm{d}(x+1)}{(x+1)^2+1}=\frac{3}{2}\ln|x^2+2x+2|-8\arctan(x+1)+C.\end{aligned}$$

## 二、第二类换元积分法

第一类换元积分法解决了一部分不定积分，但是有些积分并不能很容易地凑出微分，而是一开始就要作代换，把所要求的积分化简，然后再求出积分. 这种方法称为第二类换元积分法. 第一、第二类换元积分法的基本思想是一致的，只是具体步骤上有所不同.

**定理 2** 设 $x=\psi(t)$ 是可导函数，且 $\psi'(t)\neq 0$，又设 $G'(t)=f[\psi(t)]\psi'(t)$，则

$$\int f(x)\mathrm{d}x=\left[\int f[\psi(t)]\psi'(t)\mathrm{d}t\right]_{t=\psi^{-1}(x)}=G[\psi^{-1}(x)]+C,$$

其中 $t=\psi^{-1}(x)$ 为 $x=\psi(t)$ 的反函数.

上式称为第二类换元积分公式. 应用第二类换元积分公式计算不定积分的方法称第二类换元积分法.

**例 16**　求 $\int \frac{1}{1+\sqrt{1+x}}\mathrm{d}x$.

**解**　令 $\sqrt{1+x}=t$, 则 $x=t^2-1$, $\mathrm{d}x=2t\mathrm{d}t$,

于是

$$\int \frac{1}{1+\sqrt{1+x}}\mathrm{d}x=\int \frac{2t}{1+t}\mathrm{d}t=2\int \frac{t+1-1}{1+t}\mathrm{d}t=2\left[\int \mathrm{d}t-\int \frac{\mathrm{d}t}{1+t}\right]=2t-2\ln|1+t|+C$$

$$=2\sqrt{1+x}-2\ln\left|1+\sqrt{1+x}\right|+C.$$

**例 17**　求 $\int \frac{1}{\sqrt{1+\mathrm{e}^{2x}}}\mathrm{d}x$.

**解**　令 $\sqrt{1+\mathrm{e}^{2x}}=t$, 则 $x=\frac{1}{2}\ln(t^2-1)$, $\mathrm{d}x=\frac{t}{t^2-1}\mathrm{d}t$.

$$\int \frac{1}{\sqrt{1+\mathrm{e}^{2x}}}\mathrm{d}x=\int \frac{1}{t}\cdot\frac{t}{t^2-1}\mathrm{d}t=\frac{1}{2}\ln\left|\frac{t-1}{t+1}\right|+C=\frac{1}{2}\ln\left|\frac{\sqrt{1+\mathrm{e}^{2x}}-1}{\sqrt{1+\mathrm{e}^{2x}}+1}\right|+C.$$

通过换元,消除根号,转换成关于 $t$ 的积分,在求得对新变量 $t$ 的原函数后,再带回原变量,得到所求的不定积分.

**例 18**　求 $\int \frac{x^2}{\sqrt{1-x^2}}\mathrm{d}x$.

**解**　为了消去被积函数中的根式,使两个量的平方差表示成一个量的平方,我们利用三角函数恒等式 $1-\sin^2 t=\cos^2 t$. 设 $x=\sin t, t\in\left(-\frac{\pi}{2},\frac{\pi}{2}\right)$ 则 $\sqrt{1-x^2}=\cos t$, $\mathrm{d}x=\cos t\mathrm{d}t$, 于是

$$\int \frac{x^2}{\sqrt{1-x^2}}\mathrm{d}x=\int \frac{\sin^2 t\cos t}{\cos t}\mathrm{d}t=\int \sin^2 t\mathrm{d}t=\int \frac{1-\cos 2t}{2}\mathrm{d}t$$

$$=\frac{1}{2}\int \mathrm{d}t-\frac{1}{4}\int \cos 2t\mathrm{d}(2t)=\frac{1}{2}t-\frac{1}{4}\sin 2t+C=\frac{1}{2}t-\frac{1}{2}\sin t\cos t+C.$$

为了把 $t$ 还原成 $x$ 的函数,根据 $\sin t=\frac{x}{1}$,作三角形如图 5-2,得

$$\cos t=\sqrt{1-x^2}, t=\arcsin x,$$

所以

$$\int \frac{x^2}{\sqrt{1-x^2}}\mathrm{d}x=\frac{1}{2}\arcsin x-\frac{x}{2}\sqrt{1-x^2}+C.$$

**例 19**　求 $\int \frac{1}{\sqrt{x^2+4}}\mathrm{d}x$.

**解**　为了消去根号,利用三角恒等式 $\tan^2 t+1=\sec^2 t$. 令 $x=2\tan t, t\in\left(-\frac{\pi}{2},\frac{\pi}{2}\right)$,则 $t=$

$\arctan\dfrac{x}{2}$, $\mathrm{d}x=2\sec^2 t\mathrm{d}t$,所以

$$\int\frac{1}{\sqrt{x^2+4}}\mathrm{d}x=\int\frac{1}{2\sec t}\cdot 2\sec^2 t\mathrm{d}t=\int\sec t\mathrm{d}t=\ln(\sec t+\tan t)+C_1.$$

根据 $\tan t=\dfrac{x}{2}$,作三角形如图 5-3. 由图可知, $\sec t=\dfrac{\sqrt{x^2+4}}{2}$与 $\tan t=\dfrac{x}{2}$一同代入上式结果得

$$\int\frac{\mathrm{d}x}{\sqrt{x^2+4}}=\ln\left(\frac{\sqrt{x^2+4}}{2}+\frac{x}{2}\right)+C_1=\ln(\sqrt{x^2+4}+x)+C,\text{其中 }C=-\ln 2+C_1.$$

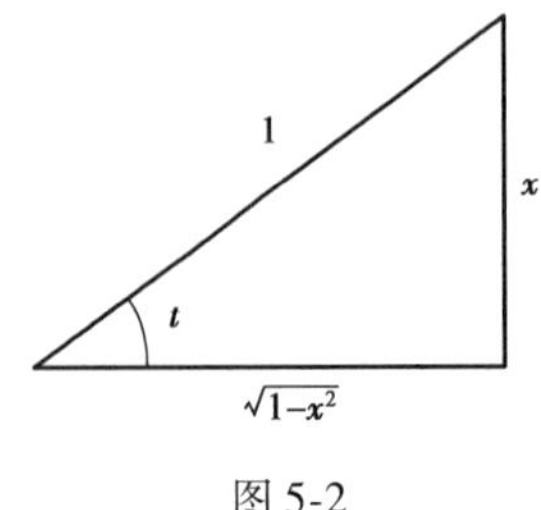


图 5-2

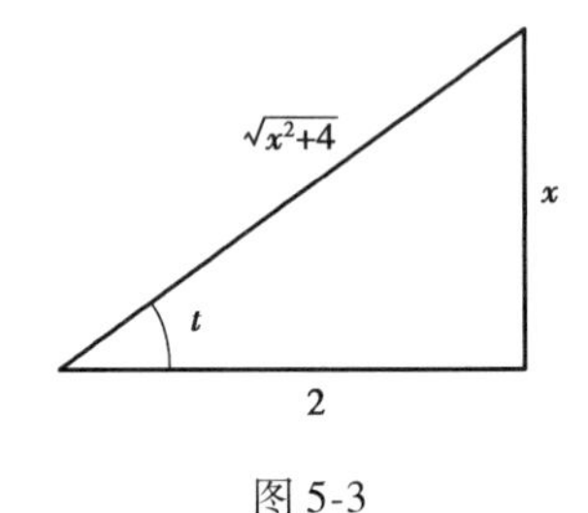


图 5-3

**例 20** 求 $\displaystyle\int\frac{1}{(x^2-4)^{\frac{3}{2}}}\mathrm{d}x(x>2)$.

**解** 利用三角恒等式 $\sec^2 t-1=\tan^2 t$ 可消除根号. 令 $x=2\sec t$,则

$$(x^2-4)^{\frac{3}{2}}=8\tan^3 t,\mathrm{d}x=2\sec t\tan t\mathrm{d}t,$$

所以 $\displaystyle\int\frac{1}{(x^2-4)^{\frac{3}{2}}}\mathrm{d}x=\int\frac{1}{8\tan^3 t}\cdot 2\tan t\sec t\mathrm{d}t=\frac{1}{4}\int\frac{\cos t}{\sin^2 t}\mathrm{d}t=\frac{1}{4}\int\frac{1}{\sin^2 t}\mathrm{d}(\sin t)=-\frac{1}{4\sin t}+C.$

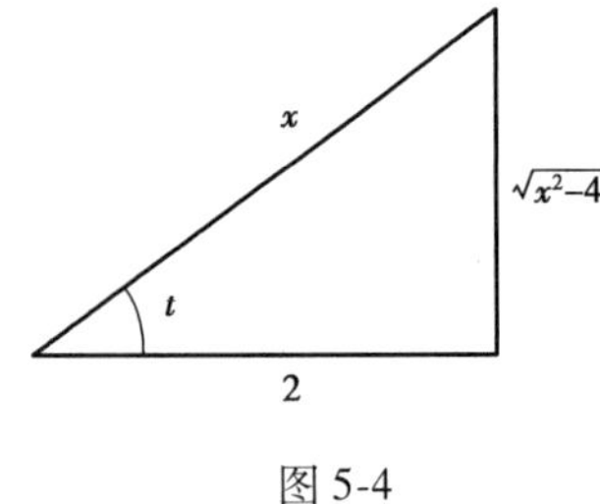


图 5-4

根据 $x=2\sec t$,作三角形如图 5-4. 由图可知, $\sin t=\dfrac{\sqrt{x^2-4}}{x}$,所以

$$\int\frac{1}{(x^2-4)^{\frac{3}{2}}}\mathrm{d}x=-\frac{1}{4\sin t}+C=-\frac{x}{4\sqrt{x^2-4}}+C.$$

第二换元法常用于消去根号,最常见的形式有:

(1)当被积分函数含有根式$\sqrt[n]{ax+b}$时,可令 $x=\sqrt[n]{ax+b}$;

(2)当被积分函数含有根式$\sqrt{a^2-x^2}$时,可令 $x=a\sin t$;

(3)当被积分函数含有根式$\sqrt{a^2+x^2}$时,可令 $x=a\tan t$;

(4)当被积分函数含有根式$\sqrt{x^2-a^2}$时,可令 $x=a\sec t$.

第二类换元积分法并不局限于上面四种形式,它非常灵活. 解题时应根据给出的被积函数的特点,选择适当的变量替换,转化成便于求解的形式.

**例 21** 求 $\displaystyle\int x^2(2-x)^{10}\mathrm{d}x$.

**解** 显然本题不能直接套用基本积分公式,凑微分也不适用,10 次方展开又比较麻烦,我们用第二类换元积分法来解决.

令 $t=2-x$，则 $x=2-t$，$dx=-dt$，所以

$$\begin{aligned}\int x^2(2-x)^{10}dx &= -\int(2-t)^2t^{10}dt = -\int(4-4t+t^2)t^{10}dt \\ &= -\int(4t^{10}-4t^{11}+t^{12})dt = -\frac{4}{11}t^{11}+\frac{1}{3}t^{12}-\frac{1}{13}t^{13}+C \\ &= -\frac{4}{11}(2-x)^{11}+\frac{1}{3}(2-x)^{12}-\frac{1}{13}(2-x)^{13}+C.\end{aligned}$$

第一类换元积分法和第二类换元积分法实质上是对公式

$$\int f(x)dx = \int f[\varphi(t)]\varphi'(t)dt$$

的从右到左和从左到右的两种运用[其中 $f(x)$ 存在原函数，$x=\varphi(t)$ 具有连续导数且存在反函数].

## 第三节　不定积分的分部积分法

前面，我们在复合函数微分法的基础上得到了换元积分法. 本节我们将介绍另一种基本积分方法——分部积分法，它是两个函数乘积的微分法则的逆转.

设函数 $u=u(x)$，$v=v(x)$ 具有连续的导数，则由乘积的微分运算法则

$$d(uv)=udv+vdu,$$

移项，得

$$udv=d(uv)-vdu,$$

对这个等式两边求不定积分，得

$$\int udv = uv-\int vdu \text{ 或} \int uv'dx = uv-\int vu'dx,$$

这个公式称为**分部积分公式**. 利用此公式求不定积分的方法称为分部积分法. 当左边的积分 $\int udv$ 不易求得，而右边的积分 $\int vdu$ 容易求时，利用分部积分公式——化难为易.

**例 1**　求 $\int x\cos xdx$

**解**　其实现在我们并不知道谁应该是 $u$ 谁应该是 $v$. 不妨就把 $x\cos x$ 当成 $u$，那么 $dx=dv$. 应用分部积分公式则是

$$\int x\cos xdx=(x\cos x)x-\int xd(x\cos x)=x^2-\int x(\cos x-x\sin x)dx.$$

此式比原式更复杂，所以此路不通. 再把原式变成

$$\int x\cos xdx=\frac{1}{2}\int\cos xdx^2,$$

然后让 $\cos x=u$，$x^2=v$ 再利用分部积分公式

$$\frac{1}{2}\int\cos xdx^2=\frac{1}{2}\left(x^2\cos x-\int x^2d\cos x\right)=\frac{1}{2}\left(x^2\cos x+\int x^2\sin xdx\right).$$

上式中的积分也不如原式简单,看来此法也不行.再把原式变成 $\int x\cos x\mathrm{d}x=\int x\mathrm{d}\sin x$ 试试看,此时 $u=x,v=\sin x$,

$$\int x\cos x\mathrm{d}x=\int x\mathrm{d}\sin x=x\sin x-\int\sin x\mathrm{d}x=x\sin x+\cos x+C.$$

由此可见,分部积分公式运用成败的关键是恰当地选择 $u,v$. 但我们总不能每次都把所有的情况试一遍,其规律性的东西又是什么？那就是:先想一想用完分部积分法后,情况是复杂了还是简单了,前者不行后者可行.

**例2** 求 $\int x\mathrm{e}^x\mathrm{d}x$.

**解** $\int x\mathrm{e}^x\mathrm{d}x=\int x\mathrm{d}\mathrm{e}^x=x\mathrm{e}^x-\int\mathrm{e}^x\mathrm{d}x=x\mathrm{e}^x-\mathrm{e}^x+C.$

**例3** 求 $\int x^2\mathrm{e}^x\mathrm{d}x$.

**解**
$$\begin{aligned}\int x^2\mathrm{e}^x\mathrm{d}x&=\int x^2\mathrm{d}\mathrm{e}^x=x^2\mathrm{e}^x-2\int x\mathrm{e}^x\mathrm{d}x\\&=x^2\mathrm{e}^x-2\int x\mathrm{d}\mathrm{e}^x=x^2\mathrm{e}^x-2x\mathrm{e}^x+2\int\mathrm{e}^x\mathrm{d}x\\&=x^2\mathrm{e}^x-2x\mathrm{e}^x+2\mathrm{e}^x+C=\mathrm{e}^x(x^2-2x+2)+C.\end{aligned}$$

在此例中,我们两次应用了分部积分法.

**例4** 求 $\int\mathrm{e}^{\sqrt{x}}\mathrm{d}x$.

**解法一**

令 $\sqrt{x}=t$ 即 $x=t^2$ 则 $\mathrm{d}x=2t\mathrm{d}t$,

$$\int\mathrm{e}^{\sqrt{x}}\mathrm{d}x=2\int t\mathrm{e}^t\mathrm{d}t=2\mathrm{e}^t(t-1)+C=2\mathrm{e}^{\sqrt{x}}(\sqrt{x}-1)+C.$$

**解法二**

$$\begin{aligned}\int\mathrm{e}^{\sqrt{x}}\mathrm{d}x&=\int\mathrm{e}^{\sqrt{x}}\mathrm{d}(\sqrt{x})^2=2\int\sqrt{x}\,\mathrm{e}^{\sqrt{x}}\mathrm{d}\sqrt{x}=2\sqrt{x}\,\mathrm{e}^{\sqrt{x}}-2\int\mathrm{e}^{\sqrt{x}}\mathrm{d}\sqrt{x}=2\sqrt{x}\,\mathrm{e}^{\sqrt{x}}-2\mathrm{e}^{\sqrt{x}}+C\\&=2\mathrm{e}^{\sqrt{x}}(\sqrt{x}-1)+C.\end{aligned}$$

**例5** 求 $\int(x^2-x)\ln x\mathrm{d}x$.

**解**
$$\begin{aligned}\int(x^2-x)\ln x\mathrm{d}x&=\int\ln x\mathrm{d}\left(\frac{1}{3}x^3-\frac{1}{2}x^2\right)=\left(\frac{1}{3}x^3-\frac{1}{2}x^2\right)\ln x-\int\left(\frac{1}{3}x^3-\frac{1}{2}x^2\right)\cdot\frac{1}{x}\mathrm{d}x\\&=\left(\frac{1}{3}x^3-\frac{1}{2}x^2\right)\ln x-\frac{1}{9}x^3+\frac{1}{4}x^2+C.\end{aligned}$$

**例6** 求 $\int\mathrm{e}^x\sin x\mathrm{d}x$.

**解**
$$\begin{aligned}\int\mathrm{e}^x\sin x\mathrm{d}x&=\int\sin x\mathrm{d}\mathrm{e}^x=\mathrm{e}^x\sin x-\int\mathrm{e}^x\mathrm{d}\sin x\\&=\mathrm{e}^x\sin x-\int\mathrm{e}^x\cos x\mathrm{d}x=\mathrm{e}^x\sin x-\int\cos x\mathrm{d}\mathrm{e}^x\end{aligned}$$

$$=e^x\sin x-e^x\cos x+\int e^x\mathrm{d}\cos x=e^x\sin x-e^x\cos x+\int e^x\sin x\mathrm{d}x,$$

将再次出现的 $\int e^x\sin x\mathrm{d}x$ 移至右端,得

$$2\int e^x\sin x\mathrm{d}x=e^x(\sin x-\cos x)+C_1,$$

所以,

$$\int e^x\sin x\mathrm{d}x=\frac{1}{2}e^x(\sin x-\cos x)+C.$$

一般地,当被积函数是多项式乘以三角函数、多项式乘以指数函数时,往往把三角函数或者指数函数放到 d 里面,然后分部积分. 当被积函数是多项式乘以对数函数时,往往把多项式放到 d 里面,然后分部积分. 如果被积函数是三角函数与指数函数相乘,那么把谁放到 d 里面都可以.

**例 7**　求 $\int\arccos x\mathrm{d}x$.

**解**　$\int\arccos x\mathrm{d}x=x\arccos x-\int x\mathrm{d}(\arccos x)=x\arccos x+\int\frac{x}{\sqrt{1-x^2}}\mathrm{d}x$

$$=x\arccos x-\frac{1}{2}\int(1-x^2)^{-\frac{1}{2}}\mathrm{d}(1-x^2)=x\arccos x-\sqrt{1-x^2}+C.$$

**想一想**

分部积分法需要按照一定的原则进行计算才能将问题化繁为简,从中我们可以得到什么启示?

## 案例分析与应用

### 案例 5.1　估算石油消耗量

下面用不定积分来估算从 2023 年到 2035 年石油消耗的总量.

**解**　设 $T(t)$ 表示从 2023 年($t=0$)至 $t$ 年的石油消耗总量,要求从 2023 年到 2035 年石油消耗的总量,即求 $T(12)$,由于 $T(t)$ 是石油消耗的总量,所以 $T'(t)$ 就是石油消耗率 $R(t)$,即 $T'(t)=R(t)$,那么 $T(t)$ 就是 $R(t)$ 的一个原函数.

$$T(t)=\int R(t)\mathrm{d}t=\int 364e^{0.07t}\mathrm{d}t=\frac{364}{0.07}e^{0.07t}+C=5\,200e^{0.07t}+C.$$

因为 $T(0)=0$,所以 $C=-5\,200$.

所以 $T(t)=5\,200e^{0.07\times12}-5\,200\approx6\,845.1$ 亿桶.

**案例 5.2　计算存储在容器中苯的损失量**

在一圆筒形的储槽中储放着苯. 在液体苯上的蒸汽空间的体积 $V_0 = 250\ \text{m}^3$,此蒸汽空间有一连通管与大气相通. 一昼夜中,最高及最低的温度为 37.8 ℃和 10 ℃,大气压为 760 mmHg. 试计算在一昼夜中苯的最大损失量.

**解**　由化工知识可知,苯的蒸气压可用下式求出

$$\lg P = 7.962 - \frac{1.781}{T}, \tag{5-1}$$

式中 $P$ 以 mmHg 计,$T$ 以 K 计.

苯的损失发生在这样的情况下,即当蒸汽空间的苯-空气的混合物受热膨胀,从而从连通管中逸入大气中;当温度降低时,新鲜空气被吸入蒸汽空间,而当温度再度上升时,又重新排出已经和某些数量的苯相混合的空气.

在无内部热源的情况下,当液体苯上面的空气在周围介质的温度下与苯蒸汽混合达到完全饱和时,苯的损失最大.

苯的损失由同时进行的两个过程所决定,每一种过程都引起液体苯上方的苯蒸汽与空气混合物的膨胀. 第一种过程的发生是由于苯蒸汽-空气混合物受到了单纯的热膨胀,此时增加的体积为

$$\mathrm{d}v_T = V_0 \frac{\mathrm{d}T}{T}. \tag{5-2}$$

第二种过程是由于温度升高时,苯蒸汽-空气混合物中的浓度增加造成的,这可按式(5-1)计算. 设 $y$ 为苯在蒸汽空间的分子分数(即苯的克分子数与苯蒸汽-空气混合物的克分子数之比),此时苯的体积,在总压力下为 $yv_0$. 因为当温度升高时,苯的蒸气压增大,于是改变了苯蒸汽-空气混合物的组成,此时苯的蒸发量 $\mathrm{d}v_y$ 为

$$\mathrm{d}v_y = \mathrm{d}(yv_0) = v_0 \mathrm{d}y, \tag{5-3}$$

因此,苯的体积的总改变量 $\mathrm{d}v$ 为

$$\mathrm{d}v = \mathrm{d}v_T + \mathrm{d}v_y = v_0\left(\frac{\mathrm{d}T}{T} + \mathrm{d}y\right). \tag{5-4}$$

由化工知识可知,苯的分子分数等于苯的蒸气压与苯蒸汽-空气混合物的气压之比,即

$$y = \frac{P}{760}.$$

这里 $P$ 是苯在温度 $T$ 时的蒸气压. 这时有

$$\mathrm{d}y = \frac{\mathrm{d}P}{760}. \tag{5-5}$$

为了确定苯的损失量,须求出相当于 $\mathrm{d}v$ 体积的苯的质量. 这个关系式可以直接用气体定律求得,即

$$\mathrm{d}N = \frac{P\mathrm{d}v}{RT},$$

式中 $\mathrm{d}N$ 为被苯所饱和 $\mathrm{d}v(\text{m}^3)$ 的空气所带走的苯的千克分子数;$R$ 为气体常数,其值

为 820 J/(mol · K). 于是

$$dN=\frac{1}{R}\frac{P}{T}dv\approx 0.001\ 2\frac{P}{T}dv\approx 0.001\ 2\frac{P}{T}V_0\left(\frac{PdT}{T^2}+\frac{PdP}{760T}\right).$$

由式(5-1)可得

$$P=e^{2.3\left(7.962-\frac{1.781}{T}\right)}.$$

因此

$$\frac{1}{T}=\frac{7.962-\frac{\ln P}{2.3}}{1.781}.$$

由此可得

$$dN=0.3\left[e^{2.3\left(7.962-\frac{1.781}{T}\right)}\frac{dT}{T^2}+\frac{P}{760\times 1.781}\left(7.962-\frac{\ln P}{2.3}\right)dP\right].$$

上式两边同时积分可得

$$N=\frac{0.3}{2.3\times 1.782}\left[e^{2.3\left(7.962-\frac{1.781}{T}\right)}\right]_{283}^{310.8}-\frac{0.3}{760\times 1.781\times 2.3}\left[P^2\left(\frac{\ln P}{2}-\frac{1}{4}\right)\right]_{P_1}^{P_2}+$$
$$\frac{0.3\times 7.962}{760\times 1.78\times 2}\left[P_2^2-P_1^2\right]=0.026\ 8\ \text{kg/mol}.$$

因为苯的分子量为 78,所以储槽内的苯每昼夜最大损失量为

$$0.026\ 8\times 78\ \text{kg}\approx 2.1\ \text{kg}.$$

## 习题五

1. 已知平面曲线 $y=F(x)$ 上任一点 $M(x,y)$ 处的切线斜率为 $k=4x^3-1$,且曲线经过点 $P(1,3)$,求该曲线的方程.

2. 已知 $f'(x)=1+x^2$,且 $f(0)=1$. 求 $f(x)$.

3. 求下列不定积分.

(1) $\int(x^2+3\sqrt{x}+\ln 2)dx$;　　(2) $\int\sqrt{x\sqrt{x\sqrt{x}}}\,dx$;

(3) $\int\frac{x^4}{1+x^2}dx$　　(4) $\int\frac{1}{\sqrt{2gh}}dh$;

(5) $\int\left(x^5+2^x+\frac{2}{x}\right)dx$　　(6) $\int(a^{\frac{2}{7}}-x^{\frac{2}{3}})^2dx$;

(7) $\int\tan^2 x dx$;　　(8) $\int\frac{1}{1+\cos 2x}dx$;

(9) $\int\frac{\cos 2x}{\cos x+\sin x}dx$;　　(10) $\int e^{x+2}dx$;

(11) $\int\left(\sin\frac{x}{2}+\cos\frac{x}{2}\right)^2dx$;　　(12) $\int\cos^2\frac{x}{2}dx$;

(13) $\int \frac{1}{x^2(1+x^2)}dx$；　　(14) $\int \frac{1-\sqrt{1-x^2}}{\sqrt{1-x^2}}dx$.

4. 用第一类换元积分法求下列不定积分.

(1) $\int \sin 3x dx$；　　(2) $\int \sqrt{1-2x}\,dx$；

(3) $\int \frac{x}{\sqrt{1-x^2}}dx$；　　(4) $\int \frac{\ln x}{x}dx$；

(5) $\int e^x \cos e^x dx$；　　(6) $\int \frac{\sin x}{1+\cos x}dx$；

(7) $\int \frac{e^{\frac{1}{x}}}{x^2}dx$；　　(8) $\int \sin^3 x dx$；

(9) $\int \frac{\arctan x}{1+x^2}dx$；　　(10) $\int \frac{\arcsin x}{\sqrt{1-x^2}}dx$.

5. 用第二类换元积分法求下列不定积分.

(1) $\int \frac{\sqrt{x}}{1+x}dx$；　　(2) $\int \frac{\sqrt{1-x^2}}{x}dx$；

(3) $\int \frac{x^2}{\sqrt{25-4x^2}}dx$；　　(4) $\int \frac{1}{x^2\sqrt{1+x^2}}dx$；

(5) $\int \frac{\sqrt{x^2-1}}{x}dx$；　　(6) $\int \frac{1}{\sqrt{1+2x^2}}dx$.

6. 用分部积分法求下列不定积分.

(1) $\int x\cos 3x dx$；　　(2) $\int xe^{-x}dx$；

(3) $\int \arccos x dx$；　　(4) $\int (x^2-x)\ln x dx$；

(5) $\int e^x \cos x dx$；　　(6) $\int \sin(\ln x)dx$；

(7) $\int \sec^3 x dx$；　　(8) $\int \arctan\sqrt{x}\,dx$；

(9) $\int \frac{xe^x}{(1+x)^2}dx$；　　(10) $\int \sin x \ln \tan x dx$.

7. 求下列函数的积分.

(1) $\int \frac{1}{x(x-3)}dx$；　　(2) $\int \frac{1}{x^2-a^2}dx$；

(3) $\int \frac{2x+1}{x^2+2x-15}dx$；　　(4) $\int \frac{1}{x(x^2+1)}dx$；

(5) $\int \frac{x}{x^3-1}dx$；　　(6) $\int \frac{2x-5}{(x-1)^2(x+2)}dx$；

(7) $\int \frac{x^2+x}{(x-2)^3}dx$;　　(8) $\int \frac{x^3+3x^2+12x+11}{x^2+2x+10}dx$.

8. 求下列三角函数的积分.

(1) $\int \frac{1}{3+5\cos x}dx$;　　(2) $\int \frac{1}{1+\sin x}dx$;

(3) $\int \cos^5 x dx$;　　(4) $\int \sin^2 x \cos^4 x dx$;

(5) $\int \frac{\sin^3 x}{\cos^4 x}dx$;　　(6) $\int \frac{\sin x}{\sin^2 x+5\cos^2 x}dx$;

(7) $\int \cos 4x \cos 3x dx$;　　(8) $\int \frac{1+\tan x}{\sin 2x}dx$.

**思政小课堂**

《九章算术》是《算经十书》中最重要的一部,编成于公元1世纪左右.魏晋时期,刘徽为《九章算术》作注时说:“周公制礼而有九数,九数之流,则九章是矣.”又说:“汉北平侯张苍、大司农中丞耿寿昌皆以善算命世,苍等因旧文之遗残,各称删补,故校其目则与古或异,而所论者多近语也.”根据研究,西汉的张苍、耿寿昌曾经作过增补,最后成书最迟在东汉前期,但是其基本内容在西汉后期已经基本定型.

《九章算术》确定了中国古代数学的框架,以计算为中心的特点,密切联系实际,以解决人们生产、生活中的数学问题为目的的风格.其影响之深,以致以后中国数学著作大体采取两种形式:或为之作注,或仿其体例着书.甚至在西算传入中国后,人们著书立说时还常常把包括西算在内的数学知识纳入《九章算术》的框架.

根据新华社2020年12月4日的报道《最快!我国量子计算机实现算力全球领先》和同日中国科学院量子信息与量子科技创新研究院网站刊载的文章《中国科学家实现“量子计算优越性”里程碑》,中国科学技术大学宣布该校潘建伟等人成功构建了76个光子的量子计算原型机,该原型机的名字“九章”正是来源于《九章算术》.

我国著名哲学家、佛学家、历史学家任继愈在《中国科学技术典籍通汇》总序中说:“中国古代的科学思想和科技成就,是中华优秀传统文化的重要组成部分,曾经在人类文明史上放射过夺目的光辉,对后世产生过重大影响,是一项特别值得挖掘整理的文化遗产.”

# 第六章 定积分

定积分和不定积分是一元函数积分学紧密相关的两个基本概念,定积分的计算可以通过牛顿-莱布尼茨公式转化为求不定积分的计算问题,反之,不定积分的存在性问题又可以通过定积分来解决,定积分在自然科学和实际问题中的应用非常广泛. 本章先从具体实际问题出发引进定积分的定义,讨论定积分的性质与计算方法,最后讨论定积分的应用.

## 开篇案例

**案例 6.1　设置城市交通流下黄灯闪烁时间**

在城市乘坐公交车,我们常会遇到等交通灯的问题. 交通路口的指挥灯信号有红、黄、绿 3 种颜色,在绿灯转换成红灯之前有一个过渡状态,这个过渡状态是由黄灯来完成的. 通常是亮一段时间的黄灯后才变成红灯信号. 交通指挥灯信号设置合理,既可保证交通安全,又能避免某一方向的车辆等待太久,减少司机、乘客的烦恼. 如果交通指挥灯闪烁时间设置不合理,虽然也可在一定程度上保证交通安全,但有时往往会造成人们等待某一方向的"车龙"太长,白白浪费了司机、乘客的宝贵时间,无谓地增添了司机、乘客的烦恼.

那么,怎样设置交通指挥灯中各种颜色的信号灯闪烁时间的长短,特别是黄灯闪烁的时间才合理呢?

## 第一节　定积分的概念与性质

### 一、定积分问题举例

**1. 曲边梯形的面积**

设 $y=f(x)$ 在区间 $[a,b]$ 上非负且连续,由曲线 $y=f(x)$ 及直线 $x=a,x=b$ 和 $y=0$ 所围成的

平面图形(图 6-1)称为曲边梯形,其中曲线弧称为曲边,$x$ 轴上对应的区间$[a,b]$的线段称为底边.

我们知道,矩形的高是不变的,它的面积可按公式

$$\text{矩形面积}=\text{高}\times\text{底}$$

来定义和计算. 而曲边梯形在底边上各点处的高$f(x)$在区间$[a,b]$上是变动的,故它的面积不能直接按上述公式来定义和计算. 然而,由于曲边梯形的高$f(x)$在区间$[a,b]$上是连续变化的,在$[a,b]$的一个很小子区间上,$f(x)$的变化将是很小的,近似于不变. 因此,如果把区间$[a,b]$划分为许多小区间,在每个小区间上用其中一点处的高来近似代替同一个小区间上的窄曲边梯形的变动的高,那么,每个窄曲边梯形的面积就可近似地看作这样得到的窄矩形的面积. 基于这一事实,我们通过如下的步骤来计算曲边梯形的面积.

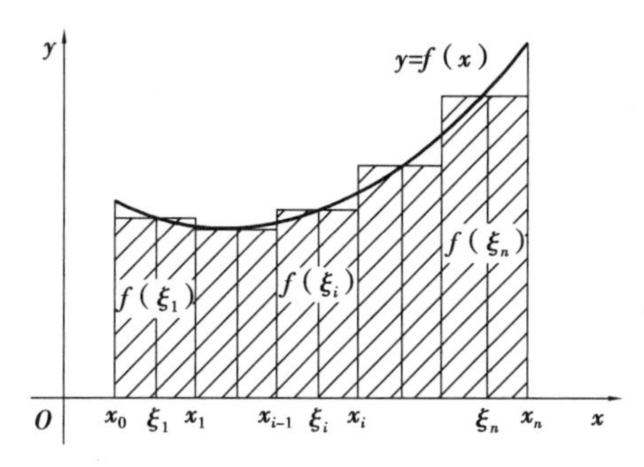


图 6-1

第一步:分割. 在区间$[a,b]$内任意插入 $n-1$ 个分点

$$a=x_0<x_1<x_2<\cdots<x_n=b,$$

将该区间$[a,b]$分成 $n$ 个小区间$[x_{i-1},x_i]$($i=1,2,3,\cdots,n$)(称为$[a,b]$的一个分割),并分别记小区间的长度为 $\Delta x_i=x_i-x_{i-1}$($i=1,2,3,\cdots,n$),相应地把曲边梯形分割成 $n$ 个窄曲边梯形.

第二步:近似. 即"以直代曲",在小区间$[x_{i-1},x_i]$上任取一点 $\xi_i$,以$f(\xi_i)$为高,以 $\Delta x_i$ 为底的小矩形面积$f(\xi_i)\Delta x_i$ 作为窄曲边梯形面积的近似值,从而在$[x_{i-1},x_i]$上以直线 $y=f(\xi_i)$代替曲边 $y=f(x)$,有

$$\Delta A_i\approx f(\xi_i)\Delta x_i,i=1,2,3,\cdots,n.$$

第三步:作和. 把所有小矩形的面积相加,得整个曲边梯形面积的近似值,即

$$A=\sum_{i=1}^{n}\Delta A_i\approx\sum_{i=1}^{n}f(\xi_i)\Delta x_i.$$

第四步:逼近. 显然,随着区间$[a,b]$内的分点不断增加,第三步所得近似值的精确度将不断提高,并不断逼近曲边梯形面积的精确值. 记最大的小区间长度为 $\lambda$,即 $\lambda=\{\Delta x_1,\Delta x_2,\cdots,\Delta x_n\}$,并令 $\lambda\to 0$,取上述和式的极限,就得到了曲边梯形的面积

$$A=\lim_{\lambda\to 0}\sum_{i=1}^{n}f(\xi_i)\Delta x_i.$$

**想一想**

求曲边梯形的面积采用了“大化小，常代变，近似和，取极限”四步法，从而完成了从量变到质变的飞跃，解决了问题. 我们应如何运用解决曲边梯形面积的思想来解决生活和工作中遇到的难题呢？

**2. 变力沿直线所做的功**

设质点 $m$ 在一个与 $Ox$ 轴平行，大小为 $F$ 的力作用下，沿 $Ox$ 轴从点 $x=a$ 移动到点 $x=b$，求该力所做的功.

如果 $F$ 是常量，那么由物理学知，所做的功为

$$W = F(b-a).$$

如果 $F$ 不是常量，而是与质点所处的位置 $x$ 有关的函数 $F=f(x)$，那么是变力做功问题，上述公式就不能使用.

问题的困难在于质点在不同的位置上，所受到的力大小不同，类似于曲边梯形的分析，采取以下步骤.

第一步：分割. 在区间 $[a,b]$ 内任意插入 $n-1$ 个分点

$$a = x_0 < x_1 < x_2 < \cdots < x_n = b,$$

把区间 $[a,b]$ 分成 $n$ 个小区间 $[x_{i-1},x_i]$ $(i=1,2,3,\cdots,n)$，并分别记小区间的长度为 $\Delta x_i = x_i - x_{i-1}$ $(i=1,2,3,\cdots,n)$.

第二步：近似. 即“以不变代变”，在小区间 $[x_{i-1},x_i]$ 上任取一点 $\xi_i$，以该点处的力 $f(\xi_i)$ 代替小区间 $[x_{i-1},x_i]$ 上的变力 $f(x)$，则区间 $[x_{i-1},x_i]$ 上所做的功 $\Delta W_i$ 有近似值

$$\Delta W_i \approx f(\xi_i)\Delta x, i=1,2,3,\cdots,n.$$

第三步：作和. 在区间 $[a,b]$ 上所做的功 $W$ 的近似值是所有小区间上所做的功的近似值之和，即

$$W \approx \sum_{i=1}^{n} f(\xi_i)\Delta x_i.$$

第四步：逼近. 让区间 $[a,b]$ 内的分点无限增加，令最大的小区间的长度 $\lambda = \max\limits_{1\leqslant i\leqslant n}\{\Delta x_i\} \to 0$，则上述和式的极限，就是变力 $F=f(x)$ 使质点 $m$ 从点 $x=a$ 移动到点 $x=b$ 所做的功，即

$$W = \lim_{\lambda\to 0}\sum_{i=1}^{n} f(\xi_i)\Delta x_i.$$

**3. 直线变速运动的路程**

设质点 $m$ 以速度 $v$ 沿 $Ox$ 轴做直线运动，计算物体在时间间隔 $[a,b]$ 所经过的路程.

如果 $v$ 是常量，那么由物理学知，所经过的路程为

$$s = v(b-a).$$

如果 $v$ 不是常量，而是与时间 $t$ 有关的函数 $v=v(t)$，那么是变速直线运动问题，上述公式就不能使用.

问题的困难在于质点在不同时刻，速度的大小不同，同样类似于曲边梯形的分析，我们采取以下步骤.

第一步，分割. 在区间$[a,b]$内任意插入$n-1$个分点

$$a=t_0<t_1<t_2<\cdots<t_n=b,$$

把区间$[a,b]$分成$n$个小区间$[t_{i-1},t_i]$$(i=1,2,3,\cdots,n)$，并分别记小区间的长度为$\Delta t_i=t_i-t_{i-1}$$(i=1,2,3,\cdots,n)$.

第二步，近似. 即“以不变代变”，在小区间$[t_{i-1},t_i]$上任取一点$\xi_i$，以该点处的速度$v(\xi_i)$代替小区间$[t_{i-1},t_i]$上的变速度$v(x)$，则小区间$[t_{i-1},t_i]$上所经过的路程$\Delta s_i$有近似值

$$\Delta s_i\approx v(\xi_i)\Delta t_i,i=1,2,3,\cdots,n.$$

第三步，作和. 在区间$[a,b]$上所经过的路程$s$的近似值是所有小区间上所经过的路程近似值之和，即

$$s=\sum_{i=1}^{n}v(\xi_i)\Delta t_i.$$

第四步，逼近. 让区间$[a,b]$内的分点无限增加，令最大的小区间的长度$\lambda=\max\limits_{1\leqslant i\leqslant n}\{\Delta t_i\}\to 0$，则上述和式的极限，就是质点$m$以速度$v(t)$从时刻$t=a$到时刻$t=b$所经过的路程

$$s=\lim_{\lambda\to 0}\sum_{i=1}^{n}v(\xi_i)\Delta t_i.$$

## 二、定积分的定义

通过对前面问题的分析我们可以看出，不论是功、路程还是面积，尽管它们考虑的是不同的内容，但描述问题的数学模型却完全一样，都是“和式”的极限. 用这种方法描述量在科学技术和经济管理领域中应用十分广泛，如旋转体的体积、曲线的长度、液体中闸门的静压力以及经济学中的求某些经济总量问题等. 抛开这些问题的具体意义，抓住它们在数量关系上共同的特性与本质加以概括，可以得到定积分的定义.

**定义**　设函数$f(x)$是区间$[a,b]$上的有界函数，在$[a,b]$上任意插入$n-1$个分点

$$a=x_0<x_1<x_2<\cdots<x_n=b$$

将该区间$[a,b]$分成$n$个小区间$[x_{i-1},x_i]$$(i=1,2,3,\cdots,n)$，小区间的长度分别记为$\Delta x_i=x_i-x_{i-1}$$(i=1,2,3,\cdots,n)$，在每一小区间$[x_{i-1},x_i]$内任取一点$\xi_i(x_{i-1}\leqslant\xi_i\leqslant x_i)$，作和式

$$\sum_{i=1}^{n}f(\xi_i)\Delta x_i.$$

如果当$\lambda=\max\limits_{1\leqslant i\leqslant n}\{\Delta x_i\}\to 0$时，上述和式极限存在，且与区间$[a,b]$的分割无关，与$\xi_i$的选取无关，则称函数$f(x)$在区间$[a,b]$上是可积的，该极限值就称为函数$f(x)$在$[a,b]$上的定积分，并记为$\int_a^b f(x)\mathrm{d}x$，即

$$\int_a^b f(x)\mathrm{d}x=\lim_{\lambda\to 0}\sum_{i=1}^{n}f(\xi_i)\Delta x_i,$$

其中函数$f(x)$称为被积函数，$f(x)\mathrm{d}x$称为被积表达式，$[a,b]$称为积分区间，$a$和$b$分别称为定积分的下限和上限，而$x$则称为积分变量.

利用定积分的定义，前面所讨论的问题分别表述如下：

曲线$y=f(x)$$(f(x)>0)$，$x$轴与直线$x=a$，$x=b$所围成的曲边梯形的面积$A$等于函数$y=$

$f(x)$在区间$[a,b]$上的定积分,即

$$A=\int_a^b f(x)\,dx.$$

质点在变力$F=f(x)$作用下,沿$Ox$轴从点$x=a$移动到点$x=b$,变力沿直线所做的功$W$等于函数$y=f(x)$在区间$[a,b]$上的定积分,即

$$W=\int_a^b f(x)\,dx.$$

物体以速度$v(t)$在时间间隔$[a,b]$所经过的路程等于函数$v(t)$在区间$[a,b]$上的定积分,即

$$s=\int_a^b v(t)\,dt.$$

对于定积分的定义,还应注意:

(1)定积分是一种和式的极限,其值是一个实数,其大小与被积函数$f(x)$和积分区间$[a,b]$有关,而与积分变量的记号无关,如$\int_a^b f(x)\,dx$, $\int_a^b f(t)\,dt$, $\int_a^b f(u)\,du$等都表示同一个定积分,这是因为和式$\sum_{i=1}^{n} f(\xi_i)\Delta x_i$中变量采用什么记号与其极限无关.

(2) $\int_a^a f(x)\,dx=0$及$\int_a^b f(x)\,dx=-\int_b^a f(x)\,dx$.

(3)关于函数的可积性,下面给出两个不加证明的定理.

**定理1**　如果函数$f(x)$在$[a,b]$上连续,则$f(x)$在$[a,b]$上可积.

**定理2**　如果函数$f(x)$在$[a,b]$上只有有限个第一类间断点,则$f(x)$在$[a,b]$上可积.

**例1**　利用定积分的定义计算定积分$\int_0^1(2x+1)\,dx$.

**解**　由于和式的极限与区间的分割无关,与$\xi_i$的选取无关,所以我们把区间$[0,1]$ $n$等分,且取$\xi_i$为区间$[x_{i-1},x_i]$的右端点,则有

$$\Delta x_i=\frac{1}{n},\xi_i=\frac{i}{n},f(\xi_i)=\frac{2i}{n}+1,$$

从而

$$\sum_{i=1}^{n} f(\xi_i)\Delta x_i=\sum_{i=1}^{n}\left(\frac{2i}{n}+1\right)\frac{1}{n}=\frac{2}{n^2}\sum_{i=1}^{n} i+\frac{1}{n}\sum_{i=1}^{n} 1=\frac{1+n}{n}+1.$$

这里$\lambda=\frac{1}{n}$,当$\lambda\to 0$时,$n\to\infty$,于是有

$$\int_0^1(2x+1)\,dx=\lim_{\lambda\to 0}\sum_{i=1}^{n} f(\xi_i)\Delta x_i=\lim_{n\to\infty}\left(\frac{1+n}{n}+1\right)=2.$$

## 三、定积分的几何意义

我们知道,在不同的实际问题中,积分$\int_a^b f(x)\,dx$可以有完全不同的实际意义.但是在几何图形上,它都表示曲线$y=f(x)$(设$f(x)\geqslant 0$),$x$轴及直线$x=a$,$x=b$所围成的曲边梯形的

面积.

如果在区间$[a,b]$内$f(x)\geqslant 0$,则定积分$\int_a^b f(x)\,\mathrm{d}x$的数值等于曲线$y=f(x)$的下方、区间$[a,b]$的上方的这块曲边梯形的面积.

利用这一几何意义,可以从图形上直接计算简单的定积分的值. 例如自由落体的速度$v=gt$,它从0 s到$T$ s下落的路程是

$$s=\int_0^T v(t)\,\mathrm{d}t=\int_0^T gt\mathrm{d}t.$$

从图形上看(图6-3),$v=gt$是一条直线,斜率为$g$. 根据上面的讨论,$\int_0^T v(t)\,\mathrm{d}t$的值等于直线$v=gt$下方,区间$[0,T]$上方的三角形的面积,所以$s=\int_0^T gt\mathrm{d}t=\frac{1}{2}\cdot gT\cdot T=\frac{1}{2}gT^2$.

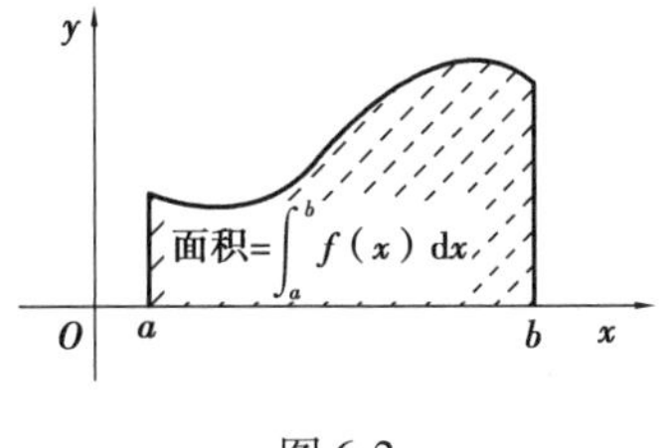


图6-2

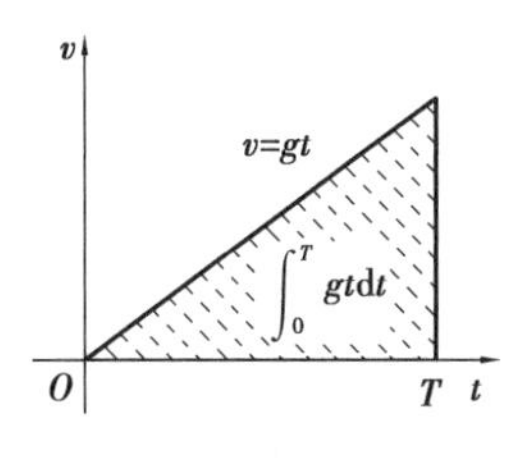


图6-3

若要求出自由落体在时间区间$[a,b]$内下落的路程,则由图6-4可以看出,应等于梯形$abBA$的面积,即$s=\int_a^b gt\mathrm{d}t=$梯形$abBA$的面积$=\triangle OBb$的面积$-\triangle OaA$的面积$=\frac{1}{2}gb^2-\frac{1}{2}ga^2$.

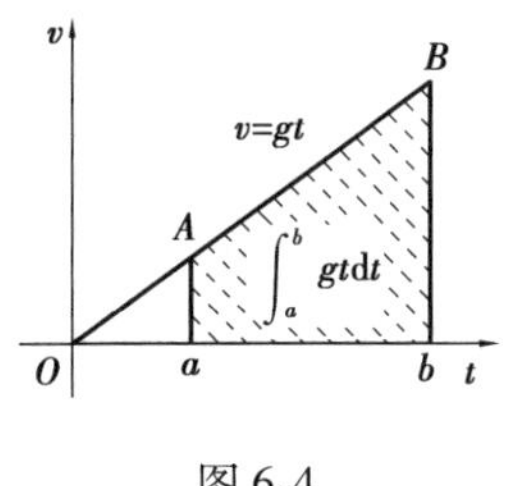


图6-4

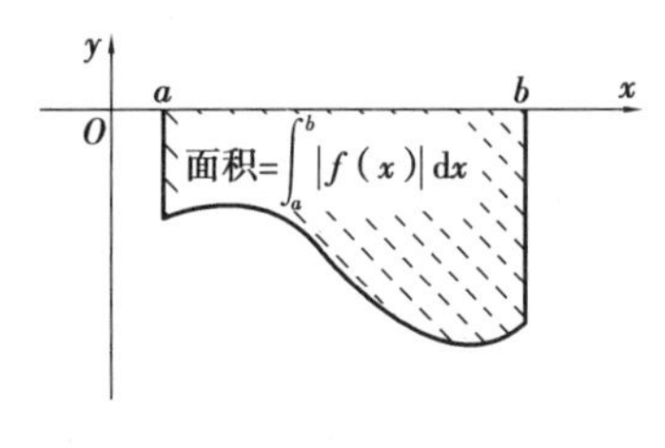


图6-5

当$f(x)\leqslant 0$时,即曲边梯形在$x$轴的下方时(图6-5),定积分$\int_a^b f(x)\,\mathrm{d}x$表示这个曲边梯形面积的负值. 这是因为,在定义$\int_a^b f(x)\,\mathrm{d}x=\lim\limits_{\mu\to 0}\sum\limits_{i=1}^{n}f(\xi_i)\Delta x_i$中$f(\xi_i)\Delta x_i<0(\Delta x_i>0)$,所以$\int_a^b f(x)\,\mathrm{d}x$应为负值. 这时

$$\int_a^b f(x)\,\mathrm{d}x=-(\text{曲边梯形面积}).$$

例如,求积分$\int_0^1(-\sqrt{1-x^2})\,\mathrm{d}x$. 这个积分就是下半个单位圆面积负值的1/2(图6-6),即

$$\int_0^1(-\sqrt{1-x^2})\,\mathrm{d}x=-\frac{1}{4}\pi.$$

当$f(x)$在$[a,b]$上有正有负时(图6-7),则定积分的几何意义是介于直线$x=a,x=b$之

间,$x$ 轴之上、下相应的曲边梯形面积的代数和,即

$$\int_a^b f(x)\,dx = A - B + C - D.$$

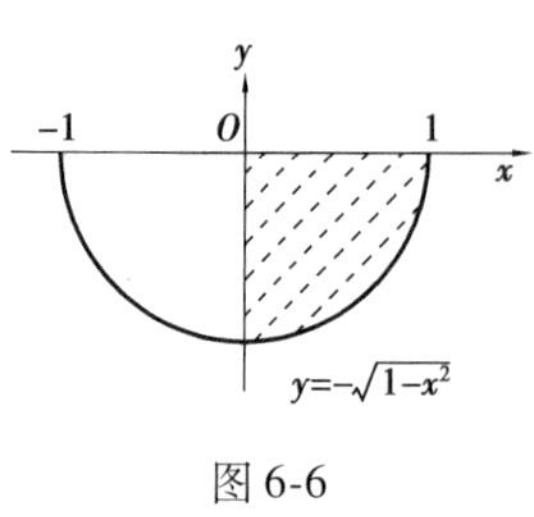


图 6-6

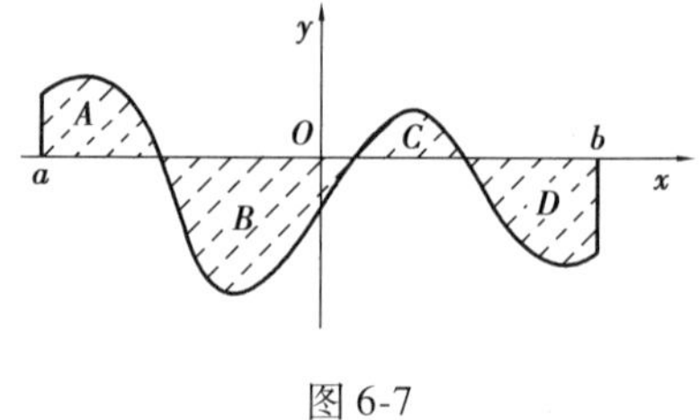


图 6-7

## 四、定积分的基本性质

以下总假设所讨论的函数在给定的区间上是可积的,在作几何说明时又假设所给函数是非负的.

**性质 1** 常数因子 $k$ 可以提到定积分号前,即

$$\int_a^b kf(x)\,dx = k\int_a^b f(x)\,dx.$$

**证明** 根据定积分的定义及极限的基本性质,有

$$\int_a^b kf(x)\,dx = \lim_{\lambda\to 0}\sum_{i=1}^{n} kf(\xi_1)\Delta x_i = \lim_{\lambda\to 0} k\sum_{i=1}^{n} f(\xi_i)\Delta x_i = k\lim_{\lambda\to 0}\sum_{i=1}^{n} f(\xi_i)\Delta x_i = k\int_a^b f(x)\,dx.$$

**性质 2** 代数和的积分等于积分的代数和,即

$$\int_a^b [f(x) \pm g(x)]\,dx = \int_a^b f(x)\,dx \pm \int_a^b g(x)\,dx.$$

证明方法与性质 1 类似.

由性质 1 和性质 2 可得

$$\int_a^b [k_1 f(x) \pm k_2 g(x)]\,dx = k_1\int_a^b f(x)\,dx \pm k_2\int_a^b g(x)\,dx,\text{其中 } k_1 \text{ 和 } k_2 \text{ 是常数}.$$

**性质 3(定积分对积分区间的可加性)** 对任意 3 个常数 $a,b,c$,总有

$$\int_a^b f(x)\,dx = \int_a^c f(x)\,dx + \int_c^b f(x)\,dx.$$

对上式作几何说明:

(1)当 $a<c<b$ 时,由定积分的几何意义(图 6-8),可知曲边梯形 $aABb$ 的面积=曲边梯形 $aACc$ 的面积+曲边梯形 $cCBb$ 的面积,即

$$\int_a^b f(x)\,dx = \int_a^c f(x)\,dx + \int_c^b f(x)\,dx.$$

(2)当 $a<b<c$ 时,由(1)应有

$$\int_a^c f(x)\,dx = \int_a^b f(x)\,dx + \int_b^c f(x)\,dx,$$

移项,有

$$\int_a^b f(x)\,dx = \int_a^c f(x)\,dx - \int_b^c f(x)\,dx,$$

对等式右端的第二个积分,交换上、下限,有

$$\int_a^b f(x)\,dx = \int_a^c f(x)\,dx + \int_c^b f(x)\,dx.$$

其他情形可类似讨论.

**例2**　设函数$f(x)=\begin{cases}\sqrt{9-x^2},-3\leqslant x\leqslant 0\\3,0\leqslant x\leqslant 3\end{cases}$,求$\int_{-3}^{3}f(x)\,dx$.

**解**　函数$f(x)$在$[-3,3]$上的定积分,其几何意义如图6-9所示. 由定积分对积分区间的可加性,再根据定积分的几何意义,有

$$\int_{-3}^{3} f(x)\,dx = \int_{-3}^{0} f(x)\,dx + \int_0^3 f(x)\,dx = \int_{-3}^{0}\sqrt{9-x^2}\,dx + \int_0^3 3\,dx$$

$$= \frac{\pi\cdot 3^2}{4} + 3\times 3 = \frac{9\pi}{4} + 9.$$

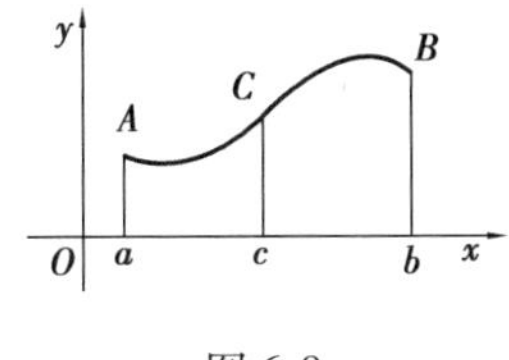


图6-8

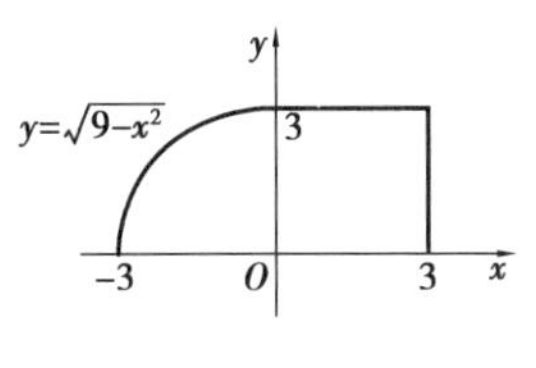


图6-9

**性质4(比较性质)**　若函数$f(x)$和$g(x)$在$[a,b]$上总有$f(x)\leqslant g(x)$,则有

$$\int_a^b f(x)\,dx \leqslant \int_a^b g(x)\,dx.$$

**推论(保号性)**　若$f(x)\geqslant 0, x\in[a,b]$,则$\int_a^b f(x)\,dx \geqslant 0$.

**例3**　比较下列积分的大小.

(1) $\int_0^1 x^2\,dx$ 和 $\int_0^1 x^3\,dx$;(2) $\int_1^2 \ln x\,dx$ 和 $\int_1^2 \ln^2 x\,dx$.

**解**　(1)在区间$[0,1]$上,$x^2\geqslant x^3$,因此由性质4,有$\int_0^1 x^2\,dx\geqslant\int_0^1 x^3\,dx$.

(2)在区间$[1,2]$上,因为$0\leqslant \ln x\leqslant 1$,所以$\ln x\geqslant \ln^2 x$,因此由性质4,有

$$\int_1^2 \ln x\,dx \geqslant \int_1^2 \ln^2 x\,dx.$$

**性质5(估值定理)**　若函数$f(x)$在区间$[a,b]$上的最大值和最小值分别为$M$和$m$,则

$$m(b-a) \leqslant \int_a^b f(x)\,dx \leqslant M(b-a).$$

**证**　由于$m\leqslant f(x)\leqslant M$,再根据性质4和性质1,有

$$m\int_a^b dx = \int_a^b m\,dx \leqslant \int_a^b f(x)\,dx \leqslant \int_a^b M\,dx = M\int_a^b dx,$$

又因为$\int_a^b dx=b-a$,所以有

$$m(b-a) \leqslant \int_a^b f(x)\,dx \leqslant M(b-a).$$

**例 4** 估计定积分 $I=\int_1^3(x^2+1)\,dx$ 的值.

**解** 在区间[1,3]上,函数 $f(x)=x^2+1$ 是连续递增函数,于是函数 $f(x)$ 在该区间上的最大值 $M=f(3)=10$,最小值 $m=f(1)=2$,所以由性质 5,有

$$4=2(3-1)\leqslant I=\int_1^3(x^2+1)\,dx\leqslant 10(3-1)=20.$$

**性质 6(积分的绝对值小于等于绝对值的积分)**

$$\left|\int_a^b f(x)\,dx\right|\leqslant\int_a^b|f(x)|\,dx.$$

**证** 根据绝对值的性质,有

$$-|f(x)|\leqslant f(x)\leqslant|f(x)|.$$

由性质 4,得

$$-\int_a^b|f(x)|\,dx\leqslant\int_a^b f(x)\,dx\leqslant\int_a^b|f(x)|\,dx.$$

从而,有

$$\left|\int_a^b f(x)\,dx\right|\leqslant\int_a^b|f(x)|\,dx.$$

**性质 7(积分中值定理)** 若函数 $f(x)$ 在$[a,b]$上连续,则在$[a,b]$内至少存在一点 $\xi$,使得

$$\int_a^b f(x)\,dx=f(\xi)(b-a),\xi\in[a,b],$$

这个式子也可以写成

$$f(\xi)=\frac{1}{b-a}\int_a^b f(x)\,dx,\xi\in[a,b].$$

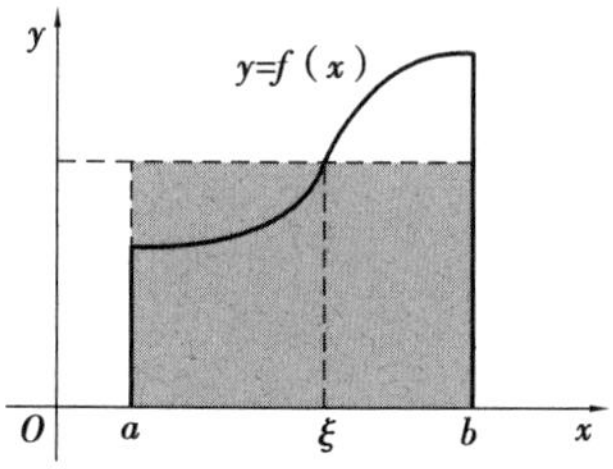

积分中值定理的几何意义是:$[a,b]$上的连续曲线 $y=f(x)$ 所对应的曲边梯形的面积与同一底边,高为 $f(\xi)$ 的矩形面积相等,如图 6-10 所示.

图 6-10

**例 5** 由定积分的几何意义,确定函数 $f(x)=\sqrt{4-x^2}$ 在$[-2,2]$上的平均值.

**解** 由定积分的几何意义及性质 7 得函数 $f(x)=\sqrt{4-x^2}$ 在$[-2,2]$上的平均值为

$$f(\xi)=\frac{1}{2-(-2)}\int_{-2}^2\sqrt{4-x^2}\,dx=\frac{1}{4}\cdot\frac{\pi\cdot 2^2}{2}=\frac{\pi}{2}.$$

## 第二节　微积分基本公式

定积分与不定积分是两个完全不同的概念,本节将讨论两者之间的关系,即微积分基本定理,从而得到定积分的有效计算方法.

## 一、积分上限的函数及其导数

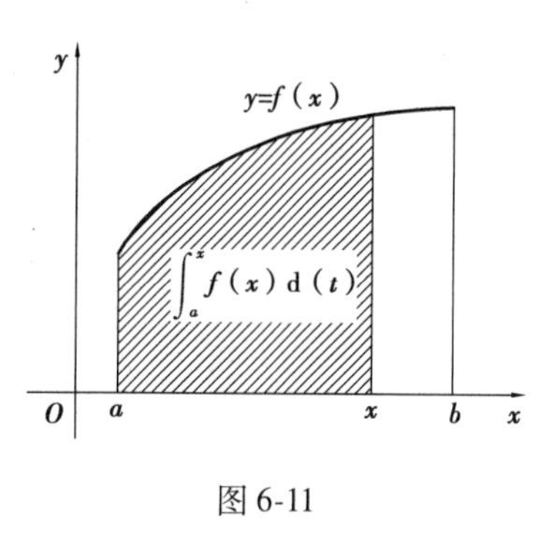

图 6-11

设函数$f(x)$在区间$[a,b]$上连续，$x$为区间$[a,b]$上任意一点，则$f(x)$在区间$[a,x]$上可积，即$f(x)$在区间$[a,x]$上的积分$\int_a^x f(x)\,\mathrm{d}x$存在. 这里字母$x$既出现在被积表达式中，是积分变量，又出现在积分限中，是积分上限. 为避免混淆，把积分变量改用其他字母，如$t$，即改为$\int_a^x f(t)\,\mathrm{d}t$. 由于积分下限为定数$a$，上限$x$在区间$[a,b]$上变化，故定积分$\int_a^x f(t)\,\mathrm{d}t$的值随$x$的变化而变化，由函数的定义知$\int_a^x f(t)\,\mathrm{d}t$是上限$x$的函数（称为变上限积分），如图 6-11 所示，记为$\Phi(x)$，即

$$\Phi(x)=\int_a^x f(t)\,\mathrm{d}t, x\in[a,b].$$

关于变上限积分有如下定理.

**定理 1**　设函数$f(x)$在区间$[a,b]$上连续，则函数$\Phi(x)=\int_a^x f(t)\,\mathrm{d}t$在区间$[a,b]$上可导，且其导数为$f(x)$，即

$$\frac{\mathrm{d}}{\mathrm{d}x}\Phi(x)=\frac{\mathrm{d}}{\mathrm{d}x}\int_a^x f(t)\,\mathrm{d}t=f(x).$$

证明略.

定理表明在某区间上连续的函数$f(x)$，其变上限积分$\int_a^x f(t)\,\mathrm{d}t$是$f(x)$的一个原函数. 于是我们可以得到定理 2.

**定理 2（原函数存在定理）**　若$f(x)$在区间$[a,b]$上连续，在该区间上，$f(x)$的原函数存在.

证明略.

**例 1**　求（1）$\frac{\mathrm{d}}{\mathrm{d}x}\int_0^x \mathrm{e}^{-t}\mathrm{d}t$；（2）$\frac{\mathrm{d}}{\mathrm{d}x}\int_0^{x^2} \mathrm{e}^{-t}\mathrm{d}t$；（3）$\frac{\mathrm{d}}{\mathrm{d}x}\int_x^{x^2} \mathrm{e}^{-t}\mathrm{d}t$.

**解**　（1）$f(t)=\mathrm{e}^{-t}$是连续函数，由定理 1 得$\frac{\mathrm{d}}{\mathrm{d}x}\int_0^x \mathrm{e}^{-t}\mathrm{d}t=\mathrm{e}^{-x}$.

（2）设$u=x^2$，由复合函数的求导法则得

$$\frac{\mathrm{d}}{\mathrm{d}x}\int_0^{x^2}\mathrm{e}^{-t}\mathrm{d}t=\frac{\mathrm{d}}{\mathrm{d}u}\int_0^{u}\mathrm{e}^{-t}\mathrm{d}t\cdot\frac{\mathrm{d}u}{\mathrm{d}x}=\mathrm{e}^{-u}\cdot 2x=2x\mathrm{e}^{-x^2}.$$

（3）由定积分的性质，对任意常数$a$，$\int_x^{x^2}\mathrm{e}^{-t}\mathrm{d}t=\int_x^{a}\mathrm{e}^{-t}\mathrm{d}t+\int_a^{x^2}\mathrm{e}^{-t}\mathrm{d}t=\int_a^{x^2}\mathrm{e}^{-t}\mathrm{d}t-\int_a^{x}\mathrm{e}^{-t}\mathrm{d}t$，于是

$$\frac{\mathrm{d}}{\mathrm{d}x}\int_x^{x^2}\mathrm{e}^{-t}\mathrm{d}t=\frac{\mathrm{d}}{\mathrm{d}x}\int_a^{x^2}\mathrm{e}^{-t}\mathrm{d}t-\frac{\mathrm{d}}{\mathrm{d}x}\int_a^{x}\mathrm{e}^{-t}\mathrm{d}t=2x\mathrm{e}^{-x^2}-\mathrm{e}^{-x}.$$

由此可见，变限积分是变限的函数，它是一类构造形式全新的函数. 变限积分对变限的导数是一类新型函数的求导问题，完全可以与求导有关的内容相结合，如利用导数的运算法则，

洛必达法则求极限,判别函数的单调性,求极值等.

**例2** 设 $\Phi(x)=(2x+1)\int_0^x(2t+1)\mathrm{d}t$,求 $\Phi'(x)$ 和 $\Phi''(x)$.

**解** $\Phi'(x)=(2x+1)'\int_0^x(2t+1)\mathrm{d}t+(2x+1)\left(\int_0^x(2t+1)\mathrm{d}t\right)'=2\int_0^x(2t+1)\mathrm{d}t+(2x+1)^2$.

$\Phi''(x)=\left(2\int_0^x(2t+1)\mathrm{d}t+(2x+1)^2\right)'=2(2x+1)+2(2x+1)\cdot 2=6(2x+1)$.

**例3** 求下列极限.

(1) $\lim\limits_{x\to 0}\dfrac{\int_0^x \sin t\mathrm{d}t}{x^2}$;(2) $\lim\limits_{x\to\infty}\dfrac{\int_a^x\left(1+\frac{1}{t}\right)^t\mathrm{d}t}{x}$($a>0$ 是常数).

**解** (1) $\lim\limits_{x\to 0}\dfrac{\int_0^x \sin t\mathrm{d}t}{x^2}=\lim\limits_{x\to 0}\dfrac{\left(\int_0^x \sin t\mathrm{d}t\right)'}{(x^2)'}=\lim\limits_{x\to 0}\dfrac{\sin x}{2x}=\dfrac{1}{2}$.

(2) $\lim\limits_{x\to\infty}\dfrac{\int_a^x\left(1+\frac{1}{t}\right)^t\mathrm{d}t}{x}=\lim\limits_{x\to\infty}\dfrac{\left(\int_a^x\left(1+\frac{1}{t}\right)^t\mathrm{d}t\right)'}{(x)'}=\lim\limits_{x\to\infty}\left(1+\dfrac{1}{x}\right)^x=\mathrm{e}$.

**例4** 证明:函数 $\Phi(x)=\int_0^{x^2}t\mathrm{e}^{-t}\mathrm{d}t$,当 $x>0$ 时单调增加.

**证** $\Phi'(x)=\left(\int_0^{x^2}t\mathrm{e}^{-t}\mathrm{d}t\right)'=x^2\mathrm{e}^{-x^2}2x=2x^3\mathrm{e}^{-x^2}$,当 $x>0$ 时,$\Phi'(x)>0$,故 $\Phi(x)$ 当 $x>0$ 时单调增加.

## 二、牛顿-莱布尼茨公式

**定理3** 设函数 $f(x)$ 在区间 $[a,b]$ 上连续,且 $F(x)$ 是它在该区间上的一个原函数,则有

$$\int_a^b f(x)\mathrm{d}x=F(b)-F(a).$$

**证** 由定理1知,$\int_a^x f(t)\mathrm{d}t$ 是 $f(x)$ 的一个原函数. $F(x)$ 也是 $f(x)$ 的一个原函数,则两个原函数 $\int_a^x f(t)\mathrm{d}t$ 和 $F(x)$ 之间相差一个常数 $C$,即

$$\int_a^x f(t)\mathrm{d}t=F(x)+C.$$

当 $x=a$ 时,由于左端 $\int_a^a f(t)\mathrm{d}t=0$,所以 $C=-F(a)$.

当 $x=b$ 时,左端是 $\int_a^b f(t)\mathrm{d}t$,右端为 $F(b)-F(a)$.

这就得出
$$\int_a^b f(t)\mathrm{d}t=F(b)-F(a),$$

对于定积分来说,$\int_a^b f(t)\mathrm{d}t$ 与 $\int_a^b f(x)\mathrm{d}x$ 是相等的,因此再写成

$$\int_a^b f(x)\mathrm{d}x=F(b)-F(a)=F(x)\Big|_a^b.$$

这就是著名的牛顿-莱布尼兹公式. 鉴于这个公式的重要性,我们也把它称为**微积分基本公式**.

公式表明:定积分的计算不必用和式的极限,而是利用不定积分来计算,即函数$f(x)$在区间$[a,b]$上的定积分的值等于$f(x)$的任意一个原函数$F(x)$在区间两个端点处函数值之差$F(b)-F(a)$. 这就是定积分的计算方法.

例如,因为$(\sin x)'=\cos x$,所以$\sin x$是$\cos x$的一个原函数,故$\int_0^{\pi}\cos x\mathrm{d}x=\sin\pi-\sin 0=0$;因为$(x^2)'=2x$,所以$x^2$是$2x$的一个原函数,故$\int_1^2(2x)\mathrm{d}x=2^2-1^2=3$;再如,因为$\frac{1}{x}$的一个原函数是$\ln x$,于是$\int_1^{e}\frac{1}{x}\mathrm{d}x=\ln x\Big|_1^{e}=\ln e-\ln 1=1$.

**例 5**　计算$\int_0^1 x^2\mathrm{d}x$.

**解**　由于$\frac{x^3}{3}$是$x^2$的一个原函数,因此按照牛顿-莱布尼茨公式,有$\int_0^1 x^2\mathrm{d}x=\frac{x^3}{3}\Big|_0^1=\frac{1^3}{3}-\frac{0^3}{3}=\frac{1}{3}$.

**例 6**　计算$\int_{-1}^1\frac{1}{1+x^2}\mathrm{d}x$.

**解**　由于$\arctan x$是$\frac{1}{1+x^2}$的一个原函数,因此

$$\int_{-1}^1\frac{1}{1+x^2}\mathrm{d}x=\arctan x\Big|_{-1}^1=\arctan 1-\arctan(-1)=\frac{\pi}{4}-\left(-\frac{\pi}{4}\right)=\frac{\pi}{2}.$$

**例 7**　计算$\int_0^1(2-3\cos x)\mathrm{d}x$.

**解**　由于$f(x)=2-3\cos x$的原函数为$F(x)=2x-3\sin x$,故

$$\int_0^1(2-3\cos x)\mathrm{d}x=2x-3\sin x\Big|_0^1=2-3\sin 1.$$

**例 8**　设函数$f(x)=\begin{cases}x+1, x\geqslant 0\\ e^{-x}, x<0\end{cases}$,计算$\int_{-1}^2 f(x)\mathrm{d}x$.

**解**　由性质 3,有

$$\int_{-1}^2 f(x)\mathrm{d}x=\int_{-1}^0 f(x)\mathrm{d}x+\int_0^2 f(x)\mathrm{d}x=\int_{-1}^0 e^{-x}\mathrm{d}x+\int_0^2(x+1)\mathrm{d}x$$

$$=-e^{-x}\Big|_{-1}^0+\left(\frac{x^2}{2}+x\right)\Big|_0^2=e+3.$$

**例 9**　计算$\int_0^{\pi}\sqrt{1+\cos 2x}\mathrm{d}x$.

**解**　$\int_0^{\pi}\sqrt{1+\cos 2x}\mathrm{d}x=\int_0^{\pi}\sqrt{2\cos^2 x}\mathrm{d}x=\sqrt{2}\int_0^{\pi}|\cos x|\mathrm{d}x=\sqrt{2}\left[\int_0^{\frac{\pi}{2}}\cos x\mathrm{d}x+\int_{\frac{\pi}{2}}^{\pi}-\cos x\mathrm{d}x\right]$

$$=\sqrt{2}\left[\sin x\Big|_0^{\frac{\pi}{2}}-\sin x\Big|_{\frac{\pi}{2}}^{\pi}\right]=2\sqrt{2}.$$

**例 10**　汽车以每小时 36 km 的速度行驶,到某处需要减速停车,设汽车以等加速度$a=-5\ \mathrm{m/s^2}$

刹车，问从开始刹车到停车，汽车行驶的距离有多远？

**解** 设开始刹车的时刻为 $t=0$，则此时汽车速度为 $v_0=\dfrac{36\times1\ 000}{3\ 600}\ \mathrm{m/s}=10\ \mathrm{m/s}$. 汽车刹车后减速行驶，其速度为 $v(t)=v_0+at=10-5t$，当汽车停住时，速度 $v(t)=0$，故从 $v(t)=10-5t=0$，解得 $t=2$. 于是这段时间内，汽车所驶过的距离为

$$s=\int_0^2 v(t)\,\mathrm{d}t=\int_0^2(10-5t)\,\mathrm{d}t=\left(10t-\frac{5}{2}t^2\right)\Bigg|_0^2=10\ \mathrm{m}.$$

即刹车后，汽车需要走 10 m 才能停住.

## 第三节 定积分的计算

### 一、利用基本公式计算定积分

**例 1** $\displaystyle\int_0^{\frac{\pi}{4}}\sin 2x\mathrm{d}x$.

**解** 因为 $\displaystyle\int\sin 2x\mathrm{d}x=\frac{1}{2}\int\sin 2x\mathrm{d}(2x)=-\frac{1}{2}\cos 2x+C$，于是得到 $\sin 2x$ 的一个原函数为$-\dfrac{1}{2}\cos 2x$，所以 $\displaystyle\int_0^{\frac{\pi}{4}}\sin 2x\mathrm{d}x=-\frac{1}{2}\cos 2x\Bigg|_0^{\frac{\pi}{4}}=\frac{1}{2}$.

**例 2** $\displaystyle\int_1^{\mathrm{e}}\frac{3+\ln x}{x}\mathrm{d}x$.

**解** 因为 $\displaystyle\int\frac{3+\ln x}{x}\mathrm{d}x=\int(3+\ln x)\,\mathrm{d}\ln x=\int(3+\ln x)\,\mathrm{d}(3+\ln x)=\frac{1}{2}(3+\ln x)^2+C$，所以 $\dfrac{3+\ln x}{x}$的一个原函数为$\dfrac{1}{2}(3+\ln x)^2$，于是 $\displaystyle\int_1^{\mathrm{e}}\frac{3+\ln x}{x}\mathrm{d}x=\frac{1}{2}(3+\ln x)^2\Bigg|_1^{\mathrm{e}}=\frac{7}{2}$.

**例 3** 计算由曲线 $y=x+\sin x$ 在 $x=0,x=\pi$ 之间及 $x$ 轴所围成的图形的面积 $S$.

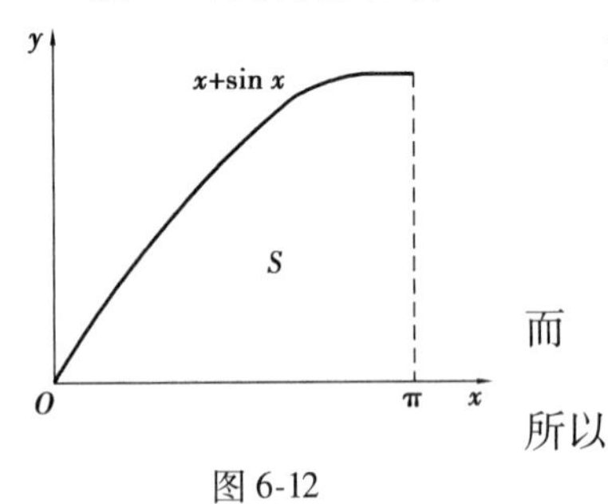

图 6-12

**解** 如图 6-12 所示，根据定积分的几何意义，其面积 $S$ 为

$$S=\int_0^{\pi}(x+\sin x)\,\mathrm{d}x.$$

而

$$\int(x+\sin x)\,\mathrm{d}x=\frac{1}{2}x^2-\cos x+C,$$

所以

$$S=\left(\frac{1}{2}x^2-\cos x\right)\Bigg|_0^{\pi}=2+\frac{\pi^2}{2}.$$

以上几个练习都是先进行不定积分运算求出原函数，然后再计算定积分，二者是分开完成的. 其实通常情况下是把二者合在一起一并完成.

**例4**　求 $\int_0^1 \frac{x^2}{1+x^2}dx$.

**解**　$\int_0^1 \frac{x^2}{1+x^2}dx=\int_0^1\left(1-\frac{1}{1+x^2}\right)dx=\int_0^1 dx-\int_0^1\frac{1}{1+x^2}dx=x\Big|_0^1-\arctan x\Big|_0^1=1-\frac{\pi}{4}$.

**例5**　求 $\int_0^{\frac{\pi}{4}}\tan^2 x dx$.

**解**　$\int_0^{\frac{\pi}{4}}\tan^2 xdx=\int_0^{\frac{\pi}{4}}(\sec^2 x-1)dx=\int_0^{\frac{\pi}{4}}\sec^2 xdx-\int_0^{\frac{\pi}{4}}dx=\tan x\Big|_0^{\frac{\pi}{4}}-x\Big|_0^{\frac{\pi}{4}}=1-\frac{\pi}{4}$.

**例6**　求椭圆$\frac{x^2}{a^2}+\frac{y^2}{b^2}=1$的面积.

**解**　因椭圆的图形关于 $x$ 轴、$y$ 轴都是对称的,所以只要计算第一象限这部分面积,然后乘以4倍即可,如图6-13所示.

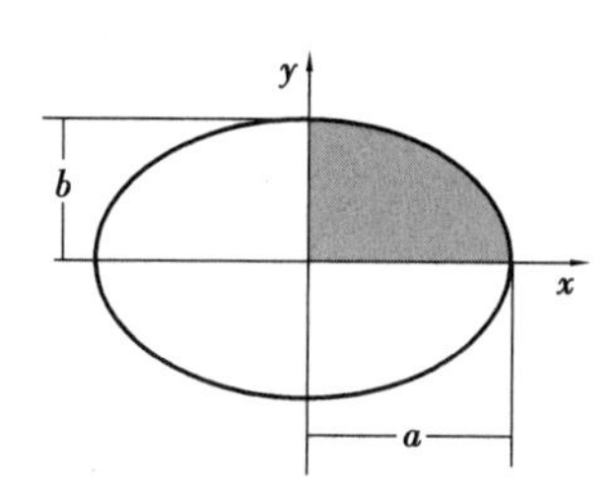


图6-13

从椭圆的方程可解出

$$y=\frac{b}{a}\sqrt{a^2-x^2}.$$

根据定积分的几何意义,椭圆面积为

$$A=4\int_0^a\frac{b}{a}\sqrt{a^2-x^2}dx=\frac{4b}{a}\int_0^a\sqrt{a^2-x^2}dx.$$

令 $x=a\sin t$,由第二类换元积分法可得

$$\int\sqrt{a^2-x^2}dx=\frac{x}{2}\sqrt{a^2-x^2}+\frac{a^2}{2}\arcsin\frac{x}{a}+C.$$

所以

$$A=\frac{4b}{a}\left(\frac{x}{2}\sqrt{a^2-x^2}+\frac{a^2}{2}\arcsin\frac{x}{a}\right)\Big|_0^a=\frac{4b}{a}\cdot\frac{a^2}{2}\cdot\frac{\pi}{2}=\pi ab$$

就是所求椭圆的面积.如果 $a=b$,就得到圆面积 $\pi a^2$.

在上面这个定积分的计算过程中,先作代换 $x=a\sin t$,得出对新变量 $t$ 的原函数后,再代回原来变量 $x$,最后用基本公式算出定积分的值.这样,问题虽然是解决了,但做起来往往不方便.下面介绍定积分的换元法,可简化此类定积分的计算过程.

## 二、定积分的换元法

由于牛顿-莱布尼茨公式已把求定积分的问题转化为求被积函数的原函数(或不定积分)的问题.这样,计算定积分仍然可以用已学过的求不定积分的换元积分法和分部积分法,而且思路基本一致,因此先给出如下定理.

**定理1**　设函数 $f(x)$ 在 $[a,b]$ 上连续,作变换 $x=\varphi(t)$,$\varphi(t)$ 满足以下条件:

(1) $\varphi(\alpha)=a,\varphi(\beta)=b$;

(2) 当 $t$ 在 $[\alpha,\beta]$(或 $[\beta,\alpha]$)上变化时,$x=\varphi(t)$ 的值在 $[a,b]$ 上变化;

(3) $\varphi(t)$ 在 $[\alpha,\beta]$(或 $[\beta,\alpha]$)上有连续的导函数 $\varphi'(t)$.

则有定积分的换元积分公式

$$\int_a^b f(x)\,\mathrm{d}x=\int_\alpha^\beta f(\varphi(t))\varphi'(t)\,\mathrm{d}t.$$

证明略.

这个公式与不定积分的换元公式类似,不同之处在于:定积分的换元积分法不必换回原积分变量,只需将积分限作相应改变,即“换元必换限”.

**例 7** 求 $\int_0^4 \frac{1}{1+\sqrt{x}}\mathrm{d}x$.

**解** 令$\sqrt{x}=t$,于是当 $x=0$ 时,$t=0$;$x=4$ 时,$t=2$;且 $\mathrm{d}x=2t\mathrm{d}t$.

由定积分的换元积分公式得

$$\int_0^4 \frac{1}{1+\sqrt{x}}\mathrm{d}x=\int_0^2 \frac{2t}{1+t}\mathrm{d}t=2\int_0^2\left(1-\frac{1}{1+t}\right)\mathrm{d}t=2(t-\ln(1+t))\Big|_0^2=2(2-\ln 3).$$

**例 8** 求 $\int_0^{\frac{1}{2}} \frac{x^2}{\sqrt{1-x^2}}\mathrm{d}x$.

**解** 令 $x=\sin t$,于是当 $x=0$ 时,$t=0$;$x=\frac{1}{2}$时,$t=\frac{\pi}{6}$;且 $\mathrm{d}x=\cos t\mathrm{d}t$,由定积分的换元积分公式得

$$\int_0^{\frac{1}{2}} \frac{x^2}{\sqrt{1-x^2}}\mathrm{d}x=\int_0^{\frac{\pi}{6}} \frac{\sin^2 t}{\cos t}\cos t\mathrm{d}t=\int_0^{\frac{\pi}{6}} \frac{1-\cos 2t}{2}\mathrm{d}t=\left[\frac{t}{2}-\frac{1}{4}\sin 2t\right]\Big|_0^{\frac{\pi}{6}}=\frac{\pi}{12}-\frac{\sqrt{3}}{8}.$$

**例 9** 求 $\int_0^1 \frac{x}{1+x^2}\mathrm{d}x$.

**解** 按不定积分的第一类换元积分法,设 $u=1+x^2$,则 $\mathrm{d}u=2x\mathrm{d}x$. 且当 $x=0$ 时,$u=1$;$x=1$ 时,$u=2$. 于是

$$\int_0^1 \frac{x}{1+x^2}\mathrm{d}x=\frac{1}{2}\int_1^2 \frac{1}{u}\mathrm{d}u=\frac{1}{2}\ln u\Big|_1^2=\frac{1}{2}\ln 2.$$

**注意**:像例 9 这类题目要用换元积分法,但可以不写出新的积分变量. 若不写出新的积分变量,也就无须换限,因此可以按下面的形式来计算

$$\int_0^1 \frac{x}{1+x^2}\mathrm{d}x=\frac{1}{2}\int_0^1 \frac{1}{1+x^2}\mathrm{d}(1+x^2)=\frac{1}{2}\ln(1+x^2)\Big|_0^1=\frac{1}{2}\ln 2.$$

**例 10** 求 $\int_0^{\ln 2} \mathrm{e}^x(1+\mathrm{e}^x)^2\mathrm{d}x$.

**解** $\int_0^{\ln 2} \mathrm{e}^x(1+\mathrm{e}^x)^2\mathrm{d}x=\int_0^{\ln 2}(1+\mathrm{e}^x)^2\mathrm{d}(1+\mathrm{e}^x)=\frac{1}{3}(1+\mathrm{e}^x)^3\Big|_0^{\ln 2}=9-\frac{8}{3}=\frac{19}{3}$.

**例 11** 证明 $\int_0^{\frac{\pi}{2}} \sin^n x\mathrm{d}x=\int_0^{\frac{\pi}{2}}\cos^n x\mathrm{d}x$,其中 $n$ 为非负整数.

**证** $n=0$ 时,等式显然成立.

当 $n>0$ 时,令 $x=\frac{\pi}{2}-t$,则 $\mathrm{d}x=-\mathrm{d}t$,$\sin x=\cos t$;又当 $x=0$ 时,$t=\frac{\pi}{2}$;$x=\frac{\pi}{2}$时,$t=0$;于是

$$\int_0^{\frac{\pi}{2}} \sin^n x\mathrm{d}x=-\int_{\frac{\pi}{2}}^0 \cos^n t\mathrm{d}t=\int_0^{\frac{\pi}{2}}\cos^n t\mathrm{d}t.$$

即

$$\int_0^{\frac{\pi}{2}} \sin^n x\mathrm{d}x = \int_0^{\frac{\pi}{2}} \cos^n x\mathrm{d}x.$$

**例 12**　若$f(x)$在$[-a,a]$上连续,则

(1)若$f(x)$是偶函数,则$\int_{-a}^{a} f(x)\mathrm{d}x=2\int_0^a f(x)\mathrm{d}x$;

(2)若$f(x)$是奇函数,则$\int_{-a}^{a} f(x)\mathrm{d}x=0$.

**证**　定积分对区间的可加性,得

$$\int_{-a}^{a} f(x)\mathrm{d}x = \int_{-a}^{0} f(x)\mathrm{d}x + \int_0^a f(x)\mathrm{d}x.$$

对上式右端的第一个积分令$x=-t$,则

$$\int_{-a}^{0} f(x)\mathrm{d}x = -\int_a^0 f(-t)\mathrm{d}t = \int_0^a f(-t)\mathrm{d}t = \int_0^a f(-x)\mathrm{d}x.$$

(1)若$f(x)$在$[-a,a]$上是偶函数,则$f(-x)=f(x)$. 因此有$\int_0^a f(-x)\mathrm{d}x=\int_0^a f(x)\mathrm{d}x$. 由此得

$$\int_{-a}^{a} f(x)\mathrm{d}x = \int_{-a}^{0} f(x)\mathrm{d}x + \int_0^a f(x)\mathrm{d}x = \int_0^a f(x)\mathrm{d}x + \int_0^a f(x)\mathrm{d}x = 2\int_0^a f(x)\mathrm{d}x.$$

(2)若$f(x)$在$[-a,a]$上是奇函数,则$f(-x)=-f(x)$,因此有$\int_0^a f(-x)\mathrm{d}x=-\int_0^a f(x)\mathrm{d}x$.

由此得

$$\int_{-a}^{a} f(x)\mathrm{d}x = \int_{-a}^{0} f(x)\mathrm{d}x + \int_0^a f(x)\mathrm{d}x = -\int_0^a f(x)\mathrm{d}x + \int_0^a f(x)\mathrm{d}x = 0.$$

**注意**:此例题可以作为结论使用.

**例 13**　求下列定积分.

(1) $\int_{-\frac{\pi}{2}}^{\frac{\pi}{2}} x^3\sin^2 x\mathrm{d}x$;(2) $\int_{-1}^{1} \frac{x^3+(\arctan x)^2}{1+x^2}\mathrm{d}x$.

**解**　(1)因为被积函数$f(x)=x^3\sin^2 x$在$\left[-\frac{\pi}{2},\frac{\pi}{2}\right]$上是奇函数,所以由例 12 的结论得

$$\int_{-\frac{\pi}{2}}^{\frac{\pi}{2}} x^3\sin^2 x\mathrm{d}x = 0.$$

(2)因为

$$\int_{-1}^{1} \frac{x^3+(\arctan x)^2}{1+x^2}\mathrm{d}x = \int_{-1}^{1} \frac{x^3}{1+x^2}\mathrm{d}x + \int_{-1}^{1} \frac{(\arctan x)^2}{1+x^2}\mathrm{d}x,$$

而上式右端的第一个积分的被积函数$\frac{x^3}{1+x^2}$在$[-1,1]$上是奇函数,所以由例 12 的结论得$\int_{-1}^{1} \frac{x^3}{1+x^2}\mathrm{d}x=0$,而右端的第二个积分的被积函数$\frac{(\arctan x)^2}{1+x^2}$在$[-1,1]$上是偶函数,所以由例 12 的结论得

$$\int_{-1}^{1} \frac{(\arctan x)^2}{1+x^2}\mathrm{d}x = 2\int_0^1 \frac{(\arctan x)^2}{1+x^2}\mathrm{d}x = 2\int_0^1 (\arctan x)^2\mathrm{d}(\arctan x)$$

$$= \frac{2}{3}(\arctan x)^3 \Big|_0^1 = \frac{2}{3} \cdot \left(\frac{\pi}{4}\right)^3 = \frac{\pi^3}{96}.$$

## 三、定积分的分部积分法

定积分的分部积分法也有与不定积分的分部积分法相类似的公式.

**定理 2** 设函数 $u(x)$、$v(x)$在$[a,b]$上有连续的导数 $u'(x)$、$v'(x)$,则有定积分的分部积分公式

$$\int_a^b u(x)\mathrm{d}v(x) = [u(x)v(x)]\Big|_a^b - \int_a^b v(x)\mathrm{d}u(x).$$

**例 14** 求 $\int_0^1 x\mathrm{e}^{2x}\mathrm{d}x$.

**解** 由定积分的分部积分公式,得

$$\int_0^1 x\mathrm{e}^{2x}\mathrm{d}x = \int_0^1 x\mathrm{d}\left(\frac{1}{2}\mathrm{e}^{2x}\right) = x \cdot \frac{1}{2}\mathrm{e}^{2x}\Big|_0^1 - \frac{1}{2}\int_0^1 \mathrm{e}^{2x}\mathrm{d}x = \frac{1}{2}\mathrm{e}^2 - \frac{1}{4}\mathrm{e}^{2x}\Big|_0^1$$

$$= \frac{1}{2}\mathrm{e}^2 - \frac{1}{4}(\mathrm{e}^2 - 1) = \frac{1}{4}(\mathrm{e}^2 + 1).$$

**例 15** 求 $\int_2^{\frac{\pi}{2}} x^2 \sin x\mathrm{d}x$.

**解** 由定积分的分部积分公式,得

$$\int_0^{\frac{\pi}{2}} x^2 \sin x\mathrm{d}x = \int_0^{\frac{\pi}{2}} x^2\mathrm{d}(-\cos x) = x^2(-\cos x)\Big|_0^{\frac{\pi}{2}} + \int_0^{\frac{\pi}{2}} \cos x\mathrm{d}x^2 = 2\int_0^{\frac{\pi}{2}} x\cos x\mathrm{d}x.$$

再用一次分部积分公式,得

$$\int_0^{\frac{\pi}{2}} x\cos x\mathrm{d}x = \int_0^{\frac{\pi}{2}} x\mathrm{d}(\sin x) = x\sin x\Big|_0^{\frac{\pi}{2}} - \int_0^{\frac{\pi}{2}} \sin x\mathrm{d}x = \frac{\pi}{2} + \cos x\Big|_0^{\frac{\pi}{2}} = \frac{\pi}{2} - 1.$$

从而得

$$\int_0^{\frac{\pi}{2}} x^2 \sin x\mathrm{d}x = 2\int_0^{\frac{\pi}{2}} x\cos x\mathrm{d}x = \pi - 2.$$

**例 16** 求 $\int_0^1 \mathrm{e}^{\sqrt{x}}\mathrm{d}x$.

**解** 对这个积分,先作变换,令$\sqrt{x}=t$,则 $x=t^2$,于是 $\int_0^1 \mathrm{e}^{\sqrt{x}}\mathrm{d}x = \int_0^1 \mathrm{e}^t\mathrm{d}t^2 = 2\int_0^1 t\mathrm{e}^t\mathrm{d}t$ 由定积分的分部积分公式得

$$\int_0^1 t\mathrm{e}^t\mathrm{d}t = \int_0^1 t\mathrm{d}\mathrm{e}^t = t\mathrm{e}^t\Big|_0^1 - \int_0^1 \mathrm{e}^t\mathrm{d}t = \mathrm{e} - \mathrm{e}^t\Big|_0^1 = \mathrm{e} - (\mathrm{e} - 1) = 1.$$

从而得

$$\int_0^1 \mathrm{e}^{\sqrt{x}}\mathrm{d}x = 2\int_0^1 \mathrm{e}^t\mathrm{d}t = 2.$$

**例 17** 求 $\int_0^{\sqrt{\ln 2}} x^3\mathrm{e}^{x^2}\mathrm{d}x$.

**解**　注意到 $2xe^{x^2}=d(e^{x^2})$，于是由定积分的分部积分公式，得

$$\int_0^{\sqrt{\ln 2}} x^3 e^{x^2}dx=\frac{1}{2}\int_0^{\sqrt{\ln 2}} x^2 d(e^{x^2})=\frac{1}{2}x^2e^{x^2}\Big|_0^{\sqrt{\ln 2}}-\frac{1}{2}\int_0^{\sqrt{\ln 2}} e^{x^2}d(x^2)=\ln 2-\frac{1}{2}e^{x^2}\Big|_0^{\sqrt{\ln 2}}=\ln 2-\frac{1}{2}.$$

## 第四节　定积分的应用

在几何、物理、经济学、生物学等各个领域有许多的实际问题都可用定积分予以解决. 本节先阐明定积分的元素法，再举例说明定积分的具体应用.

### 一、定积分的元素法

由第一节的实例分析可见，用定积分表达某个量 $Q$ 分为 4 个步骤：

第一步，分割. 把所求的量 $Q$ 分割成许多部分量 $\Delta Q_i$，须选择一个被分割的量 $x$ 和被分割的区间 $[a,b]$. 例如，对曲边梯形面积 $A$，选择曲边 $y=f(x)$ 中的自变量 $x$ 作为被分割的量，被分割的区间是 $x$ 变化的区间 $[a,b]$.

第二步，近似. 考察任一小区间 $[x_i,x_{i+1}]$ 上 $Q$ 的部分量 $\Delta Q_i$ 的近似值. 对曲边梯形面积 $A$，在小区间 $[x_i,x_{i+1}]$ 上，用直线 $y=f(\xi_i)$ 代替曲线 $y=f(x)$，即以小矩形面积 $f(\xi_i)\Delta x_i$ 代替小曲边梯形面积 $\Delta A_i$，得 $\Delta A_i\approx f(\xi_i)\Delta x_i$.

第三步，求和. $Q=\sum\limits_i \Delta Q_i\approx\sum\limits_i f(\xi_i)\Delta x_i$.

第四步，逼近. 取极限得 $Q=\lim\limits_{\lambda\to 0}\sum\limits_i f(\xi_i)\Delta x_i=\int_a^b f(x)dx$.

实际应用上通常把上述 4 个步骤简化为三步，其步骤如下：

第一步，选变量. 选取某个变量 $x$ 作为被分割范围内的变量，即积分变量，并确定 $x$ 的变化范围 $[a,b]$，它就是被分割的区间，也就是积分区间.

第二步，求元素. 设想把区间 $[a,b]$ 分成 $n$ 个小区间，其中任意一个小区间用 $[x,x+dx]$ 表示，小区间的长度 $\Delta x=dx$，所求的量 $Q$ 对应于小区间 $[x,x+dx]$ 的部分量，记作 $\Delta Q$，并取 $\xi=x$，求出部分量 $\Delta Q$ 的近似值 $\Delta Q\approx f(x)dx$.

近似值 $f(x)dx$ 称为量 $Q$ 的元素（微元），记作 $dQ$，即 $dQ=f(x)dx$.

第三步，列积分. 以量 $Q$ 的元素 $dQ=f(x)dx$ 为被积表达式，在 $[a,b]$ 上积分，便得所求的量 $Q$，即

$$Q=\int_a^b f(x)dx.$$

上述把某个量表达为定积分的简化方法称为定积分的元素法，下面我们将应用元素法讨论一些实际问题.

### 二、定积分的几何应用

#### 1. 平面图形的面积

利用定积分，除了可以计算曲边梯形的面积，还可以计算一些比较复杂的平面图形的

面积.

设函数$f(x)$和$g(x)$在区间$[a,b]$上连续,且$f(x)\geqslant g(x)$. 求曲线$y=f(x)$,$y=g(x)$与直线$x=a$及$x=b(a<b)$所围成的平面图形(图6-14)的面积.

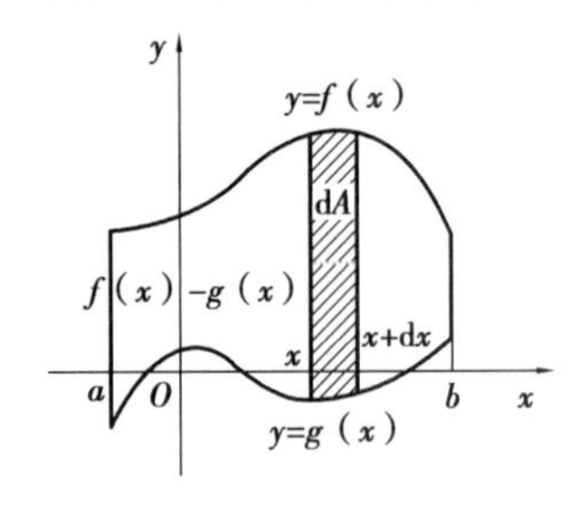


图6-14

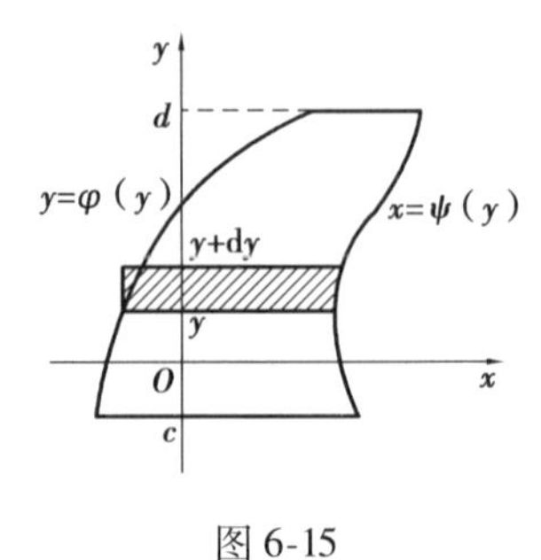


图6-15

采用元素法,步骤如下:

(1)选取横坐标$x$为积分变量,其变化区间是$[a,b]$;

(2)在区间$[a,b]$上任取一个小区间$[x,x+\mathrm{d}x]$,对应于这个小区间上的面积为$\Delta A$,它可以用高为$f(x)-g(x)$、底为$\mathrm{d}x$的小矩形面积来近似代替,即

$$\Delta A\approx[f(x)-g(x)]\mathrm{d}x.$$

因此,面积元素为

$$\mathrm{d}A=[f(x)-g(x)]\mathrm{d}x.$$

(3)以面积元素$\mathrm{d}A=[f(x)-g(x)]\mathrm{d}x$为被积表达式,在区间$[a,b]$上作定积分,便得所求的面积为

$$A=\int_a^b[f(x)-g(x)]\mathrm{d}x.$$

类似地,若在区间$[c,d]$上,$\varphi(y)$和$\phi(y)$均为连续函数,且$\varphi(y)\leqslant\phi(y)$,则由曲线$x=\varphi(y)$,$x=\phi(y)$与直线$y=c$及$y=d(c<d)$所围成的平面图形(图6-15)的面积为

$$A=\int_c^d[\phi(y)-\varphi(y)]\mathrm{d}y.$$

**例1** 求由曲线$y=x^2$与直线$y=x+2$所围图形的面积.

**解** 曲线$y=x^2$与直线$y=x+2$所围图形如图6-16所示,选$x$为积分变量. 为确定积分限,先求曲线$y=x^2$与直线$y=x+2$的交点$A$与$B$的横坐标. 解方程组$\begin{cases}y=x^2\\y=x+2\end{cases}$得$x_1=-1$,$x_2=2$. 因此积分下限为$x_1=-1$,积分上限为$x_2=2$. 所以曲线$y=x^2$与直线$y=x+2$所围图形的面积为

$$A=\int_{-1}^2[(x+2)-x^2]\mathrm{d}x=\frac{9}{2}.$$

**例2** 求由曲线$y=\sin x$,$y=\cos x$及直线$x=0$,$x=\frac{\pi}{2}$所围图形的面积.

**解** 曲线$y=\sin x$,$y=\cos x$及直线$x=0$,$x=\frac{\pi}{2}$所围图形如图6-17所示,先求曲线$y=\sin x$与直线$y=\cos x$的交点的横坐标. 解方程组$\begin{cases}y=\sin x\\y=\cos x\end{cases}\left(0\leqslant x\leqslant\frac{\pi}{2}\right)$得$x=\frac{\pi}{4}$,选$x$为积分变量,

于是

$$A=\int_0^{\frac{\pi}{4}}(\cos x-\sin x)\,\mathrm{d}x+\int_{\frac{\pi}{4}}^{\frac{\pi}{2}}(\sin x-\cos x)\,\mathrm{d}x=2(\sqrt{2}-1).$$

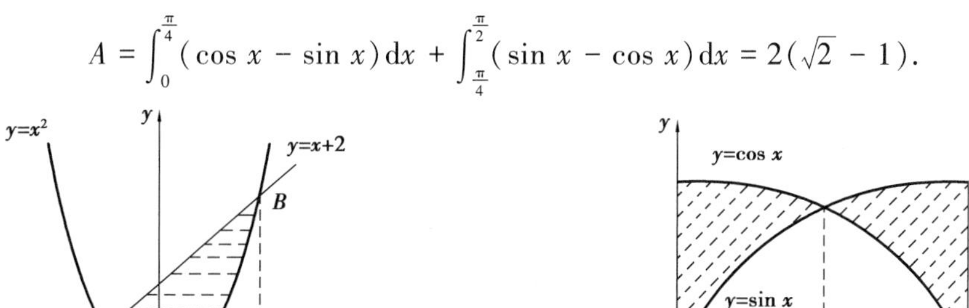

图 6-16

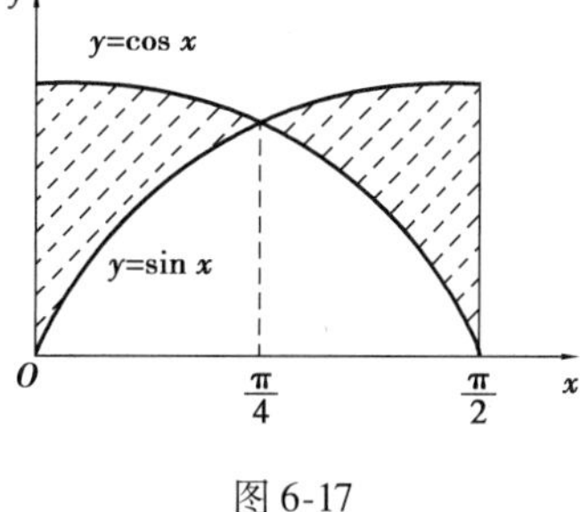

图 6-17

**例 3**　求由曲线 $xy=1$ 及直线 $y=x$，$y=3$ 所围图形的面积.

**解**　曲线 $xy=1$ 及直线 $y=x$，$y=3$ 所围图形如图 6-18 所示，先求曲线 $xy=1$ 与直线 $y=x$，$y=3$ 的交点坐标. 解下列方程组

$$\begin{cases}xy=1\\y=x\end{cases},\begin{cases}xy=1\\y=3\end{cases},\begin{cases}y=x\\y=3\end{cases}$$

得交点坐标分别是 $A(1,1)$，$B(3,3)$，$C\left(\frac{1}{3},3\right)$.

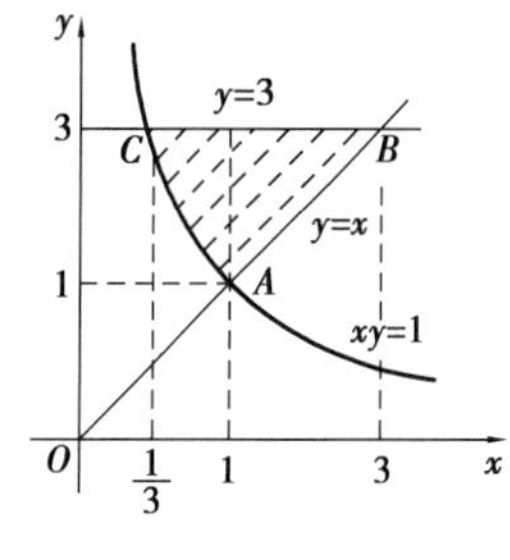

图 6-18

若选 $x$ 为积分变量，图形介于 $x=\frac{1}{3}$ 和 $x=3$ 之间，在此范围内，直线 $y=3$ 的下面有两条线 $xy=1$ 及 $y=x$，因此，图形必须分块，如图 6-18 所示，所围图形的面积是两部分的和，即

$$A=\int_{\frac{1}{3}}^{1}\left(3-\frac{1}{x}\right)\mathrm{d}x+\int_1^3(3-x)\,\mathrm{d}x=4-\ln 3.$$

若选 $y$ 为积分变量，则图形介于 $y=1$ 和 $y=3$ 之间，在这两条直线之间有两条线：$xy=1$ 及 $y=x$. 因此所求面积为两个曲边梯形的差，即

$$A=\int_1^3\left(y-\frac{1}{y}\right)\mathrm{d}y=4-\ln 3.$$

**2. 旋转体体积**

由连续曲线 $y=f(x)$、直线 $x=a$ 与 $x=b$ 以及 $x$ 轴所围成的曲边梯形绕 $x$ 轴旋转一周而成的旋转体，如图 6-19 所示，现在讨论它的体积 $V$ 的计算方法.

用垂直于 $x$ 轴的平面截旋转体，所得截面都是圆，其面积为 $\pi\times$半径$^2$. 现在用垂直于 $x$ 轴的平行平面，把旋转体分割成 $n$ 个小旋转体，即选择 $x$ 为积分变量，积分区间为 $[a,b]$. 考虑小区间 $[x,x+\mathrm{d}x]$ 上小旋转体的体积 $\Delta V_i$，用以半径为 $f(x)$ 的圆为底，高为 $\mathrm{d}x$ 的圆柱体体积 $\pi f^2(x)\,\mathrm{d}x$ 作为近似值，即得体积元素为

$$\mathrm{d}V_x=\pi f^2(x)\,\mathrm{d}x.$$

于是旋转体的体积为

$$V=\pi\int_a^b[f(x)]^2\mathrm{d}x.$$

同理可得,由连续曲线 $x=\varphi(y)$,直线 $y=c,y=d(c<d)$ 和 $y$ 轴所围成的曲边梯形绕 $y$ 轴旋转所成的立体(图 6-20)的体积为

$$V=\pi\int_c^b[\varphi(y)]^2\mathrm{d}y.$$

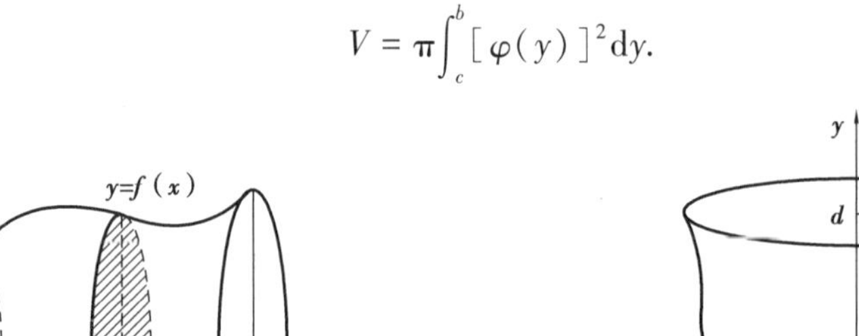


图 6-19　　图 6-20

**例 4**　求由 $y=x^2$ 及 $x=y^2$ 围成的图形绕 $x$ 轴旋转所成的立体的体积.

**解**　如图 6-21 所示,阴影部分是 $y=x^2$ 及 $x=y^2$ 所围的区域,此区域绕 $x$ 轴旋转所成的立体的体积,可看作两个曲边梯形绕 $x$ 轴旋转一周而成的旋转体体积的差,即

$$V=\pi\int_0^1x\mathrm{d}x-\pi\int_0^1x^4\mathrm{d}x=\frac{3\pi}{10}.$$

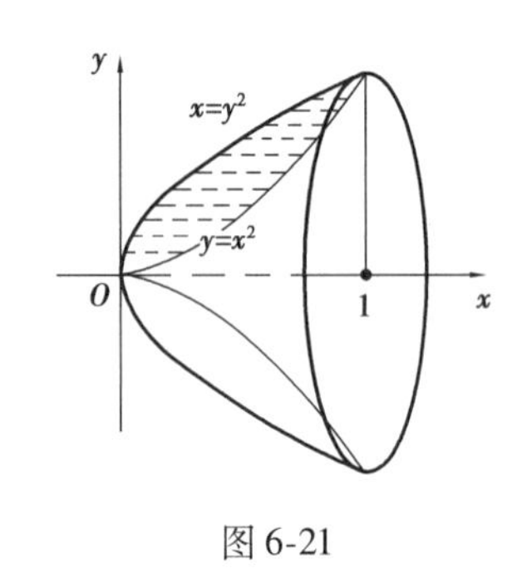


图 6-21

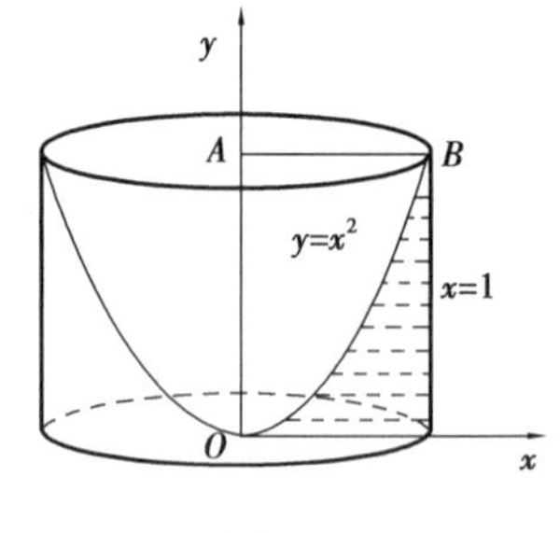


图 6-22

**例 5**　求由 $y=x^2$、$y=0$ 及 $x=1$ 所围成的区域绕 $y$ 轴旋转所成的立体的体积.

**解**　如图 6-22 所示,阴影部分对于 $y$ 轴来说并不是曲边梯形,因此不能直接用公式来计算. 然而区域 $OAB$ 对于 $y$ 轴来说是曲边梯形,我们可先求出此区域绕 $y$ 轴旋转所成的体积,然后再从圆柱体的体积中减去此体积即可. 所求体积为

$$V=\pi\times1^2\times1-\pi\int_0^1y\mathrm{d}y=\frac{\pi}{2}.$$

## 三、定积分的物理应用

### 1. 变力做功问题

由物理知识,若有一常力 $F$ 作用在一物体上,使物体沿力的方向移动了距离 $S$,则力 $F$ 对物体所做的功为 $W=F\cdot S$. 如果物体在变力 $F$ 的作用下做直线运动,如何计算从 $a$ 点移到 $b$ 点力 $F$ 所做的功,如图 6-23 所示.

坐标选取如图 6-23 所示,$F(x)$ 表示物体在点 $x$ 处所受的力,取 $[x,x+\mathrm{d}x]$,由于力 $F$ 连续

变化,所以在$[x,x+\mathrm{d}x]$的一小段位移上可近似地把 $F$ 看作常力,于是在$[x,x+\mathrm{d}x]$上 $F$ 所做的功可近似为

$$\mathrm{d}W = F(x)\,\mathrm{d}x.$$

故

$$W = \int_a^b F(x)\,\mathrm{d}x.$$

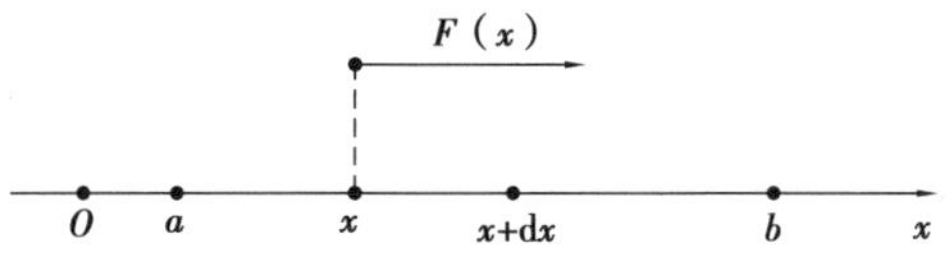

图 6-23

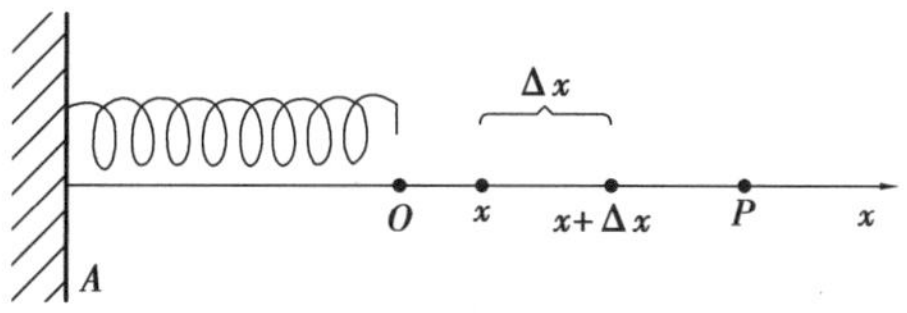

图 6-24

**例 6**　已知把弹簧拉长所需的力与弹簧的伸长量成正比,且 1 N 的力能使弹簧伸长 0.01 m,求把弹簧拉长 0.1 m 所做的功.

**解**　设弹簧的一端固定,建立坐标系如图 6-24 所示,若将弹簧拉长到位置 $P$ 且 $OP=0.1$ m. 由虎克定律知,$F(x)=kx$($k$ 为比例常数),已知 $F(x)=1$ N 时,$x=0.01$ m,于是

$$k = \frac{F}{x} = \frac{1}{0.01}\ \mathrm{N/m} = 100\ \mathrm{N/m}.$$

故 $F(x)=100x$,所以

$$W = \int_0^{0.1} 100x\,\mathrm{d}x = 0.5\ \mathrm{J}.$$

**例 7**　一圆台形容器高为 5 m,上底半径为 3 m,下底半径为 2 m,试问将容器内盛满的水全部吸出需做多少功?

**解**　建立坐标系如图 6-25 所示,水的深度 $y$ 为积分变量,$y\in[0,5]$. 直线 $AB$ 的方程为 $y=-5(x-3)$,水的比重为 1 000 $\mathrm{kg/m^3}$.

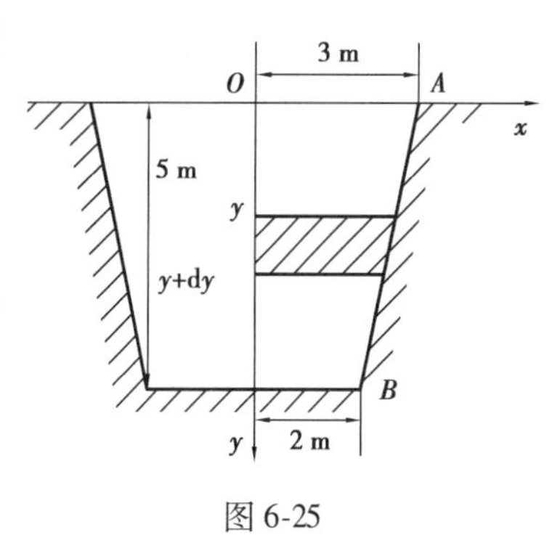


图 6-25

可以认为水是一层一层地被抽走的,考察区间$[y,y+\mathrm{d}y]$所对应的小薄圆柱体(近似地看作圆柱体),其截面积为$\pi x^2=\pi\left(3-\frac{y}{5}\right)^2$,此小水柱重为

$$1\,000\pi\left(3-\frac{y}{5}\right)^2\mathrm{d}y.$$

将此小水柱提高到容器口所做的功为 $\Delta W\approx 1\,000\pi\left(3-\frac{y}{5}\right)^2 y\mathrm{d}y$.

因此,将容器内的水全部吸出需做功

$$W = \int_0^5 1\,000\pi\left(3-\frac{y}{5}\right)^2 y\,\mathrm{d}y \approx 2.16\times 10^5\ \mathrm{kg\cdot m}.$$

**2. 液体的侧压力**

由物理学可知,在液体深为 $h$ 处的压强为 $p=\gamma h$,这里 $\gamma$ 是液体的相对密度. 如果有一面积为 $A$ 的平板水平地放置在某液体深为 $h$ 处,那么,平板一侧所受的液体的压力为

$$F = p\times A.$$

如果平板铅直放置在水中,由于水深不同,压强 $p$ 不同,此时平板一侧所受的水的压力应如何计算呢?

**例 8** 设半径为 $R$ 的圆形水闸门垂直于水面置于水中,水面与闸顶齐(图 6-26),求闸门所受总的压力. 如果水位下落 $R$(图 6-27),闸门所受的压力又是多少?

**解** 建立坐标系如图 6-26 所示,考察区间 $[x,x+\mathrm{d}x]$ 所对应的小横条(近似地看作小矩形). 由于对称性不妨先考虑一半的小横条,其上的压力为

$$\Delta F \approx \gamma x \cdot y \cdot \mathrm{d}x,$$

其中水的比重为 1,即 $\gamma=1$,于是闸门所受的总压力为

$$F = 2\int_0^{2R} xy\mathrm{d}x.$$

由圆的方程 $(x-R)^2+y^2=R^2$,解得

$$y = \sqrt{R^2 - (x-R)^2}.$$

因此,闸门所受的总压力为

$$F = 2\int_0^{2R} x\sqrt{R^2 - (x-R)^2}\,\mathrm{d}x = \pi R^3.$$

当水位下落 $R$ 时,如图 6-27 所示,所取小横条位于水深 $x-R$ 处,因此,它所受压力近似地为

$$\Delta F \approx 2(x-R)\sqrt{R^2 - (x-R)^2}\,\mathrm{d}x.$$

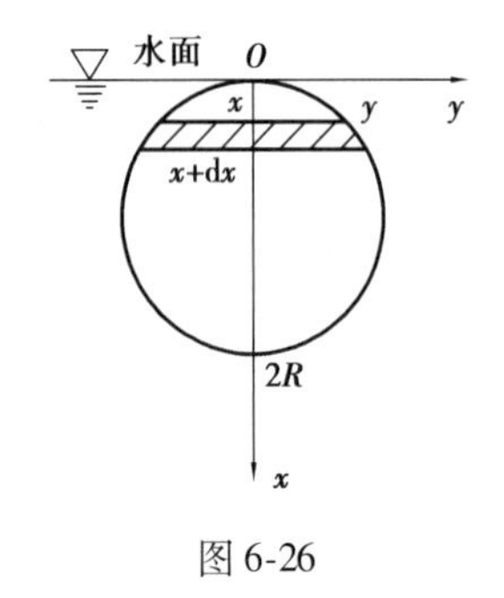


图 6-26

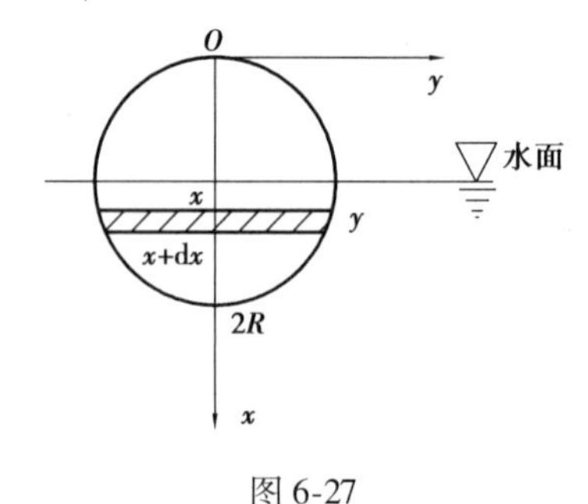


图 6-27

这时闸门所受的总压力为

$$F = 2\int_R^{2R} (x-R)\sqrt{R^2 - (x-R)^2}\,\mathrm{d}x = \frac{2}{3}R^3.$$

3. **引力**

根据万有引力定律,相距为 $r$,质量为 $m_1$、$m_2$ 的两个质点间的引力为

$$F = k\frac{m_1 m_2}{r^2},$$

其中 $k$ 为引力常数,引力的方向沿着质点的连线方向.

**例 9** 设有一根长度为 $l$,质量为 $M$ 的均匀细直棒,另有一质量为 $m$ 的质点与细直棒在同一条直线上,它到细直棒的近端距离为 $a$. 试计算该棒对质点的引力.

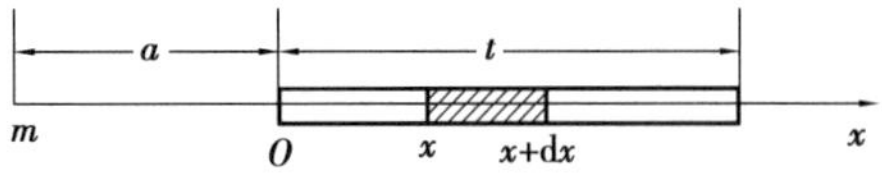

图 6-28

**解** 建立直角坐标系如图 6-28 所示. 使棒位于 $x$

轴上，取 $x$ 为积分变量，它的变化区间为 $[0,l]$，设 $[x,x+\mathrm{d}x]$ 为 $[0,l]$ 上的任一小区间，把细直棒上相应于 $[x,x+\mathrm{d}x]$ 的一段近似地看作质点，其质量为 $\frac{M}{l}\mathrm{d}x$，于是在这一小段上的引力（引力微元）为

$$\mathrm{d}F=\frac{k\cdot m\cdot\frac{M}{l}\mathrm{d}x}{(x+a)^2}.$$

该棒对质点的总引力为

$$F=\int_0^l k\frac{m\cdot\frac{M}{l}}{(x+a)^2}\mathrm{d}x=\frac{kmM}{a(l+a)}.$$

**四、定积分在经济方面的应用**

在经济学中常见这样几种函数，如成本函数 $C(Q)$，收益函数 $R(Q)$，利润函数 $L(Q)$，需求函数 $Q=f(p)$，供给函数 $Q=\varphi(p)$，而它们的导数分别称为边际成本函数 $C'(Q)$，边际收益函数 $R'(Q)$，边际利润函数 $L'(Q)$，边际需求函数 $f'(p)$，边际供给函数 $\varphi'(p)$，其中 $Q$ 表示产量、销售量、需求量、供给量，$p$ 为价格. 由某一经济函数求它的边际函数是求导运算，反过来，已知边际函数，求其对应的经济函数就是定积分的运算. 下面通过具体的例子来说明定积分在经济方面的应用.

**例 10**　假设每天生产某产品 $Q$ 单位时，固定成本为 20 元，边际成本函数为 $C'(Q)=0.4Q+2$（元/单位）.（1）求成本函数 $C(Q)$；（2）如果这种产品销售价格为 18 元/单位，且产品可以全部售出，求利润函数 $L(Q)$；（3）每天生产多少个单位产品时，才能获得最大利润？

**解**　（1）边际成本的某个原函数 $C_1(Q)$ 为可变成本，它满足 $C_1(0)=0$，故

$$C_1(Q)=\int_0^Q(0.4t+2)\mathrm{d}t=0.2Q^2+2Q.$$

成本函数是可变成本 $C_1(Q)$ 与固定成本 $C_0$ 之和，于是

$$C(Q)=C_1(Q)+C_0=0.2Q^2+2Q+20.$$

（2）利润函数 $L(Q)$ 是收益函数 $R(Q)$ 与成本函数 $C(Q)$ 之差，于是

$$L(Q)=R(Q)-C(Q)=18Q-(0.2Q^2+2Q+20)=16Q-0.2Q^2-20.$$

（3）$L'(Q)=16-0.4Q$. 令 $L'(Q)=0$，得 $Q=40$，即当每天生产 40 个单位产品时，利润最大，最大利润为 $L(40)=(16\times40-0.2\times40^2-20)$ 元 $=300$ 元.

**例 11**　已知生产某产品 $x$ 单位时，总收益的变化率（即边际收益）为 $R'(x)=200-\frac{x}{100}(x\geqslant0)$.

（1）求生产该产品 50 单位时的总收益；

（2）如果已经生产了 100 单位，求再生产 100 单位时，总收益的增加量.

**解**　（1）总收益函数 $R(Q)$ 为

$$R(Q)=\int_0^Q R'(t)\mathrm{d}t=\int_0^Q\left(200-\frac{t}{100}\right)\mathrm{d}t=200Q-\frac{Q^2}{200}.$$

当 $Q=50$ 时,$R(50)=\left(200\times50-\frac{50^2}{200}\right)$元$=9\ 987.5$ 元.

(2)已经生产了 100 单位,再生产 100 单位所增加的收益为

$$R=R(200)-R(100)=\left(200\times200-\frac{200^2}{200}\right)\text{元}-\left(200\times100-\frac{100^2}{200}\right)\text{元}=19\ 850\ \text{元}.$$

## 五、定积分在其他方面的应用

**例 12** 某工厂排出大量废气,造成了严重的空气污染,若第 $t$ 年废气排放量为 $A(t)=\frac{20\ln(t+1)}{(t+1)^2}$,求该厂在 $t=0$ 到 $t=5$ 年间排出的废气总量.

**解** 该厂在 $t=0$ 到 $t=5$ 年间排出的废气总量就是

$$w=\int_0^5 A(t)\,\mathrm{d}t=\int_0^5\frac{20\ln(t+1)}{(t+1)^2}\mathrm{d}t=20\int_0^5\ln(1+t)\,\mathrm{d}\left(\frac{-1}{1+t}\right)$$

$$=20\ln(1+t)\cdot\frac{-1}{1+t}\bigg|_0^5-20\int_1^5\frac{-1}{1+t}\mathrm{d}\ln(1+t)=\frac{-10\ln 6}{3}-20\int_0^5\frac{-1}{1+t}\cdot\frac{1}{1+t}\mathrm{d}t$$

$$=\frac{-10\ln 6}{3}-20\frac{1}{1+t}\bigg|_0^5=\frac{-10\ln 6}{3}-\frac{10}{3}+20=10.694\ 1(\text{其中}\ln 6\approx1.791\ 76).$$

**例 13** 一口新油井的原油生产速度 $R(t)$($t$ 的单位:年)为 $R(t)=1-0.02t\sin(2\pi t)$,求从第二年开始的 3 年内该油井的石油生产总量.

**解** 从第二年开始的 3 年内该油井的石油生产总量应是定积分

$$w=\int_1^4 R(t)\,\mathrm{d}t=\int_1^4[1-0.02t\sin(2\pi t)]\,\mathrm{d}t=\int_1^4 1\mathrm{d}t-0.02\int_1^4 t\sin(2\pi t)\,\mathrm{d}t$$

$$=t\bigg|_1^4-0.02\int_1^4 t\mathrm{d}\frac{-\cos(2\pi t)}{2\pi}=3-0.02\left[t\cdot\frac{-\cos(2\pi t)}{2\pi}\bigg|_1^4-\int_1^4\frac{-\cos(2\pi t)}{2\pi}\mathrm{d}t\right]$$

$$=3+0.02t\cdot\frac{\cos(2\pi t)}{2\pi}\bigg|_1^4-0.02\int_1^4\frac{\cos(2\pi t)}{2\pi\cdot2\pi}\mathrm{d}(2\pi t)$$

$$=3+0.02t\cdot\frac{\cos(2\pi t)}{2\pi}\bigg|_1^4-0.02\frac{\sin(2\pi t)}{4\pi^2}\bigg|_1^4$$

$$=3+0.02\cdot\left(\frac{4}{2\pi}-\frac{1}{2\pi}\right)$$

$$=3.009\ 55.$$

**例 14** 染料稀释法确定心输出量.

小王想成为一名长距离游泳的运动员,为此,需要测定他的心脏每分钟输出的血量,使用的方法为“染料稀释法”:把一定量的染料注入静脉,染料将随血液循环通过心脏到达肺部,再返回心脏而进入动脉系统.

假定在时刻 $t=0$ 时注入 5 mg 的染料,自染料注入后便开始在外周动脉中连续 30 s 监测血液中染料的浓度,如图 6-29 所示,它是时间的函数 $C(t)$,即

$$C(t)=\begin{cases}0,0\leqslant t\leqslant3\ \text{或}\ 18\leqslant t\leqslant30\\(t^3-40t+453t-1\ 026)10^{-2},3\leqslant t\leqslant18\end{cases}$$

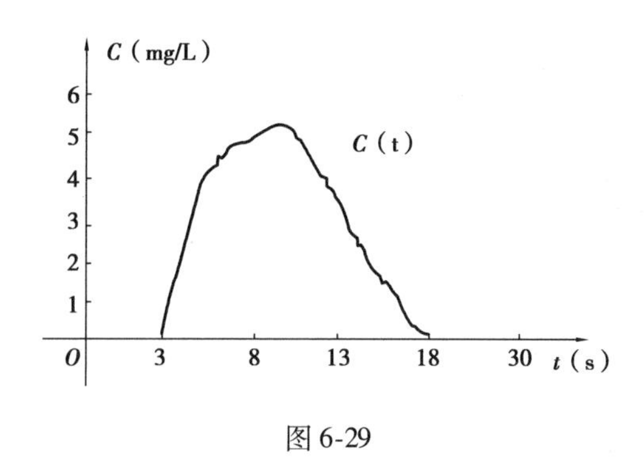


图 6-29

注入染料的量 $M$ 与在 30 s 之内测到的平均浓度 $\overline{C}(t)$ 的比值是半分钟里心脏泵出的血量,因此,每分钟的心输出量 $Q$ 是这一比值的 2 倍,即 $Q=\dfrac{2M}{\overline{C}(t)}$,试求小王的心脏输出量 $Q$.

**解**　由积分中值定理可知

$$\overline{C}(t)=\frac{1}{30-0}\int_0^{30}C(t)\,\mathrm{d}t=\frac{1}{30}\int_3^{18}(t^3-40t+453t+1\,026)10^{-2}\,\mathrm{d}t$$

$$=\frac{10^{-2}}{30}\left(\frac{t^4}{4}-\frac{40t^2}{3}+\frac{453t^2}{2}-1\,026t\right)\Bigg|_3^{18}=\frac{10^{-2}}{30}[3\,402-(-1\,379.25)]=1.593\,75.$$

因此

$$Q=\frac{2M}{\overline{C}(t)}=\frac{2\times5}{1.593\,75}\text{ L/min}\approx6.275\text{ L/min}.$$

即小王的心输出量为 6.275 L/min.

**例 15**　单位时间内血管稳定流动时血流量.

设有一段长为 $L$,截面半径为 $R$ 的血管,如图 6-30 所示,其左端动脉端的血压为 $p_1$,右端相对静脉的血压为 $p_2(p_1>p_2)$,血液黏滞系数为 $\eta$. 假设血管中的血液流动是稳定的,由实验可知,在血管的横截面上离血管中心 $r$ 处的血液流速为 $V(r)=\dfrac{p_1-p_2}{4\eta L}(R^2-r^2)$,取血管的一个横截面来讨论单位时间内血流量 $Q$.

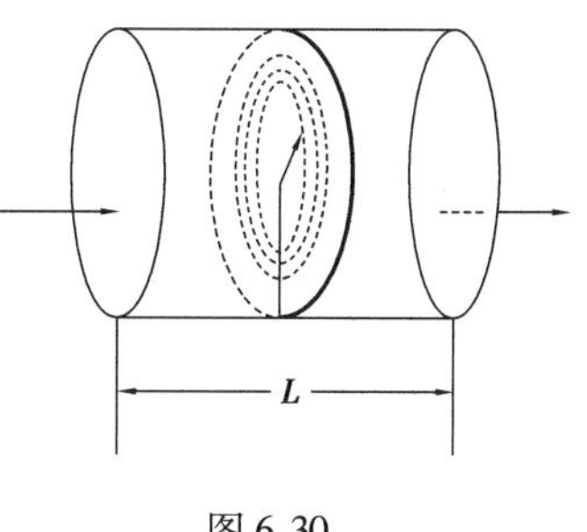


图 6-30

**解**　血液量等于血流流速乘以截面积,由于血液流速随流层而变化,故在横截面上任取一个内半径为 $r$,外半径为 $r+\mathrm{d}r$ 的小圆环,如图 6-30 所示. 小圆环面积 $\Delta s=\mathrm{d}s=2\pi r\mathrm{d}r$.

在该小圆环上血液流速可近似认为是相等的,所以单位时间内通过该小圆环的血流量

$$\Delta Q=v(r)\cdot\Delta s\approx2\pi rv(r)\,\mathrm{d}r.$$

即

$$\mathrm{d}Q=2\pi rv(r)\,\mathrm{d}r=2\pi\frac{p_1-p_2}{4\eta L}(R^2-r^2)r\mathrm{d}r.$$

于是

$$Q=\int_0^R\mathrm{d}R=2\pi\int_0^R\frac{p_1-p_2}{4\eta L}(R^2-r^2)r\mathrm{d}r=\frac{p_1-p_2}{2\eta L}\pi\int_0^R(R^2r-r^3)\,\mathrm{d}r$$

$$=\frac{p_1-p_2}{2\eta L}\pi\left(\frac{1}{2}R^2r^2-\frac{1}{4}r^4\right)\Big|_0^R=\frac{p_1-p_2}{8\eta L}\pi R^4.$$

因此,单位时间内血管稳定流动的血流量为$\frac{p_1-p_2}{8\eta L}\pi R^4$.

## 第五节 广义积分

前面所说的定积分,其积分区间是有限区间,且被积函数是有界函数,但实际问题中还会遇到无穷区间上的积分以及被积函数有无穷间断点的积分问题. 为了区别于前面的积分,通常把这两种积分分别称为无穷积分和瑕积分,统称为广义积分.

### 一、无穷区间上的广义积分

**定义 1** 设函数$f(x)$在区间$[a,+\infty)$上连续,取$b>a$,如果极限

$$\lim_{b\to+\infty}\int_a^b f(x)\,\mathrm{d}x$$

存在,则称$\lim\limits_{b\to+\infty}\int_a^b f(x)\,\mathrm{d}x$为函数$f(x)$在区间$[a,+\infty)$上的无穷积分,记为

$$\int_a^{+\infty}f(x)\,\mathrm{d}x,$$

即

$$\int_a^{+\infty}f(x)\,\mathrm{d}x=\lim_{b\to+\infty}\int_a^b f(x)\,\mathrm{d}x.$$

此时,我们说无穷积分$\int_a^{+\infty}f(x)\,\mathrm{d}x$收敛;如果极限$\lim\limits_{b\to+\infty}\int_a^b f(x)\,\mathrm{d}x$不存在,则称无穷积分$\int_a^{+\infty}f(x)\,\mathrm{d}x$发散.

类似地,可定义无穷积分

$$\int_{-\infty}^{a}f(x)\,\mathrm{d}x=\lim_{b\to-\infty}\int_b^a f(x)\,\mathrm{d}x.$$

**定义 2** 函数$f(x)$在区间$(-\infty,+\infty)$上无穷积分定义为

$$\int_{-\infty}^{+\infty}f(x)\,\mathrm{d}x=\int_{-\infty}^{a}f(x)\,\mathrm{d}x+\int_a^{+\infty}f(x)\,\mathrm{d}x.$$

其中$a$为任意实数,当上式右端两个积分都收敛时,称$f(x)$在区间$(-\infty,+\infty)$上无穷积分收敛. 否则,称之为发散.

**例 1** 求下列广义积分.

(1) $\int_0^{+\infty}\mathrm{e}^{-2x}\mathrm{d}x$;(2) $\int_{-\infty}^{+\infty}\frac{1}{x^2+2x+2}\mathrm{d}x$;(3) $\int_1^{+\infty}\frac{1}{x}\mathrm{d}x$.

**解** (1)由于$\int_0^b\mathrm{e}^{-2x}\mathrm{d}x=\frac{1}{2}(1-\mathrm{e}^{-2b})$,而$\lim\limits_{b\to+\infty}\frac{1}{2}(1-\mathrm{e}^{-2b})=\frac{1}{2}$,所以$\int_0^{+\infty}\mathrm{e}^{-2x}\mathrm{d}x=\frac{1}{2}$.

为了方便起见,通常记$\lim\limits_{b\to+\infty}F(x)\big|_a^b=F(x)\big|_a^{+\infty}$,$\lim\limits_{a\to-\infty}F(x)\big|_a^b=F(x)\big|_{-\infty}^b$,则上述广义积分

可分别记为

$$\int_a^{+\infty} f(x)\mathrm{d}x = F(x)\Big|_a^{+\infty},\int_{-\infty}^{b} f(x)\mathrm{d}x = F(x)\Big|_{-\infty}^{b},\int_{-\infty}^{+\infty} f(x)\mathrm{d}x = F(x)\Big|_{-\infty}^{+\infty}.$$

(2) $\int_{-\infty}^{+\infty} \frac{1}{x^2+2x+2}\mathrm{d}x = \int_{-\infty}^{+\infty} \frac{1}{1+(x+1)^2}\mathrm{d}(x+1) = \arctan(x+1)\Big|_{-\infty}^{+\infty} = \pi.$

此时应注意,上式不是两个函数值的差,而是两个极限的差.

(3) $\int_1^b \frac{1}{x}\mathrm{d}x = \ln b$ 而 $\lim\limits_{b\to+\infty} \ln b$ 不存在,所以$\int_1^{+\infty} \frac{1}{x}\mathrm{d}x$ 发散.

**例 2**　证明第一类 $p$ 积分 $\int_a^{+\infty} \frac{\mathrm{d}x}{x^p}$ 当 $p>1$ 时收敛;当 $p\leqslant 1$ 时发散.

**证**　当 $p=1$ 时有 $\int_a^{+\infty} \frac{\mathrm{d}x}{x} = \ln|x|\Big|_a^{+\infty} = +\infty$;

当 $p\neq 1$ 时有 $\int_a^{+\infty} \frac{\mathrm{d}x}{x^p} = \frac{x^{1-p}}{1-p}\Big|_a^{+\infty} = \begin{cases} +\infty, & p<1 \\ \frac{a^{1-p}}{p-1}, & p>1 \end{cases}.$

因此,当 $p>1$ 时收敛,其值为$\frac{a^{1-p}}{p-1}$;$p\leqslant 1$ 时发散.

**例 3**　计算广义积分 $\int_0^{+\infty} t\mathrm{e}^{-pt}\mathrm{d}t(p>0)$.

**解**　原式$=-\frac{t}{p}\mathrm{e}^{-pt}\Big|_0^{+\infty}+\frac{1}{p}\int_0^{+\infty} \mathrm{e}^{-pt}\mathrm{d}t=-\frac{1}{p^2}\mathrm{e}^{-pt}\Big|_0^{+\infty}=\frac{1}{p^2}.$

## 二、被积函数有无穷间断点的广义积分

**定义 3**　设$f(x)$在$(a,b]$上连续,且$\lim\limits_{x\to a^+} f(x)=\infty$,取 $\varepsilon>0$,称极限$\lim\limits_{\varepsilon\to 0^+}\int_{a+\varepsilon}^{b} f(x)\mathrm{d}x$ 为$f(x)$在$(a,b]$上的广义积分,记为

$$\int_a^b f(x)\mathrm{d}x = \lim_{\varepsilon\to 0^+}\int_{a+\varepsilon}^{b} f(x)\mathrm{d}x,$$

若该极限存在,则称广义积分 $\int_a^b f(x)\mathrm{d}x$ 收敛;若极限不存在,则称 $\int_a^b f(x)\mathrm{d}x$ 发散.

类似地,当 $x=b$ 为 $f(x)$ 的无穷间断点时,即$\lim\limits_{x\to b} f(x)=\infty$, $f(x)$在$[a,b)$上的广义积分定义为:取 $\varepsilon>0$, $\int_a^b f(x)\mathrm{d}x = \lim\limits_{\varepsilon\to 0^+}\int_a^{b-\varepsilon} f(x)\mathrm{d}x.$

当无穷间断点 $x=c$ 位于区间$[a,b]$内部时,则定义广义积分 $\int_a^b f(x)\mathrm{d}x$ 为

$$\int_a^b f(x)\mathrm{d}x = \int_a^c f(x)\mathrm{d}x + \int_c^b f(x)\mathrm{d}x.$$

**注意**:上式右端两个积分均为广义积分,仅当这两个广义积分都收敛时,才称 $\int_a^b f(x)\mathrm{d}x$ 是收敛的,否则,称 $\int_a^b f(x)\mathrm{d}x$ 是发散的.

上述无界函数的广义积分也称为瑕积分.

**例4** 求积分(1) $\int_0^a \frac{dx}{\sqrt{a^2-x^2}}(a>0)$;(2) $\int_0^1 \ln x dx$.

**解** (1) $x=a$ 为被积函数的无穷间断点(又叫瑕点),于是

$$\int_0^a \frac{dx}{\sqrt{a^2-x^2}} = \lim_{\varepsilon\to 0^+}\int_0^{a-\varepsilon} \frac{dx}{\sqrt{a^2-x^2}} = \lim_{\varepsilon\to 0^+} \arcsin \frac{x}{a}\Big|_0^{a-\varepsilon}$$

$$= \lim_{\varepsilon\to 0^+} \arcsin \frac{a-\varepsilon}{a} = \frac{\pi}{2}.$$

(2) $\int_0^1 \ln x dx$ 这里下限 $x=0$ 是被积函数的瑕点,于是

$$\int_0^1 \ln x dx = \lim_{\varepsilon\to 0^+}\int_\varepsilon^1 \ln x dx = \lim_{\varepsilon\to 0^+}\left(x\ln x\Big|_\varepsilon^1 - \int_\varepsilon^1 dx\right) = \lim_{\varepsilon\to 0^+}(-\varepsilon\ln\varepsilon - 1 + \varepsilon) = -1.$$

**注意**:$\lim\limits_{\varepsilon\to 0^+}\varepsilon\ln\varepsilon = \lim\limits_{\varepsilon\to 0^+}\frac{\ln\varepsilon}{\frac{1}{\varepsilon}} \xlongequal{\text{洛必达法则}} \lim\limits_{\varepsilon\to 0^+}\frac{\frac{1}{\varepsilon}}{-\frac{1}{\varepsilon^2}} = 0.$

**例5** 讨论 $\int_0^2 \frac{dx}{(x-1)^2}$ 的收敛性.

**解** 在[0,2]内部有被积函数的瑕点 $x=1$,所以有

$$\int_0^2 \frac{dx}{(x-1)^2} = \int_0^1 \frac{dx}{(x-1)^2} + \int_1^2 \frac{dx}{(x-1)^2} = \lim_{\varepsilon_1\to 0^+}\int_0^{1-\varepsilon_1} \frac{dx}{(x-1)^2} + \lim_{\varepsilon_2\to 0^+}\int_{1+\varepsilon_2}^2 \frac{dx}{(x-1)^2}$$

$$= \lim_{\varepsilon_1\to 0^+}\left(-\frac{1}{x-1}\right)\Big|_0^{1-\varepsilon_1} + \lim_{\varepsilon_2\to 0^+}\left(-\frac{1}{x-1}\right)\Big|_{1+\varepsilon_2}^2$$

$$= \lim_{\varepsilon_1\to 0^+}\left(-1+\frac{1}{\varepsilon_1}\right) + \lim_{\varepsilon_2\to 0^+}\left(\frac{1}{\varepsilon_1}-1\right)(\text{不存在}),$$

所以 $\int_0^2 \frac{dx}{(x-1)^2}$ 发散.

**例6** 讨论 $\int_0^1 \frac{dx}{x^q}$ 的敛散性.

**解** $x=0$ 是被积函数的瑕点.

(1)当 $q<1$ 时,

$$\int_0^1 \frac{dx}{x^q} = \frac{1}{1-q}\lim_{\varepsilon\to 0^+}\left(x^{1-q}\Big|_\varepsilon^1\right) = \frac{1}{1-q}\lim_{\varepsilon\to 0^+}(1-\varepsilon^{1-q}) = \frac{1}{1-q}(\text{收敛});$$

(2)当 $q>1$ 时,

$$\int_0^1 \frac{dx}{x^q} = \lim_{\varepsilon\to 0^+}\frac{x^{1-q}}{1-q}\Big|_\varepsilon^1 = \frac{1}{1-q}\lim_{\varepsilon\to 0^+}(1+\varepsilon^{1-q}) = \infty(\text{发散});$$

(3)当 $q=1$ 时,

$$\int_0^1 \frac{dx}{x} = \lim_{\varepsilon\to 0^+}\int_\varepsilon^1 \frac{dx}{x} = \lim_{\varepsilon\to 0^+}(\ln|x|)\Big|_\varepsilon^1 = \lim_{\varepsilon\to 0^+}(-\ln|\varepsilon|) = \infty(\text{发散});$$

故 $\int_0^1 \frac{dx}{x^q}$ 当 $q<1$ 时收敛于$\frac{1}{1-q}$，当 $q\geqslant 1$ 时发散.

## 案例分析与应用

### 案例分析 6.1　城市交通中黄灯的闪烁时间

**分析**　黄灯信号的作用之一是当机动车行驶到设有红绿灯的路口时，提醒驾驶员注意红绿灯信号，当遇到红灯时，应立即停车，让横向的车流和人流通过，但已越过停止线的车辆可以继续行驶；黄灯信号的作用之二是当黄灯闪烁时，机动车、行人在保证安全的原则下通行.

停车是需要时间的，在这段时间内，车辆仍将向前行驶一段距离 $L$. 这就是说，在离路口距离为 $L$ 处存在一条停车线（图 6-31），对于黄灯亮时已经过线的车辆，则应当保证它们仍能穿过马路，而不能与横向车流相撞. 道路的宽度 $D$ 是已知的，现在的问题是如何确定 $L$ 的大小？

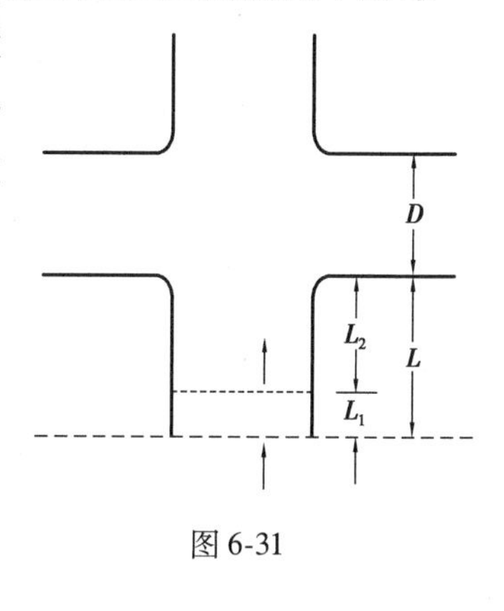

图 6-31

$L$ 应当划分为两段：$L_1$ 和 $L_2$. 其中 $L_1$ 是驾驶员发现黄灯亮时刻起到他判断应当刹车的反应时间内机动车行驶的距离，$L_2$ 为机动车制动后到停下来车辆行驶的距离，即刹车距离. $L_1$ 是容易计算的，因为交通部门对驾驶员的平均反应时间 $t_1$ 早有测算，而在城市不同路况的道路上，对车辆的行驶速度 $v_0$ 已有明确规定，就是选择适当的行驶速度 $v_0$，使交通流量达到最大. 于是，$L_1=v_0\cdot t_1$.

刹车距离 $L_2$ 可通过下述方法求得. 假设汽车在城市路面上以速度 $v_0$ 匀速行驶，到某处需要减速停车，汽车以等加速度 $a=-a_0$ 刹车. 设开始刹车的时刻为 $t=0$，刹车后汽车减速行驶，其速度函数 $v(t)$ 满足

$$\frac{dv}{dt}=-a_0,\text{即 } dv=-a dt.$$

两边积分，得

$$\int dt=\int(-a)dt.$$

即

$$v(t)=-at+C(C\text{ 为任意常数}).$$

由初始条件 $v(0)=v_0$，得 $C=v_0$.

这样
$$v(t)=v_0-at.$$

当汽车停住时，$v(t)=0$，从而得 $t_0=\frac{v_0}{a_0}$，于是，从刹车时刻到汽车停下来，汽车行驶的距离为 $L_2=\int_0^{t_0}v(t)dt=\int_0^{t_0}(v_0-at)dt=\frac{v_0^2}{2a_0}$.

那么,黄灯究竟应当亮多久呢? 通过上面的推导可知,黄灯闪烁时间包括从驾驶员看到黄灯开始到汽车停下来所行驶的距离为

$$L = v_0 t_1 + \frac{v^2}{2a_0}.$$

所用的时间和让已经过线的车顺利穿过路口所用的时间. 因此,黄灯闪烁的时间至少应为

$$T = \frac{D + L}{v_0}.$$

**案例分析 6.2　人口密度统计模型**

某城市某年的人口密度近似为 $P(r) = \frac{4}{r^2+20}$,$P(r)$ 表示距市中心 $r$ km 区域内的人口数,单位为十万/km². 请估算下列问题:

(1)距市中心 2 km 区域内的人口数是多少?

(2)若人口密度近似为 $P(r) = 1.2e^{-0.2r}$(单位不变),距市中心 2 km 区域内的人口数又是多少?

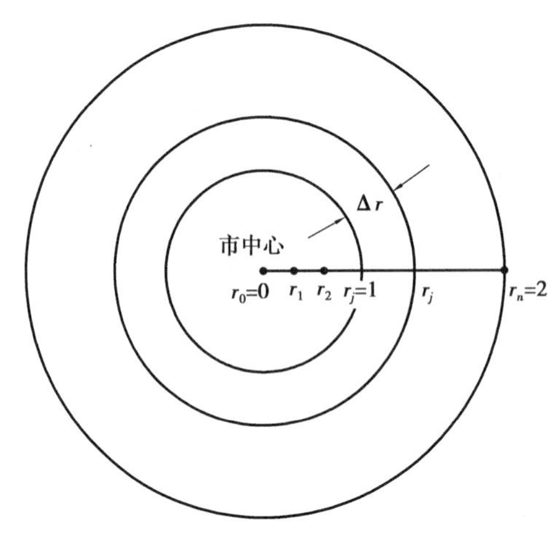


图 6-32

**分析**　假设我们从城市中心画一条放射线,把这条线上从 0 到 2 之间分成 $n$ 个小区间,每个小区间的长度为 $\Delta r$,每个小区间确定了一个环,如图 6-32 所示.

估算每个环中的人口数,并把它们相加,就得到了总人口数. 第 $j$ 个环的面积为

$$\begin{aligned}\Delta s &= \pi r_j^2 - \pi r_{j-1}^2 = \pi r_j^2 - \pi(r_j - \Delta r)^2 \\ &= \pi r_j^2 - \pi[r_j^2 - 2r_j\Delta r + (\Delta r)^2] \\ &= 2\pi r_j\Delta r - \pi(\Delta r)^2.\end{aligned}$$

当 $n$ 很大时,$\Delta r$ 很小,$\pi(\Delta r)^2$ 相对 $2\pi r_j\Delta r$ 来说很小,可忽略不计,所以此环的面积近似为

$$dS = 2\pi r_j\Delta r.$$

在第 $j$ 个环内,人口密度可看作常数,所以此环内的人口数近似为

$$dN = P(r_j)2\pi r_j \Delta r.$$

距市中心 2 km 区域内的人口数为

$$N = \int_0^2 P(r)2\pi r dr.$$

（1）当 $P(r)=\dfrac{4}{r^2+20}$ 时，

$$N = \int_0^2 2\pi \frac{4}{r^2+20} r dr = 4\pi \int_0^2 \frac{2r}{r^2+20} r dr$$

$$= 4\pi \ln(r^2+20) \Big|_0^2 = 4\pi \ln \frac{24}{20} \approx 2.291(\text{十万}).$$

距市中心 2 km 区域内的人口数大约为 229 100.

（2）当 $P(r)=1.2e^{-0.2r}$ 时，

$$N = \int_0^2 2.4\pi r e^{-0.2r} dr = 2.4\pi \int_0^2 r e^{-0.2r} dr$$

$$= 2.4\pi \frac{re^{-0.2r}}{-0.2}\Big|_0^2 - 2.4\pi \int_0^2 \frac{e^{-0.2r}}{-0.2} dr$$

$$= -24\pi e^{-0.4} + 12\pi \left(\frac{e^{-0.2r}}{-0.2}\right)\Big|_0^2$$

$$= -24\pi e^{-0.4} + (-60\pi e^{-0.4} + 60\pi)$$

$$\approx 11.602(\text{十万}).$$

距市中心 2 km 区域内的人口数大约为 1 160 200.

**说明**：本题中选取的两种人口密度计算方式 $P(r)=\dfrac{4}{r^2+20}$，$P(r)=1.2e^{-0.2r}$，有一个共同的性质 $P'(r)<0$，即随着 $r$ 的增大，$P(r)$ 减少，这是符合实际的，因为随着距市中心的距离越远，人口密度越小. 因此，选择适当的人口密度模式对于准确估算人口数至关重要.

## 习题六

1. 质点做圆周运动，在时刻 $t$ 的角速度为 $\omega=\omega(t)$，试用定积分表示该质点从时刻 $t_1$ 到 $t_2$ 所转过的角度 $\theta$.

2. 已知电流 $I$ 与时间 $t$ 的函数关系为 $I=I(t)$，试用定积分表示从时刻 0 到时刻 $t$ 这段时间，流过导线横截面的电量 $Q$.

3. 设有一质量非均匀的细棒，长度为 $l$，取棒的一端为原点，假设细棒上任一点处的线密度为 $\rho(x)$，试用定积分表示细棒的质量 $M$.

4. 试用定积分表示由曲线 $y=x^3$，直线 $x=1$，$x=3$ 及 $x$ 轴所围成的曲边梯形的面积 $A$.

5. 利用定积分的几何意义，说明下列各式.

（1）$\int_0^{2\pi} \cos x dx=0$；　　（2）$\int_0^{2\pi} \sin x dx=2\int_0^{\frac{\pi}{2}} \sin x dx$；

(3) $\int_0^a \sqrt{a^2-x^2}\,dx=\frac{\pi}{4}a^2, a>0$.

6. 利用定积分的性质，比较各对积分值的大小.

(1) $\int_0^1 x^2 dx$ 与 $\int_0^1 x dx$;

(2) $\int_0^1 \ln x dx$ 与 $\int_0^1 \ln^2 x dx$;

(3) $\int_0^1 e^x dx$ 与 $\int_0^1 (1+x) dx$;

(4) $\int_0^{\frac{\pi}{2}} x dx$ 与 $\int_0^{\frac{\pi}{2}} \sin x dx$.

7. 估计下列定积分的值.

(1) $\int_1^3 x^2 dx$;

(2) $\int_{\frac{1}{\sqrt{3}}}^{\sqrt{3}} x\arctan x dx$;

(3) $\int_{\frac{\pi}{4}}^{\frac{3}{4}\pi} (1+\sin^2 x) dx$.

8. 求下列函数的导数.

(1) $f(x)=\int_0^x e^{-t^2} dt$;

(2) $f(x)=\int_{\sqrt{x}}^1 \sqrt{1+t^2}\,dt$;

(3) $f(\theta)=\int_{\sin\theta}^{\cos\theta} t dt$;

(4) $f(y)=\int_{\frac{1}{y}}^{\ln y} \varphi(u) du$，其中 $\varphi(u)$ 连续.

9. 计算下列定积分.

(1) $\int_{-\frac{1}{2}}^{\frac{1}{2}} \frac{dx}{\sqrt{1-x^2}}$;

(2) $\int_0^1 (2x-\sqrt[3]{x}+1) dx$;

(3) $\int_{-\frac{\pi}{2}}^{\frac{\pi}{2}} \frac{1}{1+\cos\theta} d\theta$;

(4) $\int_0^{\frac{T}{2}} \sin\left(\frac{2\pi}{T}t-\varphi_0\right) dt$;

(5) $\int_{-1}^0 \frac{1+x}{\sqrt{4-x^2}} dx$;

(6) $\int_0^{\frac{\pi}{2}} (1-\cos x)\sin^2 x dx$;

(7) $\int_{\frac{1}{\pi}}^{\frac{2}{\pi}} \frac{1}{x^2}\sin\frac{1}{x} dx$;

(8) $\int_0^2 (1+xe^{\frac{x^2}{4}}) dx$;

(9) $\int_{-2}^{-1} \frac{dx}{x^2+4x+5}$;

(10) $\int_1^{e^3} \frac{\sqrt[4]{1+\ln x}}{x} dx$.

10. 计算下列定积分.

(1) 设 $f(x)=\begin{cases}\sin x, & 0\leqslant x<\frac{\pi}{2} \\ x, & \frac{\pi}{2}\leqslant x\leqslant \pi\end{cases}$，求 $\int_0^\pi f(x) dx$;

(2) $\int_{-1}^2 |x^2-1| dx$;

(3) $\int_0^3 (|x^2-1|+|x-2|) dx$.

11. 用换元积分法求下列定积分.

(1) $\int_0^1 \sqrt{4+5x}\,dx$;

(2) $\int_4^9 \frac{\sqrt{x}}{\sqrt{x}-1} dx$;

(3) $\int_0^1 \frac{1}{\sqrt{4+5x}-1}dx$;　　(4) $\int_0^2 \sqrt{4-x^2}\,dx$;

(5) $\int_{-\frac{\sqrt{2}}{2}}^0 \frac{x+1}{\sqrt{1-x^2}}dx$;　　(6) $\int_0^4 \sqrt{x^2+9}\,dx$;

(7) $\int_{\sqrt{2}}^2 \frac{1}{\sqrt{x^2-1}}dx$;　　(8) $\int_1^{\sqrt{3}} \frac{1}{x^2\sqrt{1+x^2}}dx$.

12. 用分部积分法求下列定积分.

(1) $\int_0^{\pi} x\sin x\,dx$;　　(2) $\int_0^1 xe^x\,dx$;

(3) $\int_1^e (x-1)\ln x\,dx$;　　(4) $\int_0^1 \arctan\sqrt{x}\,dx$;

(5) $\int_0^1 x^2e^{2x}\,dx$;　　(6) $\int_0^1 e^x\sin x\,dx$;

(7) $\int_0^{\frac{\pi}{4}} \frac{x}{\cos^2 x}dx$;　　(8) $\int_0^1 \frac{xe^x}{(1+x)^2}dx$.

13. 求下列广义积分.

(1) $\int_1^{+\infty} \frac{1}{x^4}dx$;　　(2) $\int_{-\infty}^{+\infty} \frac{dx}{x^2+2x+2}$;

(3) $\int_0^{+\infty} e^{-\sqrt{x}}\,dx$;　　(4) $\int_{-\infty}^0 \cos x\,dx$;

(5) $\int_0^{+\infty} \frac{x}{1+x^2}dx$;　　(6) $\int_0^{+\infty} x^2e^{-x}\,dx$;

(7) $\int_0^1 \frac{1}{\sqrt[3]{x}}dx$;　　(8) $\int_1^2 \frac{x}{\sqrt{x-1}}dx$.

14. 物体按规律 $x=ct^3(c>0)$ 做直线运动，设介质阻力与速度的平方成正比，求物体从 $x=0$ 到 $x=a$ 时，阻力所做的功.

15. 一圆台形的水池，深 15 m，上、下口半径分别为 20 m 和 10 m，如果将其中盛满的水全部抽尽，需要做多少功？

16. 洒水车上的水箱是一个横放的椭圆柱体，尺寸如图 6-33 所示，当水箱装满水时，求水箱的一端面所受的压力.

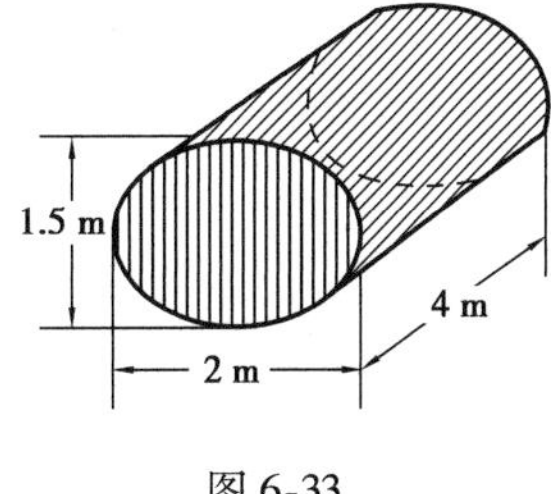

图 6-33

17. 由下列各组曲线所围成平面图形的面积.

(1) $xy=1, y=x, x=2$;

(2) $y=e^x, y=e^{-x}, x=1$;

(3) $x=y^2, y=x^2$;

(4) $y=x^2, x+y=2$;

(5) $y=x^3, y=1, y=2, x=0$;

(6) $y=0, y=1, y=\ln x, x=0$;

(7) $y=2x-x^2, x+y=0$;

(8) $y=\frac{x^2}{2},x^2+y^2=8$.

18. 求抛物线 $y=-x^2+4x-3$ 与其在点 $(0,-3)$ 和 $(3,0)$ 处的切线所围成平面图形的面积.

19. 求一水平直线 $y=c$，使得它与曲线 $y=\frac{1}{8}x^2$ 及直线 $x=1$ 所围成图形的面积等于它与曲线 $y=\frac{1}{8}x^3$ 及直线 $x=2$ 所围成图形的面积.

20. 求椭圆 $\frac{x^2}{a^2}+\frac{y^2}{b^2}=1$ 绕 $x$ 轴旋转所成旋转体的体积.

21. 平面图形由 $y=\sin x(0\leqslant x\leqslant\pi)$ 和 $y=0$ 围成，试求：

(1) 该图形绕 $x$ 轴旋转所成旋转体的体积.

(2) 该图形绕 $y$ 轴旋转所成旋转体的体积.

22. 平面图形由 $y=2x-x^2$ 和 $y=0$ 围成，试求该图形分别绕 $x$ 轴和 $y$ 轴旋转所得旋转体的体积.

23. 试用两种方法计算由 $y=(x-1)(x-2)$ 和 $y=0$ 所围成的图形绕 $y$ 轴旋转所得旋转体的体积.

24. 求曲线 $y=x^{\frac{3}{2}}$ 在 $0\leqslant x\leqslant 4$ 一段的弧长.

25. 求曲线 $y=\ln\cos x$ 在 $0\leqslant x\leqslant\frac{\pi}{4}$ 一段的弧长.

26. 求曲线 $x=\frac{1}{4}y^2-\frac{1}{2}\ln y$ 在 $1\leqslant y\leqslant \mathrm{e}$ 一段的弧长.

27. 求星形线 $\begin{cases}x=a\cos^3 t\\ y=a\sin^3 t\end{cases}$ $(0\leqslant t\leqslant 2\pi)$ 的全长.

28. 求曲线 $\begin{cases}x=a(\cos t+t\sin t)\\ y=a(\sin t-t\cos t)\end{cases}$ $(0\leqslant t\leqslant 2\pi)$ 的弧长.

29. 已知某产品总产量的变化率是时间 $x$（单位：年）的函数

$$f(x)=2x+5,x\geqslant 0.$$

求第一个五年和第二个五年的总产量各为多少？

30. 已知某产品生产 $x$ 个单位时，总收益 $R$ 的变化率为

$$R'(x)=200-\frac{x}{100},x\geqslant 0.$$

(1) 求生产 500 个单位时的总收益；

(2) 如果已生产 100 个单位，求再生产 100 个单位时的总收益.

31. 某产品的总成本 $C(x)$（万元）的变化率为 $C'=1$，总收益 $R$（万元）的变化率为生产量 $x$（百台）的函数

$$R'(x)=5-x.$$

(1) 求生产量等于多少时，总利润最大？

(2) 从利润最大的生产量又生产 100 台，总利润减少了多少？

**思政小课堂**

祖暅,又名祖暅之,字景烁,是我国南北朝时期的数学家,祖冲之之子. 受家庭的影响,尤其是父亲的影响,他从小就热爱科学,对数学抱有特别浓厚的兴趣. 祖暅的主要工作是修补编辑他父亲的数学著作《缀术》,他运用祖暅原理和由他创造的开立圆术,发展了他父亲的研究成果,巧妙地证得了球的体积公式,他求得这一公式比意大利数学家卡瓦列利至少要早1100年.

祖暅原理是指所有等高处横截面积相等的两个同高立体,其体积也必然相等. 这个原理很容易理解,取一摞书或一摞纸堆放在水平桌面上,然后用手推一下以改变其形状,这时高度没有改变,每张纸的面积也没有改变,因而这摞书或纸的体积与变形前相等,祖暅不仅首次明确提出了这一原理,还成功地将其应用到球体积的推算中,以长方体的体积公式和祖暅原理为基础,可以求出柱、锥、台、球等的体积. 祖暅原理叙述道:"夫叠棋成立积,缘幂势既同,则积不容异. "祖冲之父子利用这一原理求出了牟合方盖的体积,进而算出球的体积.

# 第七章
# 多元函数微积分

前面我们所讨论的函数都是只限于一个自变量的函数，简称一元函数．但是在许多实际问题中，往往牵涉多方面的因素，自然科学和工程技术中所遇到的函数，不限于一个自变量，往往有两个或更多的自变量，从而产生了几个自变量的函数——多元函数，这就提出了多元函数微积分的问题．多元函数微积分是一元函数微积分的推广和发展，它们有许多相似之处，但有的地方也有着重大差别．本章在一元函数的基础上，讨论多元函数的微积分及其应用．从一元函数到两个自变量的二元函数，由于自变量个数的增加，往往产生许多新问题，而从二元函数到二元以上的多元函数则可类推，所以我们以研究二元函数为主．

## 开篇案例

### 案例 7.1　电视广告还是专业杂志广告——广告投资决策问题

现代化的企业离不开广告，广告费用已成为不少企业的一项重要成本开支．做广告的途径有很多，各有优缺点．例如：电视广告传播快、影响大、效果好，但收费高、不可存放；报纸、杂志、广播广告收费低、存放时间长，但在传播速度、视觉影响上远不及电视广告．不少企业为合理利用有限的广告预算资金，常常同时采用几种不同的广告投资组合的方式．

某企业选择在电视与专业杂志上同时为本企业产品作广告宣传．根据往年统计资料得知：当电视广告投资费用为 $x$ 万元、专业杂志广告投资费用为 $y$ 万元时，销售量 $S$ 是 $x$ 和 $y$ 的函数，且

$$S=\frac{200x}{5+x}+\frac{100y}{10+y}.$$

同时还知道，销售产品所得的利润是销售量的$\frac{1}{5}$减去总的广告费用，该企业两种方式广告费预算为 25 万元，若你是该企业此项广告工作的负责人，请问你打算如何分配这两种方式的广

告费,才能使企业利润最大?最大利润是多少?

# 第一节 空间解析几何

## 一、空间直角坐标系及两点间距离公式

### 1. 空间直角坐标系

在空间任意取定一点 $O$,并从点 $O$ 引出三个两两垂直的数轴,由此确定三条数轴. 把这三条数轴依次记为 $x$ 轴(横轴)、$y$ 轴(纵轴)、$z$ 轴(竖轴),并统称为坐标轴. $O$ 称为坐标原点. 它们构成一个空间直角坐标系,称为 $Oxyz$ 坐标系(图 7-1). 通常还有如下规定.

(1)三个数轴的长度单位相同.

(2)把 $x$ 轴和 $y$ 轴配置在水平面上. 而 $z$ 轴取垂线,正向向上.

(3)数轴的正向通常符合右手规则,即以右手握住 $z$ 轴,当右手四指从 $x$ 轴正向以$\frac{\pi}{2}$角度转向 $y$ 轴正向时,大拇指的指向就是 $z$ 轴的正向,如图 7-2 所示.

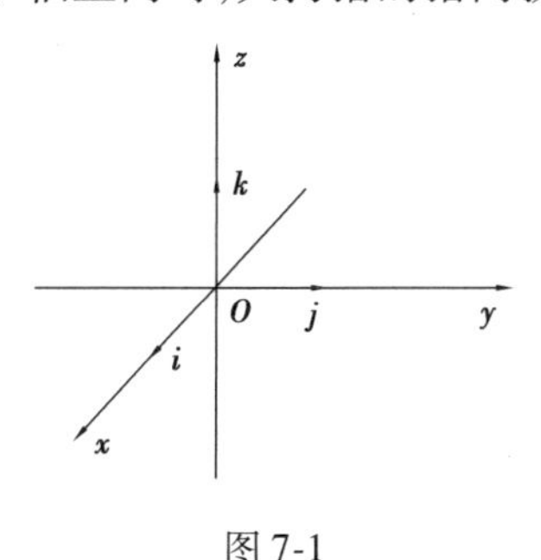


图 7-1

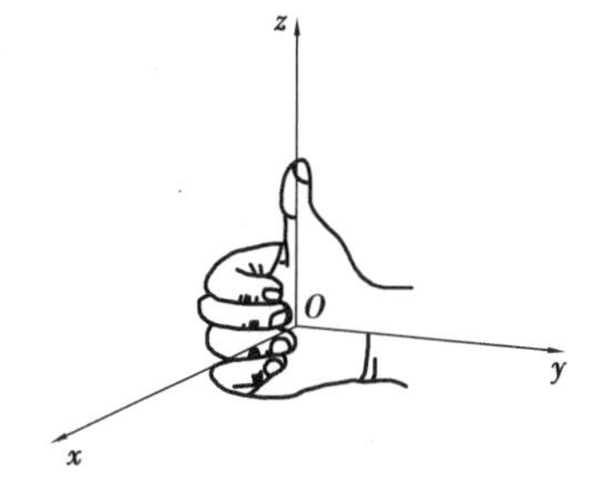


图 7-2

三条坐标轴中的任意两条可以确定一个平面,这样定出的三个平面统称为坐标面,按照坐标面所包含的坐标轴,分别称为 $xOy$ 面、$yOz$ 面和 $zOx$ 面. 三个坐标面将空间划分成八个区域,称为八个卦限. 含有 $x$ 轴、$y$ 轴与 $z$ 轴正半轴的卦限称为第Ⅰ卦限,位于 $xOy$ 面的上方. 此外,在 $xOy$ 面的上方,按逆时针方向排列依次为第Ⅱ卦限、第Ⅲ卦限和第Ⅳ卦限;在 $xOy$ 面的下方,与第Ⅰ卦限对应的是第Ⅴ卦限,按逆时针方向排列依次为第Ⅵ卦限、第Ⅶ限和第Ⅷ卦限,如图 7-3 所示.

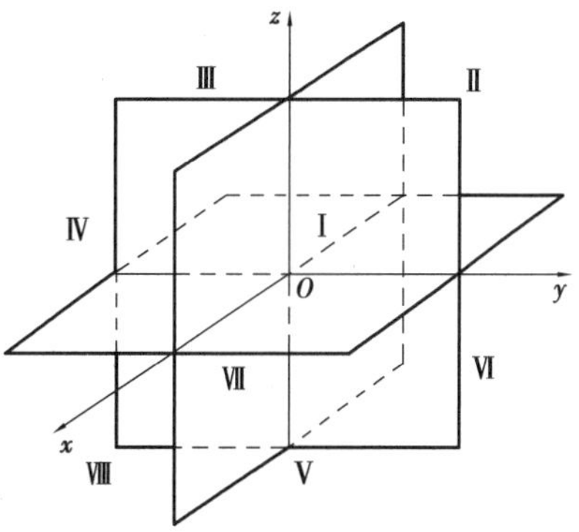

图 7-3

### 2. 两点间距离公式

设点 $A(x_1,y_1,z_1)$,$B(x_2,y_2,z_2)$,则 $A$,$B$ 两点间的距离公式为

$$|AB|=\sqrt{(x_1-x_2)^2+(y_1-y_2)^2+(z_1-z_2)^2}. \tag{7-1}$$

## 二、空间曲面及其方程

### 1. 平面方程

平面方程是一个三元一次方程，任意三元一次方程 $Ax+By+Cz+D=0$ 的图形总是一个平面. 因此，把三元一次方程 $Ax+By+Cz+D=0$ 称为平面的一般方程.

包含 0 系数的三元一次方程表示特殊的平面.

(1) 当 $D=0$ 时，即 $Ax+By+Cz=0$ 时，表示一个过原点的平面.

(2) 当 $A=0$ 时，即 $By+Cz+D=0$ 时，表示一个平行于 $x$ 轴的平面；当 $B=0$ 时，即 $Ax+Cz+D=0$ 时，表示一个平行于 $y$ 轴的平面；当 $C=0$ 时，即 $Ax+By+D=0$ 时，表示一个平行于 $z$ 轴的平面.

(3) 当 $A=B=0$ 时，即 $Cz+D=0$ 时，表示一个平行于 $xOy$ 面的平面；当 $B=C=0$ 时，即 $Ax+D=0$ 时，表示一个平行于 $yOz$ 面的平面；当 $A=C=0$ 时，即 $By+D=0$ 时，表示一个平行于 $zOx$ 面的平面.

**例 1**　求过 $x$ 轴和点 $(4,-3,-1)$ 的平面方程.

**解**　因为所求平面过 $x$ 轴，所以可设该平面的方程为

$$By + Cz = 0.$$

又因该平面过点 $(4,-3,-1)$，故有关系式

$$-3B - C = 0 \text{ 或 } C = -3B.$$

将其代入所设方程并除以 $B$，即得所求平面方程为 $y-3z=0$.

### 2. 曲面方程的概念

如果曲面 $S$ 上每一点的坐标都满足方程 $F(x,y,z)=0$，而不在曲面 $S$ 上的点的坐标都不满足这个方程，则称方程 $F(x,y,z)=0$ 为曲面 $S$ 的方程，而称曲面 $S$ 为此方程的图形。

下面举例说明怎样从曲面上点的特征得出曲面方程.

**例 2**　如图 7-4 所示，求球心在点 $M_0(x_0,y_0,z_0)$，半径为 $R$ 的球面方程.

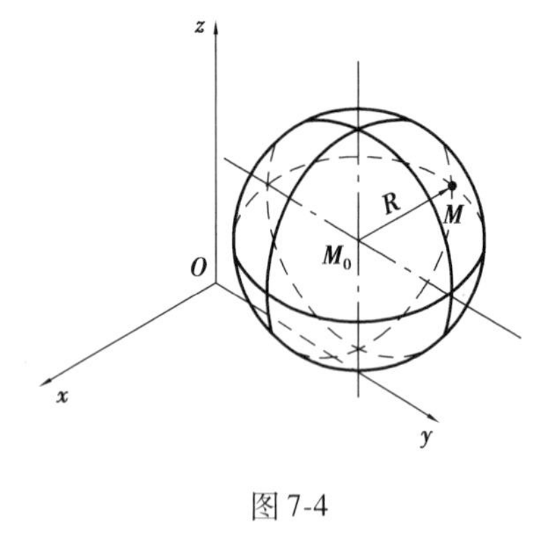

图 7-4

**解**　点 $M(x,y,z)$ 在以 $M_0$ 为球心、$R$ 为半径的球面上的充要条件为 $|M_0M|=R$，即

$$\sqrt{(x-x_0)^2+(y-y_0)^2+(z-z_0)^2}=R,$$

两边平方，得

$$(x-x_0)^2+(y-y_0)^2+(z-z_0)^2=R^2. \qquad (7\text{-}2)$$

显然，球面上的点的坐标都满足此方程，不在球面上的点的坐标都不满足这个方程，所以方程(7-2)就是球心在点 $M_0(x_0,y_0,z_0)$、半径为 $R$ 的球面的方程.

一般地，设有三元二次方程

$$Ax^2+Ay^2+Az^2+Dx+Ey+Fz+G=0.$$

这个方程有两个特点：一是缺 $xy,yz,zx$ 各交叉项，二是平方项系数相同. 一般来讲，具有上述特点的三元二次方程的图形是一个球面，需要注意的是，此方程经配方后能还原为方程

(7-2)的形式,否则可能为虚球面.

3. **旋转曲面**

设平面上有一条定直线和一条曲线,则该曲线绕定直线旋转一周所形成的曲面称为**旋转曲面**. 其中,定直线称为旋转曲面的**轴**,而旋转的曲线称为旋转曲面的**母线**.

下面只讨论母线在某个坐标面上绕某个坐标轴旋转所形成的旋转曲面.

设在 $yOz$ 面上有一已知曲线 $C$. 它的方程为

$$f(y,z)=0.$$

求此曲线 $C$ 绕 $z$ 轴旋转一周所形成的旋转曲面(图 7-5)方程.

设 $M_1(0,y_1,z_1)$ 为曲线 $C$ 上的任一点,于是 $M_1$ 的坐标必满足 $f(y_1,z_1)=0$. 当曲线 $C$ 绕 $z$ 轴旋转时,点 $M_1$ 绕 $z$ 轴转到另一点 $M(x,y,z)$,此时,点 $M$ 与 $z$ 轴的距离等于点 $M_1$ 到 $z$ 轴的距离,且有同一竖坐标,即 $|y_1|=\sqrt{x^2+y^2}$,$z=z_1$,将其代入 $f(y_1,z_1)=0$,得

$$f(\pm\sqrt{x^2+y^2},z)=0,$$

即所求旋转曲面的方程.

综上所述,当已知母线 $C$ 的方程为 $f(y,z)=0$ 时,保持 $z$ 的形式不变,将 $y$ 改成 $\pm\sqrt{x^2+y^2}$,便得曲线 $C$ 绕 $z$ 轴旋转所形成的旋转曲面的方程为 $f(\pm\sqrt{x^2+y^2},z)=0$.

同理,曲线 $C$ 绕 $y$ 轴旋转所形成的旋转曲面的方程为 $f(y,\pm\sqrt{x^2+z^2})=0$.

对于其他坐标面上的曲线,绕该坐标面上任何一条坐标轴旋转所形成的旋转曲面,其方程可以用上述类似方法求得.

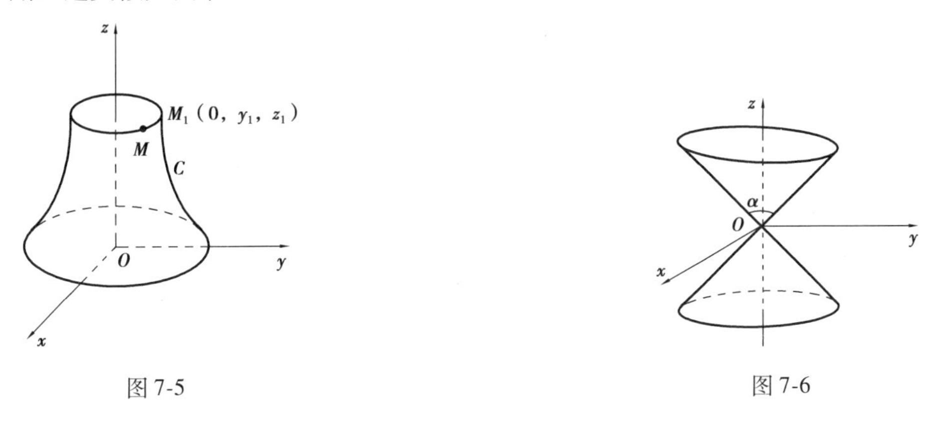


图 7-5　　　　图 7-6

**例 3**　如图 7-6 所示,取两条相交且夹角 $\alpha\in\left(0,\frac{\pi}{2}\right)$ 的直线,其中一条直线绕另一条直线旋转一周所得旋转曲面称为**圆锥面**,两直线的交点称为圆锥面的**顶点**. 两直线的夹角 $\alpha$ 称为圆锥面的**半顶角**. 当将坐标原点 $O$ 设在圆锥面的顶点处,并以 $z$ 轴为旋转轴时,试建立圆锥面的方程.

**解**　在 $yOz$ 面内,直线 $L$ 的方程为

$$z=y\cot\alpha.$$

由于旋转轴为 $z$ 轴,将上述方程中的 $y$ 改成 $\pm\sqrt{x^2+y^2}$,便得到圆锥面的方程为

$$z=\pm\sqrt{x^2+y^2}\cot\alpha,$$

整理得

$$z^2=a^2(x^2+y^2),$$

其中 $a=\cot\alpha$.

事实上,以前学习过的椭圆、抛物线及双曲线都是由圆锥面得来的. 用一个平面截圆锥面,当截面与其所有母线都相交时,截线为椭圆;当截面与任一条母线平行时,截线为抛物线;当截面与轴线平行时,截线为双曲线的一支.

4. **柱面**

分别给定一条定直线 $l$ 和定曲线 $C$,取平行于定直线 $l$ 的动直线 $L$,使之沿定曲线 $C$ 移动,由此形成的轨迹称为**柱面**,如图 7-7 所示. 其中,定曲线 $C$ 称为柱面的**准线**,动直线 $L$ 称为柱面的**母线**.

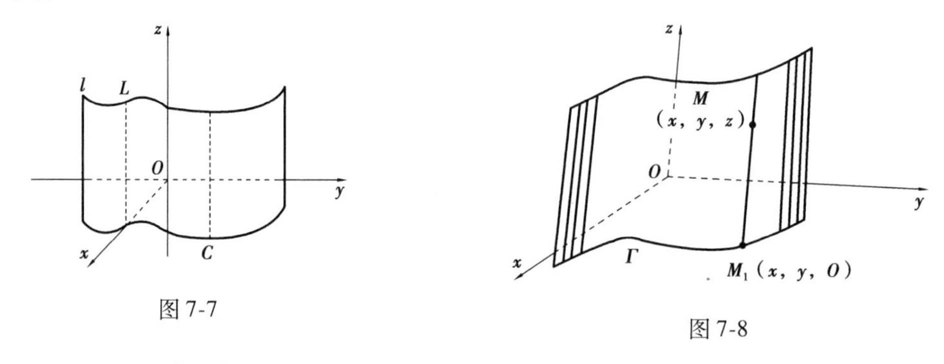


图 7-7　　图 7-8

**例 4**　设 $\Gamma:\begin{cases}\varphi(x,y)=0\\ z=0\end{cases}$. 求以 $\Gamma$ 为准线、母线平行于 $z$ 轴的柱面方程.

**解**　如图 7-8 所示,在柱面上任取一点 $M(x,y,z)$,则点 $M$ 必在某条母线上,它与 $\Gamma$ 的交点为 $M_1(x,y,0)$,从而有 $\varphi(x,y)=0$,又由点 $M$ 的任意性,可知曲面上任一点都满足 $\varphi(x,y)=0$. 若点 $M(x,y,z)$ 满足 $\varphi(x,y)=0$,则点 $M$ 必在经过点 $M_1(x,y,0)$ 的母线上,且 $z=0$. 故所求柱面方程为 $\varphi(x,y)=0$.

类似地,只含 $x,z$ 而缺 $y$ 的方程 $G(x,z)=0$ 和只含 $y,z$ 而缺 $x$ 的方程 $H(y,z)=0$ 分别表示母线平行于 $y$ 轴和 $x$ 轴的柱面.

例如,$x^2+y^2=4$ 在平面解析几何中表示圆心在原点,半径为 2 的圆;在空间解析几何中表示母线平行于 $z$ 轴,准线为 $\begin{cases}x^2+y^2=4\\ z=0\end{cases}$ 的圆柱面. 再如,$y=x+1$ 在平面解析几何中表示斜率为 1,截距也为 1 的一条直线;在空间解析几何中表示平行于 $z$ 轴的平面,该平面实际上也是一种柱面,称其为母线平行于 $z$ 轴,准线为 $\begin{cases}y=x+1\\ z=0\end{cases}$ 的平柱面.

## 第二节　多元函数

多元函数是一元函数的推广和发展，它们的性质有许多相似之处，但是，也有许多地方存在本质上的差别. 我们发现，从一元函数推广到二元函数会产生许多新的问题. 但是，大部分有关一元函数的概念、性质、结论可以自然推广至二元以上的函数.

### 一、多元函数的概念

在学习一元函数时，经常会遇到区间及邻域等概念，为了将一元函数推广到二元以上的函数，我们首先介绍区域的概念.

**1. 区域**

由于实数可与数轴上的点对应起来，而全体数轴上的点就构成了一维空间，记为 $R$. 二元有序实数组 $(x,y)$ 和平面上点的全体是一一对应关系. 平面上所有的点构成了二维空间，记为 $R^2$. 一般地，$n$ 元有序实数组 $(x_1,x_2,\cdots,x_n)$ 点的全体称为 $n$ 维空间，记为 $R^n$.

通常，**平面区域**是指平面上由一条曲线或几条曲线围成的部分. 区域可以是有限的，如圆形区域、矩形区域等，这种区域称为**有界区域**. 有些区域能够延伸到无穷远处，这种区域称为**无界区域**. 围成区域的曲线称为**区域的边界**. 若所考虑的区域包含区域的全部边界，则称此区域为**闭区域**；若不包含区域的边界，则称为**开区域**.

例如

$$D_1=\{(x,y)\mid x^2+y^2\leqslant 1\}$$

表示二维平面上以原点为圆心，以 1 为半径的圆形区域，并且包括其边界，因此是有界闭区域.

$$D_2=\{(x,y)\mid x>0,y>0\}$$

表示二维平面上第一象限内所有点的集合，不包含轴 $x$ 和 $y$ 轴，因此是无界开区域.

$$D_3=\{(x,y)\mid (x-x_0)^2+(y-y_0)^2<\delta^2,\delta>0\}$$

表示二维平面上以 $P_0(x_0,y_0)$ 为圆心，$\delta$ 为半径的圆形区域，且不包括边界，称为平面上点 $P_0(x_0,y_0)$ 的 $\delta$ 邻域，记为 $U(P_0,\delta)$，即

$$U(P_0,\delta)=\left\{P\,\middle|\,|PP_0|<\delta\right\}$$

或者

$$U(P_0,\delta)=\{(x,y)\mid \sqrt{(x-x_0)^2+(y-y_0)^2}<\delta\}.$$

$$D_1=\{(x,y)\mid 0<(x-x_0)^2+(y-y_0)^2<\delta^2,\delta>0\}$$

表示二维平面上不包括点 $P_0(x_0,y_0)$ 的圆形区域，称为点 $P_0(x_0,y_0)$ 的空心邻域，记为 $\overset{0}{U}(P_0,\delta)$，即

$$\overset{0}{U}(P_0,\delta)=\{P\mid 0<|PP_0|<\delta\}.$$

2. **二元函数的定义**

在实际问题中，经常需要考虑一个变量与另外两个变量之间的关系. 例如，圆柱体的体积 $V$ 与底面圆的半径 $r$ 和柱体的高度 $h$ 具有关系式

$$V=\pi r^2 h.$$

当 $r,h$ 在区域 $\{(r,h)\mid r>0,h>0\}$ 内取定一对值时，$V$ 就可以取得对应的值.

在物理学定理中，电流所做功的功率 $P$ 与电路电压 $U$ 和电流 $I$ 之间有关系式

$$P=UI.$$

当 $U,I$ 在区域 $\{(U,I)\mid U>0,I>0\}$ 内取定一对值时，功率 $P$ 也随之确定.

从这两个例子中，可以发现它们的共同特点，从而抽象出二元函数的定义.

**定义 1** 设 $D$ 是 $R^2$ 的一个非空点集，若对每一点 $(x,y)\in D$，按照某一法则 $f$ 有唯一确定的实数值 $z$ 与之对应，则称 $z$ 是关于变量 $x,y$ 的二元函数，记为

$$z=f(x,y),(x,y)\in D.$$

其中，点集 $D$ 称为该函数的定义域，$x,y$ 称为自变量，$z$ 称为因变量. 当 $(x,y)$ 取确定值之后，对应的因变量 $z$ 的值称为 $f$ 在点 $(x,y)$ 的函数值. 函数值 $f(x,y)$ 的全体构成的集合称为 $f$ 的值域.

一般地，设 $D\subset R^n$ 为 $n$ 维空间中的非空点集，若对 $D$ 中的每一个点 $(x_1,x_2,\cdots,x_n)$ 按照某一法则 $f$ 都有唯一确定的实数值 $z$ 与之对应，则称 $z$ 是自变量 $x_1,x_2,\cdots,x_n$ 的 $n$ 元函数，记为

$$z=f(x_1,x_2,\cdots,x_n),(x_1,x_2,\cdots,x_n)\in D.$$

关于多元函数的定义域，我们约定如下：讨论用算式表达的多元函数 $z=f(x_1,x_2,\cdots,x_n)$ 时，函数的定义域就是使得此函数有意义的自变量 $x_1,x_2,\cdots,x_n$ 的范围.

**例 1** 讨论下列函数的定义域.

(1) $z=\sqrt{9-x^2-y^2}$；(2) $z=\ln(x+y)$；(3) $z=\dfrac{1}{\sqrt{x+y}}+\dfrac{1}{\sqrt{x-y}}$.

**解** (1) 要使函数有意义，必须有

$$9-x^2-y^2\geqslant 0.$$

因此，所求函数的定义域为

$$D=\{(x,y)\mid x^2+y^2\leqslant 9\}.$$

这里 $D$ 是以原点为圆心，3 为半径的圆形的有界闭区域，如图 7-9 所示.

(2) 要使函数有意义，必须有

$$x+y>0.$$

因此，所求函数的定义域为

$$D=\{(x,y)\mid x+y>0\}.$$

这里 $D$ 为直线 $y=-x$ 以上的部分，为无界开区域，如图 7-10 所示.

(3) 只有当

$$x+y>0,x-y>0$$

同时成立时，原函数才有意义. 因此，所求函数的定义域为

$$D=\{(x,y)\mid -x<y<x\}.$$

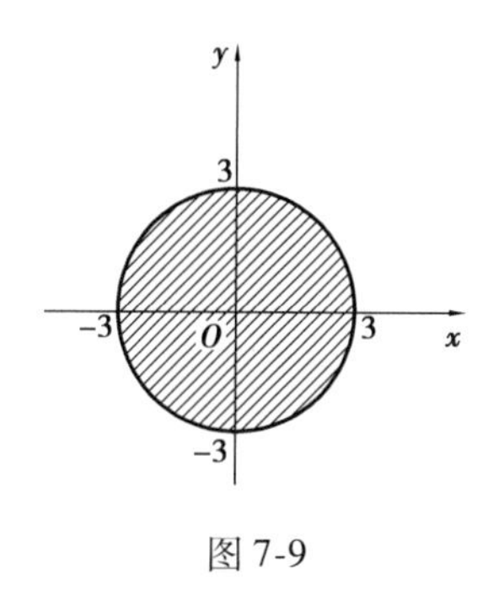

图 7-9

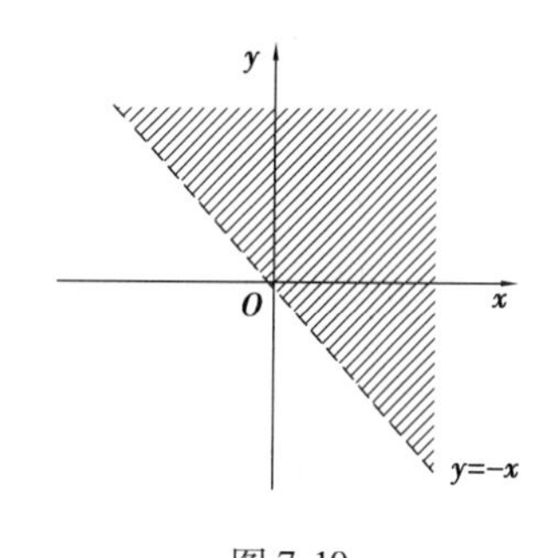

图 7-10

这里 $D$ 为图中的阴影部分,为无界开区域,如图 7-11 所示.

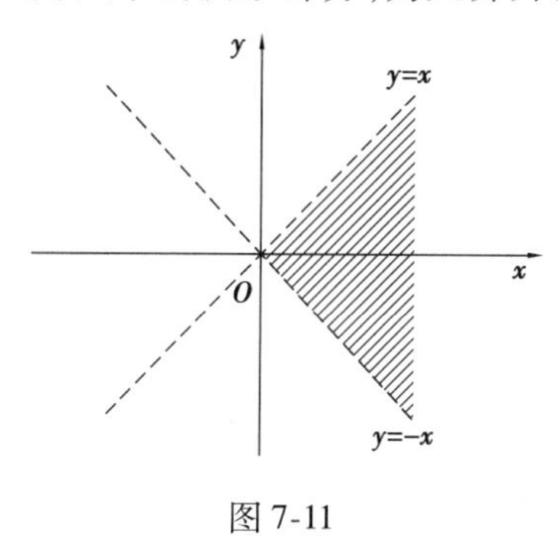

图 7-11

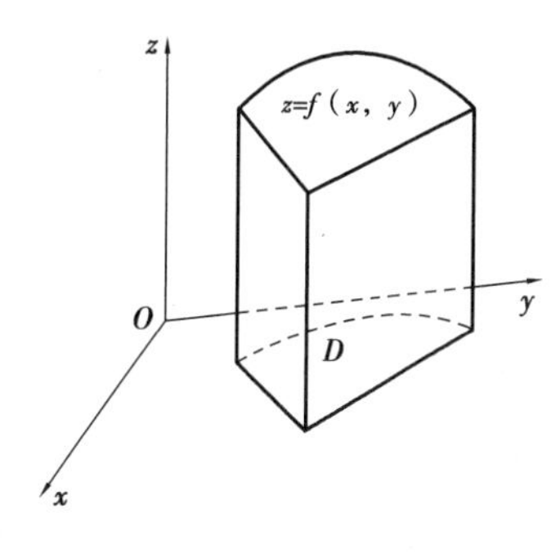

图 7-12

**例 2**　已知函数 $f(x,y)=\frac{x+y}{2xy}$,求:

(1) $f(1,2)$;(2) $f(xy,x+y)$.

**解**　(1) $f(1,2)=\frac{1+2}{2\times1\times2}=\frac{3}{4}$.

(2)分别以 $xy$ 和 $x+y$ 取代原来的 $x,y$,得

$$f(xy,x+y)=\frac{(xy)+(x+y)}{2(xy)(x+y)}=\frac{x+xy+y}{2(x^2y+xy^2)}.$$

**3. 二元函数的几何意义**

设函数 $z=f(x,y)$ 的定义域为 $D$,如图 7-12 所示. $D$ 中的任意一点 $P(x,y)$ 对应唯一一个 $z=f(x,y)$,即在三维空间中确定了唯一的点 $M(x,y,z)$,则点集

$$\{(x,y,z)\mid x,y\in D,z=f(x,y)\}$$

称为二元函数 $z=f(x,y)$ 的图形. 一般来说,它通常是一张曲面,这就是二元函数的几何意义.

例如,$z=1-x-y$ 的图形是一个平面,如图 7-13 所示. 又如,$z=x^2+y^2$ 的图形是一个开口向上的旋转抛物面,如图 7-14 所示.

## 二、二元函数的极限

二元函数的极限定义与一元函数的极限定义类似,它主要讨论二元函数 $z=f(x,y)$ 当点 $P(x,y)$ 以任何方式趋向于点 $P_0(x_0,y_0)$ 时,对应的函数值 $f(x,y)$ 的变化情况.

**定义 2**　函数 $z=f(x,y)$ 在点 $P_0(x_0,y_0)$ 的附近有定义,如果当点 $P(x,y)$ 以任何方式趋向

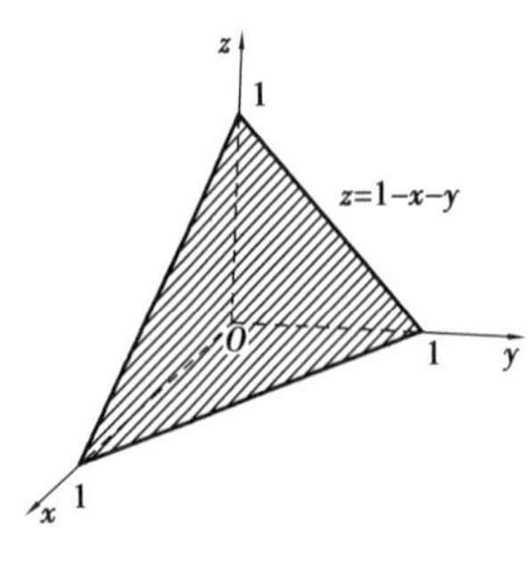


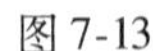
图 7-13

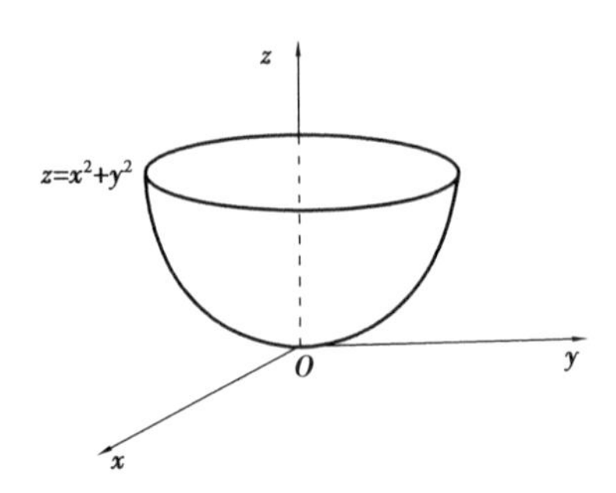


图 7-14

于点 $P_0(x_0,y_0)$ 时,对应的函数值 $z=f(x,y)$ 趋近于一个确定的常数 $A$,则称 $A$ 为函数 $f(x,y)$ 当 $(x,y)\to(x_0,y_0)$ 时的极限,记为

$$\lim_{(x,y)\to(x_0,y_0)} f(x,y)=A.$$

**注意**:(1)点 $P(x,y)$ 趋向于 $P_0(x_0,y_0)$ 是指点 $P$ 与 $P_0$ 之间的距离趋向于零,即

$$|PP_0|=\sqrt{(x-x_0)^2+(y-y_0)^2}\to 0.$$

(2)点 $P(x,y)$ 以任何方式趋向于点 $P_0(x_0,y_0)$ 是指在二维平面上点 $P$ 趋向于点 $P_0$ 的方式有无穷多种,而一元函数只能从点 $x_0$ 的左右两个方向趋向于 $x_0$. 二元函数的极限也称为二重极限,与一元函数的极限类似,二重极限也有相应的四则运算法则,这里不再赘述.

**例 3** 求下列极限.

(1) $\displaystyle\lim_{(x,y)\to(1,2)} \frac{2xy}{x^2+y^2}$; (2) $\displaystyle\lim_{(x,y)\to(0,0)} \frac{\sin(x^2+y^2)}{x^2+y^2}$;

(3) $\displaystyle\lim_{(x,y)\to\left(0,\frac{1}{2}\right)} \frac{\sin(xy)}{x}$; (4) $\displaystyle\lim_{(x,y)\to(0,0)} \frac{xy^2}{x^2+y^2}$.

**解** (1)显然,当 $x\to1,y\to2$ 时,

$$\lim_{(x,y)\to(1,2)} \frac{2xy}{x^2+y^2}=\frac{2\times1\times2}{1^2+2^2}=\frac{4}{5}.$$

(2)令 $u=x^2+y^2$,则当 $x\to0,y\to0$ 时,$u\to0$,因此

$$\lim_{(x,y)\to(0,0)} \frac{\sin(x^2+y^2)}{x^2+y^2}=\lim_{u\to0}\frac{\sin u}{u}=1.$$

(3) $\displaystyle\lim_{(x,y)\to\left(0,\frac{1}{2}\right)} \frac{\sin(xy)}{x}=\lim_{(x,y)\to\left(0,\frac{1}{2}\right)} \frac{\sin(xy)}{xy}\cdot y=\lim_{(x,y)\to\left(0,\frac{1}{2}\right)} \frac{\sin(xy)}{xy}\cdot\lim_{y\to\frac{1}{2}} y.$

令 $u=xy$,则当 $x\to0,y\to\dfrac{1}{2}$ 时,$u\to0$,因此

$$\lim_{(x,y)\to\left(0,\frac{1}{2}\right)} \frac{\sin(xy)}{x}=\lim_{u\to0}\frac{\sin u}{u}\cdot\lim_{y\to\frac{1}{2}} y=1\times\frac{1}{2}=\frac{1}{2}.$$

(4)因为 $x^2+y^2\geqslant2|xy|$,所以

$$0\leqslant\left|\frac{xy^2}{x^2+y^2}\right|\leqslant\frac{|y|}{2}.$$

而 $\displaystyle\lim_{y\to0}\frac{|y|}{2}=0$,说明上面不等式两边的极限均是 0,由极限的夹逼准则可知

$$\lim_{(x,y)\to(0,0)}\frac{xy^2}{x^2+y^2}=0.$$

**例 4**　证明极限 $\lim\limits_{(x,y)\to(0,0)}\dfrac{xy}{x^2+y^2}$不存在.

**证明**　在定义域$\{(x,y)\mid(x,y)\neq(0,0)\}$内,取 $y=kx$,当 $x\to0$ 时,$y\to0$,则

$$\lim_{(x,y)\to(0,0)}\frac{xy}{x^2+y^2}=\lim_{(x,y)\to(0,0)}\frac{x\cdot kx}{x^2+k^2x^2}=\lim_{(x,y)\to(0,0)}\frac{k}{1+k^2}=\frac{k}{1+k^2}.$$

当 $k$ 取不同值,即 $x,y$ 以不同的直线趋于点$(0,0)$时,极限值不同. 因而,该极限不存在.

## 三、二元函数的连续性

与一元函数连续性的概念类似. 我们可以给出二元函数连续性的定义.

设函数 $z=f(x,y)$在点 $P_0(x_0,y_0)$的附近有定义,如果

$$\lim_{(x,y)\to(x_0,y_0)}f(x,y)=f(x_0,y_0)$$

则称函数$f(x,y)$在点 $P_0(x_0,y_0)$处连续.

若函数 $z=f(x,y)$在区域 $D$ 内的每一点处连续,则称数 $z=f(x,y)$在 $D$ 上连续.

若$f(x,y)$在点 $P_0(x_0,y_0)$处不连续,则称点 $P_0$ 为函数$f(x,y)$的间断点. 显然,在间断点处,$f(x,y)$或没有定义,或极限不存在,或极限值不等于$f(x_0,y_0)$.

如例 4 中,$f(x,y)=\dfrac{xy}{x^2+y^2}$在点$(0,0)$处的极限不存在,故$f(x,y)$在点$(0,0)$处不连续,即点$(0,0)$是$f(x,y)$的一个**间断点**.

**注意**:与一元函数类似,二元函数经四则运算和复合运算得到的函数仍为连续函数,一切初等二元函数在其定义域内都是连续的.

**例 5**　求 $\lim\limits_{(x,y)\to(2,1)}\dfrac{2x+y}{xy}$.

**解**　函数$f(x,y)=\dfrac{2x+y}{xy}$是初等函数,在定义域内是连续函数,其定义域为

$$D=\{(x,y)\mid x\neq0,y\neq0\}.$$

点$(2,1)\in D$,从而

$$\lim_{(x,y)\to(2,1)}\frac{2x+y}{xy}=f(2,1)=\frac{2\times2+1}{2\times1}=\frac{5}{2}.$$

**例 6**　求 $\lim\limits_{(x,y)\to(0,0)}\dfrac{xy}{\sqrt{xy+1}-1}$.

**解** $$\lim_{(x,y)\to(0,0)}\frac{xy}{\sqrt{xy+1}-1}=\lim_{(x,y)\to(0,0)}\frac{xy(\sqrt{xy+1}+1)}{(\sqrt{xy+1}-1)(\sqrt{xy+1}+1)}$$

$$=\lim_{(x,y)\to(0,0)}\frac{xy(\sqrt{xy+1}+1)}{xy}$$

$$=\lim_{(x,y)\to(0,0)}(\sqrt{xy+1}+1)=2.$$

需要注意的是,与一元函数一样,对有界闭区域上的连续函数有以下结论:

(1)若函数$f(x,y)$在有界区域$D$上连续,则$f(x,y)$在$D$必有最大值和最小值.

(2)若函数$f(x,y)$在有界团区域$D$上连续,且$C$是介于最大值和最小值之间的实数,则在$D$内至少存在一点$(x_0,y_0)$使得$f(x_0,y_0)=C$.

## 第三节　偏导数

在研究一元函数时,从变化率入手引入了导数的概念,对于多元函数同样需要讨论变化率问题,但多元函数的自变量不止一个,为此我们先研究其中一个自变量变化、其余自变量不变的情形.

### 一、偏导数概念及运算

**1. 偏导数定义**

当考察圆柱体的体积函数$V(r,h)=\pi r^2h$时,若底面半径$r$保持不变,则体积$V$主要取决于高$h$的取值,也就是说,当自变量$r$固定时,$V(r,h)$就是关于$h$的一元函数,从而体积$V$关于高$h$的变化率可视为$V(h)$对$h$的导数.像这样,多元函数中的一个自变量发生改变,其余自变量固定,考虑函数对于该自变量的变化率就称为该函数对于这个自变量的偏导数.偏导数的引入有利于逐一研究多元函数中每个变量对函数的影响.

**定义1**　设二元函数$z=f(x,y)$在点$(x_0,y_0)$的附近有定义,当$y$固定在$y_0$而$x$在点$x_0$处有增量$\Delta x$时,相应地,函数$z=f(x,y)$有增量(称为**函数对$x$的偏增量**)

$$f(x_0+\Delta x,y_0)-f(x_0,y_0).$$

若极限

$$\lim_{\Delta x\to 0}\frac{f(x_0+\Delta x,y_0)-f(x_0,y_0)}{\Delta x}$$

存在,则称函数$z=f(x,y)$在点$(x_0,y_0)$处对$x$可导,此极限为函数$z=f(x,y)$在点$(x_0,y_0)$处**对$x$的偏导数**,记为

$$\left.\frac{\partial z}{\partial x}\right|_{\substack{x=x_0\\y=y_0}},\left.\frac{\partial f}{\partial x}\right|_{\substack{x=x_0\\y=y_0}},\left.z_x\right|_{\substack{x=x_0\\y=y_0}}\text{或}f_x(x_0,y_0),$$

即$f_x(x_0,y_0)=\lim\limits_{\Delta x\to 0}\dfrac{f(x_0+\Delta x,y_0)-f(x_0,y_0)}{\Delta x}$.

类似地,当$x$固定在点$x_0$,而$y$处有增量$\Delta y$时,相应地,函数$z=f(x,y)$有增量(称为**函数对的$y$偏增量**)

$$f(x_0,y_0+\Delta y)-f(x_0,y_0).$$

若极限

$$\lim_{\Delta y\to 0}\frac{f(x_0,y_0+\Delta y)-f(x_0,y_0)}{\Delta y}$$

存在,则称函数 $z=f(x,y)$ 在点 $(x_0,y_0)$ 处对 $y$ 可导,此极限为函数 $z=f(x,y)$ 在点 $(x_0,y_0)$ 处**对 $y$ 的偏导数**,记为

$$\left.\frac{\partial z}{\partial y}\right|_{\substack{x=x_0\\y=y_0}},\left.\frac{\partial f}{\partial y}\right|_{\substack{x=x_0\\y=y_0}},\left.z_y\right|_{\substack{x=x_0\\y=y_0}}\text{或}f_y(x_0,y_0),$$

即

$$f_y(x_0,y_0)=\lim_{\Delta x\to 0}\frac{f(x_0,y_0+\Delta y)-f(x_0,y_0)}{\Delta y}.$$

**定义 2**　如果函数 $z=f(x,y)$ 在区域 $D$ 内每一点处对 $x$(或对 $y$)的偏导数都存在,那么这个偏导数也是关于 $x,y$ 的二元函数,就称这个函数是 $z=f(x,y)$ 对 $x$(或对 $y$)的偏导函数(简称**偏导数**),记为

$$\frac{\partial z}{\partial x},\frac{\partial f}{\partial x},z_x\text{ 或 }f_x(x,y)\left[\frac{\partial z}{\partial y},\frac{\partial f}{\partial y},z_y\text{ 或 }f_y(x,y)\right].$$

**注意**:偏导数的记号 $\frac{\partial}{\partial x},\frac{\partial}{\partial y}$ 是一个整体的记号,不能看作分子分母之商.

偏导数的概念还可推广到二元以上的函数.

**2. 偏导数的计算方法**

由偏导数的定义知,函数对哪个自变量求偏导数,就先把其他变量看作常数,从而变成一元函数的求导问题. 以二元函数 $z=f(x,y)$ 为例,求 $\frac{\partial f}{\partial x}$ 时,把 $y$ 暂时看作常量而对 $x$ 求导数;求 $\frac{\partial f}{\partial y}$ 时,把 $x$ 暂时看作常量而对 $y$ 求导数.

**例 1**　求 $z=x\sin(x+y)$ 的偏导数.

**解**　$\frac{\partial z}{\partial x}=\sin(x+y)+x\cos(x+y)$, $\frac{\partial z}{\partial y}=x\cos(x+y)$.

**例 2**　求 $z=x^2+2xy+4xy^2$ 在点(1,2)处的偏导数.

**解**　因为 $\frac{\partial z}{\partial x}=2x+2y+4y^2$, $\frac{\partial z}{\partial y}=2x+8xy$,所以

$$\left.\frac{\partial z}{\partial x}\right|_{\substack{x=1\\y=2}}=2\times1+2\times2+4\times2^2=22,\left.\frac{\partial z}{\partial y}\right|_{\substack{x=1\\y=2}}=2\times1+8\times1\times2=18.$$

**例 3**　求 $u=\left(\frac{x}{y}\right)^z$ 的偏导数.

**解**　$\frac{\partial u}{\partial x}=\frac{z}{y}\left(\frac{x}{y}\right)^{z-1}=\frac{zx^{z-1}}{y^2}$.

$\frac{\partial u}{\partial y}=z\left(\frac{x}{y}\right)^{z-1}\left(-\frac{x}{y^2}\right)=-\frac{zx^z}{y^{z-1}}$.

$\frac{\partial u}{\partial z}=\left(\frac{x}{y}\right)^z\ln\frac{x}{y}$.

**想一想**

在生活中观察事物时,我们可以从偏导数的求法中得到什么启示?

## 二、高阶偏导

**定义 3** 设函数 $z=f(x,y)$ 在区域 $D$ 内具有偏导数

$$\frac{\partial z}{\partial x}=f_x(x,y),\frac{\partial z}{\partial y}=f_y(x,y).$$

那么在 $D$ 内 $f_x(x,y)$,$f_y(x,y)$ 仍是关于 $x,y$ 的二元函数,如果这两个函数的偏导数也存在,则称它们是函数 $z=f(x,y)$ 的**二阶偏导数**. 二元函数的二阶偏导数按照对变量求导次序的不同有下列四个:

$$\frac{\partial}{\partial x}\left(\frac{\partial z}{\partial x}\right)=\frac{\partial^2 z}{\partial x^2}=f_{xx}(x,y),\frac{\partial}{\partial y}\left(\frac{\partial z}{\partial x}\right)=\frac{\partial^2 z}{\partial x\partial y}=f_{xy}(x,y),$$

$$\frac{\partial}{\partial x}\left(\frac{\partial z}{\partial y}\right)=\frac{\partial^2 z}{\partial y\partial x}=f_{yx}(x,y),\frac{\partial}{\partial y}\left(\frac{\partial z}{\partial y}\right)=\frac{\partial^2 z}{\partial y^2}=f_{yy}(x,y).$$

类似地,可定义更高阶的偏导数. 二阶及二阶以上的偏导数统称**高阶偏导数**,既有关于 $x$ 又有关于 $y$ 的高阶偏导数称为**混合偏导数**,如$\frac{\partial^2 z}{\partial x\partial y}$,$\frac{\partial^2 z}{\partial y\partial x}$.

**例 4** 设 $z=x^4+y^4-4x^2y^2$,求$\frac{\partial^2 z}{\partial x^2}$,$\frac{\partial^3 z}{\partial y^3}$,$\frac{\partial^2 z}{\partial x\partial y}$,$\frac{\partial^2 z}{\partial y\partial x}$.

**解** $\frac{\partial z}{\partial x}=4x^3-8xy^2$,$\frac{\partial^2 z}{\partial x^2}=12x^2-8y^2$;

$\frac{\partial z}{\partial y}=4y^3-8x^2y$,$\frac{\partial^2 z}{\partial y^2}=12y^2-8x^2$,$\frac{\partial^3 z}{\partial y^3}=24y$;

$\frac{\partial^2 z}{\partial x\partial y}=-16xy$,$\frac{\partial^2 z}{\partial y\partial x}=-16xy$.

**例 5** 设 $z=yx$,求$\frac{\partial^2 z}{\partial x\partial y}$,$\frac{\partial^2 z}{\partial y\partial x}$.

**解** $\frac{\partial z}{\partial x}=y^x\ln y$,$\frac{\partial z}{\partial y}=xy^{x-1}$,$\frac{\partial^2 z}{\partial x\partial y}=y^{x-1}(1+x\ln y)$,$\frac{\partial^2 z}{\partial y\partial x}=y^{x-1}(1+x\ln y)$.

在例 4 和例 5 中,两个二阶混合偏导数相等,即$\frac{\partial^2 z}{\partial x\partial y}=\frac{\partial^2 z}{\partial y\partial x}$,这是偶然还是必然的呢? 不妨再观察一个例子.

**例 6** 设$f(x,y)=\begin{cases}xy\dfrac{x^2-y^2}{x^2+y^2},(x,y)\neq(0,0)\\0,(x,y)=(0,0)\end{cases}$,求 $f_{xy}(0,0)$ 和 $f_{yx}(0,0)$.

**解** 因为

$$f_x(0,0)=\lim_{\Delta x\to 0}\frac{f(0+\Delta x,0)-f(0,0)}{\Delta x}=0,$$

$$f_x(0,\Delta y)=\lim_{\Delta x\to 0}\frac{f(0+\Delta x,\Delta y)-f(0,\Delta y)}{\Delta x}=\lim_{\Delta x\to 0}\frac{1}{\Delta x}\left[\Delta x\Delta y\frac{(\Delta x)^2-(\Delta y)^2}{(\Delta x)^2+(\Delta y)^2}\right]=-\Delta y,$$

所以

$$f_{xy}(0,0)=\lim_{\Delta y\to 0}\frac{f_x(0,0+\Delta y)-f_x(0,0)}{\Delta y}=\lim_{\Delta y\to 0}\frac{-\Delta y-0}{\Delta y}=-1.$$

同理可求得$f_{yx}(0,0)=1$.

由例6可知,$f_{xy}(0,0)\neq f_{yx}(0,0)$,可见二阶混合偏导数相等是有条件的.

**定理**　如果函数$z=f(x,y)$的两个二阶混合偏导数$\frac{\partial^2 z}{\partial x\partial y}$及$\frac{\partial^2 z}{\partial y\partial x}$在区域$D$内连续,那么在$D$内$\frac{\partial^2 z}{\partial x\partial y}=\frac{\partial^2 z}{\partial y\partial x}$.

该定理的结论对$n$元函数的混合偏导数也成立.

**例7**　设$f(x,y,z)=xy^2+yz^2+zx^2$,求各二阶偏导数及$f_{zzx}(x,y,z)$.

**解**　因为

$$f_x(x,y,z)=y^2+2xz,\ f_y(x,y,z)=2xy+z^2,\ f_z(x,y,z)=2yz+x^2,$$

所以

$$f_{xx}(x,y,z)=2z,\ f_{yy}(x,y,z)=2x,\ f_{zz}(x,y,z)=2y,$$
$$f_{xy}(x,y,z)=f_{yx}(x,y,z)=2y,\ f_{xz}(x,y,z)=f_{zx}(x,y,z)=2x,$$
$$f_{yz}(x,y,z)=f_{zy}(x,y,z)=2z,\ f_{zzx}(x,y,z)=0.$$

## 第四节　全微分及其应用

多元函数偏导数实际上相当于一元函数的导数,多元函数对某个自变量的偏导数仅表示因变量相对于该自变量的变化率,而将其余自变量视为固定的.在实际问题中,往往要研究多元函数中各个自变量发生变化时因变量的变化率,这就要求引入新的研究工具,即全微分.

### 一、全微分的概念

我们知道,对于一元函数$y=f(x)$,给定自变量$x$的一个增量$\Delta x$,则相应的函数值$y$也有增量

$$\Delta y=f(x+\Delta x)-f(x).$$

当$y=f(x)$在点$x$处可导时,有

$$\Delta y=f(x+\Delta x)-f(x)=f'(x)\Delta x+o(\Delta)x=\mathrm{d}y+o(\Delta x).$$

这里$\mathrm{d}y=f'(x)\Delta x=f'(x)\mathrm{d}x$是一元函数的微分,它与函数值的增量$\Delta y$之间有一个误差$o(\Delta x)$,此误差是关于$\Delta x$的高阶无穷小.因此,当$\Delta x$很小时,有近似等式

$$\Delta y\approx \mathrm{d}y=f'(x)\mathrm{d}x.$$

对于二元函数$z=f(x,y)$,它有两个自变量.若固定自变量$y$,仅在点$x$处取得增量$\Delta x$,则相应的函数值也有增量

$$\Delta_x z=f(x+\Delta x,y)-f(x,y).$$

当函数$z=f(x,y)$在点$(x,y)$处关于$x$的偏导数存在时,有

$$\Delta_x z=f(x+\Delta x,y)-f(x,y)=f_x(x,y)+o(\Delta x).$$

则 $\Delta_x z$ 称为 $z=f(x,y)$ 在点 $(x,y)$ 处对 $x$ 的偏增量,而 $f_x(x,y)\Delta x$ 称为函数 $z=f(x,y)$ 在点 $(x,y)$ 处对 $x$ 的偏微分.

同样,可以定义函数 $z=f(x,y)$ 在点 $(x,y)$ 处对于 $y$ 的偏增量与偏微分.

但若 $z=f(x,y)$ 在点 $(x,y)$ 处关于自变量 $x$ 和 $y$ 分别有增量 $\Delta x$ 和 $\Delta y$ 时. 则函数值的增量

$$\Delta z=f(x+\Delta x,y+\Delta y)-f(x,y)$$

称为函数 $z=f(x,y)$ 关于 $x,y$ 的全增量. 类似地,有二元函数的全微分定义.

**定义** 若函数 $z=f(x,y)$ 在点 $(x,y)$ 处的全增量

$$\Delta z=f(x+\Delta x,y+\Delta y)-f(x,y)$$

可表示为

$$\Delta z=A\Delta x+B\Delta y+o(\rho).$$

其中 $A,B$ 仅与 $x,y$ 有关,$\rho=\sqrt{\Delta x^2+\Delta y^2}$,则称 $z=f(x,y)$ 在点 $(x,y)$ 处可微,称

$$A\Delta x+B\Delta y$$

为 $z=f(x,y)$ 在点 $(x,y)$ 处的全微分,记为 $\mathrm{d}z$,则

$$\mathrm{d}z=A\Delta x+B\Delta y.$$

常将 $\Delta x,\Delta y$ 写成 $\mathrm{d}x,\mathrm{d}y$,于是

$$\mathrm{d}z=A\mathrm{d}x+B\mathrm{d}y.$$

**思考**:$z$ 关于 $x,y$ 的偏微分与偏导数 $f_x(x,y)$ 和 $f_y(x,y)$ 有什么样的关系呢?

我们不加证明地给出下面的结论.

**定理 1　可微的必要条件**　若函数 $z=f(x,y)$ 在点 $(x,y)$ 处可微,则

(1)$f(x,y)$ 在点 $(x,y)$ 处连续;

(2)$z=f(x,y)$ 的两个偏导数 $f_x(x,y)$ 和 $f_y(x,y)$ 都存在,且 $z=f(x,y)$ 在点 $(x,y)$ 处的全微分为

$$\mathrm{d}z=f_x(x,y)\mathrm{d}x+f_y(x,y)\mathrm{d}y.$$

**注意**:由 $z=f(x,y)$ 关于 $x$ 和 $y$ 的偏导数存在,并不一定能推出 $z=f(x,y)$ 在点 $(x,y)$ 处可微. 对于一元函数,可微与导数存在是等价的,在这一点上,一元函数与多元函数是有区别的.

那么,什么时候函数 $z=f(x,y)$ 在点 $(x,y)$ 处可微呢?

**定理 2　可微的充分条件**　若函数 $z=f(x,y)$ 的偏导数 $\dfrac{\partial z}{\partial x}$ 和 $\dfrac{\partial z}{\partial y}$ 在点 $(x,y)$ 处连续,则函数 $z=f(x,y)$ 在点 $(x,y)$ 处可微.

这个定理说明偏导数连续的函数一定可微,根据定理 7.2,此时全微分为

$$\mathrm{d}z=f_x(x,y)\mathrm{d}x+f_y(x,y)\mathrm{d}y.$$

但反之不成立,即可微并不能得出偏导数连续的结论,也就是说,这两个定理表达了下面的关系:

$$\text{偏导数}\frac{\partial z}{\partial x},\frac{\partial z}{\partial y}\text{ 连续}\xrightarrow{\quad\not\Leftarrow\quad}z=f(x,y)\text{ 可微}\xrightarrow{\quad\not\Leftarrow\quad}\text{偏导数存在.}$$

以上关于全微分的定义以及可微的必要条件和充分条件可类似推广到三元及三元以上

的函数. 如果三元函数 $u=f(x,y,z)$ 的全微分存在,则有 $\mathrm{d}u=\frac{\partial u}{\partial x}\mathrm{d}x+\frac{\partial u}{\partial y}\mathrm{d}y+\frac{\partial u}{\partial z}\mathrm{d}z$.

**例 1**　设 $z=xy-\frac{x}{y}$,求 $\mathrm{d}z$.

**解**　因为

$$f_x(x,y)=\frac{\partial z}{\partial x}=y+\frac{1}{y},f_y(x,y)=\frac{\partial z}{\partial y}=x-\frac{x}{y^2},$$

所以

$$\mathrm{d}z=\left(y+\frac{1}{y}\right)\mathrm{d}x+\left(x-\frac{x}{y^2}\right)\mathrm{d}y.$$

**例 2**　计算函数 $z=xy\mathrm{e}^{xy}$ 在点(1,2)处的全微分.

**解**　因为

$$\frac{\partial z}{\partial x}=y\mathrm{e}^{xy}+xy^2\mathrm{e}^{xy},\frac{\partial z}{\partial y}=x\mathrm{e}^{xy}+x^2y\mathrm{e}^{xy},$$

而 $\left.\frac{\partial z}{\partial x}\right|_{\substack{x=1\\y=2}}=6\mathrm{e}^2,\left.\frac{\partial z}{\partial y}\right|_{\substack{x=1\\y=2}}=3\mathrm{e}^2$,所以

$$\mathrm{d}z=6\mathrm{e}^2\mathrm{d}x+3\mathrm{e}^2\mathrm{d}y.$$

## 二、全微分在近似计算中的应用

设函数 $z=f(x,y)$ 在点 $(x,y)$ 处可微,则函数的全增量与全微分之差是比 $\rho$ 高阶的无穷小,因此当 $|\Delta x|$ 和 $|\Delta y|$ 都较小时,全增量可以近似地用全微分代替,即

$$\Delta z\approx \mathrm{d}z=f_x(x,y)\mathrm{d}x+f_y(x,y)\mathrm{d}y. \tag{7-3}$$

又因为 $\Delta z=f(x+\Delta x,y+\Delta y)-f(x,y)$,所以有

$$f(x+\Delta x,y+\Delta y)\approx f(x,y)+f_x(x,y)\Delta x+f_y(x,y)\Delta y. \tag{7-4}$$

利用式(7-3)与式(7-4)可以分别计算函数 $z=f(x,y)$ 在某点处的全增量 $\Delta z$ 及函数值的近似值.

**例 3**　计划用水泥建造一个无盖的圆柱形水池,要求内径为 3 m,内高为 5 m,侧壁和底的厚度均为 0.2 m. 问大约需要体积为多少的水泥?

**解**　圆柱体的体积 $V=\pi r^2h$,则

$$\frac{\partial V}{\partial r}=2\pi rh,\frac{\partial V}{\partial h}=\pi r^2.$$

因为 $\Delta r=0.2$ m,$\Delta h=0.2$ m 都比较小. 所以可用全微分近似代替全增量,即

$$\Delta V\approx \mathrm{d}V=\frac{\partial V}{\partial r}\Delta r+\frac{\partial V}{\partial h}\Delta h=2\pi rh\Delta r+\pi r^2\Delta h=\pi r(2h\Delta r+r\Delta h).$$

所以,全增量为

$$\left.\Delta V\right|_{\substack{r=3,h=5\\ \Delta r=0.2\\ \Delta h=0.2}}\approx 3\pi\times(2\times5\times0.2+3\times0.2)\mathrm{m}^3=7.8\pi\mathrm{m}^3\approx 24.5\ \mathrm{m}^3.$$

故建造该水池大约需要水泥 24.5 $\mathrm{m}^3$.

**例 4** 利用全微分计算$(0.97)^{2.01}$的值.

**解** 设函数$z=f(x,y)=x^y$,取$x=1$,$y=2$,$\Delta x=-0.03$,$\Delta y=0.01$则

$$f(1,2)=1,\ f_x(1,2)=yx^{y-1}\Big|_{\substack{x=1\\y=2}}=2,\ f_y(1,2)=x^y\ln x\Big|_{\substack{x=1\\y=2}}=0.$$

由式(7-4)得

$$\begin{aligned}f(0.97,2.01)&\approx f(1,2)+f_x(1,2)\times(-0.03)+f_y(1,2)\times 0.01\\&=1+2\times(-0.03)+0\times 0.01=0.94.\end{aligned}$$

## 第五节 多元复合函数的微分法

### 一、多元复合函数的求导法则

下面按照多元复合函数中间变量的不同情形进行讨论.

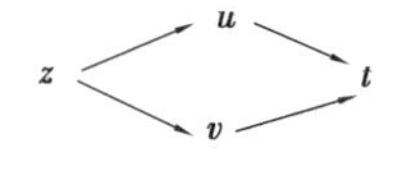

图 7-15

**1. 复合函数的中间变量均为同一自变量的一元函数**

设函数$z=f(u,v)$,其中$u=\varphi(t)$,$v=\psi(t)$,即构成复合函数$z=f[\varphi(t),\psi(t)]$,其变量相互依赖关系如图 7-15 所示.

**定理 1** 如果函数$u=\varphi(t)$及$v=\psi(t)$都在点$t$处可导,函数$z=f(u,v)$在对应点$(u,v)$处具有连续偏导数,则复合函数$z=f[\varphi(t),\psi(t)]$在点$t$处可导,且有

$$\frac{\mathrm{d}z}{\mathrm{d}t}=\frac{\partial z}{\partial u}\cdot\frac{\mathrm{d}u}{\mathrm{d}t}+\frac{\partial z}{\partial v}\cdot\frac{\mathrm{d}v}{\mathrm{d}t}.$$

从定理 1 中可以看出函数最终只依赖于一个变量$t$,所以对其导数应用 d 的符号,并称$\frac{\mathrm{d}z}{\mathrm{d}t}$为**全导数**.

定理 1 可以推广到更多中间变量的情况. 设$z=f(u,v,w)$,其中$u=\varphi(t)$,$v=\psi(t)$,$w=w(t)$,即构成复合函数$z=f[\varphi(t),\psi(t),w(t)]$,其变量相互依赖关系如图 7-16 所示,有

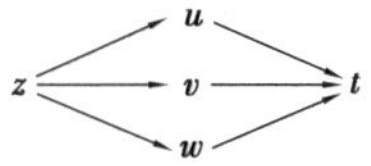

图 7-16

$$\frac{\mathrm{d}z}{\mathrm{d}t}=\frac{\partial z}{\partial u}\cdot\frac{\mathrm{d}u}{\mathrm{d}t}+\frac{\partial z}{\partial v}\cdot\frac{\mathrm{d}v}{\mathrm{d}t}+\frac{\partial z}{\partial w}\cdot\frac{\mathrm{d}w}{\mathrm{d}t}.$$

**例 1** 设$z=x^y$,$x=\sin t$,$y=\cos t$,求全导数$\frac{\mathrm{d}z}{\mathrm{d}t}$.

**解**
$$\begin{aligned}\frac{\mathrm{d}z}{\mathrm{d}t}&=\frac{\partial z}{\partial x}\cdot\frac{\mathrm{d}x}{\mathrm{d}t}+\frac{\partial z}{\partial y}\cdot\frac{\mathrm{d}y}{\mathrm{d}t}\\&=yx^{y-1}\cos t+x^y\ln x\cdot(-\sin t)\\&=x^{y-1}(y\cos t-x\ln x\sin t).\end{aligned}$$

**例 2** 设有一圆柱体,它的底面半径以 0.1 cm/s 的速率增大,高度以 0.2 cm/s 的速率减小,试求当底面半径为 100 cm、高为 120 cm 时,圆柱体体积的变化率.

**解** 设圆柱体的底面半径为$R$,高为$h$,则体积为$V=\pi R^2h$,其体积变化率为

$$\frac{\mathrm{d}V}{\mathrm{d}t}=\frac{\partial V}{\partial R}\cdot\frac{\mathrm{d}R}{\mathrm{d}t}+\frac{\partial V}{\partial h}\cdot\frac{\mathrm{d}h}{\mathrm{d}t}=2\pi Rh\frac{\mathrm{d}R}{\mathrm{d}t}+\pi R^2\frac{\mathrm{d}h}{\mathrm{d}t}.$$

将 $R=100\ \mathrm{cm}$,$h=120\ \mathrm{cm}$,$\frac{\mathrm{d}R}{\mathrm{d}t}=0.1\ \mathrm{cm/s}$,$\frac{\mathrm{d}h}{\mathrm{d}t}=-0.2\ \mathrm{cm/s}$ 代入上式,得

$$\begin{aligned}\frac{\mathrm{d}V}{\mathrm{d}t}&=\pi R\left(2h\frac{\mathrm{d}R}{\mathrm{d}t}+R\frac{\mathrm{d}h}{\mathrm{d}t}\right)=\pi\times100\times(2\times120\times0.1-100\times0.2)\mathrm{cm}^3/\mathrm{s}\\&=400\pi\ \mathrm{cm}^3/\mathrm{s}.\end{aligned}$$

**2. 复合函数的中间变量均为多元函数**

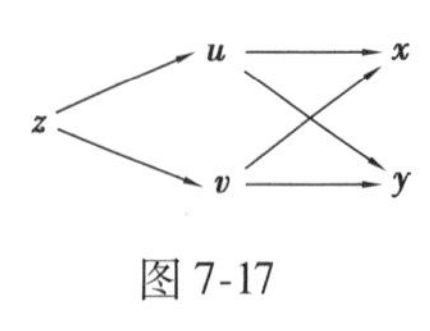

图 7-17

定理 1 还可推广到中间变量不是一元函数而是多元函数的情形. 设函数 $z=f(u,v)$,其中 $u=\varphi(x,y)$,$v=\psi(x,y)$,即构成复合函数 $z=f[\varphi(x,y),\psi(x,y)]$,其变量相互依赖关系如图 7-17 所示.

**定理 2**　如果函数 $u=\varphi(x,y)$ 及 $v=\psi(x,y)$ 在点 $(x,y)$ 具有对 $x,y$ 的偏导数,函数 $z=f(u,v)$ 在对应点 $(u,v)$ 处具有连续偏导数,则复合函数 $z=f[\varphi(x,y),\psi(x,y)]$ 在点 $(x,y)$ 处的两个偏导数存在,且有

$$\frac{\partial z}{\partial x}=\frac{\partial z}{\partial u}\cdot\frac{\partial u}{\partial x}+\frac{\partial z}{\partial v}\cdot\frac{\partial v}{\partial x},$$

$$\frac{\partial z}{\partial y}=\frac{\partial z}{\partial u}\cdot\frac{\partial u}{\partial y}+\frac{\partial z}{\partial v}\cdot\frac{\partial v}{\partial y}.$$

本定理的证明方法与定理 1 类似,如对 $x$ 求偏导,只要注意变量 $y$ 是固定的,实质上就是定理 1 的情形,只是相应地把导数符号换成偏导数符号.

**例 3**　已知 $z=\mathrm{e}^u\sin v$,$u=x+y$,$v=xy$,求$\frac{\partial z}{\partial x}$和$\frac{\partial z}{\partial y}$.

**解**

$$\begin{aligned}\frac{\partial z}{\partial x}&=\frac{\partial z}{\partial u}\cdot\frac{\partial u}{\partial x}+\frac{\partial z}{\partial v}\cdot\frac{\partial v}{\partial x}\\&=\mathrm{e}^u\sin v\cdot1+\mathrm{e}^u\cos v\cdot y\\&=\mathrm{e}^{x+y}\sin(xy)+y\mathrm{e}^{x+y}\cos(xy)\\&=\mathrm{e}^{x+y}[\sin(xy)+y\cos(xy)].\end{aligned}$$

$$\begin{aligned}\frac{\partial z}{\partial y}&=\frac{\partial z}{\partial u}\cdot\frac{\partial u}{\partial y}+\frac{\partial z}{\partial v}\cdot\frac{\partial v}{\partial y}\\&=\mathrm{e}^u\sin v\cdot1+\mathrm{e}^u\cos v\cdot x\\&=\mathrm{e}^{x+y}\sin(xy)+x\mathrm{e}^{x+y}\cos(xy)\\&=\mathrm{e}^{x+y}[\sin(xy)+x\cos(xy)].\end{aligned}$$

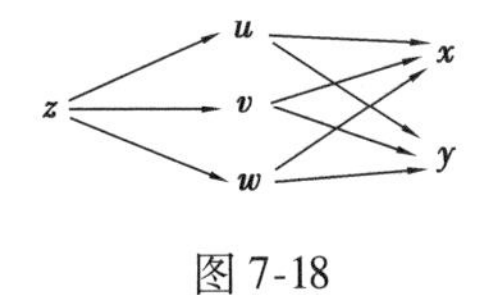

图 7-18

类似地,设 $u=\varphi(x,y)$,$v=\psi(x,y)$ 及 $w=w(x,y)$ 在点 $(x,y)$ 具有对 $x$,$y$ 的偏导数,函数 $z=f(u,v,w)$ 在对应点 $(u,v,w)$ 处具有连续偏导数,则复合函数 $z=f[\varphi(x,y),\psi(x,y),w(x,y)]$(变量相互依赖关系如图 7-18 所示)在点 $(x,y)$ 处的两个偏导数都存在,且有

$$\frac{\partial z}{\partial x}=\frac{\partial z}{\partial u}\cdot\frac{\partial u}{\partial x}+\frac{\partial z}{\partial v}\cdot\frac{\partial v}{\partial x}+\frac{\partial z}{\partial w}\cdot\frac{\partial w}{\partial x},$$

$$\frac{\partial z}{\partial y}=\frac{\partial z}{\partial u}\cdot\frac{\partial u}{\partial y}+\frac{\partial z}{\partial v}\cdot\frac{\partial v}{\partial y}+\frac{\partial z}{\partial w}\cdot\frac{\partial w}{\partial y}.$$

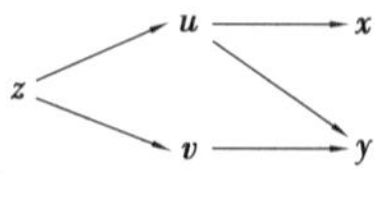

图 7-19

**3. 复合函数的中间变量既有一元函数又有多元函数**

**定理3** 如果函数 $u=\varphi(x,y)$ 在点 $(x,y)$ 具有对 $x,y$ 的偏导数,函数 $v=\psi(y)$ 在点 $y$ 处可导,函数 $z=f(u,v)$ 在对应点 $(u,v)$ 处具有连续偏导数,则复合函数 $z=f[\varphi(x,y),\psi(y)]$(变量相互依赖关系如图 7-19 所示)在点 $(x,y)$ 处的两个偏导数都存在,且有

$$\frac{\partial z}{\partial x}=\frac{\partial z}{\partial u}\cdot\frac{\partial u}{\partial x},$$

$$\frac{\partial z}{\partial y}=\frac{\partial z}{\partial u}\cdot\frac{\partial u}{\partial y}+\frac{\partial z}{\partial v}\cdot\frac{\mathrm{d}v}{\mathrm{d}y}.$$

实际上该情形是第二种情形的特例.

**例4** 设 $z=u\arctan(uv)$, $u=x\mathrm{e}^y$, $v=y^2$,求 $z$ 关于 $x,y$ 的偏导数.

**解**

$$\frac{\partial z}{\partial x}=\frac{\partial z}{\partial u}\cdot\frac{\partial u}{\partial x}=\left[\arctan(uv)+\frac{uv}{1+u^2v^2}\right]\cdot\mathrm{e}^y$$

$$=\mathrm{e}^y\left[\arctan(xy^2\mathrm{e}^y)+\frac{xy^2\mathrm{e}^y}{1+x^2y^4\mathrm{e}^{2y}}\right].$$

$$\frac{\partial z}{\partial y}=\frac{\partial z}{\partial u}\cdot\frac{\partial u}{\partial y}+\frac{\partial z}{\partial v}\cdot\frac{\mathrm{d}v}{\mathrm{d}y}$$

$$=\left[\arctan(uv)+\frac{uv}{1+u^2v^2}\right]\cdot x\mathrm{e}^y+\frac{u^2}{1+u^2v^2}\cdot 2y$$

$$=x\mathrm{e}^y\left[\arctan(xy^2\mathrm{e}^y)+\frac{xy^2\mathrm{e}^y}{1+x^2y^4\mathrm{e}^{2y}}\right]+\frac{2x^2y\mathrm{e}^{2y}}{1+x^2y^4\mathrm{e}^{2y}}.$$

设 $u=\varphi(x,y)$ 在点 $(x,y)$ 处具有偏导数,$z=f(u,x)$ 在相应点 $(u,x)$ 处具有连续偏导数,则复合函数 $z=f[\varphi(x,y),x]$ 在点 $(x,y)$ 处具有偏导数,且有

$$\frac{\partial z}{\partial x}=\frac{\partial f}{\partial u}\cdot\frac{\partial u}{\partial x}+\frac{\partial f}{\partial x},$$

$$\frac{\partial z}{\partial y}=\frac{\partial f}{\partial u}\cdot\frac{\partial u}{\partial y}.$$

实际上可看作第 3 种情形中当 $v=x$ 的特殊情况.

**注意**:$\frac{\partial z}{\partial x}$表示把复合函数 $z=f[\varphi(x,y),x]$ 中的 $y$ 看作常量时求得的 $z$ 对 $x$ 的偏导数,$\frac{\partial f}{\partial x}$则表示把 $z=f[u,x]$ 中的 $u$ 看作常量时求得的 $z$ 对 $x$ 的偏导数. 所以$\frac{\partial z}{\partial x}$与$\frac{\partial f}{\partial x}$的意义不同.

**例5** 设 $z=f(u,x)=\arcsin(x+u)$,其中 $u=\sin(xy)$,求$\frac{\partial z}{\partial x}$,$\frac{\partial z}{\partial y}$.

**解**

$$\frac{\partial z}{\partial x}=\frac{\partial f}{\partial u}\cdot\frac{\partial u}{\partial x}+\frac{\partial f}{\partial x}$$

$$=\frac{y\cos(xy)}{\sqrt{1-(x+u)^2}}+\frac{1}{\sqrt{1-(x+u)^2}}$$

$$=\frac{y\cos(xy)+1}{\sqrt{1-(x+u)^2}},$$

$$\frac{\partial z}{\partial y}=\frac{\partial f}{\partial u}\cdot\frac{\partial u}{\partial y}=\frac{x\cos(xy)}{\sqrt{1-(x+u)^2}}=\frac{x\cos(xy)}{\sqrt{1-[x+\sin(xy)]^2}}.$$

## 二、隐函数的求导法则

**1. 由方程 $F(x,y)=0$ 确定的隐函数 $y=y(x)$ 的导数求法**

当 $F(x,y)$ 在点 $(x,y)$ 的某邻域内有连续偏导数 $F_x,F_y$，且 $F_y(x,y)\neq 0$ 时，可以证明在 $x$ 的某一邻域内存在一个可导的隐函数 $y=y(x)$. 将 $y=y(x)$ 代入方程 $F(x,y)=0$，得

$$F(x,y(x))\equiv 0.$$

等式两边对 $x$ 求导，得

$$\frac{\partial F}{\partial x}+\frac{\partial F}{\partial y}\cdot\frac{\mathrm{d}y}{\mathrm{d}x}=0,$$

即 $F_x+F_y\dfrac{\mathrm{d}y}{\mathrm{d}x}=0$.

由于 $F_y(x,y)\neq 0$，故有

$$\frac{\mathrm{d}y}{\mathrm{d}x}=-\frac{F_x(x,y)}{F_y(x,y)}.$$

这是一元隐函数的求导公式.

**注意:**利用一元隐函数的求导公式计算 $F_x,F_y$ 时，要把 $x,y$ 看成独立的变量，不能把 $y$ 看成 $x$ 的函数.

**例 6**　设 $x\sin y+y\mathrm{e}^x=0$，求$\dfrac{\mathrm{d}y}{\mathrm{d}x}$.

**解**　令 $F(x,y)=x\sin y+y\mathrm{e}^x$，则

$$F_x(x,y)=\sin y+y\mathrm{e}^x,F_y(x,y)=x\cos y+\mathrm{e}^x,$$

故

$$\frac{\mathrm{d}y}{\mathrm{d}x}=-\frac{F_x(x,y)}{F_y(x,y)}=-\frac{\sin y+y\mathrm{e}^x}{x\cos y+\mathrm{e}^x}.$$

**2. 由方程 $F(x,y)=0$ 确定的二元隐函数 $z=z(x,y)$ 的偏导数求法**

当 $F(x,y,z)$ 在点 $(x,y,z)$ 的某邻域内有连续偏导数 $F_x,F_y,F_z$，且 $F_z(x,y,z)\neq 0$ 时，可以证明在点 $(x,y)$ 的某一邻域内存在一个有偏导数的二元隐函数 $z=z(x,y)$. 将 $z=z(x,y)$ 代入原方程，得

$$F(x,y,z(x,y))\equiv 0.$$

等式两边对 $x$(或 $y$)求导，得

$$F_x+F_z\frac{\partial z}{\partial x}=0 \text{ 或 } F_y+F_z\frac{\partial z}{\partial y}=0.$$

由于 $F_x(x,y,z)\neq 0$，所以

$$\frac{\partial z}{\partial x}=-\frac{F_x}{F_z}\text{或}\frac{\partial z}{\partial y}=-\frac{F_y}{F_z},$$

这是求二元隐函数偏导数的公式.

**例7** 求由方程 $e^z-xyz=0$ 确定的隐函数 $z=z(x,y)$ 的两个偏导数$\frac{\partial z}{\partial x},\frac{\partial z}{\partial y}$.

**解** 令 $F(x,y,z)=e^z-xyz$,则 $F_x=-yz,F_y=-xz,F_z=e^z-xy$,由二元隐函数的偏导数公式,得

$$\frac{\partial z}{\partial x}=-\frac{F_x}{F_z}=\frac{yz}{e^z-xy},$$

$$\frac{\partial z}{\partial y}=-\frac{F_y}{F_z}=\frac{xz}{e^z-xy}.$$

## 第六节 二重积分

在一元函数积分学中,定积分是一元函数定义在区间上的某种确定形式和的极限.这种和式的极限概念推广到定义在区域、曲线、曲面上的多元函数的情形,便得到二重积分、曲线积分和曲面积分的概念.这里主要介绍二重积分.

### 一、二重积分的概念

为了引入二重积分的概念,我们先来讨论下面两个典型的实际问题.

**1. 曲顶柱体的体积**

设二元函数 $z=f(x,y)$ 在有界闭区域 $D$ 上是非负且连续的.以曲面 $z=f(x,y)$ 为顶,以 $xOy$ 面上的有界闭区域 $D$ 为底,以 $D$ 的边界曲线为准线、母线平行于 $z$ 轴的柱面为侧面构成的立体,叫作**曲顶柱体**(图 7-20).

对于曲顶柱体的体积 $V$,可以借鉴曲边梯形面积的求法,将曲顶柱体分成若干个小曲顶柱体来计算.具体步骤如下.

(1)分割:将区域 $D$ 分成 $n$ 个小区域 $\Delta D_1,\Delta D_2,\cdots,\Delta D_n$,其面积分别为 $\Delta\sigma_1,\Delta\sigma_2,\cdots,\Delta\sigma_n$,这时,曲顶柱体也相应地被分成 $n$ 个小曲顶柱体.假设第 $i$ 个小曲顶柱体的体积为$\Delta V_i(i=1,2,\cdots,n)$,则

$$V=\Delta V_1+\Delta V_2+\cdots+\Delta V_n=\sum_{i=1}^{n}\Delta V_i.$$

(2)近似:在每一个小区域 $\Delta D_i(i=1,2,\cdots,n)$ 上任取一点$(\xi_i,\eta_i)$,以$f(\xi_i,\eta_i)$为高,$\Delta D_i$ 为底作一个小平顶柱体(图 7-21),则这些小平顶柱体的体积就为

$$f(\xi_i,\eta_i)\Delta\sigma_i(i=1,2,\cdots,n).$$

用小平顶柱体的体积近似代替小曲顶柱体的体积,即

$$\Delta V\approx f(\xi_i,\eta_i)\Delta\sigma_i(i=1,2,\cdots,n).$$

(3)求和:记 $\lambda_i$ 为 $\Delta D_i$ 的直径($\lambda_i$ 表示 $\Delta D_i$ 中任意两点间距离的最大值),设 $\lambda=\max\limits_{1\leqslant i\leqslant n}\{\lambda_i\}$,它表示所有小区域直径的最大值.于是得到整个曲顶柱体体积的近似值为

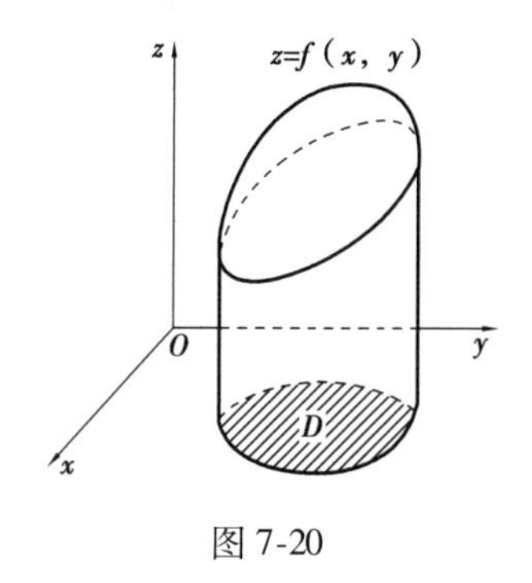

图 7-20

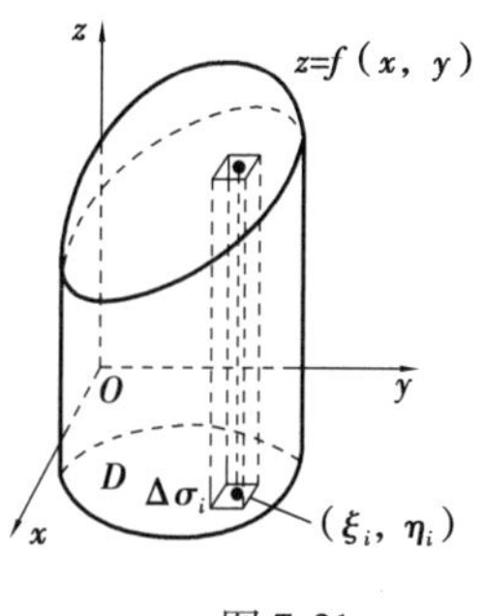

图 7-21

$$V=\sum_{i=1}^{n}\Delta V_i\approx\sum_{i=1}^{n}f(\xi_i,\eta_i)\Delta\sigma_i.$$

(4)取极限：当 $\lambda$ 趋于零时，若和式 $\sum\limits_{i=1}^{n}f(\xi_i,\eta_i)\Delta\sigma_i$ 的极限存在，则其极限值为曲顶柱体的体积 $V$，即

$$V=\lim_{\Delta\lambda\to 0}\sum_{i=1}^{n}f(\xi_i,\eta_i)\Delta\sigma_i.$$

综上可知，求曲顶柱体的体积问题，可以归结为求和式的极限问题.

**2. 平面薄片的质量**

设有一平面薄片占有 $xOy$ 面上的闭区域 $D$，它在点 $(x,y)$ 处的面密度为 $\mu(x,y)$，其中 $\mu(x,y)$ 是定义在 $D$ 上的连续函数(图 7-22). 可以用求曲顶柱体体积的方法来计算该薄片的质量 $M$.

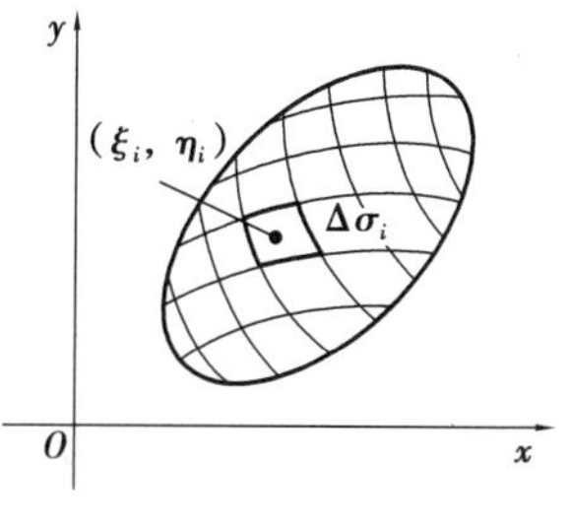

图 7-22

具体步骤如下.

(1)分割：把薄片任意分成 $n$ 小块，即把 $xOy$ 面上的闭区域 $D$ 任意分成 $n$ 个小区域 $\Delta D_i(i=1,2,\cdots,n)$，每个小区域的面积为 $\Delta\sigma_i$ $(i=1,2,\cdots,n)$.

(2)近似：当这些小区域的直径很小时，这些小块可以近似看作均匀薄片. 在每个小区域 $\Delta D_i(i=1,2,\cdots,n)$ 上任取点 $(\xi_i,\eta_i)$，以 $(\xi_i,\eta_i)$ 为面密度，设这些小薄片的质量为 $\Delta M_i$，即

$$\Delta M_i\approx\mu(\xi_i,\eta_i)\Delta\sigma_i(i=1,2,\cdots,n).$$

(3)求和：记 $\lambda_i$ 为 $\Delta D_i$ 的直径($\lambda_i$ 表示 $\Delta D_i$ 中任意两点间距离的最大值)，设 $\lambda=\max\limits_{1\leqslant i\leqslant n}\{\lambda_i\}$，它表示所有小区域直径的最大值. 于是得到整个薄片的质量近似值，即

$$M=\sum_{i=1}^{n}\Delta M_i\approx\sum_{i=1}^{n}\mu(\xi_i,\eta_i)\Delta\sigma_i.$$

(4)取极限：当 $\lambda$ 趋于零时，若和式 $\sum\limits_{i=1}^{n}\mu(\xi_i,\eta_i)\Delta\sigma_i$ 的极限存在，则其极限值为所求薄片的质量，即

$$M=\lim_{\lambda\to 0}\sum_{i=1}^{n}\mu(\xi_i,\eta_i)\Delta\sigma_i.$$

上面两个例子的实际意义虽然不同，但是它们都把所求的量归结为和式的极限，从中可以抽象出二重积分的定义.

**定义** 设二元函数 $z=f(x,y)$ 在有界闭区域 $D$ 上有定义,将区域 $D$ 任意分成 $n$ 个小区域

$$\Delta D_1,\Delta D_2,\cdots,\Delta D_n,$$

其面积分别为

$$\Delta\sigma_1,\Delta\sigma_2,\cdots,\Delta\sigma_n.$$

在每个 $\Delta D_i(i=1,2,\cdots,n)$ 上任取一点 $(\xi_i,\eta_i)$,作乘积 $f(\xi_i,\eta_i)\Delta\sigma_i(i=1,2,\cdots,n)$,并求和 $\sum\limits_{i=1}^{n}f(\xi_i,\eta_i)\Delta\sigma_i$. 如果当 $n$ 个小区域直径的最大值 $\lambda$ 趋于零时,和式的极限总存在,则称此极限为函数 $f(x,y)$ 在区域 $D$ 上的**二重积分**,记作 $\iint\limits_D f(x,y)\mathrm{d}\sigma$,即

$$\iint\limits_D f(x,y)\mathrm{d}\sigma=\lim_{\lambda\to 0}\sum_{i=1}^{n}f(\xi_i,\eta_i)\Delta\sigma_i.$$

其中,$f(x,y)$ 叫作**被积函数**;$f(x,y)\mathrm{d}\sigma$ 叫作**被积表达式**;$\mathrm{d}\sigma$ 叫作**面积元素**;$x,y$ 叫作**积分变量**;$D$ 叫作**积分区域**; $\sum\limits_{i=1}^{n}f(\xi_i,\eta_i)\Delta\sigma_i$ 叫作**积分和**.

与定积分类似,若函数 $f(x,y)$ 在有界闭区域 $D$ 上连续,则 $f(x,y)$ 在区域 $D$ 上的二重积分存在. 今后如果没有特别声明,我们总假定被积函数 $f(x,y)$ 在积分区域上是连续的.

二重积分作为一个和式的极限,其极限值只与被积函数和积分区域有关,与分割区域的方法无关,这样可以用一组平行于坐标轴的直线来划分区域 $D$,那么除了靠近边界曲线的一些小区域外,绝大多数小区域是矩形. 因此,可以将 $\mathrm{d}\sigma$ 记作 $\mathrm{d}x\mathrm{d}y$(称 $\mathrm{d}x\mathrm{d}y$ 为直角坐标系下的面积元素),二重积分也可表示成 $\iint\limits_D f(x,y)\mathrm{d}x\mathrm{d}y$.

根据二重积分的定义,当 $f(x,y)\geqslant 0,(x,y)\in D$ 时,二重积分 $\iint\limits_D f(x,y)\mathrm{d}\sigma$ 在几何上表示以 $z=f(x,y)$ 为顶、$D$ 为底的曲顶柱体的体积,即

$$V=\iint\limits_D f(x,y)\mathrm{d}\sigma.$$

这就是二重积分的几何意义. 特别地,如果 $f(x,y)\equiv 1$,且 $D$ 的面积为 $\sigma$,那么 $\iint\limits_D \mathrm{d}\sigma=\sigma$. 这时可以理解为以平面 $z=1$ 为顶、$D$ 为底的平顶柱体的体积,该体积在数值上等于柱体的底面积. 当 $f(x,y)<0,(x,y)\in D$ 时,二重积分 $\iint\limits_D f(x,y)\mathrm{d}\sigma$ 在几何上表示以 $z=f(x,y)$ 为顶、$D$ 为底的曲顶柱体的体积负值,即

$$V=-\iint\limits_D f(x,y)\mathrm{d}\sigma.$$

如果 $f(x,y)$ 在 $D$ 的若干部分区域上是正的,而在其他部分区域上是负的,我们可以把 $xOy$ 面上方的柱体体积取成正,把 $xOy$ 面下方的柱体体积取成负,那么 $\iint\limits_D f(x,y)\mathrm{d}\sigma$ 在几何上就表示曲顶柱体体积的代数和.

由二重积分的定义还知,质量分布不均匀的薄片的 $D$ 质量 $M$,是其面密度 $\mu(x,y)$ 在区域 $D$ 上的二重积分,即

$$M=\iint_D \mu(x,y)\,\mathrm{d}\sigma.$$

**思考**:二重积分的几何意义是什么?

## 二、直角坐标系下二重积分的计算

根据二重积分的几何意义,通过计算曲顶柱体的体积,可以导出将二重积分化为二次积分的计算公式.

在直角坐标系中,设积分区域 $D$ 是由两条平行线 $x=a,x=b$ 与两条曲线 $y=\varphi_1(x),y=\varphi_2(x)$ 围成的,则 $D$(图 7-23)可表示为

$$D=\{(x,y)\mid \varphi_1(x)\leqslant y\leqslant \varphi_1(x),a\leqslant x\leqslant b\},$$

也可以用不等式表示为

$$\varphi_1(x)\leqslant y\leqslant \varphi_1(x),a\leqslant x\leqslant b.$$

现在来计算 $\iint\limits_D f(x,y)\,\mathrm{d}\sigma$. 假定 $f(x,y)\geqslant 0$,按照二重积分的几何意义,$\iint\limits_D f(x,y)\,\mathrm{d}\sigma$ 的值等于以 $D$ 为底,曲面 $z=f(x,y)$ 为顶的曲顶柱体(图 7-24)的体积. 该体积可用计算"平行截面面积已知的立体的体积"的方法来计算.

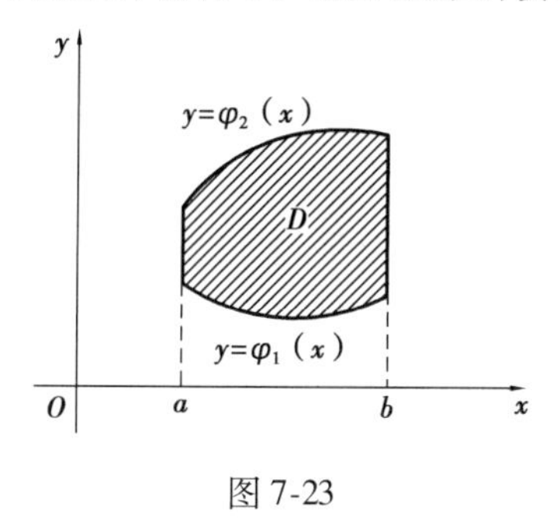


图 7-23

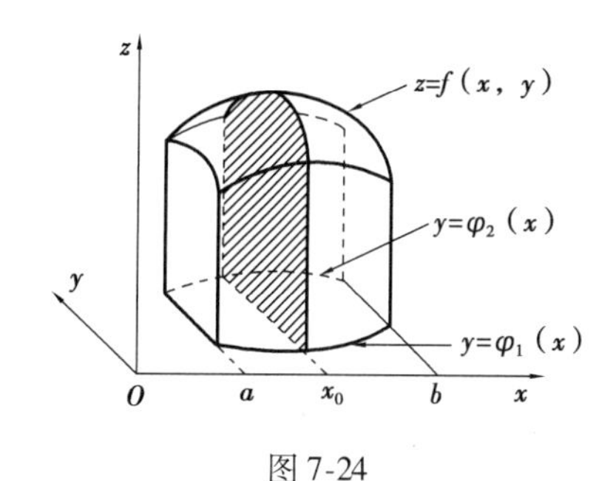


图 7-24

作平行于 $yOz$ 面的平面 $x=x_0,x_0\in[a,b]$,它与曲顶柱体相交所得截面是以区间 $[\varphi_1(x_0),\varphi_2(x_0)]$ 为底,$z=f(x_0,y)$ 为曲边的曲边梯形(图 7-23 的中阴影部分). 用 $A(x_0)$ 表示截面的面积,即

$$A(x_0)=\int_{\varphi_1(x_0)}^{\varphi_2(x_0)} f(x_0,y)\,\mathrm{d}y.$$

由于 $x_0$ 的任意性,过区间 $[a,b]$ 上任意一点 $x$ 且平行于 $yOz$ 面的平面,与曲顶柱体相交所得截面的面积为

$$A(x)=\int_{\varphi_1(x)}^{\varphi_2(x)} f(x,y)\,\mathrm{d}y.$$

根据平行截面面积已知的立体体积的定积分公式,求得曲顶柱体的体积为

$$V=\int_a^b A(x)\,\mathrm{d}x=\int_a^b\left[\int_{\varphi_1(x)}^{\varphi_2(x)} f(x,y)\,\mathrm{d}y\right]\mathrm{d}x.$$

这个体积也就是所求二重积分的值，从而有等式

$$\iint_D f(x,y)\,\mathrm{d}\sigma = \int_a^b \left[\int_{\varphi_1(x)}^{\varphi_2(x)} f(x,y)\,\mathrm{d}y\right]\mathrm{d}x.$$

该式右端的积分称为先对 $y$ 后对 $x$ 的二次积分. 其计算方法是先把 $x$ 看作常数，只把 $f(x,y)$ 看作 $y$ 的函数，并对 $y$ 计算从 $\varphi_1(x)$ 到 $\varphi_2(x)$ 的定积分，得到关于 $x$ 的函数，然后对 $x$ 计算这个函数在区间 $[a,b]$ 上的定积分，记作

$$\iint_D f(x,y)\,\mathrm{d}\sigma = \int_a^b \mathrm{d}x\int_{\varphi_1(x)}^{\varphi_2(x)} f(x,y)\,\mathrm{d}y.$$

这就是把二重积分化为先对 $y$ 后对 $x$ 的二次积分的公式.

在上述讨论中，我们假定 $f(x,y)\geqslant 0$，但实际上，上述公式的成立并不受此条件限制.

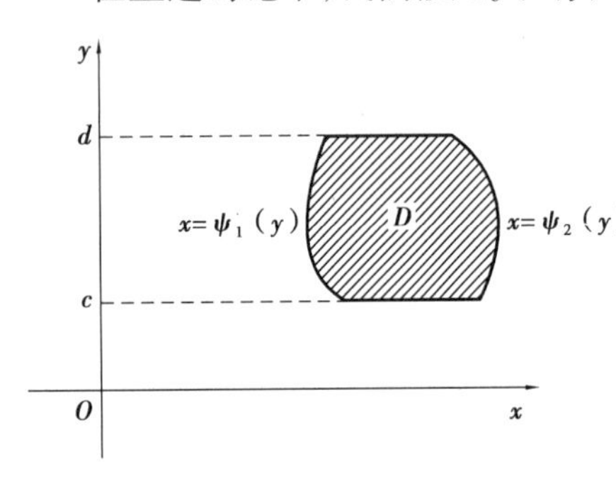


图 7-25

同理，在直角坐标系中，如果积分区域 $D$ 由两条平行直线 $y=c,y=d$ 与两条曲线 $x=\psi_1(y),x=\psi_2(y)$ 围成（图 7-25），则 $D$ 用不等式表示为

$$\psi_1(y)\leqslant x\leqslant \psi_2(y),c\leqslant y\leqslant d.$$

那么有

$$\iint_D f(x,y)\,\mathrm{d}\sigma = \int_c^d \mathrm{d}y\int_{\psi_1(y)}^{\psi_2(y)} f(x,y)\,\mathrm{d}x.$$

这就是把二重积分化为先对 $x$ 后对 $y$ 的二次积分的公式.

为了讨论问题的方便，把图 7-23 和图 7-25 所示的区域，分别称为 $X$-型积分区域与 $Y$-型积分区域. 从两个图形中可以看出，$X$-型积分区域的几何特征是：任何穿过积分区域 $D$ 且平行于 $y$ 轴的直线与 $D$ 的边界恰好有两个交点. $Y$-型积分区域的几何特征是：任何穿过积分区域 $D$ 且平行于 $x$ 轴的直线与的边界恰好有两个交点.

在计算二重积分时，关键是确定积分区域 $D$ 的不等式表达，步骤如下.

(1) 画出积分区域 $D$ 的图形.

(2) 判断积分区域是 $X$-型积分区域还是 $Y$-型积分区域. 如果积分区域是 $X$-型（或 $Y$-型的），作平行于 $y$ 轴（或 $x$ 轴）的直线与区域相交，沿着 $y$ 轴（或 $x$ 轴）的正向看，所作的直线与区域 $D$ 先相交的边界曲线 $y=\varphi_1(x)$ [或 $x=\psi_1(y)$]，称为穿入曲线，作为积分下限. 该直线离开区域 $D$ 的边界线 $y=\varphi_2(x)$ [或 $x=\psi_2(y)$]，称为穿出曲线，作为积分上限. 而后对 $x$（或 $y$）积分时，其积分区间为区域 $D$ 在 $Ox$ 轴（或 $Oy$ 轴）上的投影区间 $[a,b]$（或 $[c,d]$），$a$（或 $c$）是下限，$b$（或 $d$）是上限，即

$$\iint_D f(x,y)\,\mathrm{d}\sigma = \int_a^b \mathrm{d}x\int_{\varphi_1(x)}^{\varphi_2(x)} f(x,y)\,\mathrm{d}y\left[\text{或}\iint_D f(x,y)\,\mathrm{d}\sigma = \int_c^d \mathrm{d}y\int_{\psi_1(y)}^{\psi_2(y)} f(x,y)\,\mathrm{d}x\right].$$

(3) 如果积分区域 $D$ 既是 $X$-型的又是 $Y$-型的，那么有

$$\iint_D f(x,y)\,\mathrm{d}\sigma = \int_a^b \mathrm{d}x\int_{\varphi_1(x)}^{\varphi_2(x)} f(x,y)\,\mathrm{d}y = \int_c^d \mathrm{d}y\int_{\psi_1(y)}^{\psi_2(y)} f(x,y)\,\mathrm{d}x.$$

这表明二次积分可以交换积分次序，但在交换积分次序时，必须先画出积分区域的图形，

然后重新确定积分的上下限.

(4)如果所作的平行于 $x$ 轴或 $y$ 轴的直线与区域 $D$ 相交,在不同的范围内,穿入曲线或穿出曲线不同,那么应该用平行于 $x$ 轴或 $y$ 轴的直线将区域 $D$ 分成几部分,使每个部分都是 $X$-型积分区域或 $Y$-型积分区域(图 7-26).根据二重积分对于积分区域具有可加性,各部分的二重积分之和就是在积分区域 $D$ 上的二重积分,即

$$\iint_D f(x,y)\,\mathrm{d}\sigma=\iint_{D_1} f(x,y)\,\mathrm{d}\sigma+\iint_{D_2} f(x,y)\,\mathrm{d}\sigma+\iint_{D_3} f(x,y)\,\mathrm{d}\sigma.$$

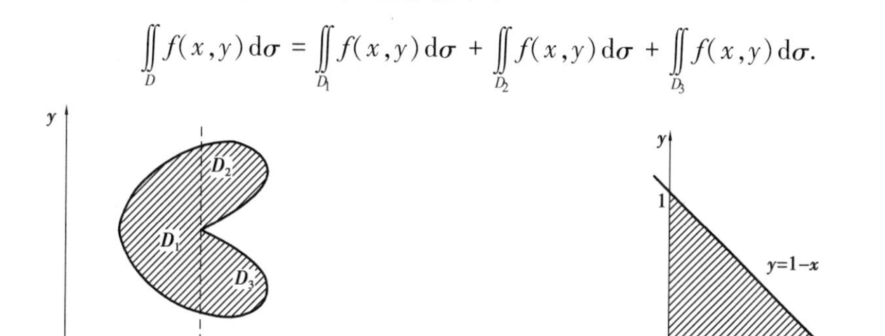


图 7-26　　　图 7-27

**例 1**　改变积分 $I=\int_0^1\mathrm{d}x\int_0^{1-x}f(x,y)\,\mathrm{d}y$ 的次序.

**解**　设所给积分区域为 $D$,且所给积分是先对 $y$ 积分,再对 $x$ 积分(图 7-27),即

$$D=\{(x,y)\mid 0\leqslant x\leqslant 1,0\leqslant y\leqslant 1-x\}.$$

由于积分区域 $D$ 既是 $X$-型的又是 $Y$-型的,故也可以写成

$$D=\{(x,y)\mid 0\leqslant y\leqslant 1,0\leqslant x\leqslant 1-y\}.$$

于是

$$I=\int_0^1\mathrm{d}y\int_0^{1-y}f(x,y)\,\mathrm{d}x.$$

**例 2**　改变积分 $I=\int_0^1\mathrm{d}x\int_0^{\sqrt{2x-x^2}}f(x,y)\,\mathrm{d}y+\int_1^2\mathrm{d}x\int_0^{2-x}f(x,y)\,\mathrm{d}y$ 的次序.

**解**　所给积分由两个部分组成,设它们的积分区域分别为 $D_1$ 与 $D_2$,且两个积分都是先对 $y$ 积分,再对 $x$ 积分(图 7-28),即

$$D_1=\{(x,y)\mid 0\leqslant x\leqslant 1,0\leqslant y\leqslant \sqrt{2x-x^2}\},$$
$$D_2=\{(x,y)\mid 1\leqslant x\leqslant 2,0\leqslant y\leqslant 2-x\}.$$

两个积分区域 $D_1$ 与 $D_2$ 可以合并为 $D$,可以写成

$$D=\{(x,y)\mid 0\leqslant y\leqslant 1,1-\sqrt{1-y^2}\leqslant x\leqslant 2-y\},$$

于是

$$I=\int_0^1\mathrm{d}y\int_{1-\sqrt{1-y^2}}^{2-y}f(x,y)\,\mathrm{d}x.$$

**例 3**　求 $\iint_D x^2\mathrm{e}^{-y^2}\mathrm{d}x\mathrm{d}y$,其中 $D$ 是以(0,0),(1,1),(0,1)为顶点的三角形.

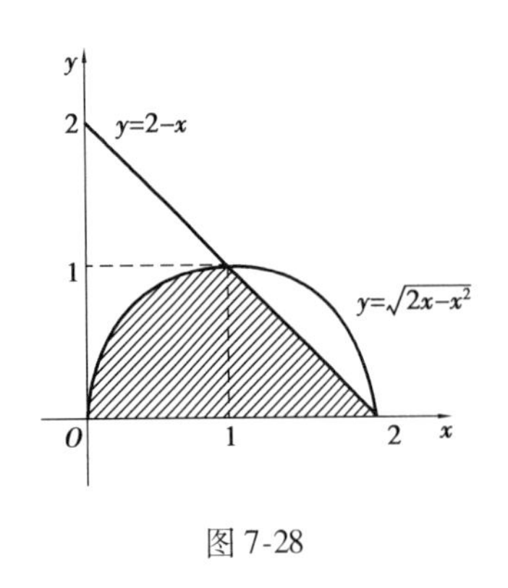


图 7-28

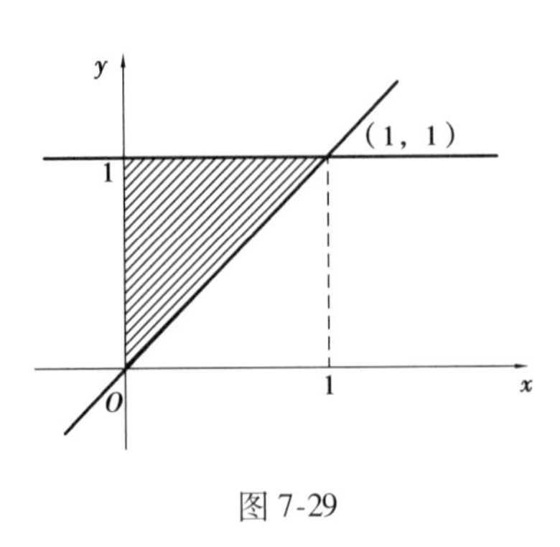


图 7-29

**解** 积分区域如图 7-29 所示. 因为 $\int e^{-y^2}dy$ 无法用初等函数表示,所以计算积分时必须考虑转换积分次序.

$$\iint_D x^2 e^{-y^2}dxdy = \int_0^1 dy\int_0^y x^2 e^{-y^2}dy = \int_0^1 e^{-y^2}\cdot\frac{y^3}{3}dy$$
$$= \int_0^1 e^{-y^2}\cdot\frac{y^2}{6}dy^2 = \frac{1}{6}\left(1-\frac{2}{e}\right).$$

**例 4** 计算 $\iint_D xyd\sigma$ ,其中 $D$ 是由抛物线 $y^2=x$ 及直线 $y=x-2$ 围成的区域.

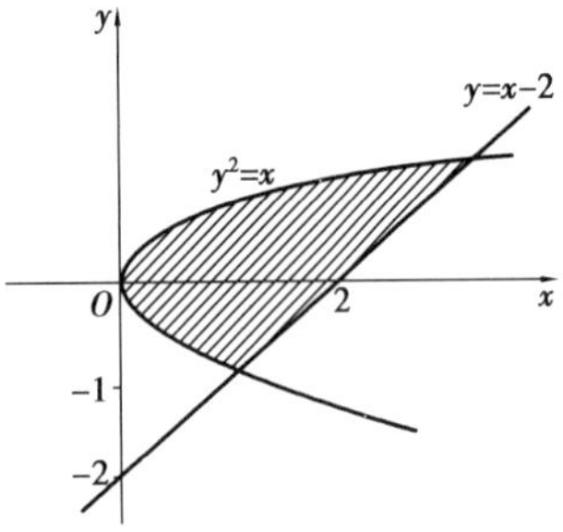

图 7-30

**解** 积分区域如图 7-30 所示.

**解法 1** 把积分区域划分成两个 $X$-型积分区域,即

$$D_1: 0\leqslant x\leqslant 1,\ -\sqrt{x}\leqslant y\leqslant\sqrt{x},$$
$$D_2: 1\leqslant x\leqslant 4, x-2\leqslant y\leqslant\sqrt{x},$$

故

$$\iint_D xyd\sigma = \iint_{D_1} xyd\sigma + \iint_{D_2} xyd\sigma = \int_0^1 dx\int_{-\sqrt{x}}^{\sqrt{x}} xydy + \int_1^4 dx\int_{x-2}^{\sqrt{x}} xydy = \frac{45}{8}.$$

**解法 2** 积分区域是 $Y$-型的,即

$$D: -1\leqslant y\leqslant 2, y^2\leqslant x\leqslant y+2,$$

故

$$\iint_D xyd\sigma = \int_{-1}^2 dx\int_{y^2}^{y+2} xydy = \frac{45}{8}.$$

值得注意的是,在化二重积分为二次积分时,为了计算简便,需要选择恰当的二次积分的次序. 这时,既要考虑积分区域 $D$ 的形状,又要考虑被积函数 $f(x,y)$ 的特性.

**思考:**在直角坐标系下,$X$-型积分区域和 $Y$-型积分区域各有什么特点?

## 三、极坐标系下二重积分的计算

在极坐标系下计算二重积分,先将二重积分化为极坐标系下的二重积分,再化为极坐标系下的二次积分.

在平面解析几何中,直角坐标与极坐标的关系为

$$\begin{cases}x = r\cos\theta \\ y = r\sin\theta\end{cases},$$

由此可将被积函数化为

$$f(x,y)=f(r\cos\theta,r\sin\theta).$$

下面求极坐标系下的面积元素 $\mathrm{d}\sigma$.

设从极点出发的射线穿过区域 $D$ 时，与 $D$ 的边界相交不多于两点. 用以极点 $O$ 为中心的同心圆族（$r$=常数）及从极点出发的射线族（$\theta$=常数），将区域 $D$ 分成 $n$ 个小区域，如图 7-31 所示.

设 $\Delta\sigma$ 是极角为 $\theta$ 和 $\theta+\mathrm{d}\theta$ 的两条射线及半径为 $r$ 和 $r+\mathrm{d}r$ 的两条圆弧所围成的小曲边矩形，则其面积公式为

$$\Delta\sigma=\frac{1}{2}(r+\mathrm{d}r)^2\mathrm{d}\theta-\frac{1}{2}r^2\mathrm{d}\theta=r\mathrm{d}r\mathrm{d}\theta+\frac{1}{2}(\mathrm{d}r)^2\mathrm{d}\theta,$$

图 7-31

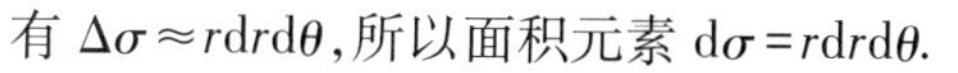

有 $\Delta\sigma\approx r\mathrm{d}r\mathrm{d}\theta$，所以面积元素 $\mathrm{d}\sigma=r\mathrm{d}r\mathrm{d}\theta$.

因此，二重积分在极坐标系下记为

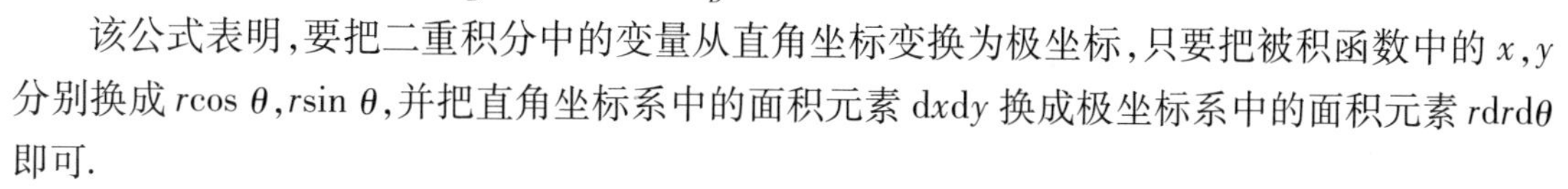

$$\iint\limits_D f(x,y)\,\mathrm{d}\sigma=\iint\limits_D f(r\cos\theta,r\sin\theta)\,r\mathrm{d}r\mathrm{d}\theta.$$

该公式表明，要把二重积分中的变量从直角坐标变换为极坐标，只要把被积函数中的 $x,y$ 分别换成 $r\cos\theta,r\sin\theta$，并把直角坐标系中的面积元素 $\mathrm{d}x\mathrm{d}y$ 换成极坐标系中的面积元素 $r\mathrm{d}r\mathrm{d}\theta$ 即可.

在极坐标系下化二重积分为二次积分的积分顺序通常是先 $r$ 后 $\theta$. 积分的上、下限取决于极点 $O$ 与积分区域 $D$ 的位置关系，通常有以下三种情况.

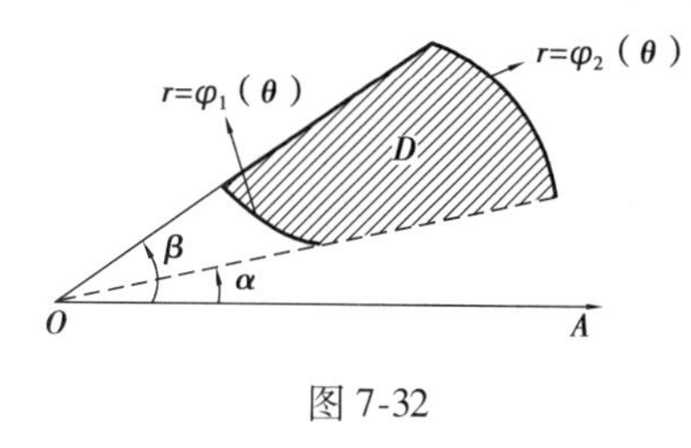


图 7-32

**1. 极点 O 在积分区域 D 外**

设积分区域 $D$ 由两条射线 $\theta=\alpha$ 和 $\theta=\beta$ 及两条曲线 $r=\varphi_1(\theta)$ 和 $r=\varphi_2(\theta)$ 围成，如图 7-32 所示.

积分区域可以表示为

$$D:\ \varphi_1(\theta)\leqslant r\leqslant\varphi_2(\theta),\alpha\leqslant\theta\leqslant\beta,$$

于是

$$\iint\limits_D f(r\cos\theta,r\sin\theta)\,r\mathrm{d}r\mathrm{d}\theta=\int_\alpha^\beta\mathrm{d}\theta\int_{\varphi_1(\theta)}^{\varphi_2(\theta)}f(r\cos\theta,r\sin\theta)\,r\mathrm{d}r.$$

**2. 极点 $O$ 在积分区域 $D$ 的边界曲线上**

设 $D$ 的边界曲线方程为 $r=\varphi(\theta)\,(\alpha\leqslant\theta\leqslant\beta)$，如图 7-33 所示.

积分区域可以表示为

$$D:\ 0\leqslant r\leqslant\varphi(\theta),\alpha\leqslant\theta\leqslant\beta.$$

于是

$$\iint\limits_D f(r\cos\theta,r\sin\theta)\,r\mathrm{d}r\mathrm{d}\theta=\int_\alpha^\beta\mathrm{d}\theta\int_0^{\varphi(\theta)}f(r\cos\theta,r\sin\theta)\,r\mathrm{d}r.$$

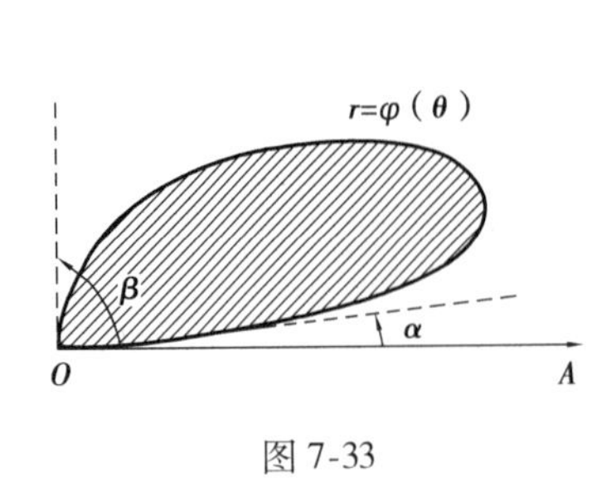


图 7-33

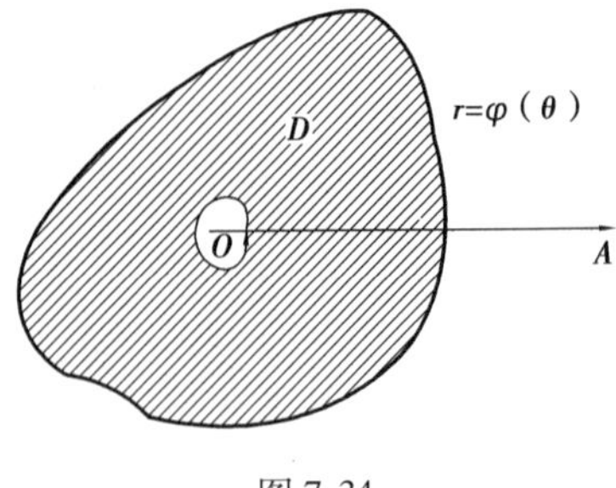


图 7-34

**3. 极点 $O$ 在积分区域 $D$ 的内部**

设 $D$ 的边界曲线方程为 $r=\varphi(\theta)$，如图 7-34 所示.

积分区域可以表示为

$$D: 0 \leqslant r \leqslant \varphi(\theta), 0 \leqslant \theta \leqslant 2\pi,$$

于是

$$\iint_D f(r\cos\theta, r\sin\theta) r\mathrm{d}r\mathrm{d}\theta = \int_0^{2\pi}\mathrm{d}\theta\int_0^{\varphi(\theta)} f(r\cos\theta, r\sin\theta) r\mathrm{d}r.$$

如果积分区域 $D$ 为圆、半圆、圆环、扇形等，或被积函数为 $f(x^2+y^2)$，$f\left(\frac{x}{y}\right)$，$f\left(\frac{y}{x}\right)$ 等形式，利用极坐标常能简化计算.

**例 5** 写出积分 $\iint_D f(x,y)\mathrm{d}x\mathrm{d}y$ 的极坐标二次积分形式，其中积分区域

$$D=\{(x,y) \mid 1-x \leqslant y \leqslant \sqrt{1-x^2}, 0 \leqslant x \leqslant 1\}.$$

**解** 积分区域如图 7-35 所示.

在极坐标系下

$$\begin{cases} x = r\cos\theta \\ y = r\sin\theta \end{cases},$$

所以圆的方程为 $r=1$，直线方程为

$$r = \frac{1}{\sin\theta + \cos\theta},$$

故 $\iint_D f(x,y)\mathrm{d}x\mathrm{d}y = \int_0^{\frac{\pi}{2}}\mathrm{d}\theta\int_{\frac{1}{\sin\theta+\cos\theta}}^1 f(r\cos\theta, r\sin\theta) r\mathrm{d}r.$

**例 6** 计算 $\iint_D f(x^2+y^2)\mathrm{d}x\mathrm{d}y$，其中 $D$ 为由圆 $x^2+y^2=2y$，$x^2+y^2=4y$ 及直线 $x-\sqrt{3}y=0$，$y-\sqrt{3}x=0$ 围成的平面闭区域.

**解** 积分区域如图 7-36 所示.

设 $\begin{cases} x=r\cos\theta \\ y=r\sin\theta \end{cases}$，由 $x^2+y^2=2y$，$x^2+y^2=4y$，得

$$r_1 = 2\sin\theta, r_2 = 4\sin\theta.$$

由 $x-\sqrt{3}y=0$，$y-\sqrt{3}x=0$，得

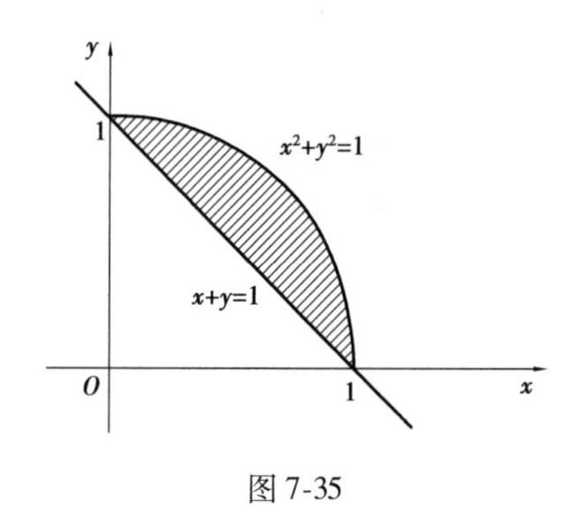


图 7-35

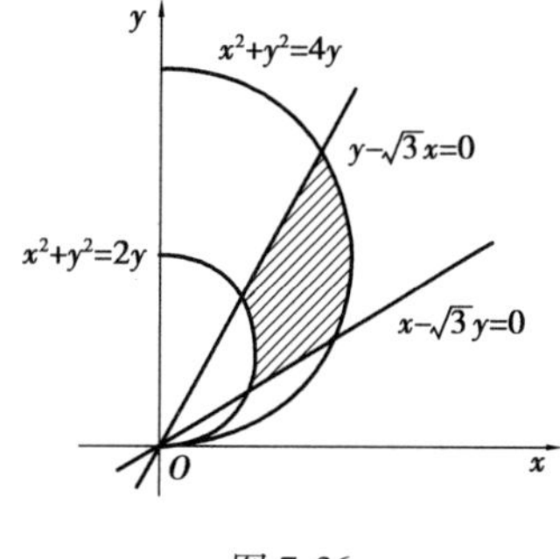


图 7-36

$$\theta_1=\frac{\pi}{6},\theta_2=\frac{\pi}{3}.$$

所以

$$\iint_D f(x^2+y^2)\mathrm{d}x\mathrm{d}y=\int_{\frac{\pi}{6}}^{\frac{\pi}{3}}\mathrm{d}\theta\int_{2\sin\theta}^{4\sin\theta}r^2\cdot r\mathrm{d}r=15\left(\frac{\pi}{4}-\frac{\sqrt{3}}{8}\right).$$

**例 7**　计算 $\iint\limits_D \arctan\frac{y}{x}\mathrm{d}x\mathrm{d}y$，其中积分区域 $D$ 由直线 $y=x$，$x$ 轴及圆 $x^2+y^2=1$ 围成.

**解**　积分区域 $D$ 如图 7-37 所示.

$D$ 可表示为

$$D:0\leqslant\theta\leqslant\frac{\pi}{4},0\leqslant r\leqslant 1,$$

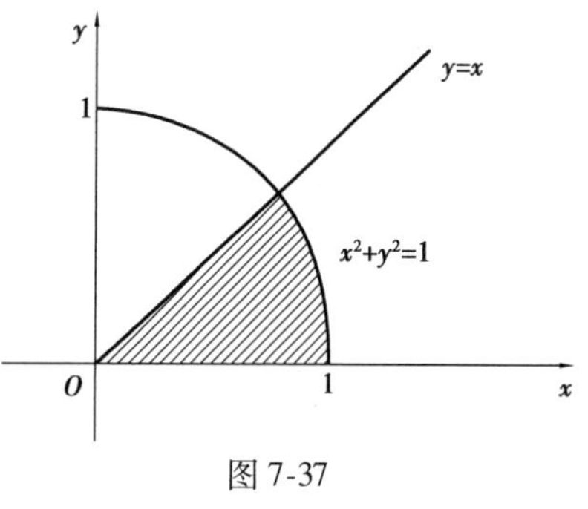


图 7-37

所以

$$\iint_D \arctan\frac{y}{x}\mathrm{d}x\mathrm{d}y=\iint_D \arctan\frac{r\sin\theta}{r\cos\theta}r\mathrm{d}r\mathrm{d}\theta=\int_0^{\frac{\pi}{4}}\mathrm{d}\theta\int_0^1\theta\cdot r\mathrm{d}r=\frac{\pi^2}{64}.$$

**思考**：如何将直角坐标系下的二重积分化为极坐标系下的二重积分？

## 案例分析与应用

### 案例分析 7.1　参考解答

**解**　根据题意，利润函数为

$$L(x,y)=\frac{1}{5}S-25=\frac{40x}{5+x}+\frac{20y}{10+y}-25,$$

约束条件为

$$x+y-25=0.$$

设拉格朗日函数为

$$F(x,y,\lambda)=\frac{40x}{5+x}+\frac{20y}{10+y}-25+\lambda(x+y-25),$$

将其分别对 $x,y,\lambda$ 求一阶偏导数，并使之为零，得方程组

$$\begin{cases}F'_x=\dfrac{200}{(5+x)^2}+\lambda=0,\\F'_y=\dfrac{200}{(10+y)^2}+\lambda=0,\\F'_x=x+y-25=0.\end{cases}$$

解方程组得 $x=15,y=10$,故点(15,10)是唯一驻点,也是最大值点. 于是,两种宣传方式的广告费用分别为15万元和10万元时,其利润最大,最大利润为

$$L(15,10)=\frac{40\times15}{5+15}+\frac{20\times10}{10+10}-25=15(\text{万元}).$$

**案例分析 7.2　问题提出**

一个圆环薄片由半径为4和8的两个同心圆围成,其上任一点处的面密度与该点到圆心的距离成反比. 已知内圆上各点处的面密度为1,求圆环薄片的质量.

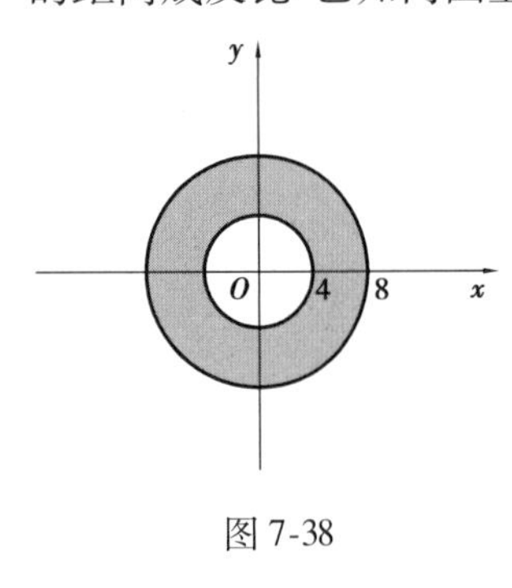

图 7-38

**解**　如图7-38所示,积分区域 $D$ 是 $4^2\leqslant x^2+y^2\leqslant 8^2$,圆环薄片的质量 $m$ 为

$$m=\iint_D\rho(x,y)\,\mathrm{d}\rho.$$

因为 $\rho(x,y)=\dfrac{k}{\sqrt{x^2+y^2}}$,且 $k=4$,$\rho=\dfrac{4}{\sqrt{x^2+y^2}}$,故所求质量为

$$m=\iint_D\frac{4}{\sqrt{x^2+y^2}}\mathrm{d}\rho=\int_0^{2\pi}\mathrm{d}\theta\int_4^8\frac{4}{r}r\mathrm{d}r=32\pi.$$

## 习题七

1. 方程 $x^2+y^2+z^2-2x+4y+2z=0$ 表示什么面?

2. 求按以下方法生成的旋转曲面的方程.

(1)将 $zOx$ 坐标面上的抛物线 $z^2=5x$ 绕 $x$ 轴旋转一周;

(2)将 $zOx$ 坐标面上的圆 $x^2+z^2=4$ 绕 $z$ 轴旋转一周;

(3)将 $xOy$ 坐标面上的 $4x^2-9y^2=36$ 分别绕 $x$ 轴及 $y$ 轴旋转一周.

3. 求过点(1,0,-1)且平行于平面 $x+2y-z+8=0$ 的平面方程.

4. 设函数 $f(x,y)=x^y+xy$,求 $f(1,2)$,$f(x+y,x-y)$.

5. 求下列函数的定义域.

(1)$z=\dfrac{1}{\sqrt{x-y}}$;　　(2)$z=\ln(1-x^2-y)+\dfrac{1}{\sqrt{\dfrac{1}{2}-x}}$.

6. 求下列极限.

(1) $\lim\limits_{(x,y)\to(1,2)}\dfrac{\ln(x^2+y)}{x-y}$;　　(2) $\lim\limits_{(x,y)\to(0,0)}\dfrac{1-\sqrt{xy+1}}{xy}$;

(3) $\lim\limits_{(x,y)\to(1,1)}\dfrac{\sin(x^2-y^2)}{x-y}$;　　(4) $\lim\limits_{(x,y)\to(\infty,\infty)}\dfrac{1}{x^2+y^2}$.

7. 设 $f_x(x_0,y_0)=1$，求 $\lim\limits_{\Delta x\to 0}\dfrac{f(x_0+\Delta x,y_0)-f(x_0-\Delta x,y_0)}{\Delta x}$.

8. 设 $f(x,y)=x^y$，求 $f_x(1,2)$，$f_y(1,2)$.

9. 求下列函数的一阶偏导数.

(1) $z=x^2y-xy^2$;　　(2) $z=\ln(xy)$;

(3) $z=\cos(x^2+y^2)$;　　(4) $z=e^{xy}-\sin(x+y)$.

10. 求下列函数的二阶偏导数.

(1) $z=x^4+3x^3y+y^2-1$;　　(2) $z=\sin(x^2+y)$;

(3) $z=y\ln(x-y)$;　　(4) $z=e^x\cos(xy)$.

11. 求下列函数的全微分.

(1) $z=e^{xy}$;　　(2) $z=\ln(2x-3y)$;

(3) $z=xy+\dfrac{y}{x}$;　　(4) $u=\sin(x^2+y^2-z^2)$.

12. 求函数 $z=\ln(x^2+y^2)$ 在点(2,1)处的全微分.

13. 求函数 $z=\dfrac{x}{y}$ 在 $x=1$，$y=2$，$\Delta x=-0.1$，$\Delta y=0.2$ 时的全微分 $\mathrm{d}z$ 和全增量 $\Delta z$.

14. 设 $z=u^2v$，其中 $u=\sin t$，$v=\cos t$，求 $\dfrac{\mathrm{d}z}{\mathrm{d}t}$.

15. 设 $z=\arctan(xy)$，其中 $y=2^x$，求 $\dfrac{\mathrm{d}z}{\mathrm{d}x}$.

16. 设 $z=e^u\cos v$，其中 $u=x^2+y^2$，$v=x-y$，求 $\dfrac{\partial z}{\partial x}$，$\dfrac{\partial z}{\partial y}$.

17. 设 $z=v^2\ln u$，其中 $u=2x+3y$，$v=x-y$，求 $\dfrac{\partial z}{\partial x}$，$\dfrac{\partial z}{\partial y}$.

18. 设 $z=u^2v+uv^2$，其中 $u=y\sin x$，$v=x\cos y$，求 $\dfrac{\partial z}{\partial x}$，$\dfrac{\partial z}{\partial y}$.

19. 设 $z=f(xy+\sin x)$，求 $\dfrac{\partial z}{\partial x}$，$\dfrac{\partial z}{\partial y}$.

20. 设 $e^{xy}-\arctan z+xyz=0$，求 $\dfrac{\partial z}{\partial x}$.

21. 设 $z=xy+xf(u)$，且 $u=\dfrac{y}{x}$，其中 $f(u)$ 是可导函数. 证明：$x\dfrac{\partial z}{\partial x}+y\dfrac{\partial z}{\partial y}=z+xy$.

22. 计算下列二重积分.

(1) $\iint\limits_D(1-x^2)\,\mathrm{d}\sigma$，其中 $D$ 是由 $y=2x$，$x=0$ 和 $y=1+x^2$ 围成的区域；

(2) $\iint\limits_D xy\mathrm{d}\sigma$，其中 $D$ 是由 $y=x+2$ 和 $y=x^2$ 围成的区域；

(3) $\iint\limits_D x\mathrm{e}^{xy}\mathrm{d}\sigma$，其中 $D$：$0\leqslant x\leqslant 1,1\leqslant y\leqslant 2$；

(4) $\iint\limits_D(1-x+y)\mathrm{d}\sigma$，其中 $D$ 是由 $x=0,y=0$ 及 $2x-y=3$ 围成的区域.

23. 交换下列二次积分的积分次序.

(1) $\int_0^1\mathrm{d}y\int_y^{\sqrt{y}}f(x,y)\mathrm{d}x$；　　(2) $\int_0^1\mathrm{d}x\int_x^1 f(x,y)\mathrm{d}y$；

(3) $\int_0^1\mathrm{d}x\int_x^{2x}f(x,y)\mathrm{d}y+\int_1^2\mathrm{d}x\int_x^2 f(x,y)\mathrm{d}y$.

**思政小课堂**

胡和生，数学家，1928 年 6 月 20 日生于上海. 1945—1948 年在上海交通大学数学系学习；1950 年初毕业于大夏大学(今华东师范大学)数理系；1952 年浙江大学数学系研究生毕业，师从中国微分几何创始人苏步青教授；1991 年当选为中国科学院学部委员(院士)；2002 年当选为发展中国家科学院院士.

胡和生早期研究超曲面的变形理论、常曲率空间的特征等问题，发展和改进了几位著名数学家的工作，在黎曼空间运动群方面，给出了确定黎曼空间运动群空隙性的一般方法，解决了意大利数学家富比尼所提出的问题，并整理在与自己的丈夫谷超豪合著的《齐性空间微分几何》一书中.

胡和生从研究生时期开始，一直承担着大量的基础课和专业课的教学工作，指导高年级大学生的微分几何专门化的讨论班和毕业论文，长期协助苏步青教授培养研究生和独立培养研究生. 她满腔热情、深入细致地从事各项教学工作，全面关心学生，深受学生的尊重，培养了许多优秀的微分几何学家.

《中华读书报》评："胡和生拼搏、进取的科学精神，她自信、自强的生活态度，这些对于各行各业的人都有很大的启发."

# 第八章 常微分方程

18 世纪中期,微分方程成为一门独立的学科. 微分方程建立以后,立即成为表示自然科学中各种基本定律和各种问题的基本工具之一.

英国数学家怀特曾说过:“数学是一门理性思维的科学,它是研究、了解和知晓现实世界的工具.”微分方程就显示着数学的这种威力和价值. 现代建立起来的自然科学和社会科学中的数学模型大多都是微分方程.

## 开篇案例

**案例 8.1　请你破案——凶杀案是何时发生的**

某年寒假,某大学宿舍发生了一起凶杀案,现场惨不忍睹. 人体的正常体温是 37 ℃,人死后尸体的温度将从原来的 37 ℃按照牛顿冷却定律(物体温度的变化率与该物体与周围介质温度之差成正比)开始变凉. 假定 2 h 后尸体温度为 35 ℃,并且假定周围空气的温度保持 20 ℃不变. 现请你协助公安人员完成以下工作:

(1)求出自谋杀发生后尸体的温度 $H$ 是如何随时间 $t$ 变化而变化的?

(2)画出温度-时间曲线.

(3)最终尸体温度如何? 用图像和代数式两种方法表示你的结果.

(4)如果尸体被发现时的温度是 30 ℃,时间是 16:00,那么谋杀案是何时发生的?

## 第一节　微分方程的基本概念

函数是客观事物的内部联系在数量方面的反映,利用函数关系又可以对客观事物的规律性进行研究. 因此如何寻找出所需要的函数关系是考虑的重点. 这种函数关系有时可以直接建立,但在某些情况下,函数关系不容易直接建立.不定积分的知识告诉我们,如果函数的导数是已知的,就有可能求出这个函数,这样的关系式就是我们本章所要讨论的微分方程.我们将进一步讨论,在已知某一函数的导数或微分满足的关系式的条件下,确定这个函数的方法,即微分方程法.

## 一、引例

什么是微分方程呢?我们先看几个例子.

**例1** 一曲线通过点(1,2),且在该曲线上任意点$(x,y)$处的切线斜率为$x^2$,求这个曲线的方程.

**解** 曲线$y=f(x)$的导数$\frac{dy}{dx}$的几何意义是曲线在点$(x,y)$处的切线的斜率.由已知条件,得方程

$$\frac{dy}{dx}=x^2,$$

两边积分得

$$y=\int x^2 dx=\frac{1}{3}x^3+C,$$

其中$C$是任意常数.

将初始条件$x=1,y=2$,代入上式,得

$$y=x^2+1,$$

它就是过点(1,2)的曲线方程.

**例2** 一个月产300桶原油的油井,在3年后将要枯竭,预计从现在开始$t$个月后,原油价格将是每桶$P(t)=(18+0.3\sqrt{t})$美元.如果油一生产出立刻被销售,问从这口井可得到多少美元的收入?

**解** 令$R(t)$表示从现在开始$t$个月收入,则每个月的收入为$\frac{dR(t)}{dt}$.由于每月收入等于每桶油的价格与每月卖出油的桶数之积,而这里,每桶油的价格为$P(t)=18+0.3\sqrt{t}$,每月卖出的桶数为300,因此

$$\frac{dR(t)}{dt}=300\times(18+0.3\sqrt{t})=5\ 400+90\sqrt{t}\text{ 即 }dR(t)=(5\ 400+90\sqrt{t})dt,$$

两边积分得

$$R(t)=\int(5\ 400+90\sqrt{t})dt=5\ 400t+60t^{\frac{3}{2}}+C.$$

而$R(0)=0$,于是有$C=0$,因此$R(t)=5\ 400t+60\sqrt{t^3}$。由于这口井将在36个月后干枯,于是总收入是

$$R(36)=(5\ 400\times36+60\times\sqrt{36^3})\text{ 美元}=207\ 360\text{ 美元}.$$

上述两例所得的关系式中均含有未知函数的导数或微分,这样的方程称为微分方程.

## 二、微分方程的基本概念

**定义 1**　含有未知函数、未知函数的导数或微分的方程，称为微分方程. 未知函数为一元函数的微分方程称为常微分方程；未知函数为二元或二元以上的微分方程称为偏微分方程.

如引例中的$\frac{\mathrm{d}y}{\mathrm{d}x}=x^2$ 和$\frac{\mathrm{d}R(t)}{\mathrm{d}t}=5\,400+90\sqrt{t}$都是常微分方程，而方程$\frac{\partial z}{\partial x}+\frac{\partial z}{\partial y}=0$ 则是偏微分方程.

本章我们只讨论常微分方程，以下所指的微分方程均指常微分方程.

**定义 2**　微分方程中所出现的未知函数的导数的最高阶数，称为微分方程的阶.

如引例 1 中的$\frac{\mathrm{d}y}{\mathrm{d}x}=x^2$ 是一阶微分方程，而方程 $y''=\cos x$ 是二阶微分方程.

**定义 3**　如果将一个函数代入微分方程后能使该方程成为恒等式，则称此函数为该微分方程的解.

从上述两个引例中可以看到微分方程的解有两种形式：一种不含任何常数；一种有任意常数. 如果微分方程的解中所含任意常数的个数等于微分方程的阶数，则此解称为微分方程的通解. 相应地，不含任意常数的解，称为微分方程的特解.

例如，$y=\frac{1}{3}x^3+C$ 是方程$\frac{\mathrm{d}y}{\mathrm{d}x}=x^2$ 的通解，而 $y=\frac{1}{3}x^3+\frac{5}{3}$及 $y=\frac{1}{3}x^3$ 都是该方程的特解.

为了得到合乎要求的特解，必须根据要求，对微分方程附加一定的条件. 如果这一附加条件是由系统在某一瞬间所处的状态给出的，则称这种条件为初始条件. 如引例 1 中的 $f(1)=2$，引例 2 中的 $R(0)=0$ 等，分别是相应微分方程的初始条件.

一般地，微分方程的解的全体所对应的几何图形是以任意常数 $C$ 为参数的曲线族，每一条曲线都称为微分方程的积分曲线，即通解的几何图形是一族积分曲线，特解是该族积分曲线中的某一条特定的曲线.

**想一想**

对于 2019 年发生的新冠疫情，国内外学者建立了大量的动力学模型来研究其传播规律和趋势，传染病模型的不断变化体现了学者们不断探索的钻研精神. 新冠疫情的大考体现出中国制度的优势. 在抗疫过程中，微分方程模型都作出了重要的贡献，你能说出有哪些贡献吗？

**例 3**　验证函数 $y=Ce^{-3x}+e^{-2x}$（$C$ 为任意常数）是微分方程$\frac{\mathrm{d}y}{\mathrm{d}x}+3y=e^{-2x}$ 的通解，并求满足初值条件 $y\big|_{x=0}=0$ 的特解.

**解**　将函数 $y=Ce^{-3x}+e^{-2x}$ 及导数 $y'=-3e^{-3x}C-2e^{-2x}$ 代入方程的左端，有

$$\frac{\mathrm{d}y}{\mathrm{d}x}+3y=-3Ce^{-3x}-2e^{-2x}+3Ce^{-3x}+3e^{-2x}=e^{-2x},$$

左端与右端恒等，且 $y$ 只含有一个任意常数，所以 $y$ 是所给一阶方程的通解.

现在将初值条件 $y|_{x=0}=0$ 代入通解 $y=Ce^{-3x}+e^{-2x}$ 中,得 $0=C+1$,即 $C=-1$,因此,所求特解为 $y=-e^{-3x}+e^{-2x}$.

## 第二节　一阶微分方程

如果微分方程中所出现的未知函数 $y=f(x)$ 的最高阶导数为一阶,这样的微分方程叫作一阶微分方程,它的一般形式通常记作 $F(x,y,y')=0$. 下面仅讨论几种特殊类型的一阶微分方程,并举例说明一阶微分方程在各领域中的应用.

### 一、可分离变量的微分方程

形如

$$g(y)\mathrm{d}y=f(x)\mathrm{d}x$$

的微分方程,称为可分离变量方程. 这里 $f(x)$,$g(y)$ 分别是 $x$,$y$ 的连续函数.

这类方程的特点是:经过恒等变形,可以将该方程化为等式一边只含变量 $y$,而另一边只含变量 $x$ 的形式. 具体解法如下:

(1)分离变量,将方程整理成 $g(y)\mathrm{d}y=f(x)\mathrm{d}x$ 的形式;

(2)两边同时积分,得 $\int g(y)\mathrm{d}y=\int f(x)\mathrm{d}x$.

这个方程确定了 $y$ 是 $x$ 的函数,它就是微分方程的通解. 这种求解微分方程的方法叫作分离变量法.

**例 1**　求微分方程 $y'+xy=0$ 的通解.

**解**　原方程可化为

$$\frac{\mathrm{d}y}{\mathrm{d}x}=-xy,$$

分离变量,得

$$\frac{\mathrm{d}y}{y}=-x\mathrm{d}x,$$

两边积分,得

$$\int\frac{\mathrm{d}y}{y}=\int(-x)\mathrm{d}x,$$

积分,得

$$\ln|y|=-\frac{1}{2}x^2+\ln|C|,$$

即

$$|y|=|C|\cdot e^{\frac{1}{-x^2}}.$$

因此原方程的通解是 $y=C\cdot e^{\frac{1}{-x^2}}$($C$ 为任意实数).

**例 2**　求微分方程 $dx+xydy=y^2dx+ydy$ 的通解.

**解**　先合并 $dx$ 及 $dy$ 的各项,得 $y(x-1)dy=(y^2-1)dx$.

分离变量,得
$$\frac{y}{y^2-1}dy=\frac{1}{x-1}dx,$$
两端积分,得 $\int\frac{y}{y^2-1}dy=\int\frac{1}{x-1}dx$,$\frac{1}{2}\ln|y^2-1|=\ln|x-1|+\ln|C_1|$,

于是 $y^2-1=\pm C_1^2(x-1)^2$,记 $C=\pm C_1^2$,则得到方程的通解
$$y^2-1=C(x-1)^2.$$

**例 3**　求方程 $xy'=y+x\tan\frac{y}{x}$满足初始条件 $y|_{x=1}=\frac{\pi}{6}$的特解.

**解**　所给方程不是可分离变量方程,但通过适当的变量代换后,可化为可分离变量方程. 原方程变形为 $y'=\frac{y}{x}+\tan\frac{y}{x}$,令 $u=\frac{y}{x}$,则 $y=xu$,$\frac{dy}{dx}=u+x\frac{du}{dx}$,把它们代入上式,得
$$u+x\frac{du}{dx}=u+\tan u,$$
化简,分离变量,得
$$\cot u du=\frac{1}{x}dx,$$
两边积分,得
$$\ln|\sin u|=\ln|x|+\ln|C|,$$
即
$$\sin u=Cx,$$
再回代,得原方程的通解为
$$\sin\frac{y}{x}=Cx.$$
将 $x=1$,$y=\frac{\pi}{6}$代入上式,得 $C=\frac{1}{2}$. 所以微分方程的特解为 $\sin\frac{y}{x}=\frac{1}{2}x$.

**例 4**　铀的衰变速度与当时未衰变的原子含量 $M$ 成正比. 已知 $t=0$ 时铀的含量为 $M_0$,求在衰变过程中铀含量 $M(t)$随时间变化的规律.

**解**　铀的衰变速度就是 $M(t)$对时间 $t$ 的导数$\frac{dM}{dt}$. 由于铀的衰变速度与其含量成正比,所以有
$$\frac{dM}{dt}=-\lambda M,$$
其中 $\lambda(\lambda>0)$是常数,负号表示当时间 $t$ 增加时 $M$ 单调减少,即$\frac{dM}{dt}<0$.

由题意,初始条件为 $M|_{t=0}=M_0$,将方程分离变量得$\frac{dM}{M}=-\lambda dt$,两边同时积分得
$$\int\frac{dM}{M}=\int(-\lambda)dt,$$
即
$$\ln M=-\lambda t+\ln C,$$

亦即

$$M = Ce^{-\lambda t}.$$

由初始条件,得

$$M_0 = Ce^0 = C.$$

所以铀含量 $M(t)$ 随时间变化的规律为

$$M = M_0 e^{-\lambda t}.$$

**例 5** 高为 1 m 半球形容器,水从它的底部小孔流出,小孔的截面面积为 1 $\mathrm{cm}^2$,开始时,容器内盛满了水,求水从小孔流出过程中容器里水面高度 $h$ 随时间 $t$ 变化的规律.

**解** 水从小孔流出的流量 $Q$ 可用下列公式计算

$$Q = \frac{\mathrm{d}V}{\mathrm{d}t} = 0.62s\sqrt{2gh},$$

其中 0.62 为流量系数,$s$ 为小孔截面面积,$g$ 为重力加速度,由于 $s=1$,因此有

$$\frac{\mathrm{d}V}{\mathrm{d}t} = 0.62\sqrt{2gh} \text{ 或 } \mathrm{d}V = 0.62\sqrt{2gh}\,\mathrm{d}t.$$

另一方面,设在微小时间间隔$[t,t+\mathrm{d}t]$内,水面高度由 $h$ 降至 $h+\mathrm{d}h$($\mathrm{d}h<0$),又可得到

$$\mathrm{d}V = -\pi r^2 \mathrm{d}h,$$

其中 $r$ 是时刻 $t$ 的水面半径,右端负号是由于 $\mathrm{d}h<0$ 而 $\mathrm{d}V>0$,又因

$$r = \sqrt{100^2 - (100 - h)^2} = \sqrt{200h - h^2},$$

所以

$$\mathrm{d}V = -\pi(200h - h^2)\mathrm{d}h.$$

由此可以得到

$$0.62\sqrt{2gh}\,\mathrm{d}t = -\pi(200h - h^2)\mathrm{d}h.$$

这就是水面高度 $h$ 随时间 $t$ 的变化规律.

此外,开始时容器内的水是满的,所以有初始条件

$$h\big|_{t=0} = 100.$$

将方程 $0.62\sqrt{2gh}\,\mathrm{d}t=-\pi(200h-h^2)\mathrm{d}h$ 分离变量后,得

$$\mathrm{d}t = -\frac{\pi}{0.62\sqrt{2g}}(200h^{\frac{1}{2}} - h^{\frac{3}{2}})\mathrm{d}h.$$

两端积分得

$$t = -\frac{\pi}{0.62\sqrt{2g}}\int(200h^{\frac{1}{2}} - h^{\frac{3}{2}})\mathrm{d}h \text{ 即 } t = -\frac{\pi}{0.62\sqrt{2g}}\left(\frac{400}{3}h^{\frac{3}{2}} - \frac{2}{5}h^{\frac{5}{2}}\right) + C.$$

由初始条件 $h\big|_{t=0}=100$ 得

$$0 = -\frac{\pi}{0.62\sqrt{2g}}\left(\frac{400}{3} \times 100^{\frac{3}{2}} - \frac{2}{5} \times 100^{\frac{5}{2}}\right) + C,$$

$$C = \frac{\pi}{0.62\sqrt{2g}}\left(\frac{400\,000}{3} - \frac{200\,000}{5}\right) = \frac{\pi}{0.62\sqrt{2g}} \times \frac{14}{15} \times 10^5.$$

因此,

$$t=\frac{\pi}{0.62\sqrt{2g}}\frac{2}{15}(7\times10^5-10^3h^{\frac{3}{2}}+3h^{\frac{5}{2}}).$$

上式表达了水从小孔流出的过程中容器内水面高度 $h$ 与时间 $t$ 之间的函数关系.

## 二、齐次方程

如果一阶微分方程$\frac{dy}{dx}=f(x,y)$中的函数$f(x,y)$可写成$\frac{y}{x}$的形式,即

$$\frac{dy}{dx}=\phi\left(\frac{y}{x}\right),$$

则称该方程为齐次方程.

在该方程中,引入变量代换 $u=\frac{y}{x}$,就可化为可分离变量的方程. 因为由代换有 $y=ux$,$\frac{dy}{dx}=u+x\frac{du}{dx}$,代入原方程便得 $u+x\frac{du}{dx}=\phi(u)$,分离变量后,得$\frac{du}{\phi(u)-u}=\frac{dx}{x}$,两端积分,得$\int\frac{du}{\phi(u)-u}=\int\frac{dx}{x}$,求出积分后,再将$\frac{y}{x}$代替 $u$,便得所给方程的通解.

**例 6**　求解微分方程$\frac{du}{dx}=\frac{x+y}{x-y}$.

**解**　令 $y=ux$,得 $x\frac{du}{dx}+u=\frac{1+u}{1-u}$,亦即$\frac{1-u}{1+u^2}du=\frac{dx}{x}$,两边积分可得

$$\arctan u-\ln\sqrt{1+u^2}=\ln|x|-\ln C(\text{任意常数 }C>0).$$

从而

$$|x|\sqrt{1+u^2}=Ce^{\arctan u},$$

以 $u=\frac{y}{x}$代回上式,得通解$\sqrt{x^2+y^2x}=Ce^{\arctan\frac{y}{x}}$.

## 三、一阶线性微分方程

形如

$$\frac{dy}{dx}+P(x)y=Q(x) \tag{8-1}$$

的方程,称为一阶线性微分方程,其中 $P(x)$,$Q(x)$为已知的连续函数,其线性的意义是指它关于未知函数 $y$ 及其导数$\frac{dy}{dx}$的幂都是一次的. 它的特点是:右边是已知函数,左边的每项中仅含 $y$ 和$\frac{dy}{dx}$的一次项.

若 $Q(x)=0$,则方程变为

$$\frac{dy}{dx}+P(x)y=0. \tag{8-2}$$

方程(8-2)称为一阶线性齐次微分方程,简称线性齐次方程.

若 $Q(x)\neq 0$,则称方程(8-1)为一阶线性非齐次微分方程,简称线性非齐次方程. 通常方程(8-2)称为方程(8-1)所对应的线性齐次方程.

先求一阶线性齐次方程(8-2)的通解.

显然,一阶线性齐次方程

$$\frac{dy}{dx}+p(x)y=0$$

是可分离方程. 分离变量得

$$\frac{dy}{y}=-p(x)dx,$$

两边积分,得

$$\ln|y|=-\int P(x)dx+\ln C.$$

所以,式(8-2)的通解公式为

$$y=Ce^{-\int P(x)dx}. \tag{8-3}$$

容易验证,不论 $C$ 取什么值,式(8-3)只能是式(8-2)的解,而不是非齐次线性方程(8-1)的解. 如果我们假设方程(8-1)具有形如式(8-3)的解,其中 $C$ 自然不会再是常数而应该是 $x$ 的函数. 只要能够确定这个函数,那么我们的假设就变成现实,即可求得方程(8-1)的解.

设一阶非齐次线性方程(8-1)的解具有形状

$$y=C(x)e^{-\int P(x)dx}. \tag{8-4}$$

于是

$$y'=C'(x)e^{-\int p(x)dx}+C(x)(-p(x))e^{-\int p(x)dx}. \tag{8-5}$$

将式(8-4)与式(8-5)代入式(8-1),得

$$C'(x)e^{-\int p(x)dx}-C(x)P(x)e^{-\int p(x)dx}+P(x)C(x)e^{-\int p(x)dx}=Q(x),$$

即

$$C'(x)e^{-\int p(x)dx}=Q(x) \text{ 或 } C'(x)=Q(x)e^{\int p(x)dx}.$$

积分可得

$$C(x)=\int Q(x)e^{\int p(x)dx}dx+C.$$

将上式代入式(8-4)中,我们便可以得到一阶非齐次线性微分方程(8-1)的通解公式

$$y=e^{-\int p(x)dx}\left(C+\int Q(x)e^{\int p(x)dx}dx\right). \tag{8-6}$$

上述通过把齐次线性微分方程通解中的任意常数 $C$ 变易为待定函数 $C(x)$,然后求出非齐次线性微分方程通解的方法,称为常数变易法.

**例 7** 求微分方程$\frac{dy}{dx}+y\sin x=0$ 的通解.

**解** 所给微分方程是一阶线性齐次方程,并且 $P(x)=\sin x$,因

$$-\int P(x)dx=-\int \sin x dx=\cos x,$$

由通解公式可得原方程的通解为

$$y=Ce^{\cos x}.$$

**例 8**　求微分方程$(y-2xy)\mathrm{d}x+x^2\mathrm{d}y=0$满足初始条件$y(1)=\mathrm{e}$的特解.

**解**　原方程变形为$\frac{\mathrm{d}y}{\mathrm{d}x}+\frac{1-2x}{x^2}y=0$,这是一阶线性齐次方程,其中$P(x)=\frac{1-2x}{x^2}$,由于$-\int P(x)\mathrm{d}x=\int\left(\frac{2}{x}-\frac{1}{x^2}\right)\mathrm{d}x=\ln x^2+\frac{1}{x}$,代入通解公式,得原方程的通解为

$$y=Ce^{\left(\ln x^2+\frac{1}{x}\right)}=Cx^2e^{\frac{1}{x}}.$$

**例 9**　求方程$(1+x^2)y'-2xy=(1+x^2)^2$的通解.

**解**　将原方程变形为$y'-\frac{2x}{1+x^2}y=1+x^2$,这是一阶非齐次线性方程.

**方法一**　常数变易法

先求对应齐次方程$y'-\frac{2x}{1+x^2}y=0$的通解,分离变量后得$\frac{\mathrm{d}y}{y}=\frac{2x}{1+x^2}\mathrm{d}x$,两边积分得$\ln y=\ln(1+x^2)+\ln C$,所以通解为

$$y=C(1+x^2).$$

再求非齐次线性微分方程$y'-\frac{2x}{1+x^2}y=1+x^2$的通解.

令$y=C(x)(1+x^2)$,代入原方程得

$$C'(x)(1+x^2)+2xC(x)-\frac{2x}{1+x^2}\cdot C(x)(1+x^2)=1+x^2.$$

因此有$C'(x)(1+x^2)=1+x^2$,$C'(x)=1$,积分可得$C(x)=x+C$.

由此得到原方程的通解

$$y=(x+C)(1+x^2).$$

**方法二**　公式法

因原方程为$y'-\frac{2x}{1+x^2}y=1+x^2$,此时,$P(x)=\frac{-2x}{1+x^2}$,$Q(x)=1+x^2$. 由式(8-6)得原方程的通解为

$$y=e^{\int\frac{2x}{1+x^2}\mathrm{d}x}\left(C+\int(1+x^2)e^{-\int\frac{2x}{1+x^2}\mathrm{d}x}\mathrm{d}x\right)=e^{\ln(1+x^2)}\left[C+\int\frac{1+x^2}{1+x^2}\mathrm{d}x\right]=(1+x^2)(x+C).$$

## 第三节　可降阶的微分方程

二阶及二阶以上的微分方程统称为高阶微分方程. 高阶微分方程在工程技术中有着广泛的应用. 高阶微分方程的求解问题一般要比一阶微分方程复杂,能够求解的类型也不多. 本节将介绍几种特殊的微分方程的求解.

## 一、$y''=f(x)$型的微分方程

方程 $y''=f(x)$ 的左端是未知函数的二阶导数,右端只含 $x$,两端同时积分一次,就化为一阶方程

$$y' = \int f(x)\,\mathrm{d}x + C_1,$$

再积分一次,得到通解

$$y = \int\left[\int f(x)\,\mathrm{d}x + c_1\right]\mathrm{d}x + C_2.$$

一般地,对 $y^{(n)}=f(x)$ 求解,只需对方程两端积分 $n$ 次即可得到原方程的通解.

**例 1** 求解方程 $y''=\sin 2x+\mathrm{e}^{-x}$.

**解** 积分得到

$$y' = -\frac{1}{2}\cos 2x - \mathrm{e}^{-x} + C_1,$$

再积分得通解为

$$y = -\frac{1}{4}\sin 2x + \mathrm{e}^{-x} + C_1x + C_2.$$

## 二、$y''=f(x,y')$型的微分方程

方程 $y''=f(x,y')$ 的左端是未知函数的二阶导数,右端不显含未知函数 $y$,对于这类方程,如果令 $y'=p$,就可以使方程的阶降为一阶.

令 $y'=p$,则 $y''=\frac{\mathrm{d}p}{\mathrm{d}x}=p'$,代入得 $p'=f(x,p)$,这是以 $p$ 为未知函数的一阶微分方程,求解,设其通解为

$$p = \varphi(x,C_1),$$

将 $p$ 换成 $y'$,即得到

$$y' = \varphi(x,C_1),$$

这又是一个一阶微分方程,两边积分,便可得到通解为

$$y = \int\varphi(x,C_1)\,\mathrm{d}x + C_2.$$

**例 2** 求微分方程 $(1+x^2)y''=2xy'$ 在初值条件 $y\big|_{x=0}=1, y'\big|_{x=0}=3$ 下的特解.

**解** 变形所给的方程为 $y''=\frac{2x}{1+x^2}y'$,令 $y'=p$,则 $y''=\frac{\mathrm{d}p}{\mathrm{d}x}$,代入上面的方程,得

$$\frac{\mathrm{d}p}{\mathrm{d}x} = \frac{2x}{1+x^2}p.$$

分离变量得

$$\frac{\mathrm{d}p}{p} = \frac{2x}{1+x^2}\mathrm{d}x.$$

积分得

$$\ln p=\ln(1+x^2)+\ln C_1,\text{或}p=C_1(1+x^2),$$

即

$$y'=C_1(1+x^2).$$

将初值条件 $y'|_{x=0}=3$ 代入上式，有 $3=C_1$，于是有

$$y'=3(1+x^2).$$

再积分得

$$y=x^3+3x+C_2,$$

由初值条件 $y|_{x=0}=1$，得 $C_2=1$，于是所求特解为

$$y=x^3+3x+1.$$

## 三、$y''=f(y,y')$ 型的微分方程

方程 $y''=f(y,y')$ 的左端是未知函数的二阶导数，右端不显含未知函数 $x$，为了降阶，若令 $y'=p,y''=p'$，则方程变成 $\frac{dp}{dx}=f(y,p)$，此时方程虽降为一阶，但因涉及 3 个变量 $x,y,p$，故无法求解.

为此，令 $y'=p$，并利用复合函数的求导法则把 $y''$ 化为对 $y$ 的导数，即

$$y''=\frac{dp}{dx}=\frac{dp}{dy}\cdot\frac{dy}{dx}=p\frac{dp}{dy},$$

于是，方程化为关于 $y$ 和 $p$ 的一阶微分方程

$$p\frac{dp}{dy}=f(y,p),$$

这时，方程就可以求解了.

**例 3**　求微分方程 $yy''-(y')^2=0$ 的通解.

**解**　方程不显含 $x$，可变形为 $y''=\frac{(y')^2}{y}$，令 $p=y'$，则 $y''=p\frac{dp}{dy}$ 代入原方程得

$$yp\frac{dp}{dy}-p^2=0,$$

即

$$p\left[y\frac{dp}{dy}-p\right]=0,$$

它相当于以下两个方程 $p=0,y\frac{dp}{dy}-p=0$.

第一个方程的解为 $y=C$.

对第二个方程分离变量，得 $\frac{dp}{p}=\frac{dy}{y}$，积分得

$$\ln p=\ln y+\ln C_1,p=C_1y,\text{即}\frac{dy}{dx}=C_1y.$$

分离变量后再积分一次，得

$$y = C_2 e^{C_1 x},$$

故原方程的通解为 $y=C_2e^{C_1x}$,$y=C$ 也包含在这个通解中.

## 第四节　二阶常系数线性微分方程

形如

$$y'' + py' + q = f(x) \tag{8-7}$$

的方程称为二阶常系数线性微分方程,其中 $p,q$ 是常数,$f(x)$ 称为自由项或非齐次项,当 $f(x)\neq 0$ 时,式(8-7)称为二阶常系数非齐次线性微分方程,当 $f(x)=0$ 时,式(8-7)即

$$y'' + py' + q = 0 \tag{8-8}$$

称为二阶常系数齐次线性微分方程.

对于二阶常系数齐次线性微分方程的解我们有下面的性质.

**性质 1**　若 $y_1,y_2$ 是齐次方程 $y''+py'+q=0$ 的两个解,且$\dfrac{y_1}{y_2}$不等于常数,则 $y=C_1y_1+C_2y_2$ 为方程 $y''+py'+q=0$ 的通解,其中 $C_1,C_2$ 为任意常数.

**注意:**$\dfrac{y_1}{y_2}\neq k$ 这个条件非常重要. 一般地,如果两个函数$\dfrac{y_1}{y_2}\neq k$,那么则称 $y_1,y_2$ 是线性无关的,否则称为线性相关.

由性质 1 可知,要求方程 $y''+py'+q=0$ 的通解,只要找到两个线性无关的特解即可,考虑到 $y=e^{rx}$ 的一阶导数、二阶导数都是指数函数. 利用这个特点,可以选择适当的常数 $r$,使 $e^{rx}$ 满足方程 $y''+py'+q=0$.

令 $y=e^{rx}$,从而 $y'=re^{rx}$,$y''=r^2e^{rx}$ 代入方程 $y''+py'+q=0$,得

$$e^{rx}(r^2 + pr + q) = 0.$$

因为 $e^{rx}\neq 0$,所以

$$r^2 + pr + q = 0. \tag{8-9}$$

称式(8-9)为方程 $y''+py'+q=0$ 的特征方程,它的根为特征根.

从上式推理中可知,$y=e^{rx}$ 是方程 $y''+py'+q=0$ 根的充要条件是 $r$ 是方程 $r^2+pr+q=0$ 的根.

由于特征方程 $r^2+pr+q=0$ 的两个根,只能有三种不同情形,相应地,齐次方程 $y''+py'+q=0$ 的通解也有三种不同的形式.

(1)当 $\Delta=p^2-4q>0$ 时,特征方程 $r^2+pr+q=0$ 有两个不相等的实根 $r_1\neq r_2$. 由上面的讨论知道 $y_1=e^{r_1x}$ 与 $y_2=e^{r_2x}$ 是方程(8-8)的两个特解. 又 $y_1$ 与 $y_2$ 线性无关,因此方程(8-8)的通解为

$$y = C_1e^{r_1x} + C_2e^{r_2x}.$$

(2)当 $\Delta=p^2-4q=0$ 时,特征方程 $r^2+pr+q=0$ 有两个相等实根 $r=r_1=r_2$. 我们只能得到方程 $r^2+pr+q=0$ 的一个解 $y_1=e^{rx}$. 为求与其线性无关的另一个特解 $y_2$,应要求$\dfrac{y_1}{y_2}=C(x)$,利用常

数变易法求解.

设方程 $y''+py'+q=0$ 的解为 $y=C(x)e^{rx}$,求出 $y'$,$y''$一起代入方程 $y''+py'+q=0$,整理得

$$e^{rx}[C''(x)+(p+2r)C'(x)+(r^2+pr+q)C(x)]=0,$$

因为 $r$ 是特征方程 $r^2+pr+q=0$ 的重根,所以

$$r^2+pr+q=0, p+2r=0.$$

故有 $C''(x)=0$,积分两次,最终得

$$C(x)=C_1(x)+C_2.$$

所以 $y=(C_1x+C_2)e^{rx}=C_1xe^{rx}+C_2e^{rx}$ 是方程 $y''+py'+q=0$ 的解. 又因为$\frac{xe^{rx}}{e^{rx}}=x\neq$常数,所以,$y=C_1xe^{rx}+C_2e^{rx}$ 是方程 $y''+py'+q=0$ 的通解,其中,$C_1$,$C_2$ 为任意常数.

(3)如果 $\Delta=p^2-4q<0$,即特征方程 $r^2+pr+q=0$ 有一对共轭复根

$$r_1=\alpha+i\beta, r_2=\alpha-i\beta(\beta\neq 0).$$

则 $e^{(\alpha+i\beta)x}$ 及 $e^{(\alpha-i\beta)x}$ 是方程 $y''+py'+q=0$ 的两个特解. 但它们是复值函数,故改写为

$$y_1=e^{(\alpha+i\beta)x}=e^{\alpha x}\cdot e^{i\beta x}=e^{\alpha x}(\cos\beta x+i\sin\beta x),$$

$$y_2=e^{(\alpha-i\beta)x}=e^{\alpha x}\cdot e^{-i\beta x}=e^{\alpha x}(\cos\beta x-i\sin\beta x).$$

取

$$\overline{y_1}=\frac{1}{2}(y_1+y_2)=e^{\alpha x}\cos\beta x,\overline{y_2}=\frac{1}{2i}(y_1-y_2)=e^{\alpha x}\sin\beta x$$

仍是方程 $y''+py'+q=0$ 的解,这时

$$\frac{\overline{y_2}}{\overline{y_1}}=\frac{e^{\alpha x}\sin\beta x}{e^{\alpha x}\cos\beta x}=\tan\beta x\neq \text{常数}.$$

所以,$y=C_1\overline{y_1}+C_2\overline{y_2}$ 是方程 $y''+py'+q=0$ 的通解,即

$$y=C_1e^{\alpha x}\cos\beta x+C_2e^{\alpha x}\sin\beta x=e^{\alpha x}(C_1\cos\beta x+C_2\sin\beta x)$$

是方程 $y''+py'+q=0$ 的通解.

综上,求二阶常系数齐次线性微分方程 $y''+py'+q=0$ 的通解步骤如下:

第一步,写出方程的特征方程 $r^2+pr+q=0$;

第二步,求出特征方程的两个根 $r_1$,$r_2$;

第三步,根据特征根的不同情况,写出微分方程 $y''+py'+q=0$ 的通解.

具体如下:

| 特征方程 $r^2+pr+q=0$ 的两个根 | 微分方程 $y''+py'+q=0$ 的通解 |
|---|---|
| 两个不等的实根 $r_1$,$r_2$ | $y=C_1e^{r_1x}+C_2e^{r_2x}$ |
| 两个相等的实根 $r_1=r_2=r$ | $y=C_1xe^{rx}+C_2e^{rx}$ |
| 一对共轭复根 $r_{1,2}=\alpha\pm i\beta$ | $y=e^{\alpha x}(C_1\cos\beta x+C_2\sin\beta x)$ |

**例1** 求微分方程 $y''-y'-2y=0$ 的通解.

**解** 特征方程为 $r^2-r-2=0$,特征根 $r_1=-1, r_2=2$,因此,方程的通解为

$$y=C_1e^{-x}+C_2e^{2x}.$$

**例2** 求微分方程 $y''+2y'+y=0$ 满足条件 $y|_{x=0}=4$ 及 $y'|_{x=0}=-2$ 的特解.

**解** 特征方程为 $r^2+2r+1=0$,求得特征根为 $r_1=r_2=-1$,则微分方程的通解为

$$y=e^{-x}(C_1x+C_2).$$

将初始条件 $y|_{x=0}=4$ 代入通解得 $C_2=4$,对 $y=e^{-x}(C_1x+C_2)$ 求导,将 $y'|_{x=0}=-2$ 代入,得

$$C_1=2,$$

故满足条件的特解为

$$y=e^{-x}(2x+4).$$

**例3** 求微分方程 $y''-2y'+5y=0$ 的通解.

**解** 特征方程为 $r^2-2r+5=0$,求得特征根为 $r_{1,2}=1\pm 2i$,则微分方程的通解为

$$y=e^x(C_1\cos 2x+C_2\sin 2x).$$

对于二阶常系数非齐次线性微分方程的解具有以下性质.

**性质2** 若 $y^*$ 是非齐次方程(8-7)的一个特解,$Y$ 是方程(8-7)对应的齐次方程(8-8)的通解,则 $y^*+Y$ 就是非齐次方程(8-7)的通解.

由性质2可知,若求非齐次方程(8-7)的通解,需要知道方程(8-7)对应的齐次方程(8-8)的通解和方程(8-7)的一个特解,在前面我们已经解决了齐次方程(8-8)的通解,因此为了求解二阶非齐次常系数微分方程的通解,只需要解决如何求其特解即可,下面只介绍当方程(8-7)中的 $f(x)$ 取两种形式时求特解 $y^*$ 的方法,这种方法的特点是不用积分就可求出 $y^*$ 来,通常称为待定系数法.

设方程(8-7)的右端 $f(x)=P_m(x)e^{\lambda x}$,其中 $\lambda$ 是常数,$P_m(x)$ 是 $x$ 的一个 $m$ 次多项式

$$P_m(x)=a_0x^m+a_1x^{m-1}+\cdots+a_{m-1}x+a_m.$$

这时方程(8-7)为

$$y''+py'+q=p_m(x)e^{\lambda x}. \tag{8-10}$$

我们知道,方程(8-10)的特解 $y^*$ 是使方程(8-10)成为恒等式的函数. 由于方程(8-10)的右端是多项式与指数函数 $e^{\lambda x}$ 的乘积,而多项式与指数函数乘积的各阶导数仍是多项式与指数函数的乘积,根据方程(8-10)左端各项的系数均为常数的特点,可以设想方程(8-10)的特解为某个多项式 $Q(x)$ 与 $e^{\lambda x}$ 的乘积. 我们设方程(8-10)的特解为

$$y^*=Q(x)e^{\lambda x},$$

则

$$y^{*\prime}=Q'(x)e^{\lambda x}+\lambda Q(x)e^{\lambda x},$$

$$y^{*\prime\prime}=Q''(x)e^{\lambda x}+2\lambda Q'(x)e^{\lambda x}+\lambda^2Q(x)e^{\lambda x},$$

代入方程(8-10),整理得

$$Q''(x)+(2\lambda+p)Q'(x)+(\lambda^2+p\lambda+q)Q(x)=P_m(x). \tag{8-11}$$

下面分三种情况来讨论.

(1)如果 $\lambda$ 不是特征方程 $r^2+pr+q=0$ 的根,则 $\lambda^2+p\lambda+q\neq 0$,而方程(8-11)的左端的最高

次幂项在 $Q(x)$ 内,要使式(8-11)两端恒等,$Q(x)$ 必须与 $P_m(x)$ 是同次多项式,即 $Q(x)$ 应为 $m$ 次多项式,因此可设方程(8-10)的特解为

$$y^* = Q_m(x)e^{\lambda x},$$

其中 $Q_m(x)=b_0x^m+b_1x^{m-1}+\cdots+b_{m-1}x+b_m$(其中 $b_i, i=1,2,\cdots,m$ 是待定系数).

将 $y^*, y^{*\prime}, y^{*\prime\prime}$代入方程(8-10)中,比较等式两端 $x$ 的同次幂的系数,即可求出 $b_i, i=1,2,\cdots,m$,从而得到原方程的特解.

(2)如果 $\lambda$ 是特征方程 $r^2+pr+q=0$ 的单根,则 $\lambda^2+p\lambda+q=0$,而 $2\lambda+p\neq0$,这时,式(8-11)变成 $Q''(x)+(2\lambda+p)Q'(x)=P_m(x)$,要使此式两端恒等,$Q'(x)$ 必须与 $P_m(x)$ 是同次多项式,即 $Q'(x)$ 应为 $m$ 次多项式,因此可设方程(8-10)的特解为

$$y^* = xQ_m(x)e^{\lambda x}.$$

求出 $y^{*\prime}, y^{*\prime\prime}$后,代入方程(8-10)中,比较等式两端 $x$ 的同次幂的系数,即可求出 $b_i, i=1,2,\cdots,m$,从而得到原方程的特解.

(3)如果 $\lambda$ 是特征方程 $r^2+pr+q=0$ 的重根,则有 $\lambda^2+p\lambda+q=0$,而 $2\lambda+p=0$,这时,式(8-11)变成 $Q''(x)=p_m(x)$,要使此式两端恒等,$Q''(x)$ 必须与 $P_m(x)$ 是同次多项式,即 $Q''(x)$ 应为 $m$ 次多项式,因此可设方程(8-10)的特解为

$$y^* = x^2Q_m(x)e^{\lambda x}.$$

求出 $y^{*\prime}, y^{*\prime\prime}$后,代入方程(8-10)中,用前面类似的方法即可得到方程(8-10)的特解.

综上所述,对于二阶常系数非齐次方程(8-10),可假设特解为 $y^*=x^kQ_m(x)e^{\lambda x}$,其中 $Q_m(x)$ 与 $P_m(x)$ 是同次多项式,而 $k$ 按 $\lambda$ 不是特征根、是单特征根或重特征根依次取 0、1、2.

特殊情形,当 $\lambda=0$ 时,$f(x)=P_m(x)$,可设 $y^*=x^kQ_m(x)$,其中 $Q_m(x)$ 与 $P_m(x)$ 是同次多项式,而 $k$ 按 $\lambda$ 不是特征根、是单特征根或重特征根依次取 0、1、2.

**例 4**　求方程 $y''+2y'-3y=2e^x$ 的通解.

**解**　原方程的特征方程为

$$r^2+2r-3=0,$$

特征根为

$$r_1=1, r_1=-3,$$

对应齐次方程通解为 $\bar{y}=C_1e^x+C_2e^{-3x}$.

因为 $n=0, a=1$ 是单根,故特解为

$$y^*=Axe^x,$$

求出$(y^*)', (y^*)''$代入方程,整理得

$$4Ae^x=2e^x, \text{即 } 4A=2, \text{即 } A=\frac{1}{2}.$$

于是

$$y^*=\frac{1}{2}xe^x,$$

故方程通解为

$$y = C_1 e^x + C_2 e^{-3x} + \frac{1}{2} x e^x.$$

**例 5** 求微分方程 $y''+5y'+6y=20xe^{2x}$ 的通解.

**解** 所给方程是二阶常系数非齐次线性微分方程,且 $f(x)$ 呈 $P_m(x)e^{\lambda x}$ 型[其中 $P_m(x)=x,\lambda=2$]所给方程的对应的齐次方程为 $y''+5y'+6y=0$,它的特征方程为 $r^2+5r+6=0$ 的两个实根 $r_1=-2,r_2=-3$,于是与所给方程对应的齐次方程的通解 $y=C_1e^{-2x}+C_2e^{-3x}$.

由于 $\lambda=2$ 不是特征根,所以应设 $y^*=(Ax+B)e^{2x}$ 把它代入所给方程,比较等式两端同次幂的系数,得 $A=1,B=-\frac{9}{20}$,因此,求得一个特解为 $y^*=\left(x-\frac{9}{20}\right)e^{2x}$.

从而所求的通解为 $y=C_1e^{-2x}+C_2e^{-3x}+\left(x-\frac{9}{20}\right)e^{2x}$.

如果方程的右端 $f(x)=e^{\lambda x}[P_l(x)\cos\omega x+P_n(x)\sin\omega x]$,可以证明二阶常系数非齐次线性微分方程的特解为

$$y^* = x^k e^{\lambda x}[R_m^{(1)}(x)\cos\omega x + R_m^{(2)}(x)\sin\omega x].$$

其中,$R_m^{(1)}(x),R_m^{(2)}(x)$ 是 $m$ 次多项式,$m=\max\{l,n\}$,而 $k$ 按 $\lambda+i\omega$(或 $\lambda-i\omega$)不是特征方程的根或是特征方程的单根依次取为 0 或 1.

**例 6** 求微分方程 $y''+y=x\cos 2x$ 的一个特解.

**解** 所给方程是二阶常系数非齐次线性方程,且 $f(x)$ 属于 $e^{\lambda x}[P_l(x)\cos\omega x+P_n(x)\sin\omega x]$ 型(其中 $\lambda=0,\omega=2,P_l(x)=x,P_n(x)=0$)所给方程的对应的齐次方程为 $y''+y=0$,它的特征方程是 $r^2+1=0$. 由于这里 $\lambda+i\omega=2i$ 不是特征方程的根,所以方程的解为 $y^*=(ax+b)\cos 2x+(cx+d)\sin 2x$.

把它代入所给方程,得

$$(-3ax-3b+4c)\cos 2x-(3cx+3d+4a)\sin 2x = x\cos 2x.$$

比较两端同类项的系数,得

$$\begin{cases} -3a=1, \\ -3b+4c=0, \\ -3c=0, \\ -3d-4a=0. \end{cases}$$

由此解得 $a=-\frac{1}{3},b=0,c=0,d=\frac{4}{9}$,于是求得一个特解为

$$y^* = -\frac{1}{3}x\cos 2x + \frac{4}{9}\sin 2x.$$

## 第五节　利用微分方程建立数学模型

建立微分方程解决应用问题,其步骤大体如下:

(1)由具体问题确定已知量和未知量;

(2)通过分析实际问题应遵循的基本规律建立方程(一类实际问题应遵循的共同规律);

(3)依题意确定定解条件(反映这类问题中某一具体问题所具有的特点与特殊状态);

(4)解方程(通解、特解)得到答案,并对所讨论的结果作出实际意义的解释,以便指导实践.

**例1(冷却问题)**　将一个加热到50 ℃的物体,放在20 ℃的恒温环境中冷却,求物体温度的变化规律.

**解**　(1)建立方程,提出初值条件.

根据实验得出以下冷却规律:温度为$Q$的物体,在温度为$Q_0$的周围环境中冷却的速率与温差$Q-Q_0$成正比.

在冷却过程中,设物体的温度$Q$与时间$t$的函数关系为$Q=Q(t)$,物体冷却的速率就是其温度对时间的变化率$\frac{dQ}{dt}$,于是由冷却定律,可得$\frac{dQ}{dt}=\alpha(Q-20)$,其中,$\alpha$为比例系数.由于当$Q$比环境温度20 ℃高时,随时间$t$的增大,物体温度$Q$应该减少,即当$Q>20$时,$\frac{dQ}{dt}<0$.所以式中的$\alpha$应为负数.令$\alpha=-k(k>0)$,于是有

$$\begin{cases}\frac{dQ}{dt}=-k(Q-20)\\ Q\big|_{t=0}=50\ ℃\end{cases}.$$

(2)求通解.

分离变量后得

$$\frac{dQ}{Q-20}=-k\,dt,$$

两端分别积分,得$\ln(Q-20)=-kt+C_1$,即$Q-20=Ce^{-kt}$,这就是方程的通解.

(3)求特解.

把初值条件$Q\big|_{t=0}=50$代入通解,得$C=30$,从而所求温度的变化规律为

$$Q=20+30e^{-kt}.$$

可见,物体的冷却是按指数规律变化的.当$t$增加时,温度开始下降较快,以后逐渐变慢而趋于环境温度.

**例2(冰雹的下落速度问题)**　当冰雹由高空落下时,它除了受到地球重力的作用之外,还受到了空气阻力的作用.阻力的大小与冰雹的形状和运动速度有关,一般可对阻力作两种假设:

(1)阻力大小与下落速度成正比;

(2)阻力大小与速度的平方成正比.

请根据两种不同假设,分别计算冰雹的下落速度.

**解**　(1)设阻力$F=-ky'(k>0)$.

建立方程和初值条件.

根据牛顿第二运动定律可建立方程 $my''=-mg-ky'$，这是一个不显含自变量 $t$ 的微分方程，令 $v(t)=y'=\frac{\mathrm{d}y}{\mathrm{d}t}$，原式可化为$\frac{\mathrm{d}v}{\mathrm{d}t}=-g-\frac{k}{m}v$，记 $C=\sqrt{\frac{k}{mg}}$，$\frac{\mathrm{d}v}{\mathrm{d}t}=-g(1+C^2v)$.

分离变量得$\frac{\mathrm{d}v}{g(1+C^2v)}=-\mathrm{d}t$，两端分别积分，得$\frac{1}{gC^2}\ln(1+C^2v)=-(t-t_0)$. 所以，$v(t)=-\frac{1}{C^2}\left[1-\mathrm{e}^{-gC^2(t-t_0)}\right]$.

(2)设阻力 $F=-ky'^2(k>0)$.

根据牛顿第二定律建立微分方程 $my''=-my+ky'^2$，这也是一个不显含 $t$ 的微分方程. 令 $v(t)=y'=\frac{\mathrm{d}y}{\mathrm{d}t}$，方程化为$\frac{\mathrm{d}v}{\mathrm{d}t}=-g(1-C^2v^2)$.

解方程$\frac{\mathrm{d}v}{g(1-C^2v^2)}=-\mathrm{d}t$，得$\frac{1}{2gC}\ln\frac{1-Cv}{1+Cv}=t-t_0$.

所以

$$v(t)=-\frac{1}{C}\cdot\frac{1-\mathrm{e}^{-2gC(t-t_0)}}{1+\mathrm{e}^{-2gC(t-t_0)}}=-\frac{1}{C}\tanh[gC(t-t_0)].$$

可以看到，不论哪种假设，速率都是 $t$ 的单调函数，故当 $t$ 趋向于正无穷大时，速率可达到极大值.

第一种假设时

$$V_{\max}=-\lim_{t\to+\infty}v(t)=\lim_{t\to+\infty}\frac{1}{C^2}\left[1-\mathrm{e}^{-gC^2(t-t_0)}\right]=\frac{1}{C^2}=\frac{mg}{k}.$$

第二种假设时

$$V_{\max}=-\lim_{t\to+\infty}v(t)=\lim_{t\to+\infty}\frac{1}{C}\tanh[gC(t-t_0)]=\frac{1}{C}=\sqrt{\frac{mg}{k}}.$$

上述结果表明，由于空气阻力的影响，冰雹落到地面时的速度并不会很大. 假设没有空气阻力，冰雹落到地面时的速度将会快得可怕.

**例 3(折旧问题)**　企业在进行成本核算的时候，经常要计算固定资产的折旧，一般说来，固定资产在任一时刻的折旧额与当时固定资产的价值都是成正比的. 试研究固定资产价值 $p$ 与时间 $t$ 的函数关系. 假定某固定资产五年前购买时的价格为 10 000 元，而现在的价值为 6 000 元，试估算固定资产再过 10 年的价值.

**解**　设 $t$ 时刻该固定资产的价值为 $p=p(t)$，则其该时刻的折旧就是$\frac{\mathrm{d}p}{\mathrm{d}t}$，由题意得

$$\frac{\mathrm{d}p}{\mathrm{d}t}=-kp,$$

其中 $k>0$ 为比例系数. 由于固定资产的价值 $p$ 是随时间 $t$ 的增加而减少，因而 $p(t)$ 是递减函数，即$\frac{\mathrm{d}p}{\mathrm{d}t}<0$，所以应在 $k$ 前添加一个负号.

分离变量，得

$$\frac{\mathrm{d}p}{p}=-k\mathrm{d}t.$$

两边积分,得

$$\ln|p| = -kt+\ln|C|,$$

即

$$|p| = |C|e^{-kt}, p=Ce^{-kt}.$$

为了便于计算,记五年前的时刻为 $t=0$,从而得初始条件 $p(0)=10\ 000$,代入通解,可得 $C=10\ 000$,故原方程的特解为

$$p = 10\ 000e^{-kt}.$$

又已知 $p(5)=6\ 000$,代入上式得

$$6\ 000 = 10\ 000e^{-5t},$$

解出 $k$,得

$$k = \frac{1}{5}\ln\frac{5}{3},$$

因此有

$$p = 10\ 000e^{-\frac{t}{5}\ln\frac{5}{3}} = 10\ 000\left(\frac{5}{3}\right)e^{-\frac{t}{5}} = \frac{50\ 000}{3}e^{-\frac{t}{5}}.$$

这就是价值 $p$ 与时间 $t$ 之间的函数关系. 于是再过 10 年(即 $t=15$)该固定资产的价值为

$$p(15) = 10\ 000\left(\frac{5}{3}\right)^{-3} 元 = 2\ 160 元.$$

**例 4(价格波动问题)**　设某商品供给量 $Q_1$ 与需求量 $Q_2$ 是依赖于价格 $P$ 的线性函数,并假定在时间 $t$ 时价格 $P(t)$ 的变化率是与这时的过剩需求量(商品需求量与供给量之差称为过剩需求量)成正比的,试确定这种商品的价格随时间 $t$ 的变化规律.

**解**　设

$$Q_1=-a+bP, \tag{8-12}$$

$$Q_2=c-dP, \tag{8-13}$$

其中 $a,b,c,d$ 都是已知的正常数. 式(8-12)表明供给量 $Q_1$ 是价格 $P$ 的递增函数;式(8-13)表明需求量 $Q_2$ 是价格 $P$ 的递减函数. 当供给量与需求量相等时,由式(8-12)与式(8-13)求出平衡价格为

$$\overline{P} = \frac{a+c}{b+d}.$$

容易看出,当供给量小于需求量,即 $Q_1<Q_2$,即供小于求时,价格将上涨;反之当 $Q_1>Q_2$,即供大于求时,价格将下跌. 这样市场价格就随时间的变化而围绕平衡价格 $\overline{P}$ 上下波动. 因而,我们可假设价格 $P$ 是时间的函数 $P=P(t)$.

由假设知道,$P(t)$ 的变化率与 $Q_2-Q_1$ 成正比,即有

$$\frac{dP}{dt} = \alpha(Q_2 - Q_1),$$

其中 $\alpha>0$ 是比例常数,将(1)式与(2)式代入上式得

$$\frac{dP}{dt} + kP = h, \tag{8-14}$$

其中 $k=\alpha(b+d)$,$h=\alpha(a+c)$ 都是正的常数,式(8-14)是一个一阶线性微分方程,应用通解公式,得

$$P=\mathrm{e}^{-\int k\mathrm{d}t}\left[\int h\mathrm{e}^{\int k\mathrm{d}t}\mathrm{d}t+C\right]=\mathrm{e}^{-kt}\left[h\int\mathrm{e}^{kt}\mathrm{d}t+C\right]$$

$$=\mathrm{e}^{-kt}\left[\frac{h}{k}\mathrm{e}^{kt}+C\right]=C\mathrm{e}^{-kt}+\frac{h}{k}=C\mathrm{e}^{-kt}+\overline{P}.$$

如果已知初始价格 $P(0)=P_0$,则式(8-14)的特解为

$$P=(P_0-\overline{P})\mathrm{e}^{-kt}+\overline{P},$$

上式即为该商品价格随时间的变化规律.

**例 5** 已知某厂的纯利润 $L$ 对广告费 $x$ 的变化率$\frac{\mathrm{d}L}{\mathrm{d}x}$与常数 $A$ 和纯利润 $L$ 之差成正比.当 $x=0$ 时 $L=L_0$. 试求纯利润 $L$ 与广告费 $x$ 之间的函数关系.

**解** 由题意列出方程

$$\begin{cases}\dfrac{\mathrm{d}L}{\mathrm{d}x}=k(A-L),\\ L\big|_{x=0}=L_0.\end{cases}$$

分离变量并积分得

$$\int\frac{\mathrm{d}L}{A-L}=\int k\mathrm{d}x,$$

即

$$-\ln(A-L)=kx+\ln C_1,$$

也即

$$A-L=C\mathrm{e}^{-kx}\left(其中\ C=\frac{1}{C_1}\right),$$

所以

$$L=A-C\mathrm{e}^{-kx}.$$

由初始条件 $L\big|_{x=0}=L_0$,解得 $C=A-L_0$,所以纯利润和广告费的函数关系为

$$L=A-(A-L_0)\mathrm{e}^{-kx}.$$

**例 6** 罗基斯特曲线

在商品销售预测中,时刻 $t$ 时的销售量用 $x=x(t)$ 表示,如果商品销售的增长速度$\frac{\mathrm{d}x(t)}{\mathrm{d}t}$正比于销售量 $x(t)$ 及与销售接近饱和水平的程度 $a-x(t)$ 之乘积($a$ 为饱和水平),求销售量函数 $x(t)$.

**解** 依题意建立微分方程$\frac{\mathrm{d}x(t)}{\mathrm{d}t}=kx(t)[a-x(t)]$,这里 $k$ 为比例因子.

分离变量得

$$\frac{\mathrm{d}x(t)}{x(t)[a-x(t)]}=k\mathrm{d}t.$$

上式变形为

$$\left[\frac{1}{x(t)}+\frac{1}{a-x(t)}\right]\mathrm{d}x(t)=ak\mathrm{d}t.$$

两端积分,得

$$\ln\frac{x(t)}{a-x(t)}=akt+C_1(C_1\ 为任意常数),$$

即

$$\frac{x(t)}{a-x(t)}=e^{akt+C_1}=C_2e^{akt}(C_2=e^{C_1}\text{ 为任意常数}).$$

从而可得通解为

$$x(t)=\frac{aC_2e^{akt}}{1+C_2e^{akt}}=\frac{a}{1+Ce^{-akt}}\left(C=\frac{1}{C_2}\text{ 为任意常数}\right).$$

其中任意常数 $C$ 将由给定的初始条件确定.

在生物学、经济学等学科中可见到这种变量按罗基斯特曲线方程变化的模型.

## 案例分析与应用

利用微分方程可以解决很多实际问题,请看下面几个利用一阶微分方程解决的实际案例.

### 案例分析 8.1　“凶杀案是何时发生的”解答

**解**　(1)我们首先按照牛顿冷却定律建立方程,以求出作为时间函数的尸体温度.

由牛顿冷却定律,有

$$\text{物体温度变化率}=\alpha\times\text{温度差(其中 }\alpha\text{ 为比例常数)}.$$

由于 $H$ 是尸体在某时刻 $t$ 的温度,而周围介质(空气)的温度保持 20 ℃不变,所以尸体在某时刻 $t$ 的温度 $H$ 与周围介质(空气)的温度差为 $H-20$,于是有

$$\frac{dH}{dt}=\alpha(H-20).$$

显然,$H$ 是下降的,所以温度的变化率就是负的. 因此,$\alpha$ 应为负的,于是我们有

$$\frac{dH}{dt}=-k(H-20)(k>0).$$

这就是可分离变量的微分方程,两边积分得

$$H-20=Ce^{-kt},$$

为求出 $C$ 的值,把初始条件 $t=0$ 时,$H=37$ 代入上式,有

$$37-20=Ce^{0},$$

于是 $C=17$,即 $H-20$ 的初始值. 于是

$$H-20=17e^{-kt}.$$

为求出 $k$ 的值,我们根据 2 h 后尸体温度为 35 ℃这一事实,有

$$35-20=17e^{-k\cdot 2}.$$

两边同除以 17,再取自然对数,得

$$\ln\frac{15}{17}=\ln(e^{-2k}),$$

$$-0.125=-2k,k\approx 0.063.$$

于是,温度函数为

$$H-20=17e^{-0.063t},$$

即

$$H=20+17e^{-0.063t}.$$

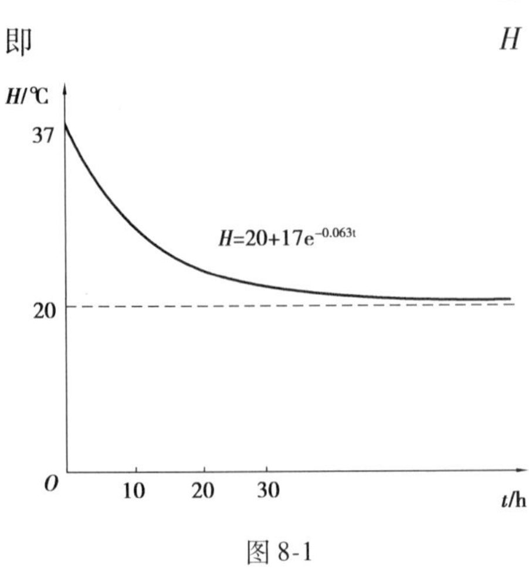


图 8-1

(2)方程 $H=20+17e^{-0.063t}$ 的图形与 $y$ 轴有一交点 $H=37$,这是尸体的温度从 37 ℃开始以指数曲线下降,并在 $H=20$ 时为一条水平渐近线(图 8-1).

(3)"最终趋势"意指 $t\to+\infty$,图 8-1 表明:当 $t\to+\infty$ 时,$H\to20$. 从代数上考虑亦可,因为当 $t\to+\infty$ 时,$e^{-0.063t}\to0$,于是

$$\text{当 } t\to+\infty \text{ 时},H=20+17e^{-0.063t}\to20.$$

(4)欲知经过多长时间尸体温度达到 30 ℃. 把 $H=30$ 代入解的方程中,并求解 $t$,有

$$30=20+17e^{-0.063t},\frac{10}{17}=e^{-0.063t}.$$

两边再取自然对数,得$-0.531=-0.063t$,最后得

$$t\approx8.4\ \text{h}.$$

于是,谋杀时间应发生在下午 4 时尸体被发现的前 8.4 h,即发生在上午 7 时 36 分.

上述例子给出了用微分方程解决简单的实际问题的全过程. 一般可以归纳为如下几点:

(1)建立反映这个实际问题的微分方程;

(2)按实际问题写出初始条件;

(3)求解方程的通解;

(4)由初始条件定出所要求的特解;

(5)根据所得结果解释实际问题,从而可以预测到该物理过程的一些特定性质.

如由案例 8.1 中的式子 $H=20+17e^{-0.063t}$ 可知,尸体冷却时,其温度是按指数规律递减的,当 $t\to+\infty$ 时,$H(t)\to20$,即与空气的温度无限接近,再由此结果,我们还可以推算出在任何时刻尸体的温度,从而判断谋杀是何时发生的.

### 案例分析 8.2 传染病预报模型

一只游船上有 800 人,一名游客患了某种传染病,12 h 后有 3 人发病. 由于这种传染病没有早期症状,故感染者不能被及时隔离. 直升机将在发现首例患者后 60 ~ 72 h 将疫苗送到,试估算疫苗送到时患此传染病的人数.

**分析** 设 $y(t)$ 表示发现首例患者后 $t$ h 时刻的感染人数,则 $800-y(t)$ 表示此时刻未受感染的人数. 由题意知,$y(0)=1$,$y(12)=3$. 当感染人数 $y(t)$ 很小时,传染病的传播速度较慢,但当感染人数 $y(t)$ 较大时,传播速度加快,因此,感染人数与当时的患者数成正比,比例系数 $r$ 即为单位时间内一个患者能传染健康人的数目(常称之为传染率).

若当 $r$ 为常数,则有 $\Delta y=y(t+\Delta t)-y(t)=ry(t)\Delta t$,即$\frac{\Delta y}{\Delta t}=ry$,令 $\Delta t\to0$,有$\frac{dy}{dt}=ry$,这就是患

者数所满足的微分方程. 用分离变量法求解有$\frac{\mathrm{d}y}{y}=r\mathrm{d}t$,两端积分有 $\ln y=rt+\ln C$,即 $y=Ce^{rt}$,由 $y(0)=1$,$y(12)=3$ 可求得 $C=1$,$r=\frac{1}{12}\ln 3$,即得到此时的解为 $y=\mathrm{e}^{\frac{\ln 3}{12}t}$. 估计 $t=60$ h 和 $t=72$ h 时的感染人数 $y(60)=\mathrm{e}^{\frac{\ln 3}{12}\times 60}=3^5=243$,$y(72)=\mathrm{e}^{\frac{\ln 3}{12}\times 72}=3^6=729$. 再算一个值 $y(84)=\mathrm{e}^{\frac{\ln 3}{12}\times 84}=3^7=$ 2 187,即 84 h 后将有 2 187 人成为病人. 而整船只有 800 人,这是不可能的! 错误出现在哪里呢?

进一步分析可知传染率 $r$ 并不是常数,当感染人数 $y(t)$ 很大时,未受感染的人数 $800-y(t)$ 很小,从而一个患者与健康人接触的机会很小,一个患者所能传染游客的数目也很小,可见传染率 $r$ 与健康人数成正比.

**解**　由上述分析知,单位时间发病的人数与当时受感染的人数和未受感染的人数之积成正比,设比例系数为 $k$.

考虑从 $t$ 到 $t+\Delta t$ 时刻,感染人数的增加量 $\Delta y=y(t+\Delta t)-y(t)$,根据上面的分析,应该有

$$\Delta y=y(t+\Delta t)-y(t)=ky(800-y)\Delta t,$$

则有

$$\frac{\mathrm{d}y}{\mathrm{d}t}=ky(800-y).$$

从而

$$\frac{\mathrm{d}y}{y(800-y)}=k\mathrm{d}t,$$

即

$$\frac{1}{800}\left(\frac{1}{y}+\frac{1}{800-y}\right)\mathrm{d}y=k\mathrm{d}t.$$

两边积分,得

$$\frac{1}{800}\ln\left|\frac{y}{800-y}\right|=kt+C_1,\frac{y}{800-y}=\mathrm{e}^{800(kt+C_1)},$$

解出 $y$,故

$$y=\frac{800\mathrm{e}^{800(kt+C_1)}}{1+\mathrm{e}^{800(kt+C_1)}}=\frac{800}{1+C\mathrm{e}^{-800kt}}(C=\mathrm{e}^{-800C_1}),$$

$$y=\frac{800}{1+C\mathrm{e}^{-800kt}}(C\text{ 为任意常数}).$$

因为 $y(0)=1$,故 $1=\frac{800}{1+C}\Rightarrow C=799$.

又 $y(12)=3$,$3=\frac{800}{1+799\mathrm{e}^{-800k\times 12}}$,所以

$$\mathrm{e}^{-800k\times 12}=\frac{\frac{800}{3}-1}{799}\Rightarrow 800k=-\frac{1}{12}\ln\frac{797}{799\times 3}\approx 0.091\ 76.$$

将 $C$ 值与 $k$ 值代入方程得

$$y=\frac{800}{1+799\mathrm{e}^{-0.091\ 76t}}.$$

因此 $t=60$ h 和 $t=72$ h 时感染的人数

$$y(60)=\frac{800}{1+799\mathrm{e}^{-0.091\ 76\times 60}}\approx 188,$$

$$y(72)=\frac{800}{1+799\mathrm{e}^{-0.091\ 76\times 72}}\approx 385.$$

从以上数字可以看出,在 72 h 疫苗被运到时感染的人数是在 60 h 时感染的人数的近 2 倍,可见在传染病流行时及时采取措施是至关重要的.

对实际问题经过分析假设,并作出一定的简化所建立起的数学表达式(包括数学公式、图形、算法等)称为**数学模型**. 而建立数学模型的过程就是**数学建模**. 就对实际问题的数学建模过程来看,数学建模不是一次可以完成的,往往要经过多次反复.

假设→建模→求解→对结果的分析检验,符合实际时用于指导实践,否则重新进行. 这就是实际问题的数学建模过程.

图 8-2

**案例分析 8.3　生物种群繁殖模型(逻辑斯蒂方程)**

在一个动物种群(图 8-2)中,个体的生长率是平均出生率与死亡率之差. 设某种群的平均出生率为正的常数 $\beta$,由于对食物竞争加剧等原因,个体的平均死亡率与种群的大小成正比,其比例常数为 $\delta(\delta>0)$,若以 $P(t)$ 记 $t$ 时刻的种群总量,则 $\frac{\mathrm{d}P}{\mathrm{d}t}$ 就是该群体的生长率. 每个个体的生长率为 $\frac{1}{P}\cdot\frac{\mathrm{d}P}{\mathrm{d}t}$,设 $P(0)=P_0$,试写出描述群体总量 $P(t)$ 的微分方程,并解之.

另外,若(1)$\delta=0.001$,$\beta=0.4$,$P(0)=300$,求 $P(10)$;(2)$\delta=0.001$,$\beta=0.4$,$P(0)=500$,求 $P(10)$.

**解**　由题中所给条件,个体的平均死亡率为 $\delta P$,从而个体的生长率为 $\beta-\delta P$,则

$$\frac{1}{P}\cdot\frac{\mathrm{d}P}{\mathrm{d}t}=\beta-\delta P,$$

即

$$\frac{\mathrm{d}P}{\mathrm{d}t}=P\cdot(\beta-\delta P).$$

此微分方程称为逻辑斯蒂方程,它与条件 $P(0)=P_0$ 合在一起,就构成了一个初值问题,这个初值问题的解描述了一个群体的生长规律,下面解这个方程,由逻辑斯蒂方程得

$$\frac{\mathrm{d}P}{P\cdot(\beta-\delta P)}=\mathrm{d}t,$$

所以

$$\int \frac{\mathrm{d}P}{P \cdot (\beta - \delta P)} = \int \mathrm{d}t = t + C.$$

现用部分分式求左边的积分,因为

$$\frac{1}{P \cdot (\beta - \delta P)} = \frac{1}{\beta P} + \frac{\delta}{\beta \cdot (\beta - \delta P)},$$

所以

$$\begin{aligned}\int \frac{\mathrm{d}p}{P \cdot (\beta - \delta P)} &= \int \frac{1}{\beta} \frac{\mathrm{d}P}{p} + \frac{\delta}{\beta} \int \frac{\mathrm{d}P}{\beta - \delta P} \\ &= \frac{1}{\beta} \ln P - \frac{1}{\beta} \ln(\beta - \delta P) \\ &= t + C,\end{aligned}$$

即

$$\ln\left(\frac{P}{\beta - \delta P}\right)^{\frac{1}{\beta}} = t + C,$$

也即

$$\left(\frac{P}{\beta - \delta P}\right)^{\frac{1}{\beta}} = \mathrm{e}^{C} \cdot \mathrm{e}^{t} = C_1 \mathrm{e}^{t} (C_1 = \mathrm{e}^{C}),$$

所以

$$\frac{P}{\beta - \delta P} = C_2 \mathrm{e}^{\beta t} (C_2 = C_1^{\beta}).$$

由初始条件 $P(0) = P_0$,易得

$$C_2 = \frac{P_0}{\beta - \delta P_0}.$$

将 $C_2$ 代入,整理便得

$$P(t) = \frac{\beta}{\delta + \left(\frac{\beta}{P_0} - \delta\right) \mathrm{e}^{-\beta}}.$$

(1)将 $\delta = 0.001, \beta = 0.4, P(0) = 300$ 代入上式,得

$$P(10) = 398.$$

(2)将 $\delta = 0.001, \beta = 0.4, P(0) = 500$ 代入上式,得

$$P(10) = 402.$$

**案例分析 8.4　高空跳伞者为何无损**

设降落伞从跳伞塔下落后(图 8-3),所受空气阻力与速度成正比,并设降落伞离开跳伞塔时速度为零,求降落伞下落速度与时间的函数关系.

**解**　设降落伞下落速度为 $v(t)$. 降落伞所受外力为 $F = mg - kv$($k$ 为比例系数). 根据牛顿第二运动定律 $F = ma$,及加速度 $a = \frac{\mathrm{d}v}{\mathrm{d}t}$,得函数 $v(t)$ 应满足的方程为

$$m\frac{\mathrm{d}v}{\mathrm{d}t}=mg-kv,$$

即

$$\frac{\mathrm{d}v}{\mathrm{d}t}+\frac{k}{m}v=g.$$

这是一阶线性非齐次微分方程,直接利用公式(8-6)得通解为

$$v=C\mathrm{e}^{-\int\frac{k}{m}\mathrm{d}t}+\mathrm{e}^{-\int\frac{k}{m}\mathrm{d}t}\int g\mathrm{e}^{\int\frac{k}{m}\mathrm{d}t}\mathrm{d}t=C\mathrm{e}^{-\frac{k}{m}t}+\frac{mg}{k}.$$

初始条件为 $v\big|_{t=0}=0$,代入得

$$C=-\frac{mg}{k}.$$

于是所求的函数为

$$v(t)=\frac{mg}{k}(1-\mathrm{e}^{-\frac{k}{m}t}).$$

下降速率的曲线如图8-4所示,当 $t$ 充分大时,$-\mathrm{e}^{-\frac{k}{m}t}$ 就很小,速率 $v$ 逐渐接近于匀速,故高伞跳空速率不会无限变大,跳伞者可以完好无损地降落到地面.

图8-3

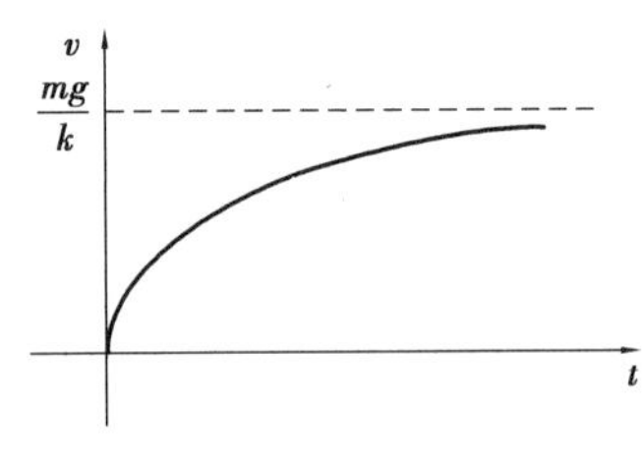


图8-4

## 习题八

1. 指出下列各微分方程的阶数.

(1) $x^3(y'')^3-2y'+y=0$;

(2) $y''-2yy'+y=x$;

(3) $(2x-y)\mathrm{d}x+(x+y)\mathrm{d}y=0$;

(4) $\dfrac{\mathrm{d}^2r}{\mathrm{d}\theta^2}+\omega r=\sin^2\theta$($\omega$ 为常数).

2. 验证所给函数是已知微分方程的解,并说明是通解还是特解.

(1) $x^2+y^2=C(C>0)$, $y'=-\dfrac{x}{y}$;

(2) $y=\dfrac{\sin x}{x}$, $xy'+y=\cos x$;

(3) $y=Ce^{-2x}+\frac{1}{4}e^{2x}$, $y'+2y=e^{2x}$;

(4) $y=C_1e^{3x}+C_2e^{4x}$, $y''-7y'+12y=0$;

3. 验证函数 $y=e^x\int_0^x e^{t^2}dt+Ce^x$ 是微分方程

$$y'-y=e^{x+x^2}$$

的解,并求满足初始条件 $y|_{x=0}=0$ 的特解.

4. 验证函数 $y=C_1e^x+C_2e^{-2x}$ 是微分方程

$$y''+y'-2y=0$$

的通解,并求满足初始条件 $y|_{x=0}=1$, $y'|_{x=0}=1$ 的特解.

5. 求满足下列条件的曲线方程.

(1)曲线过点$(0,-2)$,且曲线上每一点$(x,y)$处切线的斜率比这点的纵坐标大3;

(2)曲线过点$(0,2)$,且曲线上每一点$(x,y)$处切线的斜率是这点纵坐标的3倍.

6. 求下列微分方程的通解或在给定初始条件下的特解.

(1) $x^2dx+(x^3+5)dy=0$;

(2) $e^{x+y}dx+dy=0$;

(3) $2\ln x dx+xdy=0$;

(4) $(1+e^x)yy'=e^x$;

(5) $y^2\sin x dx+\cos^2 x\ln y dy=0$;

(6) $y'+yx^2=0$, $y|_{x=0}=1$;

(7) $y'=(1-y)\cos x$, $y|_{x=\frac{\pi}{6}}=0$;

(8) $y'\sin x=y\ln y$, $y|_{x=\frac{\pi}{2}}=e$.

7. 求下列微分方程的通解或在给定初始条件下的特解.

(1) $y'=e^{-\frac{y}{x}}+\frac{y}{x}$;

(2) $xy'=y+\sqrt{x^2-y^2}$;

(3) $y'=\frac{y}{x}(1+\ln y-\ln x)$;

(4) $y^2+x^2y'=xyy'$;

(5) $\left(x+y\cos\frac{y}{x}\right)dx-x\cos\frac{y}{x}dy=0$;

(6) $y'=\frac{x}{y}+\frac{y}{x}$, $y|_{x=-1}=2$;

(7) $(x^3+y^3)dx-xy^2dy=0$, $y|_{x=1}=0$;

(8) $y'=\frac{y}{x}+\tan\frac{y}{x}$, $y|_{x=6}=\pi$.

8. 求下列微分方程的通解或在给定初始条件下的特解.

(1) $y'+2y=e^{-x}$;

(2) $y'+2xy=e^{-x^2}$;

(3) $y'-2xy=2xe^{x^2}$;

(4) $xy'-2y=x^3\cos x$;

(5) $x^2+xy'=y$, $y|_{x=1}=0$;

(6) $y'+y\cos x=\cos x$, $y|_{x=0}=1$;

(7) $(2x-y^2)y'=2y$;

(8) $y'=\frac{y}{2y\ln y+y-x}$.

9. 求下列微分方程的通解.

(1) $y''=x+\sin x$;

(2) $y''=2x\ln x$;

(3) $xy''=y'$;

(4) $y'=x\ln x\cdot y''$;

(5) $xy''=y'+x^2$;

(6) $y''=1+(y')^2$;

(7) $yy''+1=y'^2$.

10. 求下列微分方程满足给定初始条件特解.

(1) $y''(x+2)^5=1, y|_{x=-1}=\frac{1}{12}, y'|_{x=-1}=-\frac{1}{4}$;

(2) $y''+y'+2=0, y|_{x=0}=0, y'|_{x=0}=-2$;

(3) $y''=3\sqrt{y}, y|_{x=0}=1, y'|_{x=0}=2$;

(4) $yy''-y'^2=y^4, y|_{x=0}=1, y'|_{x=0}=0$.

11. 下列函数组哪些是线性相关的?

(1) $1, x$;

(2) $e^{ax}, e^{bx}(a\neq b)$;

(3) $\sin 2x, \cos x\sin x$;

(4) $\ln x, x\ln x$.

12. 验证 $y_1=\cos ax$ 及 $y_2=\sin ax$ 都是方程 $y''+a^2y=0$ 的解,并写出该方程的通解.

13. 求下列微分方程的通解或在给定初始条件下的特解.

(1) $3y''-2y'-8y=0$;

(2) $y''+2y'+y=0$;

(3) $4y''-8y'+5y=0$;

(4) $y''+2y'+5y=0$;

(5) $y''-4y'+3y=0, y|_{x=0}=6, y'|_{x=0}=10$;

(6) $y''-2y'+2y=0, y|_{x=0}=0, y'|_{x=0}=1$;

(7) $y''-2y'+3y=0, y|_{x=0}=1, y'|_{x=0}=3$;

(8) $y''+3y=0, y|_{x=0}=2, y'|_{x=0}=3\sqrt{3}$.

14. 求下列微分方程的一个特解.

(1) $y''-4y'=e^{2x}$;

(2) $2y''+5y'=5x^2-2x-1$;

(3) $y''+y=4\sin 2x$;

(4) $y''+3y'+2y=e^{-x}\cos x$.

15. 求下列微分方程的通解.

(1) $y''+2y'+y=-2$;

(2) $y''-4y'+4y=x^2$;

(3) $y''+8y'=8x$;

(4) $y''+2y'+2y=1+x$;

(5) $2y''+y'-y=2e^x$;

(6) $y''+4y'+4y=8e^{-2x}$;

(7) $y''+y=\sin x$;

(8) $y''+2y'+5y=-\frac{17}{2}\cos 2x$;

(9) $y''+2y'+5y=e^{-x}\sin 2x$;

(10) $y''+2y'=4e^x(\sin x+\cos x)$.

16. 某林区现有木材 $10\times10^4\ m^3$,如果在每一瞬时木材的变化率与当时木材数成正比,假设 10 年内这林区能有木材 $20\times10^4\ m^3$,试确定木材数 $p$ 与时间 $t$ 的关系.

17. 加热后的物体在空气中冷却的速度与每一瞬时物体温度与空气温度之差成正比,试确定物体温度 $T$ 与时间 $t$ 的关系.

18. 镭的衰变有如下规律:镭的衰变速度与它的现存量 $R$ 成正比. 有经验材料得知,镭经过 1 600 年后,只余原始量 $R_0$ 的一半. 试求镭的量 $R$ 与时间 $t$ 的函数关系.

19. 某商品的需求量 $Q$ 对价格 $P$ 的弹性为 $P\ln 3$. 已知该商品的最大需求量为 1 200(即当 $P=0$ 时, $Q=1\ 200$),求需求量 $Q$ 对价格 $P$ 的函数关系.

**思政小课堂**

一、中国著名数学家——苏步青

苏步青(1902—2003),浙江温州平阳人,祖籍福建省泉州市,中国科学院院士,中国著名的数学家、教育家,中国微分几何学派创始人,被誉为“东方国度上空升起的灿烂的数学明星”“东方第一几何学家”“数学之王”.

1927年,苏步青毕业于日本东北帝国大学数学系.1928年年初,苏步青在一般曲面研究中发现了四次(三阶)代数锥面,在日本和国际数学界产生很大反响,人称“苏锥面”.从此,苏步青一边教学一边做研究.研究主要集中在仿射微分几何方面,先后在日本、美国、意大利的数学刊物上发表论文41篇.

1931年年初,他怀着对祖国和故乡的深深怀念回到阔别12年的故土,到浙江大学数学系任教.他和陈建功等数学家共同拉开了中国现代数学发展的序幕.在浙江大学,苏步青主攻方向由仿射微分几何转到射影微分几何,并很快做出了系统的研究成果.他还把研究领域进一步扩展至一般空间微分几何学,建立了与前人完全不同的几何构造性方法,完成了$N$维空间曲线的几何学构造理论.

在70多岁高龄时,苏步青还结合解决船体数学放样的实际课题创建和开始了计算几何的新研究方向.

1931—1952年,苏步青培养了近100名学生,其中在国内10多所著名高校中任正副系主任的就有25位,有5人被评选为中国科学院院士,加上新中国成立后他培养的3名院士,共有8名院士学生.在复旦数学研究所,出现了三代四位院士共事的罕见可喜场面.

人民网评:“苏步青同志是蜚声海内外的杰出数学家和具有崇高师德的教育家,他坚持科研与教学相结合,十分注重教书育人,把自己的毕生精力无私地奉献给了人民的教育事业,为祖国培养了一代又一代数学人才.”

二、常微分方程的起源

常微分方程萌芽于17世纪,建立于18世纪.常微分方程是在解决一个又一个物理问题的过程中产生的.从17世纪末开始,摆动运动、弹性理论以及天体力学的实际问题,引出了一系列常微分方程,例如,雅各布伯努利在1690年发表了“等时曲线”的解,其方法就是对微分方程求积分而得到摆线方程,同一篇文章中还提出了“悬链线问题”,即求一根柔软但不能伸长的绳子自由悬挂于两定点而形成的曲线的函数.这个问题在15世纪就被提出过,伽利略曾猜想答案是抛物线,惠更斯证明了伽利略的猜想是错误的.后来,莱布尼茨、惠更斯和伯努利在1691年都发表了各自的解答.其中,伯努利建立了微分方程,然后解方程而得出曲线方程.

解常微分方程的方法最初是作为特殊技巧而提出的,未考虑其严密性.解常微分方程的一般方法从莱布尼茨的分离变量法(1691年)开始发展,直到欧拉和克莱罗给出解一阶常微分方程的积分因子法(1734—1740年),解一阶微分方程的方法才完全成熟,至1740年左右,所有解一阶微分方程的初等方法都已被世人获知.

1724 年,意大利学者里卡蒂(1676—1754)通过变量代换将一个二阶微分方程降阶为“里卡蒂方程”:$\frac{dy}{dx}=a_0(x)+a_1(x)y+a_2(x)y^2$. 他的“降阶”思想是处理高阶常微分方程的主要方法,高阶微分方程的系统研究是从欧拉于 1728 年发表的《降二阶微分方程化为一阶微分方程的新方法》开始的. 1743 年,欧拉已经获得 $n$ 阶常系数线性齐次方程的完整解法. 1774—1775 年,拉格朗日用参数变易法给出一般 $n$ 阶变系数非线性齐次常微分方程的解,给出了伴随方程的概念. 在欧拉工作的基础上,拉格朗日得出了“知道 $n$ 阶齐次方程的 $m$ 个特解后,可以把方程降低 $m$ 阶”这一结论,这是 18 世纪解常微分方程的最高成就.

在弹性理论和天文学研究中,许多问题都涉及了微分方程组. 两个物体在引力下运动的研究引出了“$n$ 体问题”的研究,这样引出了多个微分方程. 但是,即便是“三体问题”也难以求出其精确解. 寻求近似解就变成了这一问题研究所追求的目标,“摄动理论”就是其中一个例子. 所谓“摄动”是指两个球形物体在相互引力作用下沿圆锥曲线运动,若有任何偏离就称这种运动是摄动的,否则是非摄动的. 两个物体所在的介质对运动有阻力,或者两个物体不是球形,或者涉及更多的物体,就会发生摄动现象. 18 世纪,物体摄动运动的近似解成为一大数学难题. 克莱罗、达朗贝尔、欧拉、拉格朗日以及拉普拉斯都对这个问题作出了贡献,其中拉普拉斯的贡献最为突出.

18 世纪中期,微分方程成为一门独立的学科,而这种方程的求解成为它本身的一个目标. 探索常微分方程的一般积分方法大概到 1775 年才结束. 其后,解常微分方程在方法上没有大的突破,新的著作仍旧是用已知的方法来解微分方程. 直到 19 世纪末,人们才引进了算子方法和拉普拉斯变换,总的来说,微分方程这门学科是各种类型的孤立技巧的汇编.

# 第九章
# 无穷级数

无穷级数是高等数学课程的重要内容,它以极限理论为基础,是研究函数的性质及进行数值计算方面的重要工具. 本章首先讨论常数项级数,介绍无穷级数的一些基本概念与基本内容,然后讨论函数项级数,着重讨论如何为将函数展开成幂级数与三角级数的问题,最后介绍工程中常用的傅里叶级数.

## 开篇案例

**案例 9.1　乘子效应**

设想政府通过一项消减 100 亿元税收的法案,假设每个人将花费这笔额外收入的 93%,并把其余的存起来. 试估计消减税收对经济活动的总效应。

## 第一节　常数项级数的概念和性质

### 一、常数项级数的概念

人们认识事物在数量方面的特性,往往是一个由近似到精确的过程,在这种认识过程中,会遇到由有限个数量相加到无限多个数量相加的问题.

例如,约在公元前 300 年,中国古代经典著作《庄子 · 天下篇》中提出过如下命题:"一尺之棰,日取其半,万世不竭." 如果用数学方式来表示,此命题可以写作

$$1=\frac{1}{2}+\frac{1}{4}+\frac{1}{8}+\cdots+\frac{1}{2^n}+\cdots$$

此式说明常数 1 可以用$\frac{1}{2}+\frac{1}{4}+\frac{1}{8}+\cdots+\frac{1}{2^n}+\cdots$来表示,即无穷多项的连加.

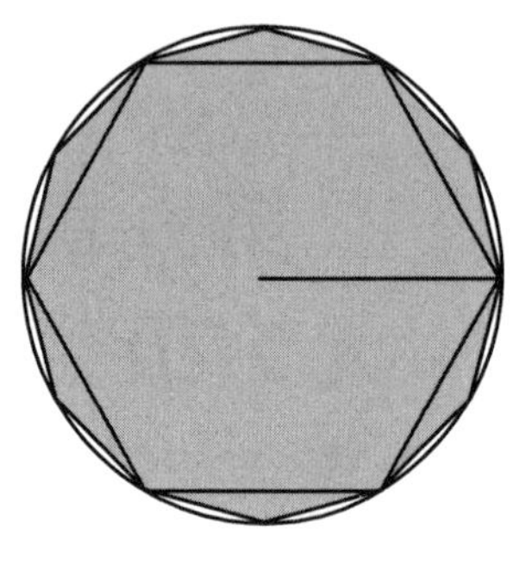

图 9-1

又如,计算圆的面积. 若已求得正六边形的面积为 $a_1$,则正十二边形的面积为 $a_1+a_2$,如图 9-1 所示.

以此类推,可得正 $3\times2^n$边形的面积为 $a_1+a_2+\cdots+a_n$,则圆的面积 $A\approx a_1+a_2+\cdots+a_n$.

如果内接正多边形的边数无限增多,即 $n$ 无限增大,那么 $a_1+a_2+\cdots+a_n$ 和的极限是所要求的圆面积 $A$. 这时和式中的项数无限增多,于是出现了无穷多个数量依次相加的数学式子.

给定一个数列 $u_1,u_2,u_3,\cdots,u_n,\cdots$,则由这数列构成的表达式

$$u_1+u_2+u_3+\cdots+u_n+\cdots$$

叫作(**常数项**)**无穷级数**,简称(**常数项**)**级数**,记为 $\sum\limits_{n=1}^{\infty}u_n$,即

$$\sum_{n=1}^{\infty}u_n=u_1+u_2+u_3+\cdots+u_n+\cdots,$$

其中第 $n$ 项 $u_n$ 叫作级数的**一般项**(**或通项**).

设级数 $\sum\limits_{n=1}^{\infty}u_n$ 的前 $n$ 项和为 $s_n=\sum\limits_{i=1}^{n}u_i=u_1+u_2+u_3+\cdots+u_n$,称 $s_n$ 为级数 $\sum\limits_{n=1}^{\infty}u_n$ 的部分和.

如果级数 $\sum\limits_{n=1}^{\infty}u_n$ 的部分和数列 $\{s_n\}$ 有极限 $s$,即 $\lim\limits_{n\to\infty}s_n=s$,则称无穷级数 $\sum\limits_{n=1}^{\infty}u_n$ 收敛,这时极限 $s$ 叫作这级数的和,并写成

$$s=\sum_{n=1}^{\infty}u_n=u_1+u_2+u_3+\cdots+u_n+\cdots.$$

如果 $\{s_n\}$ 没有极限,则称无穷级数 $\sum\limits_{n=1}^{\infty}u_n$ 发散.

当级数 $\sum\limits_{n=1}^{\infty}u_n$ 收敛时,其部分和 $s_n$ 是级数 $\sum\limits_{n=1}^{\infty}u_n$ 的和 $s$ 的近似值,它们之间的差值

$$r_n=s-s_n=u_{n+1}+u_{n+2}+u_{n+3}+\cdots=\sum_{i=1}^{\infty}u_{n+i}$$

叫作级数 $\sum\limits_{n=1}^{\infty}u_n$ 的**余项**.

**例 1** 讨论等比级数(几何级数) $\sum\limits_{n=0}^{\infty}aq^n=a+aq+aq^2+\cdots+aq^n+\cdots$ 的敛散性,其中 $a\neq0$,$q$ 叫作级数的公比.

**解** 如果 $|q|\neq1$,则部分和

$$s_n=a+aq+aq^2+\cdots+aq^{n-1}=\frac{a-aq^n}{1-q}=\frac{a}{1-q}-\frac{aq^n}{1-q}.$$

当 $|q|<1$ 时,因为 $\lim\limits_{n\to\infty}s_n=\frac{a}{1-q}$,所以此时级数 $\sum\limits_{n=0}^{\infty}aq^n$ 收敛,其和为$\frac{a}{1-q}$.

当$|q|>1$时，因为$\lim\limits_{n\to\infty} s_n=\infty$，所以此时级数$\sum\limits_{n=0}^{\infty} aq^n$发散.

如果$|q|=1$，则当$q=1$时，$s_n=na\to\infty$，因此级数$\sum\limits_{n=0}^{\infty} aq^n$发散.

当$q=-1$时，级数$\sum\limits_{n=0}^{\infty} aq^n$成为$a-a+a-a+a-a+\cdots$，因为$s_n$随着$n$为奇数或偶数而等于$a$或零，所以$s_n$的极限不存在，从而这时级数$\sum\limits_{n=0}^{\infty} aq^n$也发散.

综上所述，如果$|q|<1$，则级数$\sum\limits_{n=0}^{\infty} aq^n$收敛，其和为$\dfrac{a}{1-q}$；如果$|q|\geqslant 1$，则级数$\sum\limits_{n=0}^{\infty} aq^n$发散.

**例 2**　证明级数$1+2+3+\cdots+n+\cdots$是发散的.

**证**　此级数的部分和为

$$s_n=1+2+3+\cdots+n=\frac{n(n+1)}{2}.$$

显然，$\lim\limits_{n\to\infty} s_n=\infty$，因此所给级数是发散的.

**例 3**　判别无穷级数$\dfrac{1}{1\cdot 2}+\dfrac{1}{2\cdot 3}+\dfrac{1}{3\cdot 4}+\cdots+\dfrac{1}{n(n+1)}+\cdots$的敛散性.

**解**　由于

$$u_n=\frac{1}{n(n+1)}=\frac{1}{n}-\frac{1}{n+1},$$

因此

$$\begin{aligned}s_n&=\frac{1}{1\cdot 2}+\frac{1}{2\cdot 3}+\frac{1}{3\cdot 4}+\cdots+\frac{1}{n(n+1)}\\&=\left(1-\frac{1}{2}\right)+\left(\frac{1}{2}-\frac{1}{3}\right)+\cdots+\left(\frac{1}{n}-\frac{1}{n+1}\right)=1-\frac{1}{n+1}.\end{aligned}$$

从而

$$\lim_{n\to\infty} s_n=\lim_{n\to\infty}\left(1-\frac{1}{n+1}\right)=1.$$

所以这级数收敛，它的和是 1.

## 二、收敛级数的基本性质

**性质 1**　如果级数$\sum\limits_{n=1}^{\infty} u_n$收敛于和$s$，则级数$\sum\limits_{n=1}^{\infty} ku_n$也收敛，且其和为$ks$.

**性质 2**　如果级数$\sum\limits_{n=1}^{\infty} u_n$与$\sum\limits_{n=1}^{\infty} v_n$分别收敛于和$s$与$\sigma$，则级数$\sum\limits_{n=1}^{\infty}(u_n\pm v_n)$也收敛，且其和为$s\pm\sigma$.

这是因为，如果$\sum\limits_{n=1}^{\infty} u_n$、$\sum\limits_{n=1}^{\infty} v_n$、$\sum\limits_{n=1}^{\infty}(u_n\pm v_n)$的部分和分别为$s_n$、$\sigma_n$、$\tau_n$，则

$$\lim_{n\to\infty}\tau_n=\lim_{n\to\infty}[(u_1\pm v_1)+(u_2\pm v_2)+\cdots+(u_n\pm v_n)]$$

$$=\lim_{n\to\infty}[(u_1+u_2+\cdots+u_n)\pm(v_1+v_2+\cdots+v_n)]$$
$$=\lim_{n\to\infty}(s_n\pm\sigma_n)=s\pm\sigma.$$

**性质3** 在级数中去掉、加上或改变有限项,不会改变级数的收敛性.

比如,级数$\frac{1}{1\cdot2}+\frac{1}{2\cdot3}+\frac{1}{3\cdot4}+\cdots+\frac{1}{n(n+1)}+\cdots$是收敛的,级数$10\ 000+\frac{1}{1\cdot2}+\frac{1}{2\cdot3}+\frac{1}{3\cdot4}+\cdots+\frac{1}{n(n+1)}+\cdots$也是收敛的,级数$\frac{1}{3\cdot4}+\frac{1}{4\cdot5}+\cdots+\frac{1}{n(n+1)}+\cdots$也是收敛的.

**性质4** 如果级数$\sum\limits_{n=1}^{\infty}u_n$收敛,则对这级数的项任意加括号后所成的级数仍收敛,且其和不变.

**注意**:如果加括号后所成的级数收敛,则不能断定去括号后原来的级数也收敛.

例如,级数$(1-1)+(1-1)+\cdots$收敛于零,但级数$1-1+1-1+\cdots$却是发散的.

**推论** 如果加括号后所成的级数发散,则原来级数也发散.

**性质5(级数收敛的必要条件)** 如果$\sum\limits_{n=1}^{\infty}u_n$收敛,当$n$无限增大时,则它的一般项$u_n$趋于零,即$\lim\limits_{n\to0}u_n=0$.

**证** 设级数$\sum\limits_{n=1}^{\infty}u_n$的部分和为$s_n$,且$\lim\limits_{n\to\infty}s_n=s$,则

$$\lim_{n\to0}u_n=\lim_{n\to\infty}(s_n-s_{n-1})=\lim_{n\to\infty}s_n-\lim_{n\to\infty}s_{n-1}=s-s=0.$$

**注意**:(1)若级数的一般项不趋于零,则级数必定发散,即$\lim\limits_{n\to\infty}u_n\neq0\Rightarrow$级数发散.

(2)级数的一般项趋于零并不是级数收敛的充分条件.

**例4** 证明调和级数$\sum\limits_{n=1}^{\infty}\frac{1}{n}=1+\frac{1}{2}+\frac{1}{3}+\cdots+\frac{1}{n}+\cdots$是发散的.

**证** 假若级数$\sum\limits_{n=1}^{\infty}\frac{1}{n}$收敛且其和为$s$,$s_n$是它的部分和. 显然有$\lim\limits_{n\to\infty}s_n=s$及$\lim\limits_{n\to\infty}s_{2n}=s$,于是$\lim\limits_{n\to\infty}(s_{2n}-s_n)=0$.

但另一方面

$$s_{2n}-s_n=\frac{1}{n+1}+\frac{1}{n+2}+\cdots+\frac{1}{2n}>\frac{1}{2n}+\frac{1}{2n}+\cdots+\frac{1}{2n}=\frac{1}{2},$$

故$\lim\limits_{n\to\infty}(s_{2n}-s_n)\neq0$,矛盾. 这矛盾说明级数$\sum\limits_{n=1}^{\infty}\frac{1}{n}$必定发散.

**想一想**

调和级数$1+\frac{1}{2}+\frac{1}{3}+\frac{1}{4}+\cdots+\frac{1}{n}+\cdots$是一个发散级数,但是在没有论证之前,一部分同学会认为它是收敛的,因为通项是趋于零的. 调和级数敛散性问题的判断对我们解决生活中的问题有什么启发?

## 第二节　常数项级数的审敛法

### 一、正项级数及其审敛法

一般的常数项级数,它的各项可以是正数、负数或者零.现在先讨论各项都是正数或者零的级数,即 $\sum_{n=1}^{\infty} u_n$ 中各项均有 $u_n \geqslant 0$,这种级数称为**正项级数**.

**定理 1**　正项级数 $\sum_{n=1}^{\infty} u_n$ 收敛的充分必要条件是它的部分和数列 $\{s_n\}$ 有界.

**定理 2(比较审敛法)**　设 $\sum_{n=1}^{\infty} u_n$ 和 $\sum_{n=1}^{\infty} v_n$ 都是正项级数,且 $u_n \leqslant v_n(n=1,2,3,\cdots)$. 若级数 $\sum_{n=1}^{\infty} v_n$ 收敛,则级数 $\sum_{n=1}^{\infty} u_n$ 收敛;反之,若级数 $\sum_{n=1}^{\infty} u_n$ 发散,则级数 $\sum_{n=1}^{\infty} v_n$ 发散.

**证**　设级数 $\sum_{n=1}^{\infty} v_n$ 收敛于和 $\sigma$,则级数 $\sum_{n=1}^{\infty} u_n$ 的部分和

$$s_n = u_1 + u_2 + u_3 + \cdots + u_n \leqslant v_1 + v_2 + \cdots + v_n \leqslant \sigma \quad (n = 1,2,\cdots),$$

即部分和数列 $\{s_n\}$ 有界,由定理 1 知级数 $\sum_{n=1}^{\infty} u_n$ 收敛.

反之,设级数 $\sum_{n=1}^{\infty} u_n$ 发散,则级数 $\sum_{n=1}^{\infty} v_n$ 必发散. 因为若级数 $\sum_{n=1}^{\infty} v_n$ 收敛,由上面已证明结论,将有级数 $\sum_{n=1}^{\infty} u_n$ 也收敛,与假设矛盾.

**推论**　设 $\sum_{n=1}^{\infty} u_n$ 与 $\sum_{n=1}^{\infty} v_n$ 都是正项级数,如果级数 $\sum_{n=1}^{\infty} v_n$ 收敛,且存在正整数 $N$,使当 $n \geqslant N$ 时有 $u_n \leqslant kv_n(k > 0)$ 成立,则级数 $\sum_{n=1}^{\infty} u_n$ 收敛;如果级数 $\sum_{n=1}^{\infty} v_n$ 发散,且当 $n \geqslant N$ 时有 $u_n \geqslant kv_n(k > 0)$ 成立,则级数 $\sum_{n=1}^{\infty} u_n$ 发散.

**例 1**　讨论 $p$-级数

$$\sum_{n=1}^{\infty} \frac{1}{n^p} = 1 + \frac{1}{2^p} + \frac{1}{3^p} + \frac{1}{4^p} + \cdots + \frac{1}{n^p} + \cdots$$

的收敛性,其中常数 $p>0$.

**解**　设 $p \leqslant 1$,这时 $\frac{1}{n^p} \geqslant \frac{1}{n}$,而调和级数 $\sum_{n=1}^{\infty} \frac{1}{n}$ 发散,由比较审敛法知,当 $p \leqslant 1$ 时级数 $\sum_{n=1}^{\infty} \frac{1}{n^p}$ 发散.

设 $p>1$,此时有

$$\frac{1}{n^p}=\int_{n-1}^{n}\frac{1}{n^p}\mathrm{d}x\leqslant\int_{n-1}^{n}\frac{1}{x^p}\mathrm{d}x=\frac{1}{p-1}\left(\frac{1}{(n-1)^{p-1}}-\frac{1}{n^{p-1}}\right)\ (n=2,3,\cdots).$$

对于级数 $\sum\limits_{n=2}^{\infty}\left(\frac{1}{(n-1)^{p-1}}-\frac{1}{n^{p-1}}\right)$，其部分和

$$s_n=\left(1-\frac{1}{2^{p-1}}\right)+\left(\frac{1}{2^{p-1}}-\frac{1}{3^{p-1}}\right)+\cdots+\left(\frac{1}{n^{p-1}}-\frac{1}{(n+1)^{p-1}}\right)=1-\frac{1}{(n+1)^{p-1}}.$$

因为 $\lim\limits_{n\to\infty}s_n=\lim\limits_{n\to\infty}\left(1-\frac{1}{(n+1)^{p-1}}\right)=1$. 所以级数 $\sum\limits_{n=2}^{\infty}\left(\frac{1}{(n-1)^{p-1}}-\frac{1}{n^{p-1}}\right)$ 收敛. 从而根据比较审敛法的推论可知，级数 $\sum\limits_{n=1}^{\infty}\frac{1}{n^p}$ 当 $p>1$ 时收敛.

综上所述，$p$-级数 $\sum\limits_{n=1}^{\infty}\frac{1}{n^p}$ 当 $p>1$ 时收敛，当 $p\leqslant 1$ 时发散.

**例 2** 证明级数 $\sum\limits_{n=1}^{\infty}\frac{1}{\sqrt{n(n+1)}}$ 是发散的.

**证** 因为 $n(n+1)<(n+1)^2$，所以 $\frac{1}{\sqrt{n(n+1)}}>\frac{1}{\sqrt{(n+1)^2}}=\frac{1}{n+1}$. 而级数 $\sum\limits_{n=1}^{\infty}\frac{1}{n+1}=\frac{1}{2}+\frac{1}{3}+\cdots+\frac{1}{n+1}+\cdots$ 是发散的，根据比较审敛法可知所给级数也是发散的.

**定理 3（比较审敛法的极限形式）** 设 $\sum\limits_{n=1}^{\infty}u_n$ 与 $\sum\limits_{n=1}^{\infty}v_n$ 都是正项级数，如果 $\lim\limits_{n\to\infty}\frac{u_n}{v_n}=l$，则有：

(1) 当 $0<l<+\infty$ 时，级数 $\sum\limits_{n=1}^{\infty}u_n$ 与级数 $\sum\limits_{n=1}^{\infty}v_n$ 有相同的敛散性；

(2) 当 $l=0$ 时，若 $\sum\limits_{n=1}^{\infty}v_n$ 收敛，则 $\sum\limits_{n=1}^{\infty}u_n$ 收敛；

(3) 当 $l=+\infty$ 时，若 $\sum\limits_{n=1}^{\infty}v_n$ 发散，则 $\sum\limits_{n=1}^{\infty}u_n$ 发散.

**例 3** 判别级数 $\sum\limits_{n=1}^{\infty}\sin\frac{1}{n}$ 的收敛性.

**解** 因为 $\lim\limits_{n\to\infty}\frac{\sin\frac{1}{n}}{\frac{1}{n}}=1$，而级数 $\sum\limits_{n=1}^{\infty}\frac{1}{n}$ 发散，根据比较审敛法的极限形式，级数 $\sum\limits_{n=1}^{\infty}\sin\frac{1}{n}$ 发散.

**注意**：用比较审敛法审敛时，需要适当地选取一个已知其收敛性的级数 $\sum\limits_{n=1}^{\infty}v_n$ 作为比较的基准，最常选作基准级数的是等比级数与 $p$-级数.

**例 4** 判别级数 $\sum\limits_{n=1}^{\infty}\ln\left(1+\frac{1}{n^2}\right)$ 的收敛性.

**解**　因为 $\lim\limits_{n\to\infty}\dfrac{\ln\left(1+\dfrac{1}{n^2}\right)}{\dfrac{1}{n^2}}=1$，而级数 $\sum\limits_{n=1}^{\infty}\dfrac{1}{n^2}$ 收敛，根据比较审敛法的极限形式知级数 $\sum\limits_{n=1}^{\infty}\ln\left(1+\dfrac{1}{n^2}\right)$ 收敛.

**定理 4（比值审敛法，达朗贝尔判别法）**　若正项级数 $\sum\limits_{n=1}^{\infty}u_n$ 的后项与前项之比值的极限等于 $\rho$，即

$$\lim_{n\to\infty}\frac{u_{n+1}}{u_n}=\rho,$$

则当 $\rho<1$ 时级数收敛；当 $\rho>1$（或 $\lim\limits_{n\to\infty}\dfrac{u_{n+1}}{u_n}=\infty$）时级数发散；当 $\rho=1$ 时级数可能收敛也可能发散.

**例 5**　判别级数 $\sum\limits_{n=1}^{\infty}\dfrac{1}{n!}$ 敛散性.

**解**　因为

$$\lim_{n\to\infty}\frac{u_{n+1}}{u_n}=\lim_{n\to\infty}\frac{\dfrac{1}{(n+1)!}}{\dfrac{1}{n!}}=\lim_{n\to\infty}\frac{1}{n+1}=0<1,$$

根据比值审敛法可知，所给级数收敛.

**例 6**　判别级数 $\dfrac{1}{10}+\dfrac{1\cdot 2}{10^2}+\dfrac{1\cdot 2\cdot 3}{10^3}+\cdots+\dfrac{n!}{10^n}+\cdots$ 的敛散性.

**解**　因为 $\lim\limits_{n\to\infty}\dfrac{u_{n+1}}{u_n}=\lim\limits_{n\to\infty}\dfrac{(n+1)!}{10^{n+1}}\cdot\dfrac{10^n}{n!}=\lim\limits_{n\to\infty}\dfrac{n+1}{10}=\infty$，根据比值审敛法可知所给级数发散.

**例 7**　判别级数 $\sum\limits_{n\to\infty}^{\infty}\dfrac{1}{(2n-1)\cdot 2n}$ 的收敛性.

**解**　$\lim\limits_{n\to\infty}\dfrac{u_{n+1}}{u_n}=\lim\limits_{n\to\infty}\dfrac{(2n-1)\cdot 2n}{(2n+1)\cdot(2n+2)}=1$，这时 $\rho=1$，比值审敛法失效，必须用其他方法来判别级数的收敛性.

因为 $\dfrac{1}{(2n-1)\cdot 2n}<\dfrac{1}{n^2}$，而级数 $\sum\limits_{n=1}^{\infty}\dfrac{1}{n^2}$ 收敛，因此由比较审敛法可知所给级数收敛.

**定理 5（根值审敛法，柯西判别法）**　设 $\sum\limits_{n=1}^{\infty}u_n$ 是正项级数，如果它的一般项 $u_n$ 的 $n$ 次根的极限等于 $\rho$，即

$$\lim_{n\to\infty}\sqrt[n]{u_n}=\rho,$$

则当 $\rho<1$ 时级数收敛，当 $\rho>1$（或 $\lim\limits_{n\to\infty}\sqrt[n]{u_n}=+\infty$）时级数发散，当 $\rho=1$ 时级数可能收敛也可能发散.

**例 8** 证明级数 $1+\frac{1}{2^2}+\frac{1}{3^3}+\cdots+\frac{1}{n^n}+\cdots$ 是收敛的.

**解** 因为 $\lim\limits_{n\to\infty}\sqrt[n]{u_n}=\lim\limits_{n\to\infty}\sqrt[n]{\frac{1}{n^n}}=\lim\limits_{n\to\infty}\frac{1}{n}=0$,所以根据根值审敛法可知所给级数收敛.

**例 9** 判定级数 $\sum\limits_{n=1}^{\infty}\frac{2+(-1)^n}{2^n}$ 的收敛性.

**解** 因为 $\lim\limits_{n\to\infty}\sqrt[n]{u_n}=\lim\limits_{n\to\infty}\frac{1}{2}\sqrt[n]{2+(-1)^n}=\frac{1}{2}$,所以,根据根值审敛法知所给级数收敛.

**定理 6(极限审敛法)** 设 $\sum\limits_{n=1}^{\infty}u_n$ 为正项级数,

(1)如果 $\lim\limits_{n\to\infty}nu_n=l>0$(或 $\lim\limits_{n\to\infty}nu_n=+\infty$),则级数 $\sum\limits_{n=1}^{\infty}u_n$ 发散;

(2)如果 $p>1$,而 $\lim\limits_{n\to\infty}n^p u_n=l(0\leqslant l<+\infty)$,则级数 $\sum\limits_{n=1}^{\infty}u_n$ 收敛.

**证明** (1)在极限形式的比较审敛法中,取 $v_n=\frac{1}{n}$,由调和级数 $\sum\limits_{n=1}^{\infty}\frac{1}{n}$ 发散,知结论成立.

(2)在极限形式的比较审敛法中,取 $v_n=\frac{1}{n^p}$,当 $p>1$ 时,$p$-级数 $\sum\limits_{n=1}^{\infty}\frac{1}{n^p}$ 收敛,故结论成立.

**例 10** 判定级数 $\sum\limits_{n=1}^{\infty}\ln\left(1+\frac{1}{n^2}\right)$ 的收敛性.

**解** 因为 $\ln\left(1+\frac{1}{n^2}\right)\sim\frac{1}{n^2}(n\to\infty)$,故 $\lim\limits_{n\to\infty}n^2u_n=\lim\limits_{n\to\infty}n^2\ln\left(1+\frac{1}{n^2}\right)=\lim\limits_{n\to\infty}n^2\cdot\frac{1}{n^2}=1$,根据极限审敛法知所给级数收敛.

**例 11** 判定级数 $\sum\limits_{n=1}^{\infty}\sqrt{n+1}\left(1-\cos\frac{\pi}{n}\right)$ 的收敛性.

**解** 因为

$$\lim_{n\to\infty}n^{\frac{3}{2}}u_n=\lim_{n\to\infty}n^{\frac{3}{2}}\sqrt{n+1}\left(1-\cos\frac{\pi}{n}\right)=\lim_{n\to\infty}n^2\sqrt{\frac{n+1}{n}}\cdot\frac{1}{2}\left(\frac{\pi}{n}\right)^2=\frac{1}{2}\pi^2,$$

根据极限审敛法,知所给级数收敛.

## 二、交错级数及其审敛法

下列形式的级数

$$u_1-u_2+u_3-u_4+\cdots,\text{或}-u_1+u_2-u_3+u_4-\cdots,$$

称为**交错级数**. 交错级数的一般形式为 $\sum\limits_{n=1}^{\infty}(-1)^{n-1}u_n$,其中 $u_n>0$.

例如,$\sum\limits_{n=1}^{\infty}(-1)^{n-1}\frac{1}{n}$ 是交错级数,但 $\sum\limits_{n=1}^{\infty}(-1)^{n-1}\frac{1-\cos n\pi}{n}$ 不是交错级数.

**定理 7(莱布尼茨定理)** 如果交错级数 $\sum\limits_{n=1}^{\infty}(-1)^{n-1}u_n$ 满足条件:

(1) $u_n \geqslant u_{n+1}(n=1,2,3,\cdots)$,

(2) $\lim\limits_{n\to\infty} u_n=0$,

则级数收敛,且其和 $s\leqslant u_1$,其余项 $r_n$ 的绝对值 $|r_n|\leqslant u_{n+1}$.

**证明**　设前 $n$ 项部分和为 $s_n$,由

$$s_{2n}=(u_1-u_2)+(u_3-u_4)+\cdots+(u_{2n-1}-u_{2n}),$$

及

$$s_{2n}=u_1-(u_2-u_3)+(u_4-u_5)+\cdots+(u_{2n-2}-u_{2n-1})-u_{2n},$$

看出数列 $\{s_{2n}\}$ 单调增加且有界($s_{2n}\leqslant u_1$),所以收敛.

设 $s_{2n}\to s(n\to\infty)$,则也有 $s_{2n+1}=s_{2n}+u_{2n+1}\to s(n\to\infty)$,所以 $s_n\to s(n\to\infty)$,从而级数是收敛的,且 $s<u_1$.

因为 $|r_n|\leqslant u_{n+1}-u_{n+2}+\cdots$ 也是收敛的交错级数,所以 $|r_n|\leqslant u_{n+1}$.

**例 12**　证明级数 $\sum\limits_{n=1}^{\infty}(-1)^{n-1}\dfrac{1}{n}$ 收敛.

**证**　这是一个交错级数. 因为此级数满足

(1) $u_n=\dfrac{1}{n}>\dfrac{1}{n+1}=u_{n+1}(n=1,2,\cdots)$,

(2) $\lim\limits_{n\to\infty} u_n=\lim\limits_{n\to\infty}\dfrac{1}{n}=0$,

由莱布尼茨定理,级数是收敛的.

## 三、绝对收敛与条件收敛

对于一般的级数

$$u_1+u_2+\cdots+u_n+\cdots,$$

若级数 $\sum\limits_{n=1}^{\infty}|u_n|$ 收敛,则称级数 $\sum\limits_{n=1}^{\infty}u_n$ 绝对收敛;若级数 $\sum\limits_{n=1}^{\infty}u_n$ 收敛,而级数 $\sum\limits_{n=1}^{\infty}|u_n|$ 发散,则称级数 $\sum\limits_{n=1}^{\infty}u_n$ 条件收敛.

例如,级数 $\sum\limits_{n=1}^{\infty}(-1)^{n-1}\dfrac{1}{n^2}$ 是绝对收敛的,而级数 $\sum\limits_{n=1}^{\infty}(-1)^{n-1}\dfrac{1}{n}$ 是条件收敛的.

**定理 8**　如果级数 $\sum\limits_{n=1}^{\infty}u_n$ 绝对收敛,则级数 $\sum\limits_{n=1}^{\infty}u_n$ 必定收敛.

**证明**　令

$$v_n=\frac{1}{2}(u_n+|u_n|),(n=1,2,\cdots).$$

显然 $v_n\geqslant 0$ 且 $v_n\leqslant|u_n|(n=1,2,\cdots)$. 因级数 $\sum\limits_{n=1}^{\infty}|u_n|$ 收敛,故由比较审敛法知道,级数 $\sum\limits_{n=1}^{\infty}v_n$,从而级数 $\sum\limits_{n=1}^{\infty}2v_n$ 也收敛. 而 $u_n=2v_n-|u_n|$,由收敛级数的基本性质可知

$$\sum_{n=1}^{\infty} u_n = \sum_{n=1}^{\infty} 2v_n - \sum_{n=1}^{\infty} |u_n|,$$

所以级数 $\sum\limits_{n=1}^{\infty} u_n$ 收敛.

定理8表明,对于一般的级数 $\sum\limits_{n=1}^{\infty} u_n$,如果我们用正项级数的审敛法判定级数 $\sum\limits_{n=1}^{\infty} |u_n|$ 收敛,则此级数收敛. 这就使得一大类级数的收敛性判定问题,转化成为正项级数的收敛性判定问题.

一般来说,如果级数 $\sum\limits_{n=1}^{\infty} |u_n|$ 发散,我们不能断定级数 $\sum\limits_{n=1}^{\infty} u_n$ 也发散. 但是,如果我们用比值法或根值法判定级数 $\sum\limits_{n=1}^{\infty} |u_n|$ 发散,则我们可以断定级数 $\sum\limits_{n=1}^{\infty} u_n$ 必定发散. 这是因为,此时 $|u_n|$ 不趋向于零,从而 $u_n$ 也不趋向于零,因此级数 $\sum\limits_{n=1}^{\infty} u_n$ 也是发散的.

**例 13** 判别级数 $\sum\limits_{n=1}^{\infty} \dfrac{\sin na}{n^2}$ 的收敛性.

**解** 因为 $\left|\dfrac{\sin na}{n^2}\right| \leqslant \dfrac{1}{n^2}$,而级数 $\sum\limits_{n=1}^{\infty} \dfrac{1}{n^2}$ 是收敛的,所以级数 $\sum\limits_{n=1}^{\infty} \left|\dfrac{\sin na}{n^2}\right|$ 也收敛,从而级数 $\sum\limits_{n=1}^{\infty} \dfrac{\sin na}{n^2}$ 绝对收敛.

**例 14** 判别级数 $\sum\limits_{n=1}^{\infty} (-1)^n \dfrac{1}{2^n}\left(1+\dfrac{1}{n}\right)^{n^2}$ 的收敛性.

**解** 由 $|u_n| = \dfrac{1}{2^n}\left(1+\dfrac{1}{n}\right)^{n^2}$,有 $\lim\limits_{n\to\infty} \sqrt[n]{|u_n|} = \dfrac{1}{2}\lim\limits_{n\to\infty}\left(1+\dfrac{1}{n}\right)^n = \dfrac{1}{2}\mathrm{e}>1$,可知 $\lim\limits_{n\to\infty} u_n \neq 0$,因此级数 $\sum\limits_{n=1}^{\infty} (-1)^n \dfrac{1}{2^n}\left(1+\dfrac{1}{n}\right)^{n^2}$ 发散.

# 第三节 幂级数

## 一、函数项级数的概念

给定一个定义在区间 $I$ 上的函数列 $\{u_n(x)\}$,由这函数列构成的表达式

$$u_1(x) + u_2(x) + u_3(x) + \cdots + u_n(x) + \cdots,$$

称为定义在区间 $I$ 上的**函数项级数**,记为 $\sum\limits_{n=1}^{\infty} u_n(x)$.

对于区间 $I$ 内的一定点 $x_0$,若常数项级数 $\sum\limits_{n=1}^{\infty} u_n(x_0)$ 收敛,则称点 $x_0$ 是级数 $\sum\limits_{n=1}^{\infty} u_n(x)$ 的**收敛点**. 若常数项级数 $\sum\limits_{n=1}^{\infty} u_n(x_0)$ 发散,则称点 $x_0$ 是级数 $\sum\limits_{n=1}^{\infty} u_n(x)$ 的**发散点**.

函数项级数 $\sum\limits_{n=1}^{\infty} u_n(x)$ 的所有收敛点的全体称为它的**收敛域**,所有发散点的全体称为它的**发散域**.

在收敛域上,函数项级数 $\sum\limits_{n=1}^{\infty} u_n(x)$ 的和是 $x$ 的函数 $s(x)$,$s(x)$ 称为函数项级数 $\sum\limits_{n=1}^{\infty} u_n(x)$ 的**和函数**,并写成 $s(x)=\sum\limits_{n=1}^{\infty} u_n(x)$. 函数项级数 $\sum u_n(x)$ 的前 $n$ 项的部分和记作 $s_n(x)$, 即

$$s_n(x)=u_1(x)+u_2(x)+u_3(x)+\cdots+u_n(x),$$

在收敛域上有 $\lim\limits_{n\to\infty} s_n(x)=s(x)$.

函数项级数 $\sum\limits_{n=1}^{\infty} u_n(x)$ 的和函数 $s(x)$ 与部分和 $s_n(x)$ 的差

$$r_n(x)=s(x)-s_n(x)$$

叫作函数项级数 $\sum\limits_{n=1}^{\infty} u_n(x)$ 的余项,并有 $\lim\limits_{n\to\infty} r_n(x)=0$.

## 二、幂级数及其收敛性

函数项级数中简单而常见的一类级数是各项都是幂函数的函数项级数,这种形式的级数称为**幂级数**,它的形式是

$$\sum_{n=0}^{\infty} a_n x^n = a_0 + a_1 x + a_2 x^2 + \cdots + a_n x^n + \cdots,$$

其中常数 $a_0,a_1,a_2,\cdots,a_n,\cdots$ 叫作**幂级数的系数**.

**定理 1(阿贝尔定理)**　对于级数 $\sum\limits_{n=0}^{\infty} a_n x^n$,当 $x=x_0(x_0\neq 0)$ 时收敛,则适合不等式 $|x|<|x_0|$ 的一切 $x$ 使这幂级数绝对收敛;反之,如果级数 $\sum\limits_{n=0}^{\infty} a_n x^n$ 当 $x=x_0$ 时发散,则适合不等式 $|x|>|x_0|$ 的一切 $x$ 使这幂级数发散.

**证**　先设 $x_0$ 是幂级数 $\sum\limits_{n=0}^{\infty} a_n x^n$ 的收敛点,即级数 $\sum\limits_{n=0}^{\infty} a_n x_0^n$ 收敛. 根据级数收敛的必要条件,有 $\lim\limits_{n\to\infty} a_n x_0^n=0$,于是存在一个常数 $M$,使

$$|a_n x_0^n| \leqslant M(n=1,2,\cdots),$$

这样级数 $\sum\limits_{n=0}^{\infty} a_n x^n$ 的一般项的绝对值

$$|a_n x^n| = \left| a_n x_0^n \cdot \frac{x^n}{x_0^n} \right| = |a_n x_0^n| \cdot \left| \frac{x}{x_0} \right|^n \leqslant M \cdot \left| \frac{x}{x_0} \right|^n.$$

因为当 $|x|<|x_0|$ 时,等比级数 $\sum\limits_{n=0}^{\infty} M\cdot\left|\frac{x}{x_0}\right|^n$ 收敛,所以级数 $\sum\limits_{n=0}^{\infty} |a_n x^n|$ 收敛,也是级数 $\sum\limits_{n=0}^{\infty} a_n x^n$ 绝对收敛.

定理的第二部分可用反证法证明.

倘若幂级数当 $x=x_0$ 时发散,而有一点 $x_1$ 适合 $|x_1|>|x_0|$ 使级数收敛,则根据本定理的第

一部分,级数当 $x=x_0$ 时应收敛,这与所设矛盾,定理得证.

**推论** 如果级数 $\sum\limits_{n=0}^{\infty}a_nx^n$ 不是仅在点 $x=0$ 处收敛,也不是在整个数轴上都收敛,则必有一个完全确定的正数 $R$ 存在,使得

(1)当 $|x|<R$ 时,幂级数绝对收敛;

(2)当 $|x|>R$ 时,幂级数发散;

(3)当 $x=R$ 与 $x=-R$ 时,幂级数可能收敛也可能发散.

正数 $R$ 通常叫作幂级数 $\sum\limits_{n=0}^{\infty}a_nx^n$ 的**收敛半径**. 开区间 $(-R,R)$ 叫作幂级数 $\sum\limits_{n=0}^{\infty}a_nx^n$ 的**收敛区间**. 再由幂级数在 $x=\pm R$ 处的收敛性就可以决定它的**收敛域**. 幂级数 $\sum\limits_{n=0}^{\infty}a_nx^n$ 的收敛域是 $(-R,R)$ 或 $[-R,R)$、$(-R,R]$、$[-R,R]$ 之一.

若幂级数 $\sum\limits_{n=0}^{\infty}a_nx^n$ 只在 $x=0$ 收敛,则规定收敛半径 $R=0$,若幂级数 $\sum\limits_{n=0}^{\infty}a_nx^n$ 对一切 $x$ 都收敛,则规定收敛半径 $R=+\infty$,这时收敛域为 $(-\infty,+\infty)$.

**定理 2** 如果 $\lim\limits_{n\to\infty}\left|\dfrac{a_{n+1}}{a_n}\right|=\rho$,其中 $a_n$、$a_{n+1}$ 是幂级数 $\sum\limits_{n=0}^{\infty}a_nx^n$ 的相邻两项的系数,则这幂级数的收敛半径

$$R=\begin{cases}+\infty & \rho=0\\ \dfrac{1}{\rho} & \rho\neq 0\\ 0 & \rho=+\infty\end{cases}.$$

**证明**

$$\lim_{n\to\infty}\left|\frac{a_{n+1}x^{n+1}}{a_nx^n}\right|=\lim_{n\to\infty}\left|\frac{a_{n+1}}{a_n}\right|\cdot|x|=\rho|x|$$

(1)如果 $0<\rho<+\infty$,则只当 $\rho|x|<1$ 时幂级数收敛,故 $R=\dfrac{1}{\rho}$.

(2)如果 $\rho=0$,则幂级数总是收敛的,故 $R=+\infty$.

(3)如果 $\rho=0$,则只当 $x=0$ 时幂级数收敛,故 $R=0$.

**例 1** 求幂级数 $\sum\limits_{n=1}^{\infty}(-1)^{n-1}\dfrac{x^n}{n}$ 的收敛半径与收敛域.

**解** 因为 $\rho=\lim\limits_{n\to\infty}\left|\dfrac{a_{n+1}}{a_n}\right|=\lim\limits_{n\to\infty}\dfrac{\frac{1}{n+1}}{\frac{1}{n}}=1$,所以收敛半径为 $R=\dfrac{1}{\rho}=1$.

当 $x=1$ 时,幂级数成为 $\sum\limits_{n=1}^{\infty}(-1)^{n-1}\dfrac{1}{n}$,是收敛的;当 $x=-1$ 时,幂级数成为 $\sum\limits_{n=1}^{\infty}\left(-\dfrac{1}{n}\right)$,是发散的,因此收敛域为 $(-1,1]$.

**例 2** 求幂级数 $\sum\limits_{n=0}^{\infty}\dfrac{1}{n!}x^n$ 的收敛域.

**解**　因为$\rho=\lim\limits_{n\to\infty}\left|\dfrac{a_{n+1}}{a_n}\right|=\lim\limits_{n\to\infty}\dfrac{\dfrac{1}{(n+1)!}}{\dfrac{1}{n!}}=\lim\limits_{n\to\infty}\dfrac{n!}{(n+1)!}=0$,所以收敛半径为$R=+\infty$,从而收敛域为$(-\infty,+\infty)$.

**例 3**　求幂级数$\sum\limits_{n=0}^{\infty}n!\,x^n$的收敛半径.

**解**　因为

$$\rho=\lim_{n\to\infty}\left|\frac{a_{n+1}}{a_n}\right|=\lim_{n\to\infty}\frac{(n+1)!}{n!}=+\infty,$$

所以收敛半径为$R=0$,即级数仅在$x=0$处收敛.

**例 4**　求幂级数$\sum\limits_{n=0}^{\infty}\dfrac{(2n)!}{(n!)^2}x^{2n}$的收敛半径.

**解**　级数缺少奇次幂的项,定理 2 不能应用.可根据比值审敛法来求收敛半径,幂级数的一般项记为$u_n(x)=\dfrac{(2n)!}{(n!)^2}x^{2n}$.

因为

$$\lim_{n\to\infty}\left|\frac{u_{n+1}(x)}{u_n(x)}\right|=\lim_{n\to\infty}\left|\frac{\dfrac{[2(n+1)]!}{[(n+1)!]^2}x^{2(n+1)}}{\dfrac{(2n)!}{(n!)^2}x^{2n}}\right|=\lim_{n\to\infty}\frac{(2n+2)(2n+1)}{(n+1)^2}|x|^2=4|x|^2,$$

当$4|x|^2<1$即$|x|<\dfrac{1}{2}$时级数收敛;当$4|x|^2>1$即$|x|>\dfrac{1}{2}$时级数发散.所以收敛半径为$R=\dfrac{1}{2}$.

**例 5**　求幂级数$\sum\limits_{n=1}^{\infty}\dfrac{(x-1)^n}{2^n n}$的收敛域.

**解**　令$t=x-1$,上述级数变为$\sum\limits_{n=1}^{\infty}\dfrac{t^n}{2^n n}$.

因为$\rho=\lim\limits_{n\to\infty}\left|\dfrac{a_{n+1}}{a_n}\right|=\dfrac{2^n\cdot n}{2^{n+1}\cdot(n+1)}=\dfrac{1}{2}$,所以收敛半径$R=2$.

当$t=2$时,级数成为$\sum\limits_{n=1}^{\infty}\dfrac{1}{n}$,此级数发散;当$t=-2$时,级数成为$\sum\limits_{n=1}^{\infty}\dfrac{(-1)}{n}$,此级数收敛.因此级数$\sum\limits_{n=1}^{\infty}\dfrac{t^n}{2^n n}$的收敛域为$-2\leqslant t<2$.因为$-2\leqslant x-1<2$,即$-1\leqslant x<3$,所以原级数的收敛域为$[-1,3)$.

## 三、幂级数的性质

**性质 1**　设幂级数$\sum\limits_{n=0}^{\infty}a_nx^n$及$\sum\limits_{n=0}^{\infty}b_nx^n$分别在区间$(-R,R)$及$(-R',R')$内收敛,则

在$(-R,R)$与$(-R',R')$中较小的区间内有$\sum\limits_{n=0}^{\infty}(a_n \pm b_n)x^n$收敛,且有

(1) $\sum\limits_{n=0}^{\infty}a_nx^n + \sum\limits_{n=0}^{\infty}b_nx^n = \sum\limits_{n=0}^{\infty}(a_n + b_n)x^n$,

(2) $\sum\limits_{n=0}^{\infty}a_nx^n - \sum\limits_{n=0}^{\infty}b_nx^n = \sum\limits_{n=0}^{\infty}(a_n - b_n)x^n$.

**性质2** 设幂级数$\sum\limits_{n=0}^{\infty}a_nx^n$的收敛半径为$R(R>0)$,则和函数$s(x)$具有下列性质.

(1)$s(x)$在$(-R,R)$内连续.

(2)$s(x)$在$(-R,R)$内可导,且$s'(x)=\left(\sum\limits_{n=0}^{\infty}a_nx^n\right)'=\sum\limits_{n=1}^{\infty}na_nx^{n-1}$,即幂级数在收敛区间内可以逐项求导.

(3)$s(x)$在$(-R,R)$内可积,且

$$\int_0^x s(x)\mathrm{d}x=\int_0^x\left(\sum_{n=0}^{\infty}a_nx^n\right)\mathrm{d}x=\sum_{n=0}^{\infty}\left(\int_0^x a_nx^n\mathrm{d}x\right)=\sum_{n=0}^{\infty}\frac{a_n}{n+1}x^{n+1},$$

即幂级数在收敛区间内可以逐项积分.

**例6** 求幂级数$\sum\limits_{n=0}^{\infty}\frac{1}{n+1}x^n$的和函数.

**解** 求得幂级数的收敛域为$[-1,1)$.

设和函数为$s(x)$,即$s(x)=\sum\limits_{n=0}^{\infty}\frac{1}{n+1}x^n, x\in[-1,1)$. 显然$s(0)=1$.

在$xs(x)=\sum\limits_{n=0}^{\infty}\frac{1}{n+1}x^{n+1}$的两边求导得

$$[xs(x)]'=\sum_{n=0}^{\infty}\left(\frac{1}{n+1}x^{n+1}\right)'=\sum_{n=0}^{\infty}x^n=\frac{1}{1-x}.$$

对上式从0到$x$积分,得

$$xs(x)=\int_0^x\frac{1}{1-x}\mathrm{d}x=-\ln(1-x).$$

于是,当$x\neq0$时,有$s(x)=-\frac{1}{x}\ln(1-x)$. 从而$s(x)=\begin{cases}-\frac{1}{x}\ln(1-x), 0<|x|<1\\ 1, x=0\end{cases}$.

**例7** 求幂级数$\sum\limits_{n=0}^{\infty}(-1)^nx^n$, $\sum\limits_{n=0}^{\infty}x^{2n}$的和函数.

**解** 把级数$\sum\limits_{n=0}^{\infty}x^n=1+x+x^2+\cdots+x^n+\cdots$,当$|x|<1$时看成公比为$x$的收敛等比级数,则得

$$\sum_{n=0}^{\infty}x^n=\frac{1}{1-x}, x\in(-1,1).$$

因为收敛区间是关于原点对称的区间,所以$-x$也在收敛区间内,用$-x$代换级数中的$x$,可得

$$\sum_{n=0}^{\infty}(-1)^n x^n=\frac{1}{1+x},x\in(-1,1).$$

将上面的两个级数相加得

$$\sum_{n=0}^{\infty}2x^{2n}=\frac{2}{1-x^2},x\in(-1,1).$$

即

$$\sum_{n=0}^{\infty}x^{2n}=\frac{1}{1-x^2},x\in(-1,1).$$

**例 8**　求幂级数 $\sum\limits_{n=0}^{\infty}\frac{1}{n+1}x^{n+1},\sum\limits_{n=0}^{\infty}(-1)^n\frac{1}{2n+1}x^{2n+1}$ 的和函数.

**解**　将级数 $\sum\limits_{n=0}^{\infty}x^n=\frac{1}{1-x}$ ,$x\in(-1,1)$两边积分得

$$\sum_{n=0}^{\infty}\frac{1}{n+1}x^{n+1}=-\ln(1-x)=\ln\frac{1}{1-x},x\in(-1,1).$$

令 $S(x)=\sum\limits_{n=0}^{\infty}(-1)^n\frac{1}{2n+1}x^{2n+1}$,两边求导得

$$S'(x)=\sum_{n=0}^{\infty}(-1)^n x^{2n}=\sum_{n=0}^{\infty}(-x^2)^n=\frac{1}{1+x^2},x\in(-1,1),$$

其中,$\sum\limits_{n=0}^{\infty}(-x^2)^n=\frac{1}{1+x^2}$ 相当于将$\sum\limits_{n=0}^{\infty}(-1)^n x^n=\frac{1}{1+x}$ 中的 $x$ 代换成 $x^2$.

等式两边积分得

$$S(x)=\arctan x,x\in(-1,1).$$

将 $x=\pm1$ 分别代入此级数,级数均收敛,故其收敛域为$[-1,1]$.

**例 9**　求幂级数 $\sum\limits_{n=0}^{\infty}\frac{x^n}{n!}$ 的和函数.

**解**　由例 2 可知此级数的收敛区间是$(-\infty,\infty)$,令其和函数为 $y=f(x)$,即 $y=\sum\limits_{n=0}^{\infty}\frac{x^n}{n!}$ ,

则有

$$y'=\sum_{n=0}^{\infty}\frac{x^{n-1}}{(n-1)!}=\sum_{n=0}^{\infty}\frac{x^n}{n!}=y,$$

解此微分方程得 $y=Ce^x$.

再注意到$f(0)=1$,即得 $C=1$,所以和函数为 $y=e^x$,即

$$e^x=1+x+\frac{x^2}{2!}+\cdots+\frac{x^n}{n!}+\cdots,x\in(-\infty,+\infty).$$

# 第四节　函数展开成幂级数

## 一、函数展开成幂级数

给定函数$f(x)$，要考虑它是否能在某个区间内“展开成幂级数”，是指能否找到这样一个幂级数，它在某区间内收敛，且其和恰好是给定的函数$f(x)$. 如果能找到这样的幂级数，我们就说，函数$f(x)$能展开成幂级数，而该级数在收敛区间内就表达了函数$f(x)$.

如果$f(x)$在点$x_0$的某邻域内具有各阶导数

$$f'(x),f''(x),\cdots,f^{(n)}(x),\cdots,$$

则当$n\to\infty$时，$f(x)$在点$x_0$的泰勒多项式

$$p_n(x)=f(x_0)+f'(x_0)(x-x_0)+\frac{f''(x_0)}{2!}(x-x_0)^2+\cdots+\frac{f^{(n)}(x_0)}{n!}(x-x_0)^n$$

成为幂级数

$$f(x_0)+f'(x_0)(x-x_0)+\frac{f''(x_0)}{2!}(x-x_0)^2+\cdots+\frac{f^{(n)}(x_0)}{n!}(x-x_0)^n+\cdots$$

这一幂级数称为函数$f(x)$的**泰勒级数**.

显然，当$x=x_0$时，$f(x)$的泰勒级数收敛于$f(x_0)$.

需要解决的问题：除$x=x_0$外，$f(x)$的泰勒级数是否收敛？如果收敛，它是否一定收敛于$f(x)$？

**定理**　设函数$f(x)$在点$x_0$的某一邻域$U(x_0)$内具有各阶导数，则$f(x)$在该邻域内能展开成泰勒级数的充分必要条件是$f(x)$的泰勒公式中的余项$R_n(x)$当$n\to\infty$时的极限为零，即

$$\lim_{n\to\infty}R_n(x)=0\quad(x\in U(x_0)).$$

**证明**　先证必要性：设$f(x)$在$U(x_0)$内能展开为泰勒级数，即

$$f(x)=f(x_0)+f'(x_0)(x-x_0)+\frac{f''(x_0)}{2!}(x-x_0)^2+\cdots+\frac{f^{(n)}(x_0)}{n!}(x-x_0)^n+\cdots,$$

又设$s_{n+1}(x)$是$f(x)$的泰勒级数的前$n+1$项的和，则在$U(x_0)$内

$$s_{n+1}(x)\to f(x)(n\to\infty),$$

而$f(x)$的$n$阶泰勒公式可写成$f(x)=s_{n+1}(x)+R_n(x)$，于是

$$R_n(x)=f(x)-s_{n+1}(x)\to 0(n\to\infty).$$

再证充分性：设$R_n(x)\to 0(n\to\infty)$对一切$x\in U(x_0)$成立，因为$f(x)$的$n$阶泰勒公式可写成$f(x)=s_{n+1}(x)+R_n(x)$，于是

$$s_{n+1}(x)=f(x)-R_n(x)\to f(x),$$

即$f(x)$的泰勒级数在$U(x_0)$内收敛，并且收敛于$f(x)$.

在泰勒级数中取$x_0=0$，得

$$f(0)+f'(0)x+\frac{f''(0)}{2!}x^2+\cdots+\frac{f^{(n)}(0)}{n!}x^n+\cdots,$$

此级数称为$f(x)$的**麦克劳林级数**.

要把函数$f(x)$展开成$x$的幂级数,可以按照下列步骤进行:

第一步 求出$f(x)$的各阶导数:

$$f'(x),f''(x),f'''(x),\cdots,f^{(n)}(x),\cdots.$$

第二步 求函数及其各阶导数在$x_0=0$处的值:

$$f'(0),f''(0),f'''(0),\cdots,f^{(n)}(0),\cdots.$$

第三步 写出幂级数:

$$f(0)+f'(0)x+\frac{f''(0)}{2!}x^2+\cdots+\frac{f^{(n)}(0)}{n!}x^n+\cdots,$$

并求出收敛半径$R$.

第四步 考察在区间$(-R,R)$内时是否$R_n(x)\to 0(n\to\infty)$.

$$\lim_{n\to\infty}R_n(x)=\lim_{n\to\infty}\frac{f^{(n+1)}(\xi)}{(n+1)!}x^{n+1}$$

是否为零. 如果$R_n(x)\to 0(n\to\infty)$,则$f(x)$在$(-R,R)$内有展开式

$$f(x)=f(0)+f'(0)x+\frac{f''(0)}{2!}x^2+\cdots+\frac{f^{(n)}(0)}{n!}x^n+\cdots(-R<x<R).$$

**例1** 试将函数$f(x)=\mathrm{e}^x$展开成$x$的幂级数.

**解** 所给函数的各阶导数为$f^{(n)}(x)=\mathrm{e}^x(n=1,2,\cdots)$,因此$f^{(n)}(0)=1(n=1,2,\cdots)$. 于是得到幂级数

$$1+x+\frac{1}{2!}x^2+\cdots\frac{1}{n!}x^n+\cdots,$$

该幂级数的收敛半径$R=+\infty$.

由于对于任何有限的数$x,\xi$($\xi$介于0与$x$之间),有

$$|R_n(x)|=\left|\frac{\mathrm{e}^\xi}{(n+1)!}x^{n+1}\right|<\mathrm{e}^{|x|}\cdot\frac{|x|^{n+1}}{(n+1)!},$$

而$\lim\limits_{n\to\infty}\frac{|x|^{n+1}}{(n+1)!}=0$,所以$\lim\limits_{n\to\infty}|R_n(x)|=0$,从而有展开式

$$\mathrm{e}^x=1+x+\frac{1}{2!}x^2+\cdots\frac{1}{n!}x^n+\cdots(-\infty<x<+\infty).$$

**例2** 将函数$f(x)=\sin x$展开成$x$的幂级数.

**解** 因为$f^{(n)}(x)=\sin\left(x+n\cdot\frac{\pi}{2}\right)(n=1,2,\cdots)$,

所以$f^{(n)}(0)$顺序循环地取$0,1,0,-1,\cdots(n=0,1,2,3,\cdots)$,于是得级数

$$x-\frac{x^3}{3!}+\frac{x^5}{5!}-\cdots+(-1)^{n-1}\frac{x^{2n-1}}{(2n-1)!}+\cdots,$$

它的收敛半径为$R=+\infty$.

对于任何有限的数$x,\xi$($\xi$介于0与$x$之间),有

$$|R_n(x)|=\left|\frac{\sin\left(\xi+\frac{(n+1)\pi}{2}\right)}{(n+1)!}x^{n+1}\right|\leqslant\frac{|x|^{n+1}}{(n+1)!}\to 0\quad n\to\infty.$$

因此得展开式

$$\sin x=x-\frac{x^3}{3!}+\frac{x^5}{5!}-\cdots+(-1)^{n-1}\frac{x^{2n-1}}{(2n-1)!}+\cdots(-\infty<x<+\infty).$$

它的收敛半径为 $R=+\infty$.

**例 3** 将函数 $f(x)=(1+x)^m$ 展开成 $x$ 的幂级数,其中 $m$ 为任意常数.

**解** $f(x)$ 的各阶导数为

$$f'(x)=m(1+x)^{m-1},$$

$$f''(x)=m(m-1)(1+x)^{m-2},$$

$$\cdots$$

$$f^{(n)}(x)=m(m-1)(m-2)\cdots(m-n+1)(1+x)^{m-n},$$

$$\cdots$$

所以

$f(0)=1,f'(0)=m,f''(0)=m(m-1),\cdots,f^{(n)}(0)=m(m-1)(m-2)\cdots(m-n+1),\cdots$

且 $R_n(x)\to 0$.

于是得幂级数

$$1+mx+\frac{m(m-1)}{2!}x^2+\cdots+\frac{m(m-1)\cdots(m-n+1)}{n!}x^n+\cdots.$$

以上例题是直接按照公式计算幂级数的系数,最后考察余项是否趋于零.这种直接展开的方法计算量较大,而且研究余项即使在初等函数中也不是一件容易的事.下面介绍间接展开的方法,也是利用一些已知的函数展开式,通过幂级数的运算以及变量代换等,将所给函数展开成幂级数.这样做不但计算简单,而且可以避免研究余项.

**例 4** 将函数 $f(x)=\cos x$ 展开成 $x$ 的幂级数.

**解** 已知

$$\sin x=x-\frac{x^3}{3!}+\frac{x^5}{5!}-\cdots+(-1)^{n-1}\frac{x^{2n-1}}{(2n-1)!}+\cdots(-\infty<x<+\infty),$$

对上式两边求导得

$$\cos x=1-\frac{x^2}{2!}+\frac{x^4}{4!}-\cdots+(-1)^n\frac{x^{2n}}{(2n)!}+\cdots(-\infty<x<+\infty).$$

**例 5** 将函数 $f(x)=\ln(1+x)$ 展开成 $x$ 的幂级数.

**解** 因为 $f'(x)=\frac{1}{1+x}$,而 $\frac{1}{1+x}$ 是收敛的等比级数 $\sum\limits_{n=0}^{\infty}(-1)^n x^n(-1<x<1)$ 的和函数:

$$\frac{1}{1+x}=1-x+x^2-x^3+\cdots+(-1)^n x^n+\cdots$$

所以将上式从 0 到 $x$ 逐项积分,得

$$f(x)=\ln(1+x)=\int_0^x[\ln(1+x)]'\mathrm{d}x=\int_0^x\frac{1}{1+x}\mathrm{d}x$$

$$=\int_0^x\left[\sum_{n=0}^{\infty}(-1)^n x^n\right]dx=\sum_{n=0}^{\infty}(-1)^n\frac{x^{n+1}}{n+1}\quad(-1<x\leqslant 1).$$

上述展开式对 $x=1$ 也成立,这是因为上式右端的幂级数当 $x=1$ 时收敛,而 $\ln(1+x)$ 在 $x=1$ 处有定义且连续.

常用函数展开式:

$$\frac{1}{1-x}=1+x+x^2+x^3+\cdots+x^n+\cdots(-1<x<1),$$

$$e^x=1+x+\frac{1}{2!}x^2+\cdots+\frac{1}{n!}x^n+\cdots(-\infty<x<+\infty),$$

$$\sin x=x-\frac{x^3}{3!}+\frac{x^5}{5!}-\cdots+(-1)^{n-1}\frac{x^{2n-1}}{(2n-1)!}+\cdots(-\infty<x<+\infty),$$

$$\cos x=1-\frac{x^2}{2!}+\frac{x^4}{4!}-\cdots+(-1)^n\frac{x^{2n}}{(2n)!}+\cdots(-\infty<x<+\infty),$$

$$\ln(1+x)=x-\frac{x^2}{2}+\frac{x^3}{3}-\frac{x^4}{4}+\cdots+(-1)^n\frac{x^{n+1}}{n+1}+\cdots(-1<x\leqslant 1),$$

$$(1+x)^m=1+mx+\frac{m(m-1)}{2!}x^2+\cdots+\frac{m(m-1)\cdots(m-n+1)}{n!}x^n+\cdots(-1<x<1).$$

## 二、函数的幂级数展开式的应用

### 1. 近似计算

有了函数的幂级数展开式,就可以用它进行近似计算,在展开式有意义的区间内,函数值可以利用这个级数近似地按要求计算出来.

**例 6**　计算$\sqrt[5]{245}$的近似值(误差不超过 $10^{-4}$).

**解**　因为$\sqrt[5]{245}=\sqrt[5]{3^5+2}=3\left(1+\frac{2}{3^5}\right)^{1/5}$,所以在二项展开式中取 $m=\frac{1}{5}$,$x=\frac{2}{3^5}$,即

$$\sqrt[5]{245}=3\left[1+\frac{1}{5}\cdot\frac{2}{3^5}-\frac{1}{2!}\cdot\frac{1}{5}\left(\frac{1}{5}-1\right)\left(\frac{2}{3^5}\right)^2+\cdots\right]$$

这个级数从第二项起是交错级数,如果取前 $n$ 项和作为$\sqrt[5]{245}$的近似值,则其误差(也叫作截断误差)$|r_n|\leqslant u_{n+1}$,可算得

$$|u_2|=3\times\frac{4\times 2^2}{2\times 5^2\times 3^{10}}=\frac{8}{25\times 3^9}<10^{-4}.$$

为了使误差不超过 $10^{-4}$,只要取其前两项作为其近似值即可,于是有

$$\sqrt[5]{245}\approx 3\left(1+\frac{1}{5}\cdot\frac{2}{243}\right)\approx 3.004\ 9.$$

**例 7**　利用 $\sin x\approx x-\frac{1}{3!}x^3$ 求 $\sin 9°$的近似值,并估计误差.

**解**　首先把角度化成弧度,

$$9°=\frac{\pi}{180}\times 9(\text{弧度})=\frac{\pi}{20}(\text{弧度}),$$

从而

$$\sin\frac{\pi}{20}\approx\frac{\pi}{20}-\frac{1}{3!}\left(\frac{\pi}{20}\right)^3.$$

其次,估计这个近似值的精确度,在 $\sin x$ 的幂级数展开式中令 $x=\frac{\pi}{20}$,得

$$\sin\frac{\pi}{20}=\frac{\pi}{20}-\frac{1}{3!}\left(\frac{\pi}{20}\right)^3+\frac{1}{5!}\left(\frac{\pi}{20}\right)^5-\frac{1}{7!}\left(\frac{\pi}{20}\right)^7+\cdots+\frac{(-1)^n}{(2n+1)!}\left(\frac{\pi}{20}\right)^{2n+1}+\cdots,$$

等式右端是一个收敛的交错级数,且各项的绝对值单调减少,取它的前两项之和作为 $\sin\frac{\pi}{20}$的近似值,其误差为

$$|r_2|\leqslant\frac{1}{5!}\left(\frac{\pi}{20}\right)^5<\frac{1}{120}\cdot(0.2)^5<\frac{1}{300\ 000}.$$

因此取

$$\frac{\pi}{20}\approx 0.157\ 080,\left(\frac{\pi}{20}\right)^3\approx 0.003\ 876,$$

于是得 $\sin 9°\approx 0.15643$,这时误差不超过 $10^{-5}$.

**例 8** 计算定积分

$$\frac{2}{\sqrt{\pi}}\int_0^{\frac{1}{2}}e^{-x^2}dx$$

的近似值,要求误差不超过 $10^{-4}\left(取\frac{1}{\sqrt{\pi}}\approx 0.564\ 19\right)$.

**解** 将 $e^x$ 的幂级数展开式中的 $x$ 换成 $-x^2$,得到被积函数的幂级数展开式

$$e^{-x^2}=1+\frac{(-x^2)}{1!}+\frac{(-x^2)^2}{2!}+\frac{(-x^2)^3}{3!}+\cdots=\sum_{n=0}^{\infty}(-1)^n\frac{x^{2n}}{n!}(-\infty<x<+\infty).$$

于是,根据幂级数在收敛区间内逐项可积,得

$$\frac{2}{\sqrt{\pi}}\int_0^{\frac{1}{2}}e^{-x^2}dx=\frac{2}{\sqrt{\pi}}\int_0^{\frac{1}{2}}\left[\sum_{n=0}^{\infty}(-1)^n\frac{x^{2n}}{n!}\right]dx=\frac{2}{\sqrt{\pi}}\sum_{n=0}^{\infty}\frac{(-1)^n}{n!}\int_0^{\frac{1}{2}}x^{2n}dx$$

$$=\frac{1}{\sqrt{\pi}}\left(1-\frac{1}{2^2\cdot 3}+\frac{1}{2^4\cdot 5\cdot 2!}-\frac{1}{2^6\cdot 7\cdot 3!}+\cdots+(-1)^n\frac{1}{2^{2n}\cdot(2n+1)\cdot n!}+\cdots\right).$$

前四项的和作为近似值,其误差为

$$|r_4|\leqslant\frac{1}{\sqrt{\pi}}\frac{1}{2^8\cdot 9\cdot 4!}<\frac{1}{90\ 000},$$

所以

$$\frac{2}{\sqrt{\pi}}\int_0^{\frac{1}{2}}e^{-x^2}dx\approx\frac{1}{\sqrt{\pi}}\left(1-\frac{1}{2^2\cdot 3}+\frac{1}{2^4\cdot 5\cdot 2!}-\frac{1}{2^6\cdot 7\cdot 3!}\right)\approx 0.520\ 5.$$

**例 9**　计算积分

$$\int_0^{0.5}\frac{1}{1+x^4}\mathrm{d}x$$

的近似值,要求误差不超过 $10^{-4}$.

**解**　因为

$$\frac{1}{1+x}=1-x+x^2-x^3+\cdots(-1)^n x^n+\cdots.$$

所以

$$\frac{1}{1+x^4}=1-x^4+x^8-x^{12}+\cdots+(-1)^n x^{4n}+\cdots$$

对上式逐项积分得

$$\begin{aligned}\int_0^{0.5}\frac{1}{1+x^4}\mathrm{d}x&=\int_0^{0.5}[1-x^4+x^8-x^{12}+\cdots+(-1)^n x^{4n}+\cdots]\mathrm{d}x\\&=\left[x-\frac{1}{5}x^5+\frac{1}{9}x^9-\frac{1}{13}x^{13}+\cdots+\frac{(-1)^n}{4n+1}x^{4n+1}+\cdots\right]_0^{0.5}\\&=0.5-\frac{1}{5}(0.5)^5+\frac{1}{9}(0.5)^9-\frac{1}{13}(0.5)^{13}+\cdots+\frac{(-1)^n}{4n+1}(0.5)^{4n+1}+\cdots\end{aligned}$$

上面级数为交错级数,所以误差 $|r_n|<\frac{1}{4n+1}(0.5)^{4n+1}$,经试算

$$\frac{1}{5}\cdot(0.5)^5\approx 0.006\ 25,\frac{1}{9}\cdot(0.5)^9\approx 0.000\ 22,\frac{1}{13}(0.5)^{13}\approx 0.000\ 009,$$

所以取前三项计算,即

$$\int_0^{0.5}\frac{1}{1+x^4}\mathrm{d}x\approx 0.500\ 00-0.006\ 25+0.000\ 22=0.493\ 97\approx 0.494\ 0.$$

**2. 欧拉公式**

设有复数项级数为

$$(u_1+\mathrm{i}v_1)+(u_2+\mathrm{i}v_2)+\cdots+(u_n+\mathrm{i}v_n)+\cdots,\tag{9-1}$$

其中 $u_n,v_n(n=1,2,3,\cdots)$ 为实常数或实函数. 如果实部所成的级数

$$u_1+u_2+\cdots+u_n+\cdots\tag{9-2}$$

收敛于和 $u$,并且虚部所成的级数

$$v_1+v_2+\cdots+v_n+\cdots\tag{9-3}$$

收敛于和 $v$,就说级数(9-1)收敛且其和为 $u+\mathrm{i}v$.

如果级数(9-1)各项的模所构成的级数

$$\sqrt{u_1^2+v_1^2}+\sqrt{u_2^2+v_2^2}+\cdots+\sqrt{u_n^2+v_n^2}+\cdots$$

收敛,则称级数(9-1)绝对收敛. 如果级数(9-1)绝对收敛,由于

$$|u_n|\leqslant\sqrt{u_n^2+v_n^2},|v_n|\leqslant\sqrt{u_n^2+v_n^2},n=1,2,\cdots,$$

那么级数(9-2),(9-3)绝对收敛,从而级数(9-1)收敛.

考察复数项级数

$$1+z+\frac{1}{2!}z^{2}+\cdots+\frac{1}{n!}z^{n}+\cdots, z=x+\mathrm{i}y, \tag{9-4}$$

可以证明级数(9-4)在整个复平面上是绝对收敛的,在 $x$ 轴上($z=x$)它表示指数函数 $\mathrm{e}^{x}$,在整个复平面上我们用它来定义复变量指数函数,记作 $\mathrm{e}^{z}$,于是 $\mathrm{e}^{z}$ 定义为

$$\mathrm{e}^{z}=1+z+\frac{1}{2!}z^{2}+\cdots+\frac{1}{n!}z^{n}+\cdots \quad (|z|<\infty). \tag{9-5}$$

当 $x=0$ 时,$z$ 为纯虚数 $\mathrm{i}y$,(9-5)式成为

$$\begin{aligned}\mathrm{e}^{\mathrm{i}y}&=1+\mathrm{i}y+\frac{1}{2!}(\mathrm{i}y)^{2}+\frac{1}{3!}(\mathrm{i}y)^{3}+\cdots+\frac{1}{n!}(\mathrm{i}y)^{n}+\cdots\\&=1+\mathrm{i}y-\frac{1}{2!}y^{2}-\mathrm{i}\frac{1}{3!}y^{3}+\frac{1}{4!}y^{4}+\mathrm{i}\frac{1}{5!}y^{5}-\cdots\\&=\left(1-\frac{1}{2!}y^{2}+\frac{1}{4!}y^{4}-\cdots\right)+\mathrm{i}\left(y-\frac{1}{3!}y^{3}+\frac{1}{5!}y^{5}-\cdots\right)=\cos y+\mathrm{i}\sin y\end{aligned}$$

把 $y$ 换写为 $x$,上式变为

$$\mathrm{e}^{\mathrm{i}x}=\cos x+\mathrm{i}\sin x \tag{9-6}$$

这就是欧拉公式.

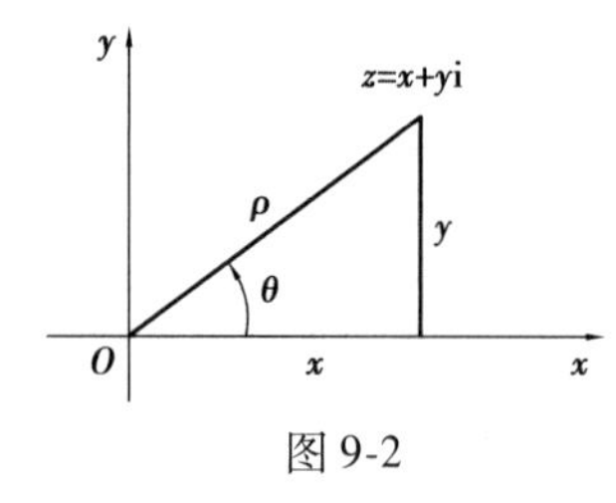

图 9-2

应用公式(9-6),复数 $z$ 可以表示为指数形式

$$z=\rho(\cos\theta+\mathrm{i}\sin\theta)=\rho\mathrm{e}^{\mathrm{i}\theta}, \tag{9-7}$$

其中 $\rho=|z|$ 是 $z$ 的模,$\theta=\arg z$ 是 $z$ 的辐角(图 9-2).

在(9-6)式中把 $x$ 换成 $-x$,又有

$$\mathrm{e}^{-\mathrm{i}x}=\cos x-\mathrm{i}\sin x \tag{9-8}$$

与(9-6)相加、相减,得

$$\begin{cases}\cos x=\dfrac{\mathrm{e}^{\mathrm{i}x}+\mathrm{e}^{-\mathrm{i}x}}{2}\\[2ex]\sin x=\dfrac{\mathrm{e}^{\mathrm{i}x}-\mathrm{e}^{-\mathrm{i}x}}{2\mathrm{i}},\end{cases} \tag{9-9}$$

这两个式子也叫作欧拉公式. 式(9-7)或式(9-8)揭示了三角函数与复变量指数函数之间的一种联系.

最后,根据定义式(9-5),并利用幂级数的乘法,我们不难验证

$$\mathrm{e}^{z_1+z_2}=\mathrm{e}^{z_1}\mathrm{e}^{z_2}.$$

特殊地,取 $z_1$ 为实数 $x$,$z_2$ 为纯虚数 $\mathrm{i}y$,则有

$$\mathrm{e}^{x+\mathrm{i}y}=\mathrm{e}^{x}\mathrm{e}^{\mathrm{i}y}=\mathrm{e}^{x}(\cos y+\mathrm{i}\sin y).$$

这就是说,复变量指数函数 $\mathrm{e}^{z}$ 在 $z=x+\mathrm{i}y$ 处的值是模为 $\mathrm{e}^{x}$,辐角为 $y$ 的复数.

# 案例分析与应用

## 案例分析 9.1　乘子效应参考答案

设想政府通过一项消减 100 亿元税收的法案,假设每个人将花费这笔额外收入的 93%,并把其余的存起来. 试估计消减税收对经济活动的总效应.

因为消减税收后人们的收入增加了,$0.93\times100$ 亿美元将被用于消费。对某些人来说,这些钱变成了额外的收入,它的 93% 又被用于消费,因此又增加了 $0.93^2\times100$ 亿美元的消费,这些钱的接受者又将花费它的 93%,即又增加了 $0.93^3\times100$ 亿美元的消费。如此下去,消减税收后所产生的新的消费的总和由下列无穷级数给出:

$$0.93\times100+0.93^2\times100+0.93^3\times100+\cdots+0.93^n\times100+\cdots$$

这是一个首项为 $0.93\times100$,公比为 0.93 的几何级数,此级数收敛,它的和为

$$\frac{0.93\times100}{1-0.93}=\frac{93}{0.07}\approx1\ 328.6(\text{亿美元})$$

即消减 100 亿元的税收将产生的附加的消费大约为 1 328.6 亿美元.

此例描述了乘子效应,每人将花费一美元额外收入的比例称作"边际消费倾向",记为 $MPC$. 在本例中,$MPC=0.93$,正如我们上面所讨论的,消减税收后所产生的附加消费的总和为

$$\text{附加消费的总和}=100\times\frac{0.93}{1-0.93}=[\text{消减税额}]\times\frac{MPC}{1-MPC},$$

消减税额乘以乘子$\frac{MPC}{1-MPC}$是它的实际效应.

## 案例分析 9.2　投资费用问题

设初始投资为 $p$,年利率为 $r$,$t$ 年重复一次投资. 这样第一次更新费用的现值为 $pe^{-rt}$,第二次更新费用的现值为 $pe^{-2rt}$,以此类推,投资费用 $D$ 为下列等比数列之和:

$$D=p+pe^{-rt}+pe^{-2rt}+\cdots+pe^{-nrt}+\cdots=\frac{p}{1-e^{-rt}}=\frac{pe^{rt}}{e^{rt}-1}.$$

**例**　建钢桥的费用为 380 000 元,每隔 10 年需要油漆一次,每次费用为 40 000 元,桥的期望寿命为 40 年;建造一座木桥的费用为 200 000 元,每隔 2 年需要油漆一次,每次的费用为 20 000 元,其期望寿命为 15 年,若年利率为 10%,问建造哪一种桥较为经济?

**解**　根据题意,桥的费用包括两部分:建桥费用+油漆费用.

对建钢桥　$p=380\ 000,r=0.1,t=40,rt=0.1\times40=4.$

建钢桥费用为

$$D_1=p+pe^{-4}+pe^{-2\times4}+\cdots+pe^{-n\times4}+\cdots=\frac{p}{1-e^{-4}}=\frac{pe^4}{e^4-1},$$

其中 $e^4 \approx 54.598$,则

$$D_1 = \frac{380\ 000 \times 54.598}{54.598 - 1} \approx 387\ 090.8.$$

油漆钢桥费用为

$$D_2 = \frac{40\ 000 \times e^{0.1\times 10}}{e^{0.1\times 10} - 1} \approx 63\ 278.8,$$

故建钢桥的总费用的现值为

$$D = D_1 + D_2 = 450\ 369.6.$$

类似地,建木桥的费用为

$$D_3 = \frac{200\ 000 \times e^{0.1\times 15}}{e^{0.1\times 15} - 1} \approx \frac{200\ 000 \times 4.482}{4.482 - 1} \approx 257\ 440.$$

油漆木桥费用为

$$D_4 = \frac{20\ 000 \times e^{0.1\times 2}}{e^{0.1\times 2} - 1} \approx \frac{20\ 000 \times 1.221\ 4}{1.221\ 4 - 1} \approx 110\ 243.8.$$

建木桥的总费用的现值为

$$D = D_3 + D_4 = 367\ 683.8.$$

现假设价格每年以备份率 $i$ 涨价,年利率为 $r$,若某种服务或项目的现在费用为 $p_0$ 时,则 $t$ 年后的费用为 $A_t = p_0 e^{it}$,其现值为

$$p_t = A_t e^{-rt} = p_0 e^{-(r-i)t}.$$

因此在通货膨胀的情况下,计算总费用 $D$ 的等比级数为

$$\begin{aligned} D &= p + pe^{-(r-i)t} + pe^{-2(r-i)t} + \cdots + pe^{-n(r-i)t} + \cdots \\ &= \frac{p}{1 - e^{-(r-i)t}} = \frac{pe^{(r-i)t}}{e^{(r-i)t} - 1}. \end{aligned}$$

### 案例 9.3　级数在工程上的应用

在土建工程中,常常遇到关于椭圆周长的计算问题.

设有椭圆$\frac{x^2}{a^2}+\frac{y^2}{b^2}=1$,求它的周长.

把椭圆方程写成参数形式:

$$\begin{cases} x = a\cos\theta \\ y = b\sin\theta \end{cases} \quad (0 \leqslant \theta \leqslant 2\pi).$$

记椭圆的离心率为 $c$,即 $c=\frac{1}{a}\sqrt{a^2-b^2}$,则椭圆的弧微分

$$\begin{aligned} ds &= \sqrt{(dx)^2 + (dy)^2} = \sqrt{a^2\sin^2\theta + b^2\cos^2\theta}\,d\theta \\ &= \sqrt{a^2 - (a^2 - b^2)\cos^2\theta}\,d\theta = a\sqrt{1 - c^2\cos^2\theta}\,d\theta. \end{aligned}$$

所以椭圆的周长

$$s = 4\int_0^{\frac{\pi}{2}} ds = 4a\int_0^{\frac{\pi}{2}} \sqrt{1 - c^2\cos^2\theta}\,d\theta.$$

由于$\int\sqrt{1-c^2\cos^2\theta}\,\mathrm{d}\theta$不是初等函数,不能直接积分,我们用函数的幂级数展开式推导椭圆周长的近似公式易得

$$\sqrt{1+x}=1+\frac{1}{2}x-\frac{1}{8}x^2+\frac{3}{48}x^3-\cdots\quad(-1\leqslant x\leqslant 1).$$

又因为$0\leqslant c<1$,从而$0\leqslant\cos\theta<1\left(0\leqslant\theta\leqslant\frac{\pi}{2}\right)$,由上式得

$$\frac{1}{a}\sqrt{a^2-b^2}\approx 1-\frac{1}{2}c^2\cos^2\theta.$$

于是

$$s=4a\int_0^{\frac{\pi}{2}}\left(1-\frac{1}{2}c^2\cos^2\theta\right)\mathrm{d}\theta=4a\int_0^{\frac{\pi}{2}}\left(1-\frac{1}{2}c^2\frac{1+\cos 2\theta}{2}\right)\mathrm{d}\theta=2\pi a\left(1-\frac{c^2}{4}\right),$$

所以椭圆周长的近似公式为

$$s\approx 2\pi a\left(1-\frac{c^2}{4}\right).$$

利用上述方法还可推出椭圆周长的幂级数展开式,并由此得出更精确的近似计算公式

$$s\approx 2\pi a\left(1-\frac{1}{4}c^2-\frac{3}{64}c^4\right).$$

## 习题九

1. 写出下列级数的前四项.

(1) $\sum\limits_{n=1}^{\infty}\frac{n!}{n^n}$;　　(2) $\sum\limits_{n=1}^{\infty}(-1)^n\left[1-\frac{(n-1)^2}{n+1}\right]$.

2. 写出下列级数的一般项(通项).

(1) $-1+\frac{1}{2}-\frac{1}{4}+\frac{1}{8}-\cdots$;　　(2) $\frac{a^2}{3}-\frac{a^3}{5}+\frac{a^4}{7}-\frac{a^5}{9}+\cdots$;

(3) $1+\frac{1}{3}+\frac{1}{5}+\frac{1}{7}+\cdots$.

3. 根据级数收敛性的定义,判断下列级数的敛散性.

(1) $\sum\limits_{n=1}^{\infty}\ln\left(1+\frac{1}{n}\right)$;　　(2) $\sin\frac{\pi}{6}+\sin\frac{2\pi}{6}+\cdots+\sin\frac{n\pi}{6}+\cdots$.

4. 判断下列级数的敛散性.

(1) $\sum\limits_{n=1}^{\infty}\frac{1}{n+3}$;　　(2) $\frac{1}{3}+\frac{1}{6}+\frac{1}{9}+\cdots+\frac{1}{3n}+\cdots$;

(3) $\sum\limits_{n=1}^{\infty}\frac{n}{2n+1}$;　　(4) $-2+2-2+2-\cdots+(-1)^n2+\cdots$.

5. 用比较审敛法判定下列级数的收敛性.

(1) $\sum\limits_{n=1}^{\infty}\frac{1}{2n^2+1}$;　　(2) $\sum\limits_{n=1}^{\infty}\frac{1}{(n+1)(n+2)}$;

(3) $\sum_{n=1}^{\infty}\sqrt{\frac{n}{n+1}}$;　　(4) $\sum_{n=1}^{\infty}\sin\frac{\pi}{2^n}$;

(5) $\sum_{n=1}^{\infty}\frac{1}{1+a^n}(a>0)$.

6. 用比值审敛法判定下列级数的敛散性.

(1) $\sum_{n=1}^{\infty}\frac{2^n}{n!}$;　　(2) $\sum_{n=1}^{\infty}\frac{3^n\cdot n!}{n^n}$;

(3) $\sum_{n=1}^{\infty}\left(\frac{n}{2n+1}\right)^n$;　　(4) $\sum_{n=1}^{\infty}n\tan\frac{\pi}{2^{n+1}}$.

7. 判定下列级数的敛散性.

(1) $\sum_{n=1}^{\infty}\frac{n}{2^n}$;　　(2) $\sum_{n=1}^{\infty}\left(\frac{n}{n+1}\right)^n$;

(3) $\sum_{n=1}^{\infty}2^n\sin\frac{\pi}{3^n}$;　　(4) $\sum_{n=1}^{\infty}\frac{n^4}{n!}$;

(5) $\sum_{n=1}^{\infty}\frac{n(n+1)}{n^2+1}$.

8. 判定下列级数是否收敛？若收敛,是绝对收敛还是条件收敛？

(1) $\sum_{n=1}^{\infty}(-1)^{n+1}\frac{1}{\sqrt{n}}$;　　(2) $\sum_{n=1}^{\infty}(-1)^{n-1}\frac{1}{\ln(n+1)}$;

(3) $\sum_{n=1}^{\infty}(-1)^{n-1}\sin\frac{1}{n}$;　　(4) $\sum_{n=1}^{\infty}(-1)^{n-1}\frac{\ln n}{n}$.

9. 求下列幂级数的收敛区间.

(1) $\sum_{n=1}^{\infty}nx^n$;　　(2) $\sum_{n=1}^{\infty}\frac{(-1)^n}{n}x^n$;

(3) $\sum_{n=1}^{\infty}\frac{(x+2)^n}{n\cdot 2^n}$;　　(4) $\sum_{n=1}^{\infty}(-1)^n\frac{x^{2n+1}}{2n+1}$;

(5) $\sum_{n=1}^{\infty}\frac{(x-5)^n}{n}$;　　(6) $\sum_{n=1}^{\infty}\frac{2^n}{n^2+1}x^n$;

(7) $\sum_{n=1}^{\infty}\frac{2^n}{n}(x-1)^n$;　　(8) $\sum_{n=1}^{\infty}\frac{(x-5)^n}{\sqrt{n}}$.

10. 利用逐项求导法或逐项积分法,求下列级数的和函数.

(1) $\sum_{n=1}^{\infty}2nx^{2n-1}\ |x|<1$;　　(2) $\sum_{n=1}^{\infty}\frac{x^{2n-1}}{2n-1}$.

11. 将下列函数展开成 $x$ 的幂级数,并求展开式成立的区间.

(1) $y=a^x(a>0,a\neq 1)$;　　(2) $y=\frac{1}{(1+x)^2}$;

(3) $y=\sin\frac{x}{3}$;　　(4) $y=\ln(2-x)$;

(5) $y=\frac{1}{\sqrt{1-x^2}}$;　　(6) $y=(1+x)\ln(1+x)$.

12. 将函数$f(x)=\ln x$展开成$(x-1)$的幂级数.

13. 将函数$f(x)=\dfrac{1}{x}$展开成$(x-3)$的幂级数.

14. 利用函数的幂级数展开式求 ln 3 的近似值(误差不超过 0. 000 1).

15. 利用欧拉公式将函数$e^x\cos x$展开成$x$的幂级数.

16. 某合同规定,从签约之日起由甲方永不停止地每年支付给乙方 300 万元人民币,设利率为每年 5%,分别以(1)年复利计算利息;(2)连续复利计算利息,则该合同的现值等于多少?

17. 钢筋混凝土椭圆薄壳基础内某根椭圆形钢筋的尺寸为:长半轴为 1 m,短半轴为$\dfrac{\sqrt{2}}{2}$ m. 试求这钢筋的长度(精确到小数点后三位).

**思政小课堂**

华罗庚(1910—1985),祖籍江苏丹阳,数学家中国科学院院士,美国国家科学院外籍院士,中国解析数论创始人和开拓者,被誉为“中国现代数学之父”.

华罗康主要从事解析数论、矩阵几何学、典型群、自守函数论、多复变函数论、偏微分方程、高维数值积分等领域的研究,解决了高斯完整三角和的估计难题、华林和塔里问题改进、一维射影几何基本定理证明、近代数论方法应用研究等,被列为芝加哥科学技术博物馆中当今世界 88 位数学伟人之一. 国际上以华氏命名的数学科研成果有“华氏定理”“华氏不等式”“华-王方法”等.

华罗庚一生留下了 10 部巨著,其中 8 部在国外翻译出版,已列入 20 世纪数学的经典著作之列. 此外,还有学术论文 150 余篇,科普作品《优选法平话及其补充》《统筹法平话及补充》等,辑为《华罗庚科普著作选集》.

华罗庚先生作为当代自学成才的科学巨匠和誉满中外的著名数学家,一生致力于数学研究和发展,并以科学家的博大胸怀提携后进和培养人才,以高度的历史责任感投身科普和应用数学推广,为数学科学事业的发展作出了贡献,为祖国现代化建设付出了毕生精力.

# 第十章
# 数学实验与 Matlab

## 数学实验一　利用 Matlab 作基本运算与绘制函数图像

### 一、实验任务

1. 熟悉 Matlab 的界面、基本功能和基本操作.

2. 学习利用 Matlab 进行基本运算.

3. 学习利用 Matlab 绘制函数图像.

### 二、实验过程

1. Matlab 简介

Matlab 是美国 Mathworks 公司开发的一款商业数学软件,具有强大的功能,可用于算法开发、数据可视化、数据分析及数值计算,将人们从烦琐的手工计算中彻底解放出来.下面以 Matlab R2021a 版本为例介绍 Matlab 的基本操作.

图 10-1

1)软件的启动与运行

安装完 Matlab 软件并激活后,该软件会在桌面上形成一个 Matlab 的图标,如图 10-1 所示.

双击该图标,打开 Matlab,进入其主界面,如图 10-2 所示.

该界面主要由标题栏、选项区、功能区、工具栏、导航窗口、命令窗口、工作空间、命令历史、状态栏等组成.

(1)标题栏:标题栏位于窗口的最上方,主要显示软件的名称以及“最小化”按钮、“最大化/还原”按钮、“关闭”按钮等.

(2)选项区:选项区包括 3 个选项卡,分别是主页、绘制和应用,每个选项卡下面包含多个

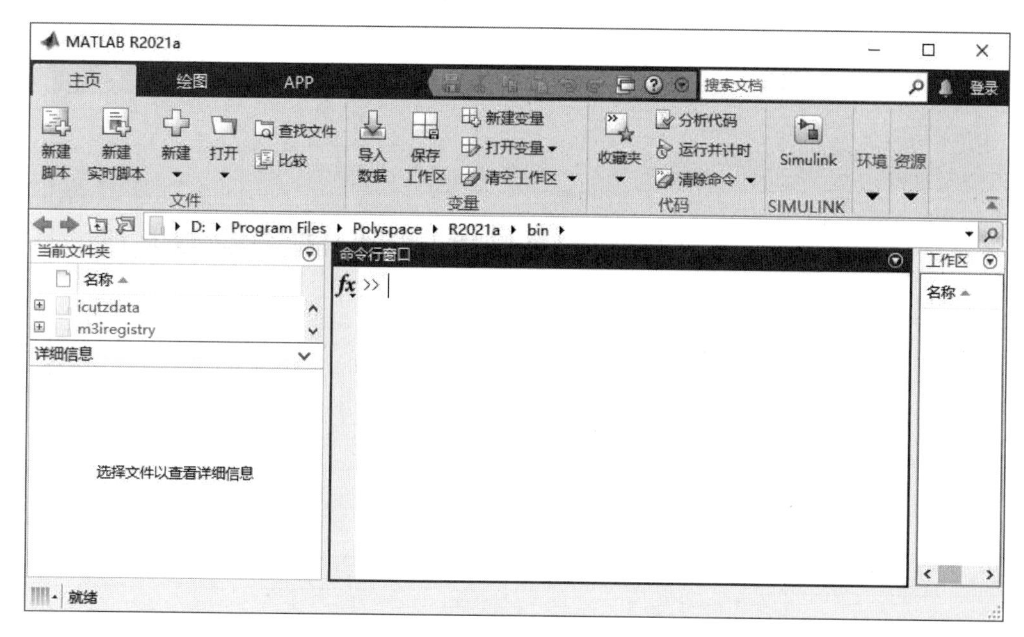


图 10-2

功能区，是 Matlab 软件众多功能的“集散地”.

(3)功能区：功能区分散在各个选项卡下，是众多命令的集合，用于实现不同的功能操作.

(4)工具栏：Matlab 窗口中的工具栏位于两个位置，与选项区并行显示的是快速工具栏，其中包括一些比较常用的按钮，如“保存”按钮、“剪切”按钮、“复制”按钮、“撤销”按钮等，位于功能区下方的是常规工具栏，主要包括“后退”按钮、“前进”按钮、“上一级”按钮、“浏览”按钮、地址栏等.

(5)导航窗口：该窗口中显示的是目录层级.

(6)命令窗口：该窗口是工作窗口，用于程序的输入和执行结果的显示.

(7)工作空间：该窗口存放着图片的数组信息.

(8)命令历史：该窗口中显示了所有命令的输入和执行历史记录.

2)输入与输出

启动 Matlab 软件后，可以通过键盘在命令窗口中输入程序和命令，然后按“Enter”键，系统自动运算并输出结果，例如，计算 $\sin\dfrac{\pi}{2}$的值，可以在命令窗口中输入 sin(pi/2)，然后按“Enter”键，即可得到计算结果，如图 10-3 所示.

**2. 基本运算**

在 Matlab 中，和、差、积、商、乘方运算分别用+、-、*、/、^来表示，其运算顺序与一般运算顺序一致，即先乘方，后乘除，最后是加减，要改变运算顺序可以使用小括号“()”.

**例 1**　计算$[4+2\times(5-1)]\div2^2$.

在命令窗口中输入：

```
>>(4+2*(5-1))/2^2
```

按“Enter”键，得到如下计算结果：

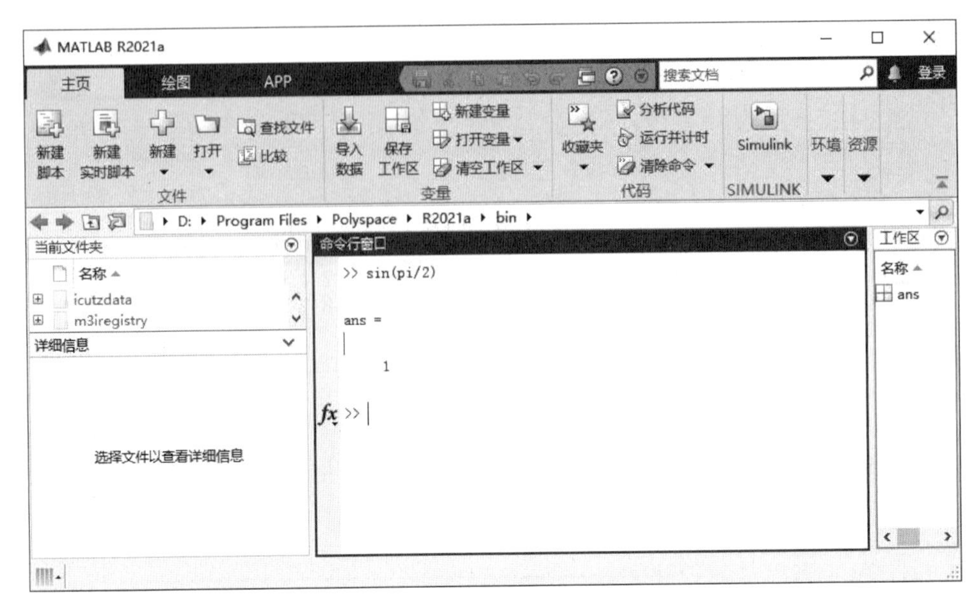


图 10-3

```
Ans =
3
```

### 3. 绘制函数图像

在 Matlab 中绘制二维曲线函数图像的命令,最基本的是 Plot 和 Fplot,如表 10-1 所示.

表 10-1

| 命令 | 说明 |
| --- | --- |
| Plot(x,y) | 绘制函数 $y=f(x)$ 的图像 |
| Fplot(@ (x)(fun,[ab]) | 在区间 $[a,b]$ 上绘制函数 fun(函数表达式)的图像 |

**例 2** 作出函数 $y=\sin x$ 在 $[0,2\pi]$ 上的图像.

**解** 运行 Matlab,在命令窗口输入:

```
>>x = 0:0.01:2* pi;
>>plot(x,sin(x)),[0,2* pi])
```

按“Enter”键,图像如图 10-4 所示.

**例 3** 在同一个坐标系下作出两个曲线 $y=\sin(x+1)$ 和 $y=\cos x+1$ 在区间 $[0,2\pi]$ 上的图像.

**解** 运行 Matlab,在命令窗口输入:

```
>>fplot(@ (x)([sin(x+1),(cos(x)+1)],[0,2* pi])
```

按“Enter”键,图像如图 10-5 所示.

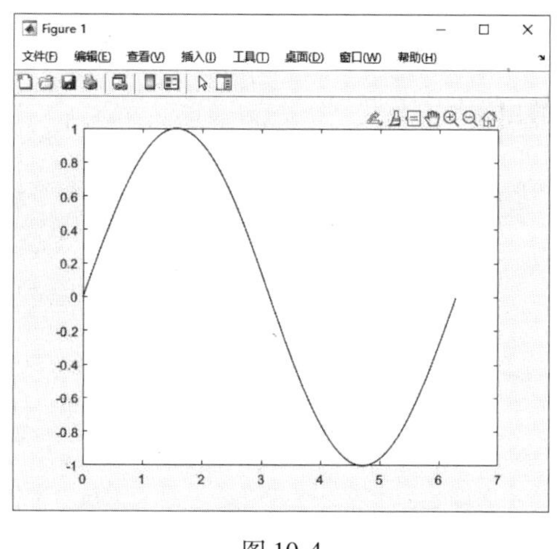


图 10-4

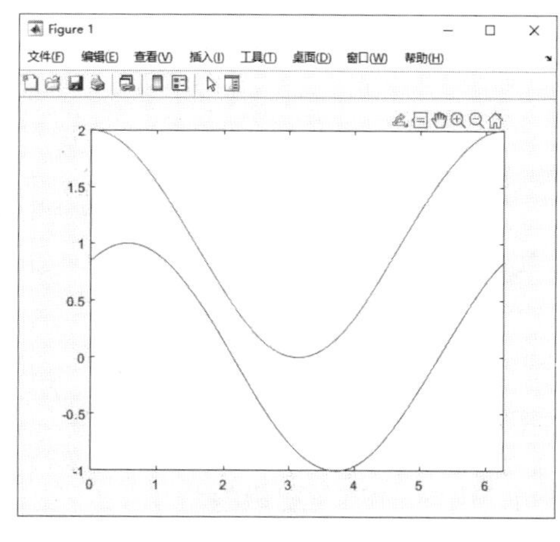


图 10-5

**例 4**　将屏幕分成四部分,用 subplot(m,n,k)命令分别画出 $y=\sin x$,$y=\cos x$,$y=\tan x$,$y=x^3$ 四个函数的图像.

**解**　运行 Matlab,在命令窗口输入:

```
>>subplot(2,2,1),fplot(@ (x)(sin(x)),‘r’)
>> subplot(2,2,1),fplot(@ (x)(cos(x)),‘g’)
>> subplot(2,2,1),fplot(@ (x)(tan(x)),'b’)
>> subplot(2,2,1),fplot(@ (x)(x^3))
```

按“Enter”键,图像如图 10-6 所示.

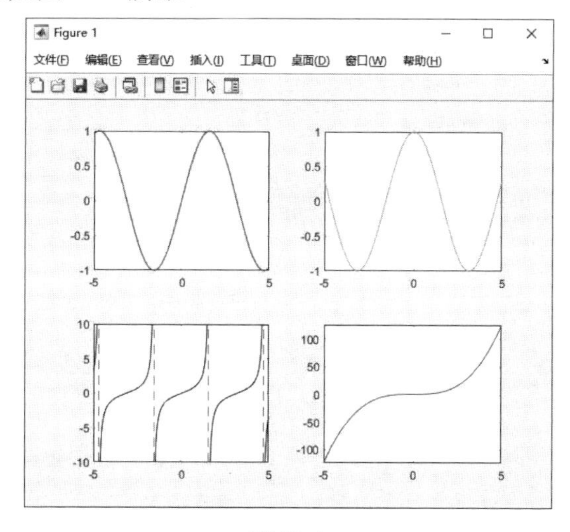


图 10-6

# 数学实验二　利用 Matlab 求极限

## 一、实验任务

学习利用 Matlab 求极限.

## 二、实验过程

### 1. Matlab 中有关极限的命令

Matlab 中有关极限的命令如表 10-2 所示.

表 10-2

| 命令 | 说明 |
| --- | --- |
| limit(fun,x,-inf) | 求函数在 $x\to-\infty$ 时的极限 |
| limit(fun,x,inf) | 求函数在 $x\to+\infty$ 时的极限 |
| limit(fun,x,a) | 求函数在 $x\to a$ 时的极限 |
| limit(fun,x,a,'right') | 求函数在 $x\to a^+$ 时的极限 |
| limit(fun,x,a,'left') | 求函数在 $x\to a^-$ 时的极限 |

### 2. 例题

**例 1**　利用 Matlab 求下列极限.

(1) $\lim\limits_{x\to0}\frac{\arctan x}{x}$；(2) $\lim\limits_{x\to\infty}\left(\frac{x+1}{x-1}\right)^x$；(3) $\lim\limits_{x\to0}\frac{e^x-1}{x}$.

**解**　(1)运行 Matlab,在命令窗口输入:

```
>>syms x                                  % 定义符号变量
>>limit(atan(x)/x,x,0)                    % 求函数在 x→0 时的极限
```

按"Enter"键,得到计算结果如下:

```
ans =
1
```

即 $\lim\limits_{x\to0}\frac{\arctan x}{x}=1$.

(2)运行 Matlab,在命令窗口输入:

```
>>syms x                                  % 定义符号变量
>>limit(((x+1)/(x-1))^x,x,inf)            % 求函数在 x→∞ 时的极限
```

按"Enter"键,得到计算结果如下:

```
ans =
exp(2)
```

即 $\lim\limits_{x\to\infty}\left(\frac{x+1}{x-1}\right)^x=e^2$.

(3)运行 Matlab,在命令窗口输入:

```
>>syms x                                % 定义符号变量
>>limit((exp(x)-1)/x,x,0)               % 求函数在 x→0 时的极限
```

按"Enter"键,得到计算结果如下:

```
ans =
1
```

即 $\lim\limits_{x\to 0}\frac{e^x-1}{x}=1$.

**例 2**　利用 Matlab 判断下列极限是否存在.

(1) $\lim\limits_{x\to 1}\frac{x^3-1}{x-1}$;　　　(2) $\lim\limits_{x\to 0^-}e^{\frac{1}{x}}$, $\lim\limits_{x\to 0^+}e^{\frac{1}{x}}$, $\lim\limits_{x\to 0}e^{\frac{1}{x}}$.

**解**　(1)运行 Matlab,在命令窗口输入:

```
>>syms x                                % 定义符号变量
>>limit((x^3-1)/(x-1),x,1)              % 求函数在 x→1 时的极限
```

按"Enter"键,得到计算结果如下:

```
ans =
3
```

即 $\lim\limits_{x\to 1}\frac{x^3-1}{x-1}=3$.

(2)运行 Matlab,在命令窗口输入:

```
>>syms x                                % 定义符号变量
>>limit(exp(1/x),x,0,'left')            % 求函数在 x=0 时的左极限
```

按"Enter"键,得到计算结果如下:

```
ans =
0
```

即 $\lim\limits_{x\to 0^-}e^{\frac{1}{x}}=0$.

继续在命令窗口中输入:

```
>>limit(exp(1/x),x,0,'right')
```

按“Enter”键,得到计算结果如下:

```
ans =
inf
```

即 $\lim\limits_{x\to0^+}e^{\frac{1}{x}}$不存在.

由于 $\lim\limits_{x\to0^+}e^{\frac{1}{x}}$不存在,所以 $\lim\limits_{x\to0}e^{\frac{1}{x}}$也不存在.

# 数学实验三　利用 Matlab 求导数

## 一、实验任务

学习利用 Matlab 求函数的导数.

## 二、实验过程

### 1. Matlab 中有关函数导数的命令

Matlab 中有关函数导数的命令如表 10-3 所示.

表 10-3

| 命令 | 说明 |
| --- | --- |
| diff(f,x) | 求函数 $f$ 对自变量 $x$ 的一阶导数 |
| diff(f,x,2) | 求函数 $f$ 对自变量 $x$ 的二阶导数 |
| diff(f,x,n) | 求函数 $f$ 对自变量 $x$ 的 $n$ 阶导数 |

### 2. 例题

**例 1**　求下列函数的一阶导数.

(1) $y=\ln\sqrt{\dfrac{1+\sin x}{1-\sin x}}$;　　(2) $y=\dfrac{e^{\sin x}}{\cos(\ln x)}$.

**解**　运行 Matlab,在命令窗口输入:

```
>>syms x
>>y = 1/2* log((1+sin(x))/(1-sin(x)));
>>y1 = diff(y,x)
```

按“Enter”键,得到结果如下:

```
Y1 =((sin(x)-1)* (cos(x)/(sin(x)-1)-(cos(x)* (sin(x)+1))/(sin(x)-1)^2))/
(2* (sin(x)+1)
```

可以发现,该结果十分烦琐,利用 simplify 命令对该结果进行化简处理,继续在命令窗口中输入:

```
>>y2 = simplify(y1)
```

按“Enter”键,得到结果如下:

```
Y2 =
1/cos(x)
```

即 $y'=\dfrac{1}{\cos x}$.

(2)运行 Matlab,在命令窗口输入:

```
>> syms x
>>f = diff(exp(sin(x))/cos(log(x)),x)
```

按“Enter”键,得到结果如下:

```
f =
(exp(sin(x))* cos(x))/cos(log(x))+(sin(log(x))* exp(sin(x)))/(x* cos
((log(x))^2)
```

即 $y'=\dfrac{e^{\sin x}[x\cos x\times\cos(\ln x)+\sin(\ln x)]}{x\cos^2(\ln x)}$.

**例 2**　求下列函数的高阶导数.

(1) $y=e^{x^2}-\sin^2 x$,求 $y''$;　　(2) $y=x^2+\sqrt{1+x^2}$,求 $y'''$.

**解**　(1)运行 Matlab,在命令窗口输入:

```
>>syms x
>>y = exp(x^2)-sin(x)^2;
>>y1 = diff(y,x,2)
```

按“Enter”键,得到结果如下:

```
Y1 =
2* exp(x^2)-2* cos(x)^2+2* sin(x)^2+4* x^2* exp(x^2)
```

使用 simplify 化简结果,输入:

```
>>y2 = simplify(y1)
```

按“Enter”键,得到结果如下:

```
Y2 =
2* exp(x^2)-2* cos(2* x)+4* x^2* exp(x^2)
```

即 $y''=2e^{x^2}(1+2x^2)-2\cos 2x$.

(2)运行 Matlab,在命令窗口输入:

```
>>syms x
>>y = x^2+sqrt(1+x^2);
>>y1 = diff(y,x,3)
```

按"Enter"键,得到结果如下:

```
Y1 =
(3* x^3)/(x^2+1)^(5/2)-(3* x)/(x^2+1)^(3/2)
```

即 $y'''=\frac{3x^3}{\sqrt{(1+x^2)^5}}-\frac{3x}{\sqrt{(1+x^2)^3}}$.

# 数学实验四　利用 Matlab 求极值

## 一、实验任务

学习利用 Matlab 求函数的极值.

## 二、实验过程

**1. Matlab 中求函数极值、最值的命令**

Matlab 中求函数极值、最值的命令如表 10-4 所示.

**表 10-4**

| 命令 | 说明 |
|---|---|
| subs(diff(f,x,n)k) | 求函数表达式 $f$ 对自变量 $x$ 的 $n$ 阶导数在点 $x=k$ 处的值 |
| [x1,f1]=fminbnd(f,a,b) | 求函数表达式 $f$ 区间 $[a,b]$ 上的最小值点 $x_1$ 及最小值 $f_1$ |

**2. 例题**

**例 1**　求 $y=\sin^4 x-2\cos 3x$ 在点 $x=\frac{\pi}{2}$ 时的三阶导数.

**解**　运行 Matlab,在命令窗口输入:

```
>>syms x
>>y = sin(x)^4-2* cos(3* x);
>>a = subs(diff(y,x,3),pi/2)
```

按"Enter"键,得到结果如下:

```
a =
54
```

即 $y'''\big|_{x=\frac{\pi}{2}}=54$.

**例 2**　求函数 $y=-x^4+2x^2$ 在区间(−2,2)内的极值.

**解**　(1)作出函数 $y=-x^4+2x^2$ 在区间(−2,2)内的图像.

运行 Matlab,在命令窗口输入:

```
>>syms x
>>fplot(-x^4+2* x^2,[-2,2])
```

按"Enter"键,得到的图像如图 10-7 所示.

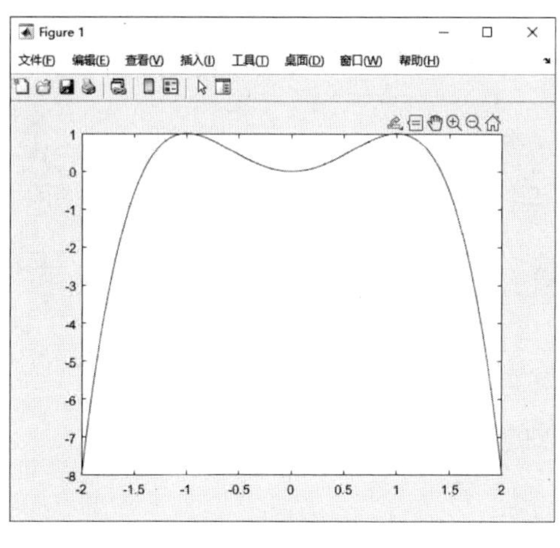


图 10-7

(2)观察图形,可以发现函数的两个极大值点和一个极小值点的位置.下面来求函数在区间(−2,2)上的极值.

在命令窗口输入:

```
>>f = inline(-x^4+2* x^2);          % 定义函数 f
>>[x1,y1] = fminbnd(f,-0.5,0.5)      % 求函数 f 在[-0.5,0.5]上的极小值点 x1 和极小值 y1
```

按"Enter"键,得到结果如下:

```
X1 =
0
Y1 =
0
```

继续输入:

```
>>g = inline(x^4-2* x^2);  % 定义函数 g=-f
>>[x2,y2] = fminbnd(g,-1.5,-0.5),[x3,y3] = fminbnd(g,0.5,1.5)
```

按"Enter"键,得到结果如下:

```
X2 =
-1.0000
Y2 =
-1.0000
X3 =
1.0000
Y3 =
-1.0000
```

即函数在区间$(-2,2)$内的极大值是$y\big|_{x=\pm1}=1$，极小值是$y\big|_{x=0}=0$.

## 数学实验五　利用 Matlab 求不定积分

### 一、实验任务

学习利用 Matlab 求函数的不定积分.

### 二、实验过程

**1. 用 Matlab 求不定积分的命令**

用 Matlab 求不定积分的命令是 int，其说明如表 10-5 所示.

**表 10-5**

| 命令 | 说明 |
| --- | --- |
| int(f) | 求函数$f$的不定积分 |

**2. 例题**

**例**　求下列不定积分.

(1) $\int\left(x^5+x^3-\frac{\sqrt{x}}{4}\right)dx$；(2) $\int\frac{\sin x+\cos x}{\sqrt[3]{\sin x-\cos x}}dx$；(3) $\int\frac{1}{\sqrt{x^2-a^2}}dx$.

**解**　(1)运行 Matlab，在命令窗口输入：

```
>>syms x
>>int(x^5+x^3-sqrt(x)/4,x)
```

按“Enter”键，得到结果如下：

```
ans =
x^4/4-x^(3/2)/6+x^6/6
```

即 $\int\left(x^5+x^3-\frac{\sqrt{x}}{4}\right)\mathrm{d}x=\frac{1}{4}x^4-\frac{1}{6}x^{\frac{3}{2}}+\frac{1}{6}x^6+C.$

(2)在命令窗口输入:

```
>>f1 = sin(x)+cos(x);f2 =(sin(x)-cos(x))^(1/3);
>>f = f1/f2;
>>F = int(f)
```

按"Enter"键,得到结果如下:

```
F =
(3* (sin(x)-cos(x))^(2/3))/2
```

即 $\int\frac{\sin x+\cos x}{\sqrt[3]{\sin x-\cos x}}\mathrm{d}x=\frac{3}{2}\sqrt[3]{(\sin x-\cos x)^2}+C.$

(3)在命令窗口输入:

```
>>syms x a
>>f1 = int(1/sqrt(x^2-a^2));
>>f = simpliy(f1)
```

按 Enter 键,得到结果如下:

```
f =
log(x+(x^2-a^2)^(1/2))
```

即 $\int\frac{1}{\sqrt{x^2-a^2}}\mathrm{d}x=\ln(x+\sqrt{x^2-a^2})+C.$

## 数学实验六　利用 Matlab 求定积分

### 一、实验任务

学习利用 Matlab 求定积分.

### 二、实验过程

**1. 用 Matlab 求定积分的命令**

用 Matlab 求定积分的命令及说明如表 10-6 所示.

表 10-6

| 命令 | 说明 |
|---|---|
| int(f,a,b) | 求函数 $f$ 在区间 $[a,b]$ 上的积分值 |

2. **例题**

**例**　用 Matlab 求下列定积分.

(1) $\int_1^2 (2x+1)\mathrm{d}x$;(2) $\int_{-\infty}^{+\infty} \frac{1}{x^2+2x+2}\mathrm{d}x$.

**解**　(1)运行 Matlab,在命令窗口输入:

```
>>syms x
>>int(2* x+1,1,2)
```

按“Enter”键,得到计算结果:

```
ans =
4
```

即 $\int_1^2 (2x+1)\mathrm{d}x = 4$.

(2)运行 Matlab,在命令窗口输入:

```
>>syms x
>>int(1/(x^2+2* x+2),-inf,inf)
```

按“Enter”键,得到计算结果:

```
ans =
Pi
```

即 $\int_{-\infty}^{+\infty} \frac{1}{x^2+2x+2}\mathrm{d}x = \pi$.

## 数学实验七　利用 Matlab 求偏导数和二重积分

### 一、实验任务

学习利用数学软件 Matlab 求多元函数的偏导数和二重积分.

### 二、实验过程

**1. 用 Matlab 求多元函数的偏导数和二重积分命令**

用 Matlab 求多元函数的偏导数和二重积分的命令和说明如表 10-7 所示.

**表 10-7**

| 命令 | 说明 |
|---|---|
| diff(f,x,n) | 求多元函数 $f$ 的偏导数,其中 $n$ 为所求偏导数的阶数 |

续表

| 命令 | 说明 |
| --- | --- |
| Int(int(f,y,c,d),x,a,b) | 求多元函数 $f$ 在 $x\in[a,b]$, $y\in[c,d]$ 积分区域内的二重积分 |

2. 例题

**例 1**　已知 $f(x,y,z)=\sin(x^2-y^3+5z)$，求 $\frac{\partial f}{\partial x}$, $\frac{\partial^3 f}{\partial x\partial y\partial z}$, $\frac{\partial^3 f}{\partial z^3}$.

**解**　运行 Matlab，在命令窗口中输入：

```
>>syms x y z
>>f=sin(x^2-y^3+5* z;
>>fx=diff(f,x);
>>fxy=diff(fx,y);
>>fxyz=diff(fxy,z);
>>fz3=diff(f,z,3);
>>fx,fxyz,fz3
```

按"Enter"键，得到如下结果：

```
fx=
2* x* cos(x^2-y^3+5* z)
fxyz=
30* x* y^2* cos(x^2-y^3+5* x)
fz3=
-125* cos(x^2-y^3+5* z)
```

即 $\frac{\partial f}{\partial x}=2x\cos(x^2-y^3+5z)$，$\frac{\partial^3 f}{\partial x\partial y\partial z}=30xy^2\cos(x^2-y^3+5z)$ $\frac{\partial^3 f}{\partial z^3}=-125\cos(x^2-y^3+5z)$.

**例 2**　计算二重积分 $I=\iint_D x^2 e^{-y^2}dxdy$，其中 $D$ 是由直线 $x=0$, $y=1$, $y=x$ 围成的区域.

**解**　先将二重积分化为二次积分的形式，即

$$I=\int_0^1 dy\int_0^y x^2 e^{-y^2}dx,$$

或

$$I=\int_0^1 dx\int_x^1 x^2 e^{-y^2}dy.$$

(1)按第一种形式求解，运行 Matlab，在命令窗口中输入：

```
>>syms x y
>>int(int(x^2* exp(-y^2)),x,0,y),y,0,1)
```

按"Enter"键，得到计算结果：

```
ans =
1/6-exp(-1)/3
```

即 $I = \iint_D x^2 e^{-y^2} dxdy = \frac{1}{6} - \frac{e^{-1}}{3}$.

(2)按第二种形式求解,运行 Matlab,在命令窗口输入:

```
>>syms x y
>>int(int(x^2* exp(-y^2),yx,1),x,0,1)
```

按“Enter”键,得到计算结果:

```
ans =
1/6-exp(-1)/3
```

两次计算的结果一致.

**例 3** 用 Matlab 计算二重积分 $A = \int_0^1 dx \int_x^{x+1} (x^2 + y^2 + 1) dy$.

**解** 运行 Matlab,在命令窗口中输入:

```
>>syms x y
>>int(int(x^2+y^2+1,y,x,x+1),x,0,1)
```

按“Enter”键,得到计算结果:

```
ans =
5/2
```

# 数学实验八 利用 Matlab 求常微分方程的通解

## 一、实验任务

学习利用数学软件 Matlab 求常微分方程的通解.

## 二、实验过程

### 1. 用 Matlab 求微分方程的解的命令

用 Matlab 求微分方程的解的命令如表 10-8 所示.

表 10-8

| 命令 | 说明 |
| --- | --- |
| dsolve(‘f 方程 1,方程 2,…’,‘条件 1,条件 2,…’,‘x’) | (1)对给定的常微分方程(组)中指定的自变量 $x$ 与给定的初始条件,求解析解<br>(2)在描述微分方程时,用 $D2y$ 这样的记号表示 $y''$,用 $Dy(1)=2$ 这类记号表示 $y'\big|_{x=1}=2$ 这样的初始条件 |

2. 例题

**例 1**　求常微分方程 $y'+y\cos x=\mathrm{e}^{-\sin x}$ 的解.

**解**　运行 Matlab,在命令窗口输入:

```
>>syms x y
>>dsolve('Dy+y* cos(x)=exp(-sin(x))','x')
```

按"Enter"键,得到如下结果:

```
ans =
C1* exp(-sin(x))+x* exp(-sin(x))
```

即 $y'+y\cos x=\mathrm{e}^{-\sin x}$ 的通解为 $C_1\mathrm{e}^{-\sin x}+x\mathrm{e}^{-\sin x}$.

**例 2**　求解微分方程 $\frac{\mathrm{d}y}{\mathrm{d}x}+2xy=x\mathrm{e}^{-x^2}$,并加以验证.

**解**　运行 Matlab,在命令窗口输入:

```
>>syms x y
>>y=dsolve('Dy+2* x* y=x* exp(-x^2))','x')
```

按"Enter"键,得到如下结果:

```
ans =
y=C1* exp(-x^2)+(x^2* exp(-x^2))/2
```

即微分方程 $\frac{\mathrm{d}y}{\mathrm{d}x}+2xy=x\mathrm{e}^{-x^2}$ 的通解为 $y=c_1\mathrm{e}^{-x^2}+\frac{1}{2}x^2\mathrm{e}^{-x^2}$.

# 数学实验九　利用 Matlab 求级数之和

## 一、实验任务

学习利用数学软件 Matlab 求级数之和.

## 二、实验过程

### 1. 用 Matlab 实现级数求和的命令

用 Matlab 实现级数求和的命令和说明如表 10-9 所示.

表 10-9

| 命令 | 说明 |
| --- | --- |
| symsum(f,k,k1,k2) | 表示求级数的和,其中 $f$ 表示一个函数的通项,是一个符号表达式;$k$ 是级数自变量,$k$ 省略时使用系统的默认变量,如果给出的变量中只含有一个变量,则在函数调用时可以省略;$k1$ 和 $k2$ 是求和的开始项和结束项 |

2. 例题

**例 1** 用 Matlab 求级数 $f=\sum\limits_{n=1}^{\infty}\frac{1}{n^2}$ 的和.

**解** 运行 Matlab,在命令窗口输入:

```
>>syms n
>>f=1/n^2
>>symsum(f,n,1,2)
```

按"Enter"键,得到如下结果:

```
ans =
5/4
```

即 $f=\sum\limits_{n=1}^{\infty}\frac{1}{n^2}$ 当 $n=2$ 时的和为$\frac{5}{4}$.

继续将范围拓展到无穷大,输入:

```
>>symsum(f,n,1,inf)
```

按"Enter"键,得到如下结果:

```
ans =
pi^2/6
```

即 $f=\sum\limits_{n=1}^{\infty}\frac{1}{n^2}=\frac{1}{6}\pi^2$.

**例 2** 求级数 $f=\frac{1}{1\times4}+\frac{1}{4\times7}+\frac{1}{7\times10}+\cdots+\frac{1}{(3n-2)(3n+1)}+\cdots$的和.

**解** 运行 Matlab,在命令窗口输入:

```
>>syms n
>>f=1/((3* n-2)* (3* n+1))
>>symsum(f,n,1,inf)
```

按"Enter"键,得到如下结果:

```
ans =
1/3
```

即 $f=\frac{1}{1\times4}+\frac{1}{4\times7}+\frac{1}{7\times10}+\cdots+\frac{1}{(3n-2)(3n+1)}+\cdots=\frac{1}{3}$.

## 实验习题

1. 完成下列表达式的运算.

(1) $\left(2+3\sin\frac{\pi}{6}\right)\div 3.25^2$；　　(2) $\log_5 2$.

2. 作出下列函数的图像.

(1) $f(x)=2x^3-3x+1, x\in[-1,2]$；　　(2) $g(x)=\frac{\sin x}{x}$.

3. 求下列极限.

(1) $\lim\limits_{n\to\infty}\left(1-\frac{2}{n}\right)^n$；　　(2) $\lim\limits_{x\to 0}\frac{\tan x}{x}$；

(3) $\lim\limits_{x\to\infty}\frac{\sin x}{x}$；　　(4) $\lim\limits_{x\to 2}\frac{x^2-4}{x-2}$.

4. 求下列函数的极值.

(1) $f(x)=2x^4+3x^3-12x+1, x\in(0,2)$.

(2) $f(x)=\frac{1}{2}\sin 2x, x\in(-\pi,\pi)$.

5. 求下列不定积分.

(1) $\int(\cos x+3^x)\mathrm{d}x$；　　(2) $\int\frac{x}{x^2+1}\mathrm{d}x$；

(3) $\int\frac{x^2}{\sqrt{4-x^2}}\mathrm{d}x$；　　(4) $\int\frac{1}{\sqrt{1+\mathrm{e}^x}}\mathrm{d}x$.

6. 求下列定积分.

(1) $\int_{-1}^{1}x^3\cos x\mathrm{d}x$；　　(2) $\int_{\frac{\pi}{4}}^{\frac{\pi}{3}}\frac{x}{\sin^2 x}\mathrm{d}x$；

(3) $\int_{1}^{2}x\mathrm{e}^{x^2}\mathrm{d}x$；　　(4) $\int_{-\infty}^{+\infty}x\mathrm{e}^{-\frac{x^2}{2}}\mathrm{d}x$.

7. 求下列函数的一阶、二阶偏导数.

(1) $z=x^4+y^4-2x^2y^2$；　　(2) $z=\arctan\frac{y}{x}$.

8. 计算下列二重积分.

(1) $\int_0^1\mathrm{d}x\int_1^2 xy\mathrm{d}y$；　　(2) $\int_0^1\mathrm{d}x\int_{x^2}^{x}\frac{\sin x}{x}\mathrm{d}y$.

9. 求下列微分方程的通解.

(1) $y'=2^{x+y}$；　　(2) $y'+y=\mathrm{e}^{-x}$.

10. 求下列级数的和.

(1) $f=1+\frac{1}{2}+\frac{1}{4}+\frac{1}{8}+\cdots+\frac{1}{2^n}+\cdots$

(2) $f=\frac{1}{1\times3}+\frac{1}{3\times5}+\cdots+\frac{1}{(2n-1)(2n+1)}+\cdots$

**思政小课堂**

朱世杰(1219—1314),元代数学家、教育家,毕生从事数学教育,有“中世纪世界最伟大的数学家”之誉. 朱世杰在当时天元术的基础上发展出“四元米”,即列出四元高次多项式方程,以及消元求解的方法. 此外他还创造出“垛积法”(高阶等差数列的求和方法)与“招差术”(高次内插法).

元统一中国后,朱世杰曾以数学家的身份周游各地20余年,向他求学的人很多. 他全面继承了前人的数学成果,既吸收了北方的天元术,又吸收了南方的正负开方术、各种日用算法及通俗歌诀,在此基础上进行了创造性的研究,写成了被称为“算家之总要”和“次第最为谨严”的《算学启蒙》,以及代表宋元数学最高成就的《四元玉签》.

《算学启蒙》是一部通俗的数学名著,从一位数乘法开始,由浅入深,一直讲到当时的最新数学成果——天元术,形成一个完整的体系. 书中明确提出正负数乘法法则,给出倒数的概念和基本性质,概括出若干新的乘法公式和根式运算法则,总结了若干乘除捷算口诀,并把设辅助未知数的方法用于解线性方程组,在《算学启蒙》卷下中,朱世杰提出已知勾弦和、股弦和求解勾股形的方法,补充了《九章算术》的不足.《算学启蒙》出版后不久,就流传海外,影响了朝鲜、日本数学的发展.

《四元玉鉴》的主要内容是四元术,即多元高次方程组的建立和求解方法. 秦九韶的高次方程数值解法和李冶的天元术都被包含在内.《四元玉鉴》是中国宋元数学发展高峰的又一个标志,受到近代数学史研究者的高度评价,被认为是中国古代数学科学著作中最重要、最有贡献的一部数学名著.

# 参考文献

[1] 尹光. 新编高等数学[M]. 2 版. 北京:北京邮电大学出版社,2022.
[2] 吴云宗,张继凯. 实用高等数学[M]. 2 版. 北京:高等教育出版社,2011
[3] 孔凡清. 微积分及其应用[M]. 青岛:中国石油大学出版社,2016.
[4] 李欣. 高等数学[M]. 上海:上海交通大学出版社,2015.
[5] 骈俊生,冯晨,王罡. 高等数学[M]. 2 版. 北京:高等教育出版社,2018.